TURING 图灵原创

林静 刘旭峰 章澍 廖健雄 宗兆伟 邹俊 ◎著

NGINX经典教程

人民邮电出版社
北京

图书在版编目（CIP）数据

NGINX经典教程 / 林静等著. -- 北京 : 人民邮电出版社, 2022.4（2024.5重印）
（图灵原创）
ISBN 978-7-115-58919-4

Ⅰ. ①N… Ⅱ. ①林… Ⅲ. ①互联网络－网络服务器－程序设计－教材 Ⅳ. ①TP368.5

中国版本图书馆CIP数据核字(2022)第046620号

内 容 提 要

本书分为 5 个部分，共 32 章：第一部分为基础入门篇，介绍 NGINX 的基础配置、运行机制与原理；第二部分为开源功能篇，剖析 NGINX 开源软件的功能模块，讲述各个模块的功能集合；第三部分为应用场景篇，通过特定的场景展现 NGINX 的能力及配置方法，站在使用者的角度阐述 NGINX 的复杂应用场景及注意事项；第四部分为商业软件篇，介绍 NGINX 商业版模块的增强能力；最后是 NJS 开发篇，使用 NJS 脚本化的方式扩展 NGINX 的能力。

本书既适合对 NGINX 开发感兴趣的软件开发工程师、系统工程师、软件架构师、DevOps 人员、运维工程师阅读，也适合作为培训教材。

◆ 著　　林　静　刘旭峰　章　澍
　　　　廖健雄　宗兆伟　邹　俊
责任编辑　王军花
责任印制　彭志环
◆ 人民邮电出版社出版发行　　北京市丰台区成寿寺路11号
邮编　100164　　电子邮件　315@ptpress.com.cn
网址　https://www.ptpress.com.cn
北京建宏印刷有限公司印刷
◆ 开本：800×1000　1/16
印张：28.75　　　2022年4月第1版
字数：642千字　　　2024年5月北京第2次印刷

定价：119.80元

读者服务热线：(010)84084456-6009　印装质量热线：(010)81055316

反盗版热线：(010)81055315

广告经营许可证：京东市监广登字 20170147 号

前言

NGINX作为当下最流行的Web服务器软件之一，备受广大IT从业人员青睐。在不断发展的过程中，NGINX的应用场景和能力越来越丰富，支持更多协议，加入了更多功能。得益于其优良的架构设计、性能卓越的代码、异步非阻塞的事件驱动运行机制，NGINX完美解决了Apache等传统Web服务器难以解决的C10K（单机一万并发连接）问题。

不管你是运维人员还是应用开发人员，借助NGINX，都可以大大提升工作效率，增强工作网站的处理能力。

2019年3月，NGINX被F5公司收购。被收购的NGINX依旧保持开源和商业并存的运营模式，F5公司接纳开源，以开放的心态诚待广大NGINX爱好者，同时通过商业化运作保证可靠的NGINX服务支持。

NGINX自2004年诞生至今，历经18年的成长，目前生态丰富，衍生产品众多。国内也已经成立了NGINX开源社区，在此欢迎广大读者在社区中积极参与讨论，共同进步。

如何学习NGINX

要学习NGINX，我认为可以分以下几个阶段。

- **入门级使用**：了解NGINX的相关指令及使用方法，能够使用NGINX实现自己想要的功能，从广度上了解NGINX丰富的功能集。
- **熟悉原理**：了解NGINX的运行机制，以免在使用NGINX的过程中走弯路，为进一步学习积累理论知识。
- **场景化应用**：对特定的问题进行深入研究，在实践中不断摸索，找到解决方案。了解配置过程中的每个细节，从深度上挖掘NGINX的能力。
- **商业扩展**：了解NGINX商业版的能力，获取商业支持，为在生产环境中使用NGINX保驾护航。

- **开发级别**：我们可以使用 JavaScript 脚本扩展 NGINX 的能力。另外，由于 NGINX 采用模块化设计的思想，因此我们也可以开发第三方模块来获得需要的能力。

本书组成

本书分为 5 个部分，共 32 章，基本涵盖了当前 NGINX 的各种使用场景。

- **基础入门篇**：讲解 NGINX 的基础配置、运行机制与原理。
- **开源功能篇**：剖析 NGINX 开源软件的功能模块，分别讲述各个模块的功能集合。
- **应用场景篇**：这是本书的一大亮点，通过特定的场景展现 NGINX 的能力及配置方法，站在使用者的角度阐述 NGINX 的复杂应用场景及注意事项。
- **商业软件篇**：介绍 NGINX 商业版模块的增强能力。
- **NJS 开发篇**：使用 JavaScript 脚本扩展 NGINX 的能力。

具体到每一章，分别介绍了如下内容。

第 1 章介绍 NGINX 的发展历程、版本及功能特点。

第 2 章介绍从下载、编译、安装 NGINX 到配置一个基本的文件服务器的全过程。

第 3 章介绍 NGINX 的架构设计和运行机制。限于篇幅，本书中原理层面的内容较少。

第 4 章介绍 HTTP 模块、处理 HTTP 请求的阶段、HTTP 服务器的使用和配置。

第 5 章介绍 HTTP 的增强功能，包括 HTTPS 服务器和 HTTP/2 服务器的原理及配置、在配置服务器过程中常用的模块和 HTTP 的过滤及压缩。

第 6 章介绍七层反向代理的功能。

第 7 章介绍七层反向代理的补充功能，包括 gRPC 模块、FastCGI 模块、uWSGI 模块和 SCGI 模块。

第 8 章介绍四层反向代理的功能。

第 9 章介绍缓存的原理和功能，包括浏览器缓存和代理服务器缓存。

第 10 章介绍 NGINX 对流媒体的支持。

第 11 章介绍基于 HTTP URI 中的 `path` 参数和 HTTP 头实现动态转发。

第 12 章介绍 NGINX 在 SSL/TLS 加解密方面的使用场景。

第 13 章介绍 NGINX 的缓存机制及缓存配置实践。

第 14 章介绍 NAT64 的意义及 NGINX 中外链天窗问题的解决方案。

第 15 章介绍源地址透传的背景，以及 NGINX 中常见的集中源地址透传的方式。

第 16 章介绍 NGINX 中灰度发布和 A/B 测试的配置实现方案。

第 17 章介绍 NGINX 作为反向代理处理 OAuth 及 ACL 的方式。

第 18 章介绍 NGINX 在 DoT/DoH、HTTP/3 以及 MQTT 等场景下的解决方案。

第 19 章介绍 NGINX 扩展和增强 Ingress 资源的 5 种方式。

第 20 章介绍微服务及其发展历史、API 网关和典型的 API 网关部署模式。

第 21 章重点介绍在日常的 NGINX 生产运维中常见的一些场景。

第 22 章介绍 NGINX 商业公司及其产品。

第 23 章介绍 NGINX Plus 所提供的商业模块、商业指令，以及对开源指令的参数增强。

第 24 章介绍 NGINX 几种常见的生产部署模式及其优缺点。针对主流的集群部署模式，我们介绍了配置同步、Dashboard、API 以及集群运行状态同步这四种方法来简化日常的运维管理。

第 25 章介绍 JWT 的基本原理及其内容格式、NGINX Plus JWT 认证模块的使用方法。

第 26 章介绍服务发现的解决方案，其中详细介绍了 NGINX Plus 实现服务发现的几种方法以及各种方法的优缺点。

第 27 章从 API 形态和范畴、API 部署结构这两个方面来剖析 API 管理的关键要素，并介绍 NGINX API 管理产品。

第 28 章介绍 NGINX Plus 集群的同步能力，以及 IC 的集群级限流的实现方法。

第 29 章介绍多种环境下 NGINX Plus 的安装部署，并通过 API 集成 DevOps 之类的工具，降低部署和运维难度。

第 30 章介绍两个让 NGINX Plus 与 F5 集成的场景。

第 31 章介绍 NJS 基础知识。

第 32 章首先介绍 NJS 模块的安装、编译和基本的配置方法，然后展开讲述 NJS 模块的功能及案例。

感谢

近一年来，从开始规划、讨论到收集资料、成文，我们团队的几个人精诚合作，克服了时间、技术积累等方面的诸多困难。作为执笔人，我们在写书的过程中也成长了很多，学习了很多。在此，首先感谢团队成员为成书付出的努力。

- 林静：参与编写应用场景篇及商业软件篇（第 17 章、第 19 章~第 23 章、第 25 章、第 27 章~第 30 章）。
- 刘旭峰：本书的总协调人和总策划人。
- 章澍：本书的发起人和规划设计人。
- 廖健雄：参与编写应用场景篇及商业软件篇（第 13 章~第 18 章、第 21 章、第 24 章、第 26 章）。
- 邹俊：编写开源功能篇（第 4 章~第 10 章）。
- 宗兆伟：参与编写基础入门篇、应用场景篇及 NJS 开发篇（第 1 章~第 3 章、第 11 章、第 12 章、第 31 章~第 32 章）。

其次，以上作者平时都很忙，都是利用自己的休息时间编写、校正、讨论各章节内容的，这离不开作者家人们的理解和大力支持，在此表示感谢。

限于篇幅、技术背景和问题讲述的角度，本书可能仍存在编写上的错误、纰漏，还请读者见谅，敬请指正。

目　　录

基础入门篇

第 1 章　NGINX 的起源与发展……2

1.1　NGINX 的历史……2
1.2　NGINX 的优良特性和功能……5
1.3　NGINX 发行版……7
1.4　本章小结……9

第 2 章　编译、安装和配置……10

2.1　下载源码……10
2.2　源码目录……11
2.3　编译准备……13
2.4　配置入门……18
2.5　本章小结……23

第 3 章　架构设计与工作模式……24

3.1　模块体系……24
3.2　进程模型……25
3.2.1　worker 进程的模型……27
3.2.2　缓存机制……28
3.3　事件驱动模型……28
3.4　本章小结……30

开源功能篇

第 4 章　HTTP 服务器的功能……32

4.1　HTTP 模块……32
4.2　处理 HTTP 请求的阶段……34
4.3　HTTP 服务器的基本配置……41
4.3.1　配置层级……41
4.3.2　配置文件的结构及示例……42
4.3.3　详解 HTTP 模块定义的指令……42
4.4　本章小结……47

第 5 章　HTTP 模块的增强功能……48

5.1　HTTPS 服务器……48
5.1.1　HTTP 和 HTTPS 的区别……48
5.1.2　NGINX SSL 模块……50
5.2　HTTP/2 服务器……52
5.2.1　HTTP/2 协议……52
5.2.2　NGINX 的 HTTP/2 模块……54
5.3　HTTP 变量使用……54
5.4　HTTP 过滤功能……58
5.5　HTTP 压缩功能……60
5.6　本章小结……61

第 6 章　七层反向代理的功能……62

6.1　代理的概念……62
6.2　HTTP 反向代理的流程……64
6.3　本章小结……69

第 7 章　七层反向代理的补充功能……70

7.1　gRPC 模块的功能介绍……70
7.2　FastCGI 模块的功能介绍……72
7.3　uWSGI 模块的功能介绍……74
7.4　SCGI 模块的功能介绍……75
7.5　本章小结……76

第 8 章 四层反向代理的功能……77
8.1 NGINX 处理 TCP/UDP 请求的 7 个阶段……77
8.2 四层反向代理与负载均衡配置……78
8.3 本章小结……81

第 9 章 内容缓存功能……82
9.1 缓存的原理和功能……82
9.2 浏览器缓存……82
9.3 代理服务器缓存……86
9.3.1 代理服务器的 HTTP 请求流程……86
9.3.2 代理服务器缓存……86
9.3.3 在 NGINX 中配置代理缓存……87
9.3.4 代理服务器缓存的架构……91
9.4 本章小结……93

第 10 章 流媒体服务器……94
10.1 流媒体……94
10.2 常见的流媒体协议……95
10.2.1 渐进式下载与 HTML5……95
10.2.2 常见的流媒体协议……95
10.2.3 多屏幕支持……97
10.3 NGINX 的 RTMP 模块……98
10.3.1 安装 RTMP 模块……98
10.3.2 配置 RTMP 模块……98
10.4 本章小结……100

应用场景篇

第 11 章 应用层转发……102
11.1 基于 HTTP URI 中的 path 参数的动态转发……102
11.2 基于 HTTP 头的动态转发……106
11.3 本章小结……107

第 12 章 流量加解密……108
12.1 SSL/TLS 卸载……108
12.2 SSL/TLS 透传……113
12.2.1 在正向代理中需要解决的核心问题……113
12.2.2 七层代理——HTTP CONNECT 隧道……114
12.2.3 HTTP CONNECT 隧道的代码实现……115
12.2.4 四层代理——L4 转发……118
12.2.5 L4 转发的代码实现……118
12.3 mTLS 和 SSL/TLS 装载……121
12.3.1 配置 NGINX 服务器实现双向认证……122
12.3.2 使用 cURL 验证双向认证……123
12.3.3 NGINX Plus 动态加载 SSL 证书……124
12.4 本章小结……126

第 13 章 缓存与内容加速……127
13.1 背景和需求……127
13.2 NGINX 的缓存机制……127
13.2.1 NGINX 的缓存处理流程……127
13.2.2 NGINX 初始化缓存加载……132
13.2.3 NGINX 缓存文件的淘汰管理……133
13.3 NGINX 缓存配置实践……134
13.3.1 控制 HTTP 头……134
13.3.2 配置静态资源缓存……135
13.3.3 配置动态资源缓存……137
13.3.4 缓存清除……138
13.3.5 缓存的问题定位……139
13.3.6 缓存优化……141
13.4 自建 CDN……141
13.5 本章小结……144

第 14 章　NAT64 和 ALG 网关……145
14.1　NAT64 的意义……145
14.2　ALG 的作用……145
14.3　外链天窗问题的解决方案……146
14.4　NAT64 和外链天窗问题的整体解决方案……147
14.5　本章小结……149
第 15 章　透传源 IP 地址……150
15.1　背景和需求……150
15.2　X-Forwarded-For 字段……151
15.3　proxy_protocol 协议……155
15.4　透明代理……157
15.5　TOA 方案……159
15.6　本章小结……160
第 16 章　灰度发布与 A/B 测试……161
16.1　背景和需求……161
16.2　灰度发布……162
16.3　A/B 测试……165
16.4　本章小结……167
第 17 章　安全与访问控制……168
17.1　NGINX OAuth 2.0 认证……168
17.1.1　为什么需要 OAuth……168
17.1.2　OAuth 的基本原理……169
17.1.3　使用 NGINX 实现授权码模式的 OAuth 的思路……170
17.1.4　代码实现——使用 NGINX 实现授权码模式的 OAuth……174
17.2　基于 ACL 的访问行为控制……178
17.3　减缓 DDoS 攻击……180
17.4　零日漏洞防御……183
17.5　本章小结……184
第 18 章　对新协议的支持……185
18.1　DoT/DoH……185
18.2　HTTP/3……188
18.3　MQTT……189
18.4　本章小结……191
第 19 章　PaaS Ingress……192
19.1　什么是 PaaS Ingress……192
19.2　在 Kubernetes 上部署 NGINX 作为 Ingress Controller……194
19.2.1　部署 NGINX Ingress Controller……195
19.2.2　扩展 Ingress Resource 功能的五种方式……200
19.3　Ingress Controller 的常见部署结构……212
19.3.1　PaaS 内部署……213
19.3.2　PaaS 外部署……215
19.3.3　内外混合部署……216
19.4　总结……217
第 20 章　微服务与 API 网关……218
20.1　微服务……218
20.2　API 网关……220
20.3　典型的 API 网关部署模式……225
20.4　本章小结……229
第 21 章　运维管理场景……230
21.1　灵活定制 NGINX 日志……230
21.1.1　两种类型的 NGINX 日志……230
21.1.2　利用 access_log 监控应用性能……231
21.1.3　NGINX 日志的本地保存管理……233
21.1.4　NGINX 日志的集中管理……234

21.2 巧用 NGINX 请求镜像 ······ 236
21.2.1 通过镜像实现请求复制 ······ 236
21.2.2 通过镜像实现流量放大 ······ 237
21.2.3 镜像请求与原请求的关联关系 ······ 238
21.2.4 通过镜像简化集群管理 ······ 241
21.3 探寻请求可观测 ······ 242
21.3.1 商业方案 ······ 244
21.3.2 开源方案 ······ 246
21.4 高效优化 NGINX 性能 ······ 249
21.4.1 NGINX 的架构设计概述 ······ 250
21.4.2 NGINX 性能调优方法论 ······ 251
21.4.3 NGINX 性能调优实践 ······ 257
21.5 快速定位 NGINX 问题 ······ 260
21.5.1 确保 NGINX 节点运行正常 ······ 260
21.5.2 检查 NGINX 的日志信息 ······ 262
21.5.3 规范配置，减少问题 ······ 264
21.6 在线实施 NGINX 热升级 ······ 267
21.6.1 热升级原理及其状态过程 ······ 267
21.6.2 长连接下的热升级演示 ······ 268
21.7 轻松实现 NGINX 的 CI/CD ······ 271
21.7.1 标准的 CI/CD 流程 ······ 271
21.7.2 通过 Jenkins 和 Ansible 自动部署 NGINX ······ 273
21.8 本章小结 ······ 275

商业软件篇

第 22 章 NGINX 公司及产品 ······ 278
22.1 公司介绍 ······ 278
22.2 产品介绍 ······ 279
22.3 NGINX 未来发展 ······ 285
22.4 本章小结 ······ 286

第 23 章 商业模块与指令增强 ······ 287
23.1 商业模块 ······ 287
23.2 商业指令 ······ 291
23.3 指令增强 ······ 294
23.4 本章小结 ······ 295

第 24 章 集群与管理 ······ 296
24.1 部署模式 ······ 296
24.2 集群管理 ······ 298
24.2.1 部署配置 ······ 299
24.2.2 日常监控 ······ 300
24.2.3 API 能力 ······ 301
24.2.4 集群状态同步 ······ 302
24.3 本章小结 ······ 304

第 25 章 访问认证 ······ 305
25.1 JWT 认证与 NGINX Plus ······ 305
25.1.1 JWT 基础 ······ 305
25.1.2 NGINX Plus JWT 模块介绍及实践 ······ 307
25.2 OIDC 认证 ······ 309
25.2.1 OIDC 认证流程 ······ 309
25.2.2 基于 okta 的 OIDC 配置实践 ······ 310
25.3 本章小结 ······ 317

第 26 章 服务发现 ······ 318
26.1 使用 API 配置上游服务器 ······ 318
26.2 通过 DNS 实现服务发现 ······ 320
26.2.1 在 proxy_pass 指令中使用域名 ······ 320
26.2.2 在 upstream 中使用域名 ······ 321
26.2.3 使用 SRV 记录类型 ······ 321
26.3 集成 Consul/etcd/ZooKeeper ······ 322
26.3.1 使用 Consul API 实现服务发现 ······ 323

26.3.2 使用 Consul 的 DNS SRV 记录实现服务发现…………324
26.4 集成 confd……………………………………325
26.5 本章小结……………………………………328

第 27 章 API 管理……………………………………329
27.1 从 API 形态和范畴看 API 管理……329
27.2 从 API 部署结构看 API 管理………331
27.3 NGINX API 管理产品介绍…………332
27.4 本章小结……………………………………346

第 28 章 动态流量控制…………………………347
28.1 动态流量控制的意义…………………347
28.2 IC 限流的需求和挑战…………………347
28.3 单实例限流…………………………………348
28.4 集群级限流…………………………………355
28.5 本章小结……………………………………359

第 29 章 多环境部署与云中弹性伸缩……360
29.1 支持多环境安装…………………………360
29.2 在公有云环境下订阅安装 NGINX Plus 实例……………………………………361
29.3 在容器环境下安装 NGINX Plus 实例…………………………………………364
29.4 公有云环境与容器环境下的弹性伸缩…………………………………………367
29.5 本章小结……………………………………374

第 30 章 与 F5 BIG-IP 集成……………………375
30.1 避免真实的上游服务器过载…………375
30.2 NGINX 动态控制 DNS 配置…………381
30.3 本章小结……………………………………383

NJS 开发篇

第 31 章 NJS 的起源和价值……………………386
31.1 NJS 的基础——JavaScript…………386
31.2 NJS 的历史与版本………………………389
31.3 NJS 的价值与目标规划…………………391
31.4 NJS 的运行机制和特点…………………392
31.5 本章小结……………………………………394

第 32 章 NJS 的安装与使用案例…………395
32.1 使用场景概述………………………………395
32.2 下载与安装…………………………………395
32.3 NJS 开发基础………………………………398
32.4 使用 NGINX 对象…………………………409
32.5 NJS 模块的功能及应用案例…………422
32.5.1 ngx_http_js_module 模块……………………………………422
32.5.2 案例——带有内容预览功能的文件服务器…………423
32.5.3 案例——日志内容脱敏……429
32.5.4 案例——把客户端流量平滑迁移到新服务器………432
32.5.5 ngx_stream_js_module 模块……………………………………436
32.5.6 案例——PASV 模式下的 FTP ALG 协议支持…………440
32.5.7 案例——为后端服务器实现虚拟补丁…………………444
32.6 本章小结……………………………………447

基础入门篇

- 第 1 章　NGINX 的起源与发展
- 第 2 章　编译、安装和配置
- 第 3 章　架构设计与工作模式

第1章

NGINX 的起源与发展

NGINX 作为全球 Web 服务器的领导者，备受业界瞩目，目前正以蓬勃之势迅速发展，并将以无可替代之势称霸未来。它因优异的性能和强大的可维护性受到了广大应用开发者的喜爱，也给企业带来了巨大的商业价值。

1.1 NGINX 的历史

本节中，我们先了解一下 NGINX 的发展历程。

1. NGINX 大事记

NGINX（engine X）是俄罗斯人 Igor Sysoev 为解决 Apache 遭遇的 C10K 问题而研发的，第一个公开版本 0.1.0 发布于 2004 年 10 月 4 日。

NGINX 从 2002 年开始研发。

2004 年 10 月，NGINX 发布了第一个公开版本 0.1.0，并在随后的几年中做了较大的重构和改进。

2006 年到 2009 年，NGINX 除了继续完善相关的功能与提升性能外，还着手增加对 Win32 的支持，尤其是在 2009 年为支持 Win32 做了很多完善工作。

2011 年 4 月，NGINX 发布了 1.0 版本，同年 7 月，发布了商业版本。

NGINX 在 2011 年 6 月之前一直是 Igor Sysoev 的个人项目。在商业化后，更多人加入到了 NGINX 的开发中，为完善 NGINX 丰富的功能贡献力量。

2015 年 4 月，NGINX 加入了对四层反向代理和负载均衡的支持；2016 年 2 月，NGINX 发布了对动态模块的支持。

2019 年 3 月，F5 公司宣布收购 NGINX 商业公司，收购后的 NGINX 继续保持开源版和商业版并行的运营模式。

2. 类 BSD 许可协议

NGINX 开源版遵循“类 BSD 许可协议”（2-clause BSD-like license），被开放给全球的 Web 应用开发者使用，如图 1-1 所示。

```
/*
 * Copyright (C) 2002-2020 Igor Sysoev
 * Copyright (C) 2011-2020 Nginx, Inc.
 * All rights reserved.
 *
 * Redistribution and use in source and binary forms, with or without
 * modification, are permitted provided that the following conditions
 * are met:
 * 1. Redistributions of source code must retain the above copyright
 *    notice, this list of conditions and the following disclaimer.
 * 2. Redistributions in binary form must reproduce the above copyright
 *    notice, this list of conditions and the following disclaimer in the
 *    documentation and/or other materials provided with the distribution.
 *
 * THIS SOFTWARE IS PROVIDED BY THE AUTHOR AND CONTRIBUTORS ``AS IS'' AND
 * ANY EXPRESS OR IMPLIED WARRANTIES, INCLUDING, BUT NOT LIMITED TO, THE
 * IMPLIED WARRANTIES OF MERCHANTABILITY AND FITNESS FOR A PARTICULAR PURPOSE
 * ARE DISCLAIMED.  IN NO EVENT SHALL THE AUTHOR OR CONTRIBUTORS BE LIABLE
 * FOR ANY DIRECT, INDIRECT, INCIDENTAL, SPECIAL, EXEMPLARY, OR CONSEQUENTIAL
 * DAMAGES (INCLUDING, BUT NOT LIMITED TO, PROCUREMENT OF SUBSTITUTE GOODS
 * OR SERVICES; LOSS OF USE, DATA, OR PROFITS; OR BUSINESS INTERRUPTION)
 * HOWEVER CAUSED AND ON ANY THEORY OF LIABILITY, WHETHER IN CONTRACT, STRICT
 * LIABILITY, OR TORT (INCLUDING NEGLIGENCE OR OTHERWISE) ARISING IN ANY WAY
 * OUT OF THE USE OF THIS SOFTWARE, EVEN IF ADVISED OF THE POSSIBILITY OF
 * SUCH DAMAGE.
 */
```

图 1-1 类 BSD 许可协议

BSD 是 Berkeley Software Distribution 的缩写。BSD 开源协议给予了使用者很大的自由，使用者可以使用和修改遵循这个协议的源代码，再以开源或者专有软件的方式发布产品。使用遵循 BSD 开源协议的代码做二次开发，需要满足以下三个条件。

- 如果在再发布的产品中包含源代码，则这个源代码中必须带有原来代码中的 BSD 开源协议。
- 如果再发布的只是二进制类库/软件，则类库/软件的文档和版权声明中需要包含原来代码中的 BSD 开源协议。
- 不可以用开源代码的作者/机构名字和原来产品的名字做市场推广（NGINX 的类 BSD 许可协议中不包含此项）。

3. 市场占有率统计

2021 年 1 月的 Netcraft Web 服务器市场占有率分析报告显示，NGINX 的市场占有率已经超过了 Apache 和 Microsoft，位居第一。1995 年 8 月以来的 Web 服务器市场占有率变化如图 1-2 所示。

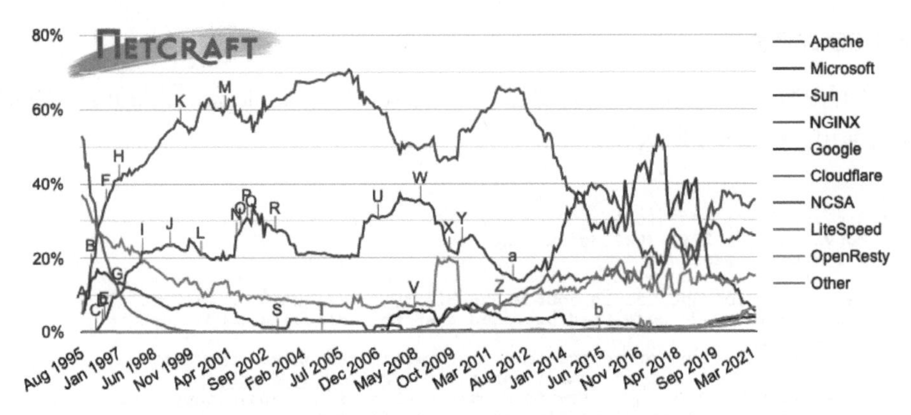

图1-2　Netcraft Web服务器市场占有率分析图①

在线活跃服务器中，NGINX的使用率排在第三位，且持续攀升。

4. NGINX的由来：C10K问题

最初，NGINX是为解决著名的C10K问题设计的。NGINX能有效地提高单台Web服务器响应并发请求的能力，与传统的Apache相比，在内存使用量和每秒处理的并发请求数方面都有巨大的改进。究其根本，Apache会为每个请求分别创建新进程，而NGINX采用异步非阻塞的事件驱动机制，并在内存数据复制方面做了优化。NGINX与Apache在高并发情况下的内存使用量如图1-3所示。

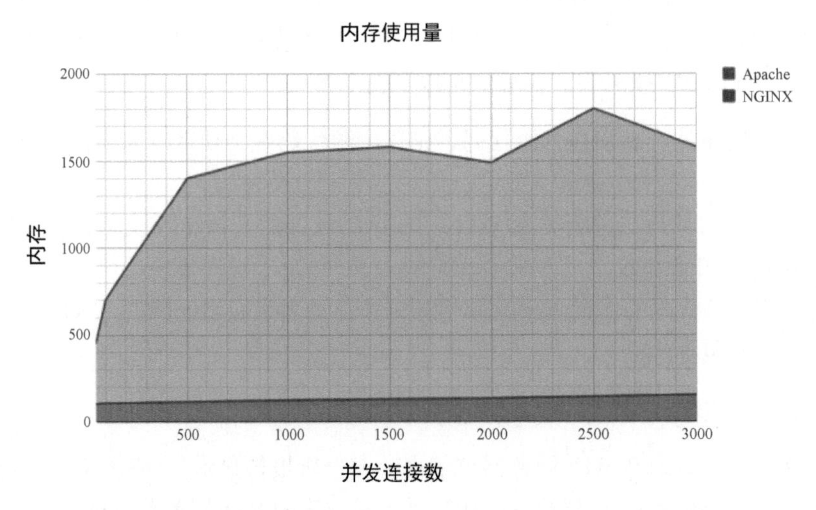

图1-3　高并发情况下Apache和NGINX的内存使用量对比②

① 来源：https://news.netcraft.com/archives/category/web-server-survey/。

② 来源：https://community.savapage.org/t/what-software-to-use-as-reverse-proxy-for-the-use-of-port-80-and-443-for-savapage/54。

可以看出，随着并发连接数的增加，NGINX 的内存使用量并没有明显变大，NGINX 只使用不到 Apache 十分之一的内存就可以处理和它相同的并发连接数。

另外，随着并发连接数的增加，NGINX 每秒处理的请求数虽然有所减少，但仍为 Apache 每秒处理的请求数的数倍，如图 1-4 所示。

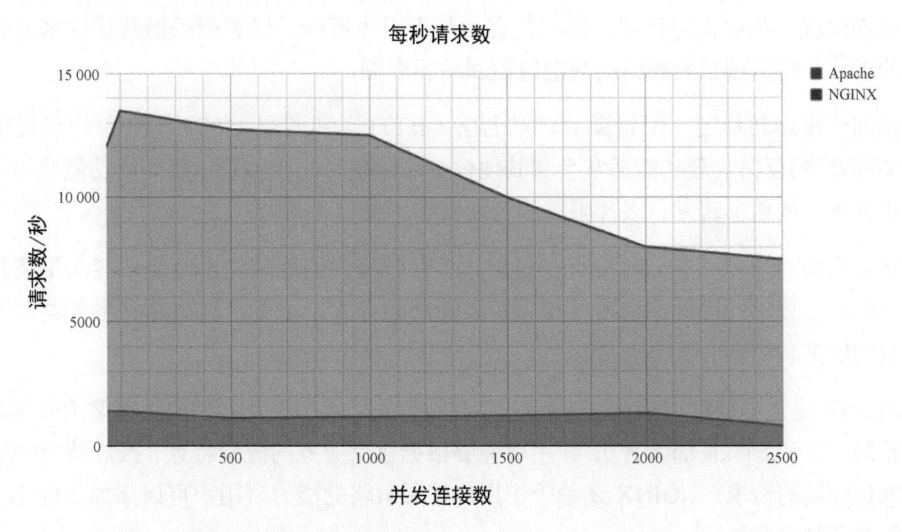

图 1-4　并发连接数增加时 Apache 和 NGINX 每秒处理的请求数对比[①]

1.2 NGINX 的优良特性和功能

NGINX 作为 Web 服务器，被大量高负荷网站（腾讯、新浪、网易、淘宝等）广泛使用，具备 Apache、Lighttpd、Tomcat 等服务器不具备的优良特性，下面我们来学习一下这些特性。

- 高并发。能够处理高并发请求是 NGINX 最显著的特点。NGINX 由 C 语言编写，采用事件驱动模式，异步非阻塞地处理海量并发请求。worker 进程默认亲和到不同的 CPU 核上，避免了不同进程抢占 CPU 资源的问题和调度带来的开销。NGINX 还针对不同的操作系统做了不同的优化，比如在选择事件队列时，Darwin 系统选择 kqueue，Linux 系统选择 epoll，Windows 系统选择 select。
- 高稳定性。模块化的架构使 NGINX 各部分的功能完全解耦，master 进程和 worker 进程一对多的方式分开了控制层面和数据层面，确保在 worker 进程发生异常时能够及时发现并纠正，也给它的热升级提供了可能性。另外，NGINX 没有采用多线程的方式来实现 worker 进程，使得各个 worker 进程相对独立。

① 来源：https://community.savapage.org/t/what-software-to-use-as-reverse-proxy-for-the-use-of-port-80-and-443-for-savapage/54。

- **高扩展性**。NGINX 以模块为单位组织相应的配置解析和功能实现，做到了模块内高内聚，模块间低耦合。一些常用的数据结构（如链表、队列、红黑树）都做了有效的封装，供开发者使用。

NGINX 的应用场景广泛，其核心功能如下。

- **反向代理**。相比正向代理，反向代理运行于服务器端，代表服务器端接收来自客户端的请求，并将后端服务器给出的响应返回给客户端。

  反向代理运转稳定，配置灵活，对七层（HTTP）和四层（TCP/UDP）均可提供代理。NGINX 的反向代理功能通常会和其他核心功能联用，比如跟负载均衡功能联用，可以实现带权重的请求转发，以及限流和灰度发布。

- **负载均衡**。当今互联网环境日益复杂，单台服务器的处理能力已经不能满足高并发环境下的响应要求，因此我们需要使用负载均衡的方式，水平扩展出多台服务器均摊处理并发的请求。

  NGINX 提供了针对 HTTP、TCP 和 UDP 的负载均衡，以及多种内置策略（如轮询、加权轮询、IP 和 cookie hash 等），让用户能够根据自己业务的流量特点，按照特定的规则分流来自前端的请求。NGINX 还给予了用户扩展策略的能力，用户可以添加新的 NGINX 模块来定制策略。

  有些客户端的请求是无状态的，有些是包含状态的，即长连接，NGINX 提供了共享内存映射机制和 hash、IP hash 等策略来实现会话亲和性。

  NGINX 的负载均衡同时也包含检查上游服务器状态的能力。在 23.1 节和 26.1 节中，我们会带大家逐一解读。

- **静态缓存**。据统计，Web 应答流量中有超过一半的数据是静态资源，我们可以使用静态缓存把这些资源缓存下来。NGINX 的静态缓存功能有效减少了服务器在计算和传输静态资源时产生的性能消耗，配以 gzip 功能还可以减少网络带宽的消耗。静态资源包括动态页面中的静态部分、静态页面和资源文件等。
- **Web 服务器**。Web 服务器是 NGINX 的基础功能。用户可以使用 `server` 配置块定义自己的 Web 服务器，如监听 IP 端口、协议类型、SSL 及网络传输行为；使用 `location` 配置块定义 URL 及请求发生时的响应逻辑。

  NGINX Unit 是 NGINX 商业版提供的轻量级动态服务器方案，其中集成了多种主流语言（如 Python、PHP、Go、JavaScript、Ruby、Java 等）的运行时环境，可以独立运行于宿主机或者容器中。

- **安全和访问控制**。NGINX 提供了丰富的安全和访问控制功能，这些功能中有些是通过 NGINX 核心模块实现的，有些是通过第三方模块实现的。NGINX 商业版对这些功能做了进一步增强。以下是常见的安全和访问控制场景。
  - **SSL 卸载/加载**：实现对四层、七层服务器流量的 SSL 加解密。
  - **HTTP 认证访问控制**：实现对前端请求 JWT 或 Basic Auth 的认证方式。
  - **针对特定资源的访问控制**：针对资源的类型或者访问者地址做控制。
  - **动态黑白名单**：针对客户端 IP 或 keyval 模块实现基于 IP 的访问控制。

1.3 NGINX 发行版

获取并安装 NGINX 的途径有两种：直接通过源码安装和安装预编译版。

1. 开源版

要获取开源版的 NGINX，可以从 NGINX 官网下载源码。需要注意的是，NGINX 的源码维护着两个分支：Mainline 和 Stable，如图 1-5 所示。

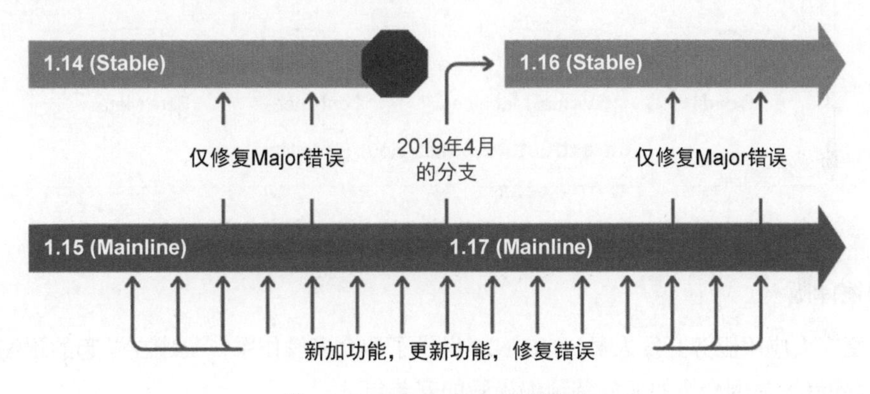

图 1-5 NGINX 版本演进模型

Mainline 是当前活跃的开发分支，添加了最新的功能，修复了错误。版本号的第二位为奇数。

Stable 是稳定的分支，仅当有重大修复时才会加入新的代码。版本号的第二位为偶数。

2. 商业版

要获取商业版的 NGINX，可以从 NGINX 官网获取资讯。NGINX 商业版提供了丰富的能力，如负载均衡、API 管理、服务发现和治理、应用防火墙、NGINX 控制和数据分析。NGINX 商业版的产品集合如图 1-6 所示。

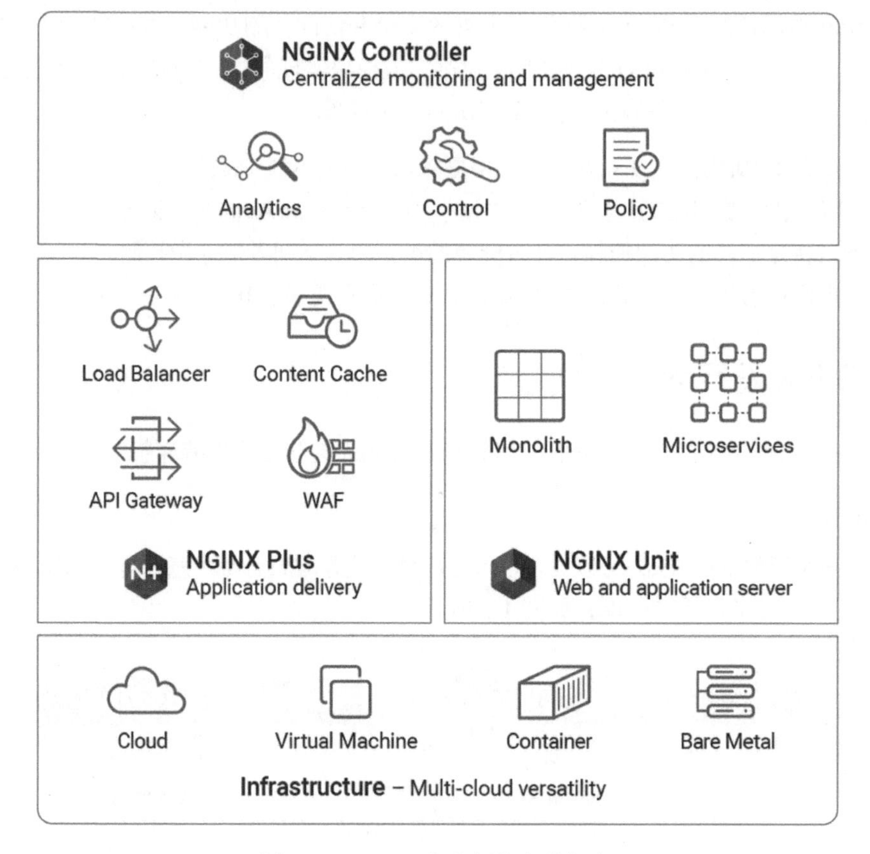

图 1-6　NGINX 商业版的产品集合

3. 预编译版

为方便广大应用服务开发人员，NGINX 提供了和众多操作系统集成在一起的预编译版。这里我们以 CentOS 为例介绍如何安装预编译版的安装包。

首先，安装预编译版依赖的包管理工具：

```
sudo yum install yum-utils
```

其次，编辑并保存 /etc/yum.repos.d/nginx.repo 文件，该文件的内容如下：

```
[nginx-stable]
name=nginx stable repo
baseurl=http://nginx.org/packages/centos/$releasever/$basearch/
gpgcheck=1
enabled=1
gpgkey=https://nginx.org/keys/nginx_signing.key
module_hotfixes=true
```

```
[nginx-mainline]
name=nginx mainline repo
baseurl=http://nginx.org/packages/mainline/centos/$releasever/$basearch/
gpgcheck=1
enabled=0
gpgkey=https://nginx.org/keys/nginx_signing.key
module_hotfixes=true
```

在默认情况下，我们使用的是 Stable 版的 NGINX。如果想使用 Mainline 版，要先启用：

```
sudo yum-config-manager --enable nginx-mainline
```

再安装：

```
sudo yum install nginx
```

最后，配置并启动 NGINX：

```
sudo systemctl enable nginx
sudo systemctl start nginx
```

其中配置 NGINX 的过程会在第 2 章中详细讲述。

1.4 本章小结

限于篇幅，本章简要介绍了 NGINX 的发展历程和主要特性，之后我们会展开讲解更多的理论知识和场景化的实战技巧，相信读者会大有收获。

更多 Linux 平台的安装方法请参考 NGINX 官网。

第 2 章

编译、安装和配置

本章中，我们首先以 nginx-1.19.0 为例讲述下载、编译和安装开源 NGINX 的步骤，使用的编译平台为 CentOS 7 + GCC。然后，通过基本的配置实现一个简单的文件服务器，以此了解 NGINX 的管理方式、配置过程、配置文件的结构。

2.1 下载源码

采用源码安装 NGINX 的第一步是下载开源 NGINX 源码，本书提供了三种下载源码的方式。

1. 从 NGINX 官网下载

打开 NGINX 官网的下载页面，如图 2-1 所示，从中可以看到 NGINX 的历史版本有 Mainline 版、Stable 版和 Legacy 版，其中 Windows 版都被单列了出来。单击左侧的“CHANGES-*”可以看到该次发布的版本都做了哪些更新，其中会明确标明代码改动的类型（Feature、Change、Bugfix）。源码更新速度较快，且更新内容不多，这里以写作本书时的最新版本为例。

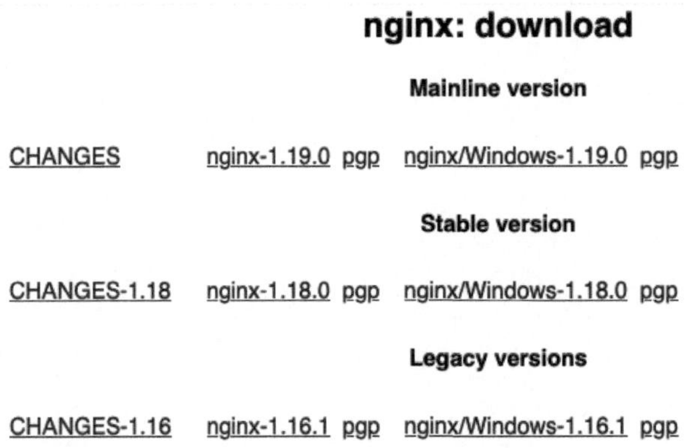

nginx: download

Mainline version

CHANGES　　nginx-1.19.0　pgp　　nginx/Windows-1.19.0　pgp

Stable version

CHANGES-1.18　　nginx-1.18.0　pgp　　nginx/Windows-1.18.0　pgp

Legacy versions

CHANGES-1.16　　nginx-1.16.1　pgp　　nginx/Windows-1.16.1　pgp

图 2-1　NGINX 的三种版本

在 1.3 节中，我们提到了 NGINX 源码采用奇偶版本交替的方式迭代，这里不再赘述。

2. 从 Mercurial 下载

Mercurial 和 GitHub 一样，也是管理代码仓库的应用，NGINX 采用的就是 Mercurial，所以我们在 GitHub 上看到的 NGINX 代码仓库其实是 Mercurial 中 NGINX 代码仓库的只读镜像，是定期同步的结果。

打开 http://hg.nginx.org/，我们也可以看到来自 NGINX 开发团队的其他项目或模块（例如 NJS 和 NGINX Unit）的代码，如图 2-2 所示。

Mercurial

Name	Description	Contact	Last modified		
nginx	unknown	unknown	5 days ago	↓zip ↓gz	
nginx-dev-examples	unknown	unknown	4 months ago	↓zip ↓gz	
nginx-tests	unknown	unknown	2 days ago	↓zip ↓gz	
nginx.org	unknown	unknown	3 days ago	↓zip ↓gz	
njs	unknown	unknown	2 days ago	↓zip ↓gz	
pkg-oss	unknown	unknown	5 days ago	↓zip ↓gz	
unit	unknown	unknown	3 days ago	↓zip ↓gz	
unit-docs	unknown	unknown	2 days ago	↓zip ↓gz	
xslscript	unknown	unknown	4 months ago	↓zip ↓gz	

图 2-2 Mercurial 代码源

这里包含比发布版本（Mainline）更新的代码，NGINX 使用者或爱好者可以第一时间下载并学习，我们既可以单击右侧的“zip”或“gz”下载，也可以执行 hg 命令：

```
hg clone http://hg.nginx.org/nginx
```

3. 从 GitHub 下载

对于习惯使用 GitHub 的朋友，也可以从 GitHub 下载，上面也提到了它是 Mercurial 中 NGINX 代码仓库的定期只读镜像，下载地址是 https://github.com/nginx/nginx/releases。

NGINX 商业版本的安装可由 F5 官方提供支持，也可以参考 https://docs.nginx.com/nginx/admin-guide/installing-nginx/installing-nginx-plus/。

2.2 源码目录

从 https://nginx.org/download/nginx-1.19.0.tar.gz 官网下载并解压 NGINX 代码目录，可以看到目录结构。这里使用 tree 命令显示第一级目录：

```
$ tree -L 1
.
├── CHANGES      # 版本历史及更新纪要
├── CHANGES.ru # 俄文版版本历史及更新纪要
├── LICENSE      # 类 BSD 许可
├── README       # 简要文档说明
├── auto         # 编译所需的各类脚本集合
```

```
├── conf        # 配置示例文件
├── configure   # 编译 NGINX 的总驱动
├── contrib     # 必要的功能脚本或可导入配置
├── html        # NGINX html 文件：50x.html 和 index.html
├── man         # 帮助文档
└── src         # 源码目录
```

注意从 GitHub 上下载的压缩包解压后和以上目录稍有不同，本书以官网下载的文件为准。

为了更好地理解编译过程，下面我们展开了解一下 auto、configure、conf 和 src 这几个目录。

- **auto**

此目录提供了配置环境所需的自动化脚本，这些脚本职责清晰。下面列举了一些脚本。

- init 脚本：负责初始化配置环境。
- headers 脚本和 include 脚本：负责检查编译环境。
- os 文件中的脚本：负责检查不同操作系统下的环境配置。
- modules 脚本：负责检查并启用相关模块。
- cc 文件中的脚本：负责选择并配置适当的编译器。
- lib 文件中的脚本：负责对依赖的库做预编译。
- have*[①]脚本、nohave 脚本、make 脚本和 install 脚本：负责输出 Makefile 文件的内容片段。
- feature 脚本：提供脚本自服务能力。

对这些脚本的具体调用可以参考 configure 脚本的实现。

- **configure**

这是编译 NGINX 的自动化配置脚本，是编译过程的总驱动，此脚本运行结束后会生成部分 C 代码（比如编译的模块列表、根据环境信息配置的宏变量定义），同时生成 Makefile 文件。运行 configure 脚本的具体过程会在 2.3 节详细阐述。

- **conf**

这个目录存放着示例 NGINX 配置文件，这些文件在安装 NGINX 后会被复制到安装目录下（默认为 /usr/local/nginx/conf）。所有配置文件在安装后会生成以“.default”为名字后缀的备份文件，方便恢复初始配置。此目录下的文件可以分为五类。

- fastcgi*：包含 FastCGI 相关参数的配置。
- mime.types：媒体类型的文件。
- nginx.conf：NGINX 默认的主配置文件。
- scgi_params：包含 SCGI 相关参数的配置。

① 本书中的*表示同类内容的统称。

- uwsgi_params：包含 uWSGI 相关参数的配置。

其中 FastCGI、SCGI、uWSGI 拥有结合外部应用的能力，这里暂不展开介绍。

- **src**

此目录是 NGINX 的源码目录，如下为其内部目录的组织结构。

- core：定义了基本的数据类型、函数、框架，以及NGINX的核心模块。其中，数据类型包括字符串、数组、日志、队列和资源池等。
- event：定义了事件模块，如 epoll、kqueue、select，在不同的操作平台会选择不同的事件驱动机制。
- http：实现了 HTTP 模块和公用代码集，实现了 HTTP 协议相关的各个模块。
- stream：实现了四层 TCP 和 UDP 的处理流程和框架。
- mail：实现了邮件服务器的功能，包括 POP、SMTP 等模块。
- misc：包含 ngx_cpp_test_module.cpp（测试 cpp 兼容性）和 ngx_google_perftools_module.c（实现 google_perftools 模块）两个文件。

2.3 编译准备

本节介绍编译和安装 NGINX 的过程。configure 脚本中使用的 C 编译器为 cc。在不同的操作系统中，cc 连接的编译器也有所不同，如 gcc 和 clang，这两个都是 C 编译器，其中 gcc 诞生于 GNU，clang 是 llvm 的前端，clang 和 llvm 共同组成编译套件，可以在 Mac OS X 或其他平台上安装使用。

如果自己的平台上没有安装 C 编译环境，那么可以执行这个命令安装：

```
yum install -y gcc automake autoconf libtool make
```

1. 安装依赖包

我们需要在编译的机器上安装 4 个依赖库：pcre、zlib、OpenSSL 和 gd-devel。其中 gd-devel 依赖库会在图片处理相关的模块中用到，基础配置中则不一定用到。下面介绍 4 个依赖库，以及在 CentOS 环境中安装依赖库的方法。

- **pcre**

NGINX 的 `rewrite` 模块和 HTTP 核心模块会使用 PCRE（Perl Compatible Regular Expression）库做正则匹配，因此 NGINX 编译需要用到这个库。我们要安装 pcre 和 pcre-devel 两个库，前者提供编译版的库，后者提供二次开发的头文件和编译项目的源代码。库的安装方式比较简单：

```
yum -y install pcre pcre-devel
```

- **zlib**

zlib 库提供实现压缩和解压的算法，因为在 NGINX 的部分模块（例如 `ngx_http_gzip_module`）中有些指令是跟压缩和解压相关的，所以需要安装这个库。和 pcre 类似，我们要安装 zlib 和 zlib-devel 这两个库，前者是预编译的库文件，后者是二次开发的头文件和编译项目的源代码。库的安装方式为：

```
yum -y install zlib zlib-devel
```

- **OpenSSL**

OpenSSL 是一个开放源码的软件库包，用于安全通信类软件的开发，可以实现对称和非对称加解密，提供网络上的加密通信传输。NGINX 基于 OpenSSL 实现了传输层的通信安全与访问控制。

安装方式为：

```
yum -y install openssl openssl-devel
```

- **gd-devel**

因为 `ngx_http_image_filter_module` 模块依赖 GD 库处理图片，所以需要安装 gd-devel 库，否则就会报错，报错信息为：

```
/test/*./configure: error: the HTTP image filter module requires the GD library.
```

库的安装方式为：

```
yum -y install gd gd-devel
```

把以上 4 个安装命令合并为一个，可以实现一次安装：

```
yum -y install pcre pcre-devel \
zlib zlib-devel openssl openssl-devel gd gd-devel
```

在其他 Linux 发行版（如 Ubuntu）上安装依赖库的过程与此类似，使用安装包管理工具 apt 安装即可。其他操作平台，如 Windows、Mac OS X 上的安装过程则暂不介绍。

2. 配置编译脚本：configure

在 2.2 节中，我们提到 configure 是编译 NGINX 的自动化配置脚本，里面定义了编译过程所需的各种选项。脚本执行时会检查系统环境，生成编译模块列表，并设置与所编译模块相对应的参数。

configure 脚本提供了众多配置选项，执行 `./configure --help` 命令可以看到所有配置选项组成的列表和对选项的简要描述。这里我们对配置选项做了分类，并根据类别讲述重点的配置选项。

- **安装目录类配置选项**

```
--prefix=PATH                 set installation prefix
--sbin-path=PATH              set nginx binary pathname
--modules-path=PATH           set modules path
--conf-path=PATH              set nginx.conf pathname
--error-log-path=PATH         set error log pathname
--pid-path=PATH               set nginx.pid pathname
--lock-path=PATH              set nginx.lock pathname
```

第一个选项`--prefix`指定了NGINX编译后的安装目录，其他`path`选项如果没有被单独指定值，则都根据此选项做默认配置。

- **编译相关类配置选项**

```
--with-cc=PATH               set C compiler pathname
--with-cpp=PATH              set C preprocessor pathname
--with-cc-opt=OPTIONS        set additional C compiler options
--with-ld-opt=OPTIONS        set additional linker options
--with-cpu-opt=CPU           build for the specified CPU ...
--with-debug                 enable debug logging
```

这些选项用于配置C编译器，用户可以选择使用非默认的编译环境。

- **依赖相关类配置选项**

```
--without-pcre               disable PCRE library usage
--with-pcre*                 ... # pcre 相关选项，此处省略描述
--with-zlib*                 ... # zlib 相关选项，此处省略描述
--with-libatomic*            force libatomic_ops library usage
--with-openssl*              ... # OpenSSL 相关选项，此处省略描述
```

- **模块类配置选项**

这类配置选项决定了是否将模块加入编译列表，主要分为两类。

- **`--with-*_module`**：编译列表中默认不包含该选项对应的模块，使用此选项可以将这个模块加入编译列表。比较常用的几个选项如下。
  - **`--with-http_ssl_module`**：启用SSL模块，使用HTTPS协议通信。
  - **`--with-http_v2_module`**：启用HTTP/2模块。
  - **`--with-http_realip_module`**：启用realip模块。
  - **`--with-stream`**：启用四层TCP或者UDP代理模块。
- **`--without-*_module`**：编译列表中默认已经包含该选项对应的模块，使用此选项可以将这个模块从编译列表中移除。比较常用的几个选项如下。
  - **`--without-http_upstream_keepalive_module`**：禁用`HTTP keepalive`模块。

- **--without-http_gzip_module**：禁用 gzip 压缩模块。
- **--without-http_rewrite_module**：禁用 rewrite 模块。

- **外部模块类配置选项**

```
--add-module=PATH            enable external module
--add-dynamic-module=PATH    enable dynamic external module
--with-compat                dynamic modules compatibility
```

这类选项通过把第三方模块编译进可执行文件（--add-module）或者编译成动态链接库（--add-dynamic-module），让 NGINX 开发人员能够编译第三方模块。

下面我们举一个例子，体验一下 configure 脚本的使用方法：

```
./configure \
     --with-cc=/usr/bin/cc --with-cc-opt='-O0 -g' \
     --prefix=/usr/local/nginx \
     --with-http_ssl_module \
     --with-stream \
     --with-http_image_filter_module \
     --with-http_realip_module \
     --with-stream_ssl_module \
     --add-dynamic-module=/root/njs-cc5c687ebc1c/nginx
```

在这个例子中，我们首先选定了 C 编译器，并添加了编译选项-g，这样便于调试 NGINX；然后用--prefix 选项指定了 NGINX 编译后的安装目录为 /usr/local/nginx；之后增加了几个模块：ngx_http_ssl_module、ngx_stream_module、ngx_http_image_filter_module、ngx_http_realip_module 和 ngx_stream_ssl_module；最后添加了对动态模块 NJS 的编译，目录为 /root/njs-cc5c687ebc1c/nginx，NJS 会被编译成动态链接库文件，而不是像前面几个模块那样被编译进 nginx 二进制文件。

这个 configure 脚本执行结束后，会输出如下配置结果：

```
Configuration summary
  + using system PCRE library
  + using system OpenSSL library
  + using system zlib library

  nginx path prefix: "/usr/local/nginx"
  nginx binary file: "/usr/local/nginx/sbin/nginx"
  nginx modules path: "/usr/local/nginx/modules"
  nginx configuration prefix: "/usr/local/nginx/conf"
  nginx configuration file: "/usr/local/nginx/conf/nginx.conf"
  nginx pid file: "/usr/local/nginx/logs/nginx.pid"
  nginx error log file: "/usr/local/nginx/logs/error.log"
  nginx http access log file: "/usr/local/nginx/logs/access.log"
  nginx http client request body temporary files: "client_body_temp"
  nginx http proxy temporary files: "proxy_temp"
  nginx http fastcgi temporary files: "fastcgi_temp"
```

```
nginx http uwsgi temporary files: "uwsgi_temp"
nginx http scgi temporary files: "scgi_temp"
```

3. 编译并安装

和大多数 Linux 应用程序一样，在执行完 configure 脚本，即完成配置后，就该编译了，这个过程比较简单，只需要执行 `make` 命令和 `make install` 命令，NGINX 就会将可执行文件和配置文件安装到`--prefix` 选项指定的目录。

`make` 命令会依次进入各级源码目录进行编译，生成以.o 为名字后缀的中间文件，类似如下这样：

```
/usr/bin/cc -c -pipe  -O -W -Wall -Wpointer-arith -Wno-unused-parameter -Werror -g -O0
-g -I src/core -I src/event -I src/event/modules -I src/os/unix -I objs \
    -o objs/src/core/nginx.o \
    src/core/nginx.c
```

之后将.o 文件链接成 NGINX 可执行文件，如果编译成功，那么输出结果会以 `make[1]: Leaving directory `/root/nginx-1.19.0`` 结尾。

在 ./objs 目录下可以看到所有的中间文件（如.o 文件）和最终文件（如 NGINX 可执行文件、`ngx_http_js_module.so` 编译成动态链接库的模块文件）。

如果安装过程出现了错误，那么可以根据错误提示检查编译环境或前置依赖是否满足要求。

4. 验证安装结果

编译和安装结束后，执行以下命令验证 NGINX 的安装结果：

```
# /usr/local/nginx/sbin/nginx -v
nginx version: nginx/1.19.0
```

如果安装目录取默认值，即不指定`--prefix` 选项的内容，那么可执行文件会被安装到 /usr/local/nginx/sbin/nginx 目录。

正如上面 configure 脚本执行结束后的 `Configuration Summary` 内容所示，我们可以进入以下目录查看安装文件的列表，这里展示的是默认情况下的安装目录。

- **可执行文件**：/usr/local/nginx/sbin/nginx 目录。
- **模块**：/usr/local/nginx/modules 目录。
- **配置路径**：/usr/local/nginx/conf 目录。
- **PID 文件**：/usr/local/nginx/logs/nginx.pid 目录。
- **错误日志**：/usr/local/nginx/logs/error.log 目录。
- **访问日志**：/usr/local/nginx/logs/access.log 目录。

2.4 配置入门

本节中，我们会使用2.3节中编译并安装好的NGINX搭建一个最简单的Web服务器，在此之前需要先了解以下两点：

- 配置文件的结构及基本指令的使用方法；
- NGINX管理命令及参数。

1. 配置文件的结构

NGINX默认的配置文件为/usr/local/nginx/conf/nginx.conf，如果安装的是操作系统预编译版，那么配置文件为/etc/nginx/nginx.conf。在安装完成后，NGINX会提供nginx.conf.default文件用于恢复初始配置。我们现在来看一下配置文件的结构：

```
...                             # 全局配置
events {                        # events 块配置
    ...
}
http {                          # http 块配置
    ...                         # http 全局配置
    server {                    # server 块配置
        ...                     # server 全局配置
        location [PATTERN] {    # location 块配置
            ...
        }
    }
}
```

这个配置文件为静态配置，对内部各配置块的先后顺序不做要求，各块的含义如下。

- **全局配置**：放置全局配置指令，例如 NGINX 服务器的用户组、NGINX 进程的 PID 路径、日志路径、配置文件的索引和worker进程数等。
- **events 块配置**：NGINX采用异步非阻塞的事件驱动机制，在 events 配置块中可以定义每个worker进程的最大连接数、驱动模型等。
- **http 块配置**：定义HTTP协议的处理行为，内部可以嵌套多个 server 块，配置大多数模块（代理缓存等）的功能。
- **server 块配置**：定义Web服务器的相关参数，如监听端口、域名、内部嵌套的 location 块配置等。
- **location 块配置**：配置请求的资源路径和资源处理行为。

2. 配置文件的组成

NGINX配置文件由模块提供的指令和变量组成。

- **指令**

指令分为简单指令和块指令。

简单指令由名称和参数（用空格分隔两者）组成，以分号（;）为结尾。块指令的组成与简单指令相同，但它以一组由大括号（{}）包围的附加指令为结尾。如果块指令的大括号内具有其他指令，则称这个块指令为上下文，例如 events、http、server 和 location。

配置文件中那些不包含在任何上下文中的指令被视为包含在主上下文中，例如，events 和 http 指令放置在主上下文中、server 放置在 http 上下文中，location 则放置在 server 上下文中。

块指令用于划分区域块，具有一定的层级关系，例如 http 块中可以包含多个 server 块，server 块中可以包含多个 location 块。

配置指令的操作与模块有着紧密的对应关系，因为 NGINX 是模块化的，不同模块提供不同的功能，所以当我们针对某个模块做配置时，就会用到该模块提供的指令。我们可以在官方文档中查询模块与指令的关系，以及各个指令的使用范围与使用方法。

- **变量**

NGINX 的各个模块提供了许多变量，使用这些变量可以简化配置并提高配置的灵活性，访问这些变量的方式是"$变量名"，例如 $server_port。

NGINX 变量分为内置变量和自定义变量。

内置变量存放在 ngx_http_core_module 模块中，代表请求与应答的字段信息，例如客户端请求头中的$http_user_agent、$http_cookie 等，请求的参数名 $arg_name（即 URL 中"?"后面 arg_name=arg_value 中的 arg_name），传输给客户端的字节数 $bytes_sent。内置变量的列表及细节可以参考官网文档。

对于自定义变量，可以在 server、http、location 等块中使用 set 命令（不唯一）声明，语法为：set $变量名 变量值。

3. 启动、停止和重载 NGINX

本节将介绍如何启动、停止和重载 NGINX。

运行 NGINX 可执行文件，即可启动 NGINX。注意 NGINX 可执行文件可能并不在 PATH 环境变量中，如果不在，则需要使用以下命令将其添加到 PATH 变量中：

```
export PATH=$PATH:/usr/local/nginx/sbin
```

启动 NGINX 后，可以通过-s 以发送信号的方式管理 nginx 进程：

```
nginx -s signal
```

master 进程接收以下信号。

- stop：立即退出。
- quit：优雅退出。
- reload：重载配置。
- reopen：重新打开日志文件。

例如，执行 `nginx -s quit` 命令后，master 进程不会立即退出，而是会等待 worker 进程处理完当前的连接请求后再退出。另一个更常用的例子是 `nginx -s reload`，执行这个命令后，系统会给 master 进程发送 `reload` 信号。当 master 进程接收到 `reload` 信号后，会检查新配置文件的语法有效性，并尝试使用新配置。如果顺利，master 进程将启动新的 worker 进程，并向旧 worker 进程发送消息，请求它们关闭；否则 master 进程将回滚更改并继续使用旧配置。在这个过程中，当旧 worker 进程接收到关闭命令后，会停止接收新连接并继续服务当前请求，直到所有当前请求都得到服务后，旧 worker 进程退出。

提示

这里我们提到了 master 进程和 worker 进程，就不得不说一下 NGINX 的进程结构了。NGINX 的进程空间由一个 master 进程和多个 worker 进程组成。master 进程的主要职责是读取和评估配置，并维护 worker 进程。worker 进程负责处理实际的请求。NGINX 采用的是事件驱动机制，会给各个 worker 进程有效地分配请求。worker 进程的数量可以在配置文件中自定义，也可以使用默认值，即可用的 CPU 内核数。

我们也可以通过 Unix 命令 `kill` 给进程发送信号，这个命令里会直接写进程 ID，信号会被发送给这个 ID 对应的进程（master 进程或者 worker 进程），而不是统一发送给 master 进程。例如：

```
kill -s QUIT 28622
```

如果 28622 对应 worker 进程，那么这个 worker 进程会直接退出。当然 master 进程会检测到此次退出，并拉起新的 worker 进程。

如果 28622 对应 master 进程，那么 NGINX 的所有进程都会退出，效果等同于执行 `nginx -s quit` 命令。

执行 `ps -ax | grep nginx` 命令可以查看 NGINX 的所有进程，执行 `nginx -h` 命令可以查看 NGINX 所有参数组成的列表，如图 2-3 所示。

```
# /root/nginx/sbin/nginx -h
nginx version: nginx/1.19.0
Usage: nginx [-?hvVtTq] [-s signal] [-c filename] [-p prefix] [-g directives]

Options:
  -?,-h         : this help
  -v            : show version and exit
  -V            : show version and configure options then exit
  -t            : test configuration and exit
  -T            : test configuration, dump it and exit
  -q            : suppress non-error messages during configuration testing
  -s signal     : send signal to a master process: stop, quit, reopen, reload
  -p prefix     : set prefix path (default: /root/nginx/)
  -c filename   : set configuration file (default: conf/nginx.conf)
  -g directives : set global directives out of configuration file
```

图 2-3 NGINX 命令行参数列表

下面介绍其中几个参数。

- **-p**：用于指定使用的根目录。我们默认使用的根目录是在编译时指定的。可以将 NGINX 安装目录复制到别处，并使用`-p`参数重新指定根目录。
- **-c**：用于指定配置文件，这个参数只是改变配置文件，而不改变根目录。
- **-g**：用于将全局块配置放置在命令行中。当配置文件和命令行同时出现相同的配置项时，命令行优先，它会覆盖配置文件中对应的配置项。这个参数可以方便我们临时改变 NGINX 全局配置，如`worker_processes`、`user`、`error_log`等。

4. 配置静态文件 Web 服务器

了解完 NGINX 配置文件的结构、组成及管理指令后，我们来配置一个基本的静态文件 Web 服务器，以此来看看 NGINX 配置文件的运行方式。这里我们不使用 nginx.conf.default 文件，而是从零开始编写 nginx.conf 文件，以便更好地理解其中各部分内容的由来。

Web 服务器一个很重要的任务是提供静态文件 Web 服务（如 HTML 静态页面和图像）。本节中我们会通过配置实现根据不同请求从不同的本地目录获取文件内容：从 /data/www 目录获取 HTML 静态页面以及从 /data/images 目录获取图像。

首先创建 /data/www 目录，并将包含各种文本内容的 index.html 文件放入其中，再创建 /data/images 目录，并在其中放一些图像。

接着，打开配置文件。这里我们使用 /root/nginx.conf 文件，这个文件默认包含几个示例块指令，其中大部分已经被注释掉。现在除了文件开头的`user`、`worker_processes`、`events`块外，注释掉其他所有块，并启动一个新的服务器块，即 nginx.conf 文件的内容为：

```
user root;    # 在实际环境中需要把该项改成 NGINX 启动的账号，并保证其访问权限
worker_processes  1;
events {
    worker_connections  1024;
}
```

```
http {
    server {
    }
}
```

配置文件可能包含好几个 server 块，这些 server 块通过它们监听的端口和服务器名字来区分。NGINX 会根据请求的主机名、URL 等决定由哪个 server 块下的哪个 location 块处理请求。随后，将以下 location 块添加到 server 块：

```
location / {
    root /data/www;
}
```

这个 location 块是 URI 以“/”开头的请求的匹配项。对于匹配到的请求，会把这个请求的 URI 添加到 root 指令指定的路径（即 /data/www）中，形成在本地文件系统中请求文件的路径，例如我们的请求为 http://localhost/index.html，那么 location 块会将此请求的资源路径映射为本地的 /data/www/index.html。如果请求匹配到多个 location 块，那么 NGINX 会选择具有最长前缀的 location 块。上面的 location 块提供的是长度为 1 的最短前缀，因此仅当其他所有 location 块都无法匹配成功时，才会使用此块。下面添加第二个 location 块：

```
location /images/ {
    root /data;
}
```

这个 location 块是 URI 以“/images/”开头的请求的匹配项。现在 server 块的配置结果如下：

```
server {
    location / {
        root /data/www;
    }

    location /images/ {
        root /data;
    }
}
```

最后，我们使用新的 nginx.conf 文件，并启动 NGINX（如果尚未启动）：

```
nginx -s reload
```

由于配置 server 块时，我们并没有使用 listen 指令显式地指定监听端口，因此 NGINX 会默认监听 80 端口。我们在本地计算机上打开 http://localhost/ 就可以访问配置好的静态文件 Web 服务器了。

为了响应 URI 以“/images/”开头的请求，服务器将发送 /data/images 目录中的文件。例如请求为 http://localhost/images/example.png，那么将发送 /data/images/example.png 文件，如果不存在这个文件，就发送 404 错误页面。如果某个请求的 URI 不是以“/images/”开头，就发送 /data/www 目录中的文件。例如发送 /data/www/some/example.html 文件来响应 http://localhost/some/example.html 请求。

另外，很重要的一点是，如果配置的服务器没有按照预期工作，那么可以尝试在 access.log 文件和 error.log 文件中找原因，路径为 /usr/local/nginx/logs 或/var/log/nginx，本节示例中的路径为 /usr/local/nginx/logs。

最终的 nginx.conf 文件的内容如下：

```
# cat /root/nginx.conf
user root;
worker_processes 1;

events {
    worker_connections 1024;
}

http {
    server {
        location / {
            root /data/www;
        }

        location /images/ {
            root /data;
        }
    }
}
```

打开 http://localhost/ 访问服务器的效果如图 2-4 所示。

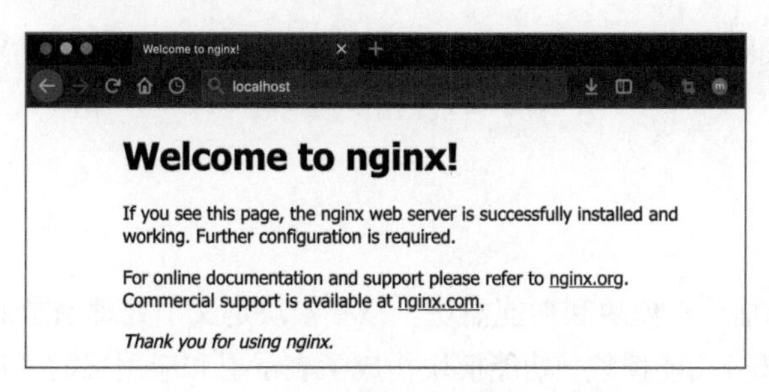

图 2-4　访问配置好的服务器的效果

更多的 NGINX 配置细节可以参考官方文档，其中详尽地阐述了所有的指令和模块。

2.5　本章小结

本章简要介绍了从下载、编译、安装 NGINX 到配置基本的文件 Web 服务器的各个步骤，大家应该了解了 NGINX 的管理方式、配置过程和文件组织方式。

第 3 章

架构设计与工作模式

传统的基于进程或线程的并发处理模型是使用单独的进程或线程来处理每个连接，这样在内存和 CPU 的使用方面可能非常低效。生成单独的进程或线程需要准备新的运行时环境，包括分配堆和栈内存，以及创建新的执行上下文，这些都会因切换上下文而产生损耗。并且，线程或进程抖动也会导致性能不佳。

NGINX 从一开始就被视为全新的设计，它能够高效、充分地利用服务器资源。为了适应高并发的需要，NGINX 采用了不同的设计模型，遵循模块化、基于事件驱动、异步非阻塞的机制，这些也构成了 NGINX 高性能的基础。

NGINX 大量使用多路复用和事件通知机制，连接请求被分配在特定 worker 进程中（而不是启动新的线程或者进程），并在后续的事件循环中被高效执行。每个 worker 进程每秒都可以处理很多并发连接。

本章将从 NGINX 的模块体系、进程模型和事件驱动模型这三方面简要介绍 NGINX 的运行机制。

3.1 模块体系

NGINX 的模块包括核心模块和功能模块。核心模块定义了处理请求的每个阶段，并且在每个阶段都会适当调用部分功能模块。功能模块构成了表示层和应用层的大部分功能逻辑，负责从网络读取和写入数据、转换数据内容，执行过滤、应用服务器端的内部操作，并在需要代理时将请求传递给上游服务器。

按照功能，可以将 NGINX 的模块划分为核心模块、事件模块、阶段处理模块、过滤模块、上游模块和负载均衡模块。

关于更详细的模块定义和模块提供的指令，可以参考官方文档中的 Modules reference 部分，如下为各类模块的职责。

- **核心模块**：实现底层的通信协议，为其他模块和 NGINX 进程构建基本的运行时环境，是其他各模块的协作基础。除此之外，大部分与协议相关的功能是在这类模块中实现的。ngx_core_module、ngx_errlog_module、ngx_conf_module、ngx_regex_module、ngx_events_module 均为核心模块。
- **事件模块**：定义了事件处理的响应逻辑及定时器，独立于操作系统的事件处理框架。不同操作系统用来实现事件驱动机制的模块也有所不同，例如在 Linux 系统中使用的是 ngx_epoll_module，在 Mac OS X 中使用的是 ngx_kqueue_module。ngx_event_core_module、ngx_kqueue_module 均为事件模块。
- **阶段处理模块**：负责处理请求并产生响应内容，是种类最丰富的模块。ngx_http_core_module、ngx_http_log_module、ngx_http_autoindex_module 均为阶段处理模块。
- **过滤模块**：也叫作 filter 模块，负责处理输出内容，对特定的客户端请求做访问限制，例如 ngx_http_access_module 模块可以根据用户口令、自请求的结果或 JWT 执行访问控制。
- **上游模块和负载均衡模块**：实现反向代理和负载均衡，将请求转发到后端服务器，并从后端服务器读取响应发给客户端，是比较特殊的处理模块。

NGINX 的这种模块化体系结构使得开发人员可以在不修改核心模块的情况下扩展 Web 服务器的功能集。

NGINX 支持动态加载模块，即不一定要在构建阶段将模块与 NGINX 可执行文件编译在一起，用户可以有选择地将某些模块编译成动态链接库，并把它作为动态模块来加载。

NGINX 社区创建了很多第三方模块，能够很有效地增强原生开源 NGINX 的能力。NGINX 官方支持的模块可以参考 https://www.nginx.com/products/nginx/modules，例如其中的 NGINX JavaScript 模块是 NGINX 的通用脚本框架，可以将 JavaScript 的能力引入 NGINX 中，降低 NGINX 用户使用 C 语言开发模块的必要性，本书的“NJS 开发篇”会展开讨论这个模块。

3.2 进程模型

NGINX 进程空间如图 3-1 所示。

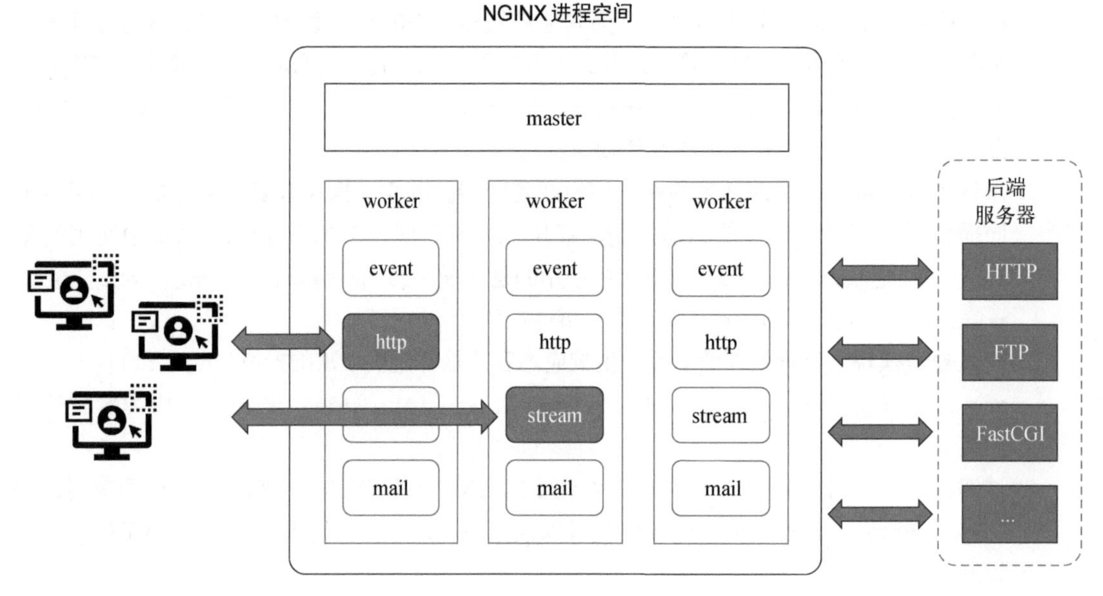

图 3-1 NGINX 进程空间示意图

NGINX 在启动后，会创建一个 master 进程和多个 worker 进程，以及一组具有特别用途的进程（比如 cache manager 和 cache loader），这些进程都以单线程的形式存在，通过共享内存机制在进程间通信。

通过 `ps -ef -forest | grep nginx` 命令，可以看到当前环境中运行的 NGINX 进程空间：

```
# ps -ef --forest | grep nginx
root      32475     1  0 13:36 ?        00:00:00 nginx: master process
nginx     32476 32475  0 13:36 ?        00:00:00  _ nginx: worker process
nginx     32477 32475  0 13:36 ?        00:00:00  _ nginx: worker process
nginx     32479 32475  0 13:36 ?        00:00:00  _ nginx: worker process
nginx     32480 32475  0 13:36 ?        00:00:00  _ nginx: worker process
nginx     32481 32475  0 13:36 ?        00:00:00  _ nginx: cache manager process
nginx     32482 32475  0 13:36 ?        00:00:00  _ nginx: cache loader process
```

其中，master 进程负责以下事情。

- 读取并验证配置文件。
- 创建、绑定和关闭套接字。
- 启动、停止和维护特定数量的 worker 进程。
- 重新使用配置文件。
- 无死机进程升级。
- 重新打开日志文件。
- 动态加载第三方模块。

worker 进程负责以下事情。

- 处理并发的连接请求。
- 提供反向代理和内容过滤功能。
- 实现 NGINX 提供的其余所有功能（如安全与访问控制）。

cache manager 进程主要负责缓存内容的过期和失效问题。cache loader 进程负责检查和加载磁盘上的缓存项，并将缓存的元数据填充到 NGINX 的内存数据库。从本质上讲，cache loader 进程使得 NGINX 能够处理存储在磁盘上的文件（这些文件以特定的目录结构存储在磁盘上）。具体而言，cache loader 会遍历目录，检查缓存内容的元数据，更新共享内存中的相关内容。

3.2.1 worker 进程的模型

worker 进程会接收来自共享监听套接字的新请求。这些请求以事件的形式放入 worker 进程的事件队列中，并由预先定义的处理函数高效执行。在这个过程中，没有专门的仲裁逻辑来决定由哪个 worker 进程执行，而是由操作系统的内核 epoll 或 kqueue 机制来决定。

事件循环是 worker 进程的代码中最复杂的一部分，包含一系列内部调用，强依赖于异步任务处理机制。NGINX 异步操作的实现依赖于模块化设计、事件通知、被大量使用的回调函数和优化过的计时器机制。简言之，最关键的原则是要尽量避免阻塞，唯一会引起阻塞的情况是磁盘的存储性能较低。

由于 NGINX 不会分别为每个连接创建新的进程或线程，因此往往要把内存用在“刀刃”上。而且不创建新的进程或线程意味着不会有销毁过程，所以 NGINX 还减少了对 CPU 的多余消耗。NGINX 会做的事情是检查网络和内存的状态，为新连接初始化运行上下文，并将其添加到运行循环中，然后异步处理直到完成，最后从运行循环中删除处理完的连接。另外，NGINX 对 syscall 的调用非常谨慎，实现了很多有利于性能的机制，如内存池和内存分配器，因此即使在工作负载较为极端的情况下也能达到很高的 CPU 使用率。

由于 NGINX 在启动时会创建多个 worker 进程来处理请求，因此它在多核 CPU 的环境下扩展性良好。通常，一个进程可以独占一个 CPU 核，这样不仅能够充分利用多核的体系结构，防止线程抖动和锁定，不会存在资源不足的现象；还能提升物理存储设备的使用率，避免因磁盘 I/O 操作引起阻塞，因为不会出现单个进程访问磁盘而影响其他进程执行的情况。

为了充分利用 NGINX 的性能特点，在不同的使用场景下，应该适当调整 worker 进程的数量，基本规则是 worker 进程的数量应该和 CPU 的核数相同。但也有一些场景略有不同：如果负载是 CPU 密集型（例如处理大量的 TCP/IP 请求、执行 SSL 或压缩），那么 worker 进程的数量应该和 CPU 的核数相匹配；如果负载大多和磁盘 I/O 操作相关（例如从磁盘或大量代理中获取不同内容集），那么 worker 进程的数量可能是 CPU 核数的 1.5 倍~2 倍。还有一些场景，需要根据内存大小选择 worker 进程的数量，但效率取决于磁盘存储的内容类型和配置。

3.2.2　缓存机制

NGINX 缓存以分层存储数据的形式保存在文件系统中。缓存的键值是可配置的，可以使用特定的请求参数作为索引来获取缓存中的内容。缓存键值和缓存元数据存储在共享内存段中，cache loader 进程、cache manager 进程和 worker 进程都可以访问这些段。

往缓存中放置内容的过程是当 NGINX 从上游服务器读取响应内容后，先把内容写入缓存目录结构之外的临时文件，等 NGINX 处理完请求后，再重命名这个临时文件并把它移动到缓存目录中。如果临时文件的目录位于另一个文件系统中，则还需要复制该文件，因此建议将临时文件的目录和缓存目录保留在同一文件系统中。

3.3　事件驱动模型

在操作系统中，可以把进程或线程定义为在 CPU 核上运行的一组数据与执行指令的集合。大多数 Web 服务器和 Web 应用程序会使用一个独立的进程或者线程来处理一个请求，在这个过程中，进程或线程有很大一部分时间处于阻塞态来等待客户端，这个过程对服务器端资源的使用率是极低的。

同步事件监听机制的示意图如图 3-2 所示，Web 服务器会监听事件队列，看是否有新的请求。当有新请求到来时，Web 服务器就创建新的进程或线程依次接收这些请求，读取它们的内容并处理，还会查看是否有 KeepAlive 连接。在整个过程中，每一步都会发生阻塞等待现象。

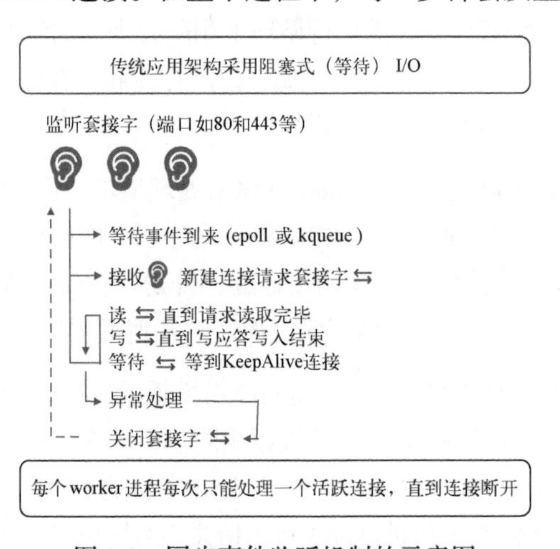

图 3-2　同步事件监听机制的示意图

这种机制的优点是易于理解和编程，缺点是每次监听到新请求时都会触发新的进程或线程，系统层面的开销巨大，且阻塞等待时消耗的时间会很大，即便只是处理一个简单的 HTTP 请求。

相比之下，NGINX 是基于事件驱动机制的，在单进程模式下并发处理多个请求，如图 3-3 所示。

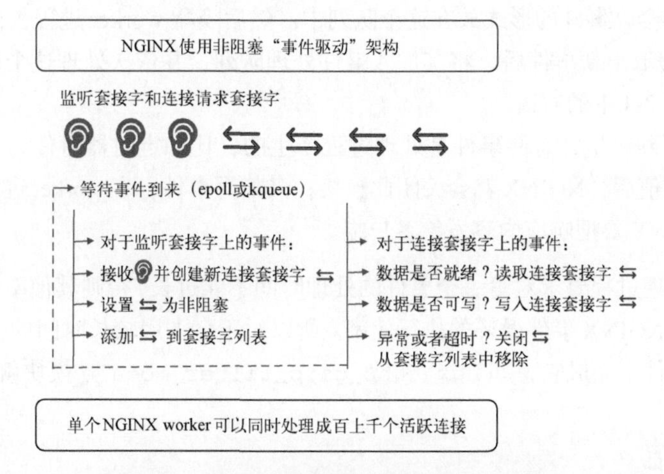

图 3-3　异步非阻塞事件监听机制的示意图

可以看出，worker 进程会监听事件队列。事件队列中的内容可以是连接事件，也可以是读写事件。连接事件意味着有新的连接请求到来，读写事件意味着客户端的连接请求进入了下一个处理阶段。在整个过程中，worker 进程都不会进入阻塞态去等待客户端响应，而是会立即处理别的已经满足执行条件的请求，这就是事件驱动的异步非阻塞模型。

下面我们具体了解一下事件循环的过程，看看 NGINX 是如何处理事件的，如图 3-4 所示。

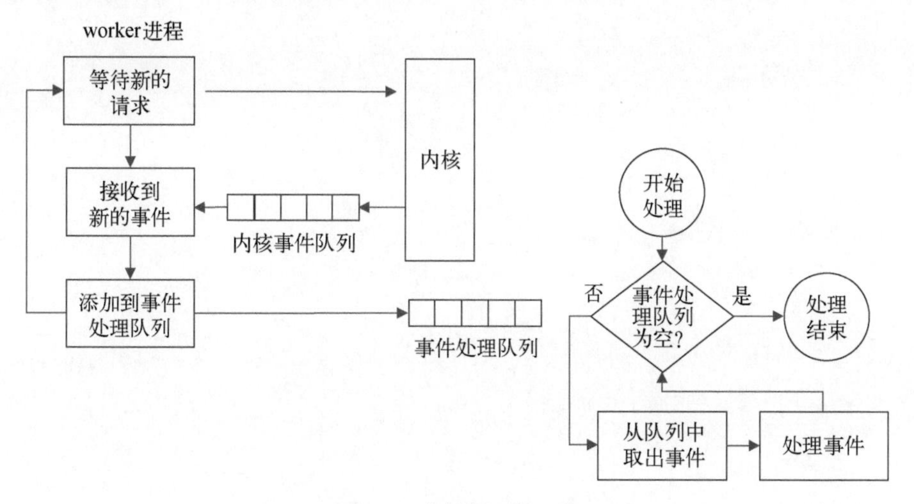

图 3-4　事件循环的过程

下面来分析一下这张图里面的内容。

- 当新的请求到来时，内核负责完成三次握手（针对 TCP 请求）并建立连接。
- 内核将接收到的请求内容放在内核事件队列中（epoll 或者 kqueue），任何连接请求以及读写请求都会以事件的形式放在这个队列中。然后唤醒 worker 进程去读取新事件。
- worker 进程取出新事件后，将其加入事件处理队列，并依次处理这个队列中的事件，处理过程在图 3-4 中的右边。
- 新的事件不断产生，有些事件是处理过程产生的，比如定时器事件，当一个连接持续的时间超过阈值后，NGINX 就会关闭此连接；又如写事件，在 worker 进程处理完对应的请求后，NGINX 要把响应内容发给客户端。

基于事件的处理过程要求对每一个事件的处理时间不能过长，否则其他事件就得不到及时的响应，会严重影响 NGINX 事件循环的执行效率。所以对于会占用较长时间的 CPU 任务，会把它拆分开，在多个事件中完成它，如 `ngx_http_gzip_filter_module` 模块就是这么处理的。

3.4 本章小结

本章我们简单了解了 NGINX 的架构设计和运行机制，NGINX 的真实设计和实现远比这个复杂，限于篇幅，这里只呈现了一些基本概念，感兴趣的读者可以下载开源 NGINX 的源码学习，也可以到官网获取设计文档：https://nginx.org/en/docs/dev/development_guide.html。

开源功能篇

- ❑ 第 4 章　HTTP 服务器的功能
- ❑ 第 5 章　HTTP 模块的增强功能
- ❑ 第 6 章　七层反向代理的功能
- ❑ 第 7 章　七层反向代理的补充功能
- ❑ 第 8 章　四层反向代理的功能
- ❑ 第 9 章　内容缓存功能
- ❑ 第 10 章　流媒体服务器

第 4 章

HTTP 服务器的功能

HTTP 服务器（一般也称为 Web 服务器）主要用于处理来自客户端的 HTTP 请求，并将网页内容响应给客户端。这些网页内容可以是简单的 HTML 文件，也可以是通过 Ajax 或 WebSocket 动态更新而得的内容。设计 NGINX 的初衷是用它处理任何必要的 HTTP 服务，故其采用的是高度模块化设计，有便于功能的扩展和模块的迭代。在本章中，我们将围绕 HTTP 模块、处理 HTTP 请求的阶段、HTTP 服务器的基本配置展开描述。

4.1 HTTP 模块

高度模块化的设计是 NGINX 架构的基础，NGINX 服务器被分解为多个模块，每个模块都有自己独立的功能，且只负责自己的功能，各个模块严格遵循“高内聚，低耦合”的原则。

NGINX 具有四层反向代理和七层反向代理的功能，其基本模块如图 4-1 所示。

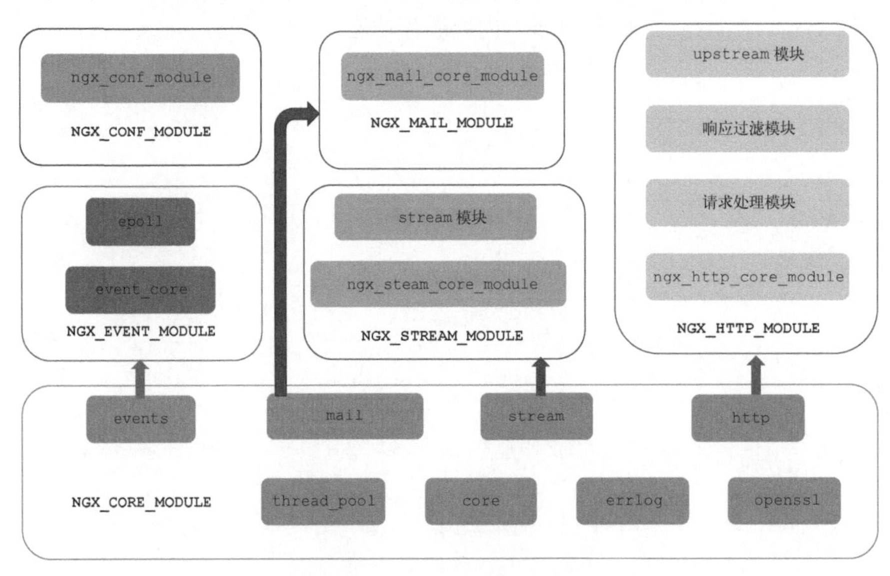

图 4-1 NGINX 的基本模块

其中，NGX_HTTP_MODULE（即 HTTP 模块）是 NGINX 的核心模块之一，负责处理与客户端的所有交互请求与响应。它主要包括响应过滤模块和请求处理模块，其中各个模块的名称和相应的功能描述见表 4-1。

表 4-1 HTTP 模块

模块名称	模块功能描述
ngx_http_access_module	访问控制模块
ngx_http_auth_basic_module	基本认证模块
ngx_http_auth_jwt_module	JWT 认证模块
ngx_http_auth_request_module	认证模块
ngx_http_autoindex_module	URI 匹配模块
ngx_http_gzip_module	gzip 压缩模块
ngx_http_gzip_static_module	gzip 压缩模块
ngx_http_index_module	URI 匹配模块
ngx_http_limit_conn_module	限流模块
ngx_http_limit_req_module	限流模块
ngx_http_log_module	日志模块
ngx_http_mirror_module	镜像模块
ngx_http_random_index_module	URI 匹配模块
ngx_http_realip_module	获取客户端 IP 的模块
ngx_http_rewrite_module	URI 重写模块
ngx_http_addition_module	增加字段处理的模块
ngx_http_userid_module	设置 cookie 处理的模块
ngx_http_charset_module	增加特殊字符处理的模块
ngx_http_gunzip_module	gzip 解压处理模块
ngx_http_headers_module	处理 header 字段的模块
ngx_http_image_filter_module	图片处理模块
ngx_http_slice_module	响应拆分处理模块
ngx_http_ssi_module	SSI 命令支持模块
ngx_http_sub_module	字符串替换处理模块
ngx_http_xslt_module	XML 格式转换模块

大家也可以打开 https://github.com/nginx/nginx/tree/master/src/http/modules 获取最新的模块列表。

4.2 处理 HTTP 请求的阶段

我们先来学习一下 HTTP 请求本身，它由三部分组成，分别是请求头、请求行和请求体。在通常情况下，HTTP 模块读取的内容只包括请求头和请求行，并不包括请求体，因为解析 HTTP 协议不需要用到请求体中的数据（如返回的图片或静态页面）。只有在需要时才将请求体数据传输给后端的应用服务器（如 POST 请求、文件上传等）。

HTTP 模块处理 HTTP 请求的过程包含多个阶段（比如配置查找内容阶段、虚拟服务器阶段、重写 URI 阶段、检查访问权限阶段和处理阶段等），每个阶段都可能调用一个或多个处理模块。从 NGINX 源代码中，我们可以看到处理过程被分成了 11 个阶段，如表 4-2 所示。

表 4-2 处理 HTTP 请求的 11 个阶段

源代码中的阶段名称	阶段描述
NGX_HTTP_POST_READ_PHASE	这是 NGINX 读取并解析完请求头后立即开始执行的阶段，即状态机中的 Post-Read 阶段。在此阶段，realip 模块可使用 PROXY 协议中的变量，利用其他地址替换请求内容中的客户端 IP 地址
NGX_HTTP_SERVER_REWRITE_PHASE	这是在虚拟服务器级别转换请求 URI 的阶段，即状态机中的 Server-Rewrite 阶段。此阶段主要处理 server 块的重写规则
NGX_HTTP_FIND_CONFIG_PHASE	这是配置查找内容的阶段，即状态机中的 Find-Config 阶段。此阶段主要通过 URI 查找对应的 location 块，并将 URI 和 location 块关联起来
NGX_HTTP_REWRITE_PHASE	这是在 location 级别转换请求 URI 的阶段，即状态机中的 Rewrite 阶段。此阶段主要处理 location 块的重写规则
NGX_HTTP_POST_REWRITE_PHASE	这是转换请求 URI 后的处理阶段，即状态机中的 Post-Rewrite 阶段。此阶段主要完成一些校验和收尾工作
NGX_HTTP_PREACCESS_PHASE	这是检查访问权限的预处理阶段，即状态机中的 Pre-Access 阶段。此阶段主要控制一些粗粒度的访问权限，如基于访问连接数、请求数进行控制
NGX_HTTP_ACCESS_PHASE	这是检查访问权限的阶段，即状态机中的 Access 阶段。此阶段主要控制一些细粒度的访问权限，如校验 JWT、用户名和密码，基于 IP 的 ACL 等
NGX_HTTP_POST_ACCESS_PHASE	这是检查访问权限后的处理阶段，即状态机中的 Post-Access 阶段
NGX_HTTP_PRECONTENT_PHASE	此阶段主要处理 try_files 指令和 mirror 指令，即状态机中的 Pre_Content 阶段
NGX_HTTP_CONTENT_PHASE	即状态机中的 Content 阶段。在此阶段，内容处理模块会产生文件内容。如果内容是 PHP 代码，就调用 php-cgi 进程；如果内容是代理，就转发给相应的后端服务器
NGX_HTTP_LOG_PHASE	这是处理完请求后记录日志的阶段，即状态机中的 Log 阶段。用于输出访问日志

如果要自己开发一个带阶段处理的模块，可以参考 https://github.com/nginx/nginx/tree/master/src/http/modules 列表中的模块，我们只需要在模块初始化的时候，将回调函数注册到想要处理的

阶段上，就能实现自定义阶段的处理拦截。需要注意的是，有 4 个阶段无法添加回调函数，如表 4-3 所示。

表 4-3 NGINX 不支持注册回调函数的 4 个阶段

源代码中的阶段名称	描 述
NGX_HTTP_FIND_CONFIG_PHASE	此阶段会搜索配置位置，并填充 location 请求头
NGX_HTTP_POST_ACCESS_PHASE	此阶段只会解释和应用检查访问权限后的结果。该阶段是实现 satify all/any 指令必需的
NGX_HTTP_POST_REWRITE_PHASE	此阶段是转换请求 URI 后的处理阶段
NGX_HTTP_PRECONTENT_PHASE	在此阶段，NGINX 会处理 try_files 指令和 mirror 指令

从表 4-2 中，我们了解了 NGINX 实现的 11 个处理阶段，即 NGINX 状态机，为了更好地理解各个阶段，我们可以参考图 4-2。

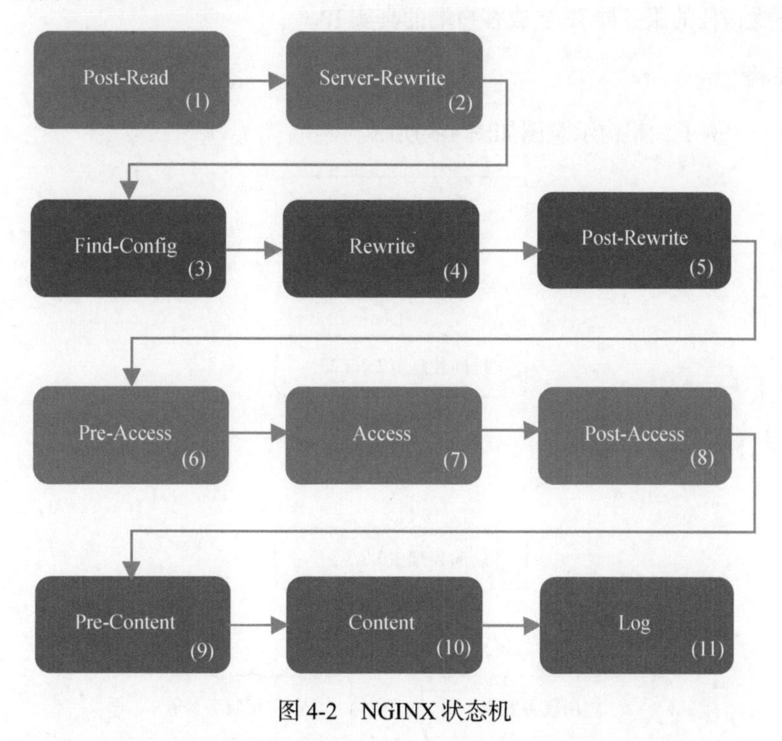

图 4-2 NGINX 状态机

下面来详细分析这 11 个处理阶段的工作。

1. Post-Read 阶段

在 Post-Read 阶段，上游服务器可以通过 realip 模块获取客户端的真实 IP 地址。要使用 realip 模块，需要在编译时添加 --with-http_realip_module 选项开启它。下面我们展开 realip 模块，看一下其相关内容和配置。

- **作用域**

set_real_ip_from、real_ip_header 和 real_ip_recursive 都可以用于配置 http 块、server 块、location 块。

- **参数**

- ❑ set_real_ip_from：用于设置反向代理服务器，即受信任的服务器 IP。
- ❑ real_ip_header X-Forwarded-For：包含客户端真实 IP 地址的 X-Forwarded-For 请求头。
- ❑ real_ip_recursive：取值若为 off，就将 real_ip_header 指定的请求头中的最后一个 IP 作为客户端的真实 IP；若为 on，则将 real_ip_header 指定的请求头中的最后一个不受信任的服务器 IP 当成客户端的真实 IP。

- **示例架构**

我们来看一个例子，架构示意图如图 4-3 所示。

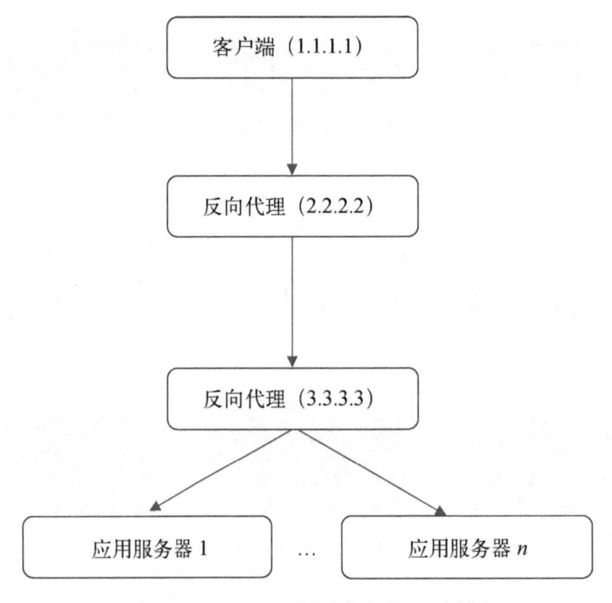

图 4-3　NGINX 多层反向代理示例

在图 4-3 中，3.3.3.3 和 2.2.2.2 是受信任的服务器 IP，NGINX 从后往前查找，发现 1.1.1.1 不是受信任的服务器 IP，于是把它视为客户端的真实 IP。最后应用服务器也拿到了唯一的客户端真实 IP。具体配置示例如下：

```
set_real_ip_from 2.2.2.2;
set_real_ip_from 3.3.3.3;
real_ip_header X-Forwarded-For;
real_ip_recursive on;
```

2. Server-Rewrite阶段和Find-Config阶段

Server-Rewrite 阶段主要负责虚拟服务器级别的请求 URI 转换，Find-Config 阶段主要通过URI查找对应的 location 块，并将 URI 和 location 块关联起来。在 NGINX 中，rewrite 指令的功能是使用NGINX提供的全局变量或用户自己设置的变量，结合正则表达式和标志位实现URI的重写和重定向，这个指令只能放在 server 块、location 块和 if 块中。

在 Server-Rewrite 阶段，NGINX会利用 rewrite 指令修改 server 块的上下文。下面通过一个例子来看看如何修改 server_name，主要是给不以 www 开头的域名加上 www：

```
server {
    server_name example.com;
    rewrite  ^  http://www.example.com$request_uri permanent;
}
```

反过来，如果要强制去掉以 www 开头的域名中的 www，那么可以这样配置：

```
server {
    server_name www.example.com;
    rewrite ^ http://example.com$request_uri permanent;
}
```

Find-Config 阶段不会加载任何模块，NGINX会按照完全匹配（=）、最长前缀匹配和正则表达式匹配（~）规则对 location 块进行匹配。对于嵌套的 location 块（比如下面这样），Find-Config 会进行递归查找：

```
location /api/foo {
    proxy_pass http://foo_backend;
    location /api/foo/bar {
        proxy_pass http://bar_backend;
    }
}
```

3. Rewrite阶段和Post-Rewrite阶段

Rewrite 阶段主要处理针对 location 的跳转。server 块里的 rewrite 指令和 location 块里的 rewrite 指令功能比较像，都能实现请求跳转，主要区别在于前者是在同一域名内更改所获取资源的路径，而后者是对资源路径做控制访问或反向代理，可以把客户端请求反向代理（proxy_pass）到其他服务器。很多时候也会把 rewrite 指令写在 location 块里，执行顺序依次是：执行 server 块里的 rewrite 指令，匹配 location 块，执行选定的 location 块里的 rewrite 指令。

其中前两个我们已经在 Server_Rewrite 阶段和 Find-Config 阶段介绍过。执行 location 块中的 rewrite 指令会涉及标志位（如 last、break、redirect、permanent），下面看一个具体的例子：

```
rewrite          ^                /_example              last
改变请求 URI    匹配任何 URI    rewrite uri 为_example    表示完成 rewrite
```

各标志位的含义分别如下。

- **last**：忽略后续的 rewrite 指令，立即跳回 Find_Config 阶段。
- **break**：忽略后续的 rewrite 指令，在此处继续处理。
- **redirect**：返回 302 状态码（表示临时重定向），会显示跳转后的地址。
- **permanent**：返回 301 状态码（表示永久重定向），会显示跳转后的地址。

标志位取 redirect 和 permanent 的示例如下：

```
# 将以/openapi 开头的 location 替换为指定域名的链接，需要跳转的 url 中的 $1 来自正则表达式中的
  第一个参数值
location /openapi {
    rewrite ^/openapi/(.+)/service?(.+)$ http://$1.example.com/service redirect;
}
# 将任意的 URI 永久重定向到 https://www.example.com/$uri
if($scheme != "https") {
    rewrite ^ https://www.example.com$uri permanent;
}
```

在 Post-Rewrite 阶段，由 NGINX 核心完成 Rewrite 阶段要求的“内部跳转”操作。

4. Pre-Access 阶段、Access 阶段和 Post-Access 阶段

在 Pre-Access 阶段，NGINX 主要进行粗粒度的访问控制，比如在 NGINX 中配置限速和客户端连接的数量来缓解 DDoS 攻击（具体通过 limit_req 指令和 limit_conn 指令）。更加详细的限流策略可以参考第 17 章。

在 Access 阶段，NGINX 会进行细粒度的访问控制，使用到的客户端身份认证模块有：基于 IP 的 ACL（allow/deny）、HTTP 基本认证（auth_basic）、JWT 认证（auth_jwt）、子请求认证（auth_request）、Lua 认证（access_by_lua）。

下面列举几个具体的配置：

```
# 基于用户名和密码认证
location /api/getUserData {
    auth_basic "User Data";
    auth_basic_user_file conf.d/api_clients.htpasswd;
    limit_req zone=perip nodelay;
    limit_req_status 429;
    location = /api/f1/seasons.json {
```

```
    ...
}
# 基于API Key 认证
location /api/getUserData/ {
    auth_request /_validate_apikey;
    location = /_validate_apikey {
        internal;
        if ($http_apikey = "") {
            return 401; # Unauthorized
        }
        if ($api_client_name = "") {
            return 403; # Forbidden
        }
        return 204; # OK (no content)
    }
    map $http_apikey $api_client_name {
        default "";
        "7B5zIqmRGXmrJTFmKa99vcit" "client_one";
        "QzVV6y1EmQFbbxOfRCwyJs35" "client_two";
    }
}
```

另外在 Access 阶段，使用一种身份认证方式所得的结果可以用于另一种身份认证方式，比如可以把验证所得的 JWT 声明作为子请求的一部分发送。

一般而言，在 Access 阶段得到 `access_code` 后，Post_Access 阶段会根据 `access_code` 进行操作。我们也可以通过策略（`satisfy all/any`）将 `access_code` 应用到多种身份认证方式中。

5. Pre_Content 阶段和 Content 阶段

Pre_Content 阶段会涉及 `try_files` 指令和 `mirror` 指令。`try_files` 指令主要用于文件检查，检查的上下文范围是 `server` 块和 `location` 块。`try_files` 指令会按照指定顺序检查文件是否存在，并返回找到的第一个结果；如果找到的结果以“`$uri/`”结尾，则表示它是文件夹。如果未找到任何结果，那么会内部重定向到最后一个参数指定的 URI。下面我们看一下 `try_files` 指令的具体语法以及配置示例。

- **`try_files` 指令：**

```
try_files file ... uri;
```

配置示例：

```
# 检查 $uri 是否存在，如果不存在，则执行 /images/default.gif
location /images/ {
    try_files $uri /images/default.gif;
}
location = /images/default.gif {
    expires 30s;
```

```
}
# 检查 $uri 和 $uri/index.html 是否存在，如果都不存在，则返回一个 404 错误码，此外也可以设置其他
  响应码
location / {
    try_files $uri $uri/index.html $uri.html =404;
}
# 顺序检查 $uri 和 $uri/文件夹是否存在，如果都不存在，则跳转到“命名”location fallcack 中处理
location / {
    try_files /system/maintenance.html
              $uri $uri/ @fallback;
}
location @fallback {
    proxy_pass http://fallback;
}
```

mirror 指令用于将复制的请求发送给另一个 location 块，在第 21 章中我们将详细介绍该指令的使用场景。下面我们看一下 mirror 指令的具体语法以及配置示例。

- **mirror 指令：**

```
syntax mirror uri | off;
default mirror off;
context http, server, location
```

配置示例：

```
location / {
    mirror /mirror;
    mirror_request_body off;
    proxy_pass http://backend;
}
location = /mirror {
    internal;
    proxy_pass http://log_backend;
    proxy_pass_request_body off;       /*
    proxy_set_header Content-Length "";
    proxy_set_header X-Original-URI $request_uri;
}
```

Content 阶段是内容产生阶段，用于生成并输出 HTTP 响应内容。这个阶段的指令非常丰富，有 proxy_cache、js_content、content_by_lua、upstream、*_pass 和 root 等，NGINX 按上述这个顺序处理这些指令。

Content 阶段最后才会执行过滤操作，包括调整图片大小、替换/过滤字符串、使用 lua 过滤（header_filter_by_lua、body_filter_by_lua）。

6. Log 阶段

Log 阶段是日志处理阶段，主要涉及日志处理模块，用于输出访问日志，具体包含如下几个方面。

- 当最后一个字节发送到客户端后，开始写日志。
- 允许优化日志写入磁盘的方式，比如设置日志缓冲，从而不需要把每个请求都写入磁盘。
- 基于变量定制日志格式。
- 每个请求都可以被写入多个日志文件（如不同的格式）。
- 可以利用 Lua 语言，即通过 `log_by_lua` 记录日志。

4.3 HTTP 服务器的基本配置

在 4.2 节中，我们了解了 NGINX 处理 HTTP 请求的 11 个阶段，也展示了每个阶段的配置示例。在日常使用 NGINX 的过程中，我们接触更多的是其配置文件，本节就来更加深入地了解一下配置文件的结构和具体的指令。

4.3.1 配置层级

NGINX HTTP 服务器具有 4 个配置层级：主配置、HTTP 配置、虚拟服务器配置和位置配置。每个 HTTP 服务器都包含主配置文件、默认服务器配置文件和默认位置配置文件。默认服务器配置文件存储在 `http` 块中，用户可以自己创建一个或多个虚拟服务器的配置，每一个 `server` 块分别对应一个虚拟服务器。主配置文件和默认服务器配置文件都默认包含位置配置。各层配置文件如图 4-4 所示。

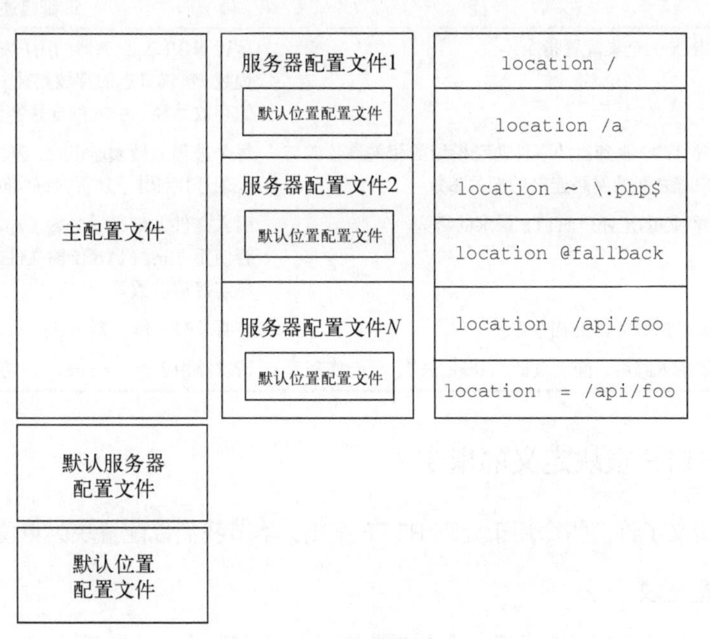

图 4-4 配置层级

4.3.2　配置文件的结构及示例

NGINX 配置文件的结构及映射关系如图 4-5 所示。

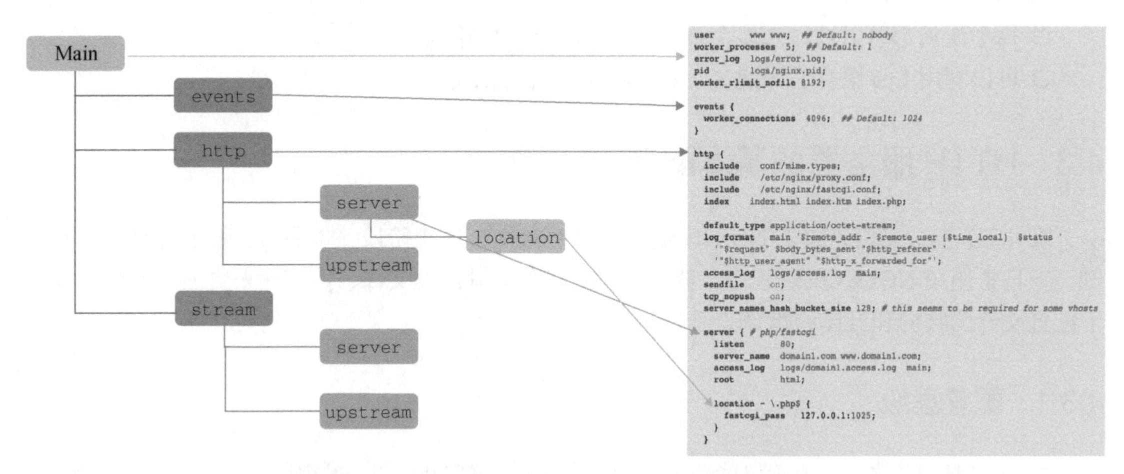

图 4-5　NGINX 配置文件的结构及映射关系

根据图 4-5，我们将配置文件中的指令分为 5 种块类型，详细描述见表 4-4。

表 4-4　5 种块指令

指令类型	功　能	详细描述
全局	NGINX 的全局配置指令	运行 NGINX 服务器的用户组、启动的 worker 进程数、错误日志的存放路径、NGINX 进程的 `pid` 的存放路径、引入的配置文件等
`events`	配置 HTTP 服务器的事件驱动模型的相关参数或与客户端之间的网络连接的相关参数	每个进程的最大连接数，选取哪种事件驱动模型处理连接请求，是否允许同时接收多个网络连接
`http`	配置 NGINX 处理 HTTP 请求的行为	引入文件、定义 `mime-type`、自定义日志、是否使用 `sendfile` 传输文件、连接的超时时间、单连接请求数等
`server`	配置虚拟服务器的相关参数	监听端口、服务器名称、`location` 块等
`location`	配置请求路由、静态页面的处理方式、反向代理等	请求路由匹配、`mirror`、访问控制等

4.3.3　详解 HTTP 模块定义的指令

HTTP 模块定义了许多指令用于处理 HTTP 连接，本节我们以配置块为单位介绍这些指令。

1. `server` 配置块

NGINX 在接收到 HTTP 请求后，会首先判断要使用配置文件中的哪个 `server` 块处理这个请求，判断时依据 2 个重要指令：listen 和 server_name。

- **listen 指令**

listen 指令用于定义监听内容，可以是 IP 地址和端口的组合，也可以是 UNIX 域套接字的路径：

```
listen address[:port];
listen port;
listen unix:path;
```

具体参考示例如下：

```
listen 80;                       # 监听的 IP 地址和端口组合为 0.0.0.0:80
listen 127.0.0.1:8080;           # 监听的 IP 地址和端口组合为 127.0.0.1:8080
listen 192.168.1.100;            # 监听的 IP 地址和端口组合为 192.168.1.100:80
listen unix:/var/run/nginx.sock; # 监听 UNIX 域套接字，必须使用绝对路径
<无监听信息>                      # 监听的 IP 地址和端口组合为 0.0.0.0:80
```

listen 指令还可以配置协议和 TCP 行为，如 SSL、HTTP2/SPDY 和 TCP keepalive。

另外有人也许会问，server 块有多个，每个块中都有 listen 指令的相关配置，那么当接收到客户端发送的一个 HTTP 请求时，NGINX 匹配各个 server 块的顺序是什么？这个问题留给大家思考，可以参考图 4-6。

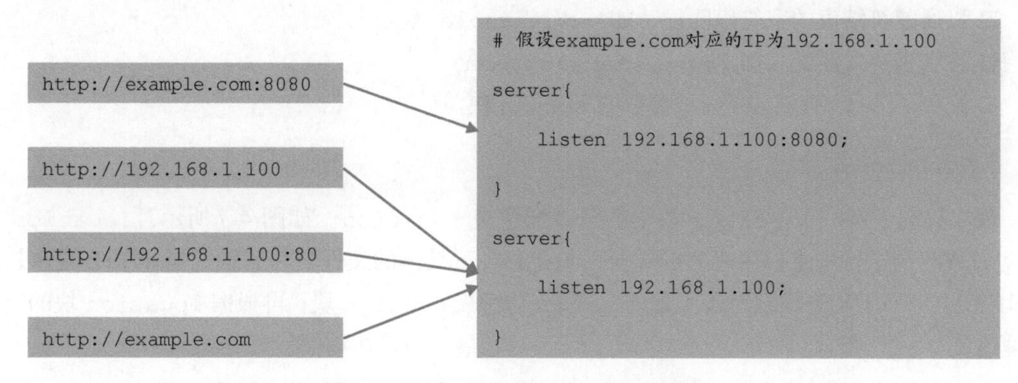

图 4-6 匹配各个 server 块的顺序

- **server_name 指令**

该指令一般用来区分相同 IP 地址和端口组合下的不同服务。NGINX 在接收到 HTTP 请求后，会根据 listen 指令的参数在文件中查找相匹配的 server 块，然后在查找到的所有 server 块中根据 server_name 继续选择。如果找不到对应的 server 块，那么默认使用得到的所有 server 块中的第一个。另外也可以通过 listen 指令的 default_server 参数直接指定由哪个 server 块处理请求。如下为一个示例：

```
server{
    listen 192.168.1.100;
    server_name www.example.com;
    ...
}
server{
    listen 192.168.1.100;
    server_name *.example.net;
    ...
}
server{
    listen 192.168.1.100;
    server_name ~^(www|host1).*\.example\.net$;
    ...
}
server{
    listen 192.168.1.100 default_server;
    error_page 404 /40x.html;
}
```

在使用 server_name 指令时，会匹配请求头中的 Host 字段，通常是一个 FQDN 域名或 IP 地址。可以使用精确匹配、泛域名匹配和正则表达式匹配这些匹配规则，具体的匹配顺序依次如下。

- 精确匹配，如 www.example.com。
- 以通配符开始的字符串匹配，如 *.example.com。
- 以通配符结束的字符串匹配，如 www.example.*。
- 正则表达式匹配，如 ^www\.example\.com$。
- 配置了 default_server 参数的 server 块。

2. location 配置块

现在我们了解一下 server 块中的子级配置块 location。如图 4-7 所示，location 块对应 HTTP 请求行中主机名之后的部分，包含路径、具体的文件名和变量。当 HTTP 请求进入 NGINX 后，NGINX 先找到与其匹配的 server 块和 location 块，再根据 location 块的定义处理流量。

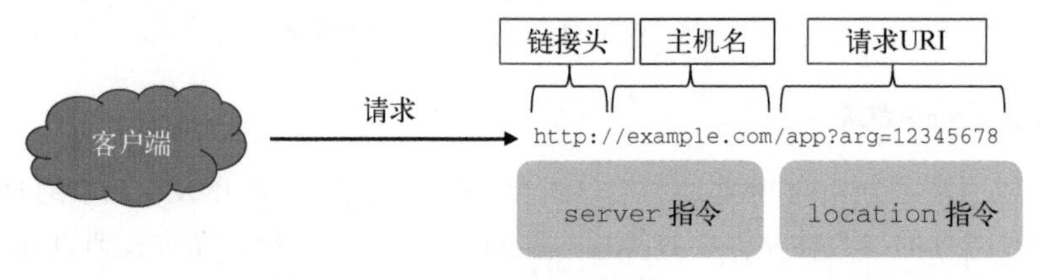

图 4-7　HTTP 请求行

- **location 指令的语法**

location 指令的使用语法如下：

```
syntax: location [ = | ~ | ~* | ^~ ] uri { ... }
location @name { ... }
context: server, location
```

对其中各参数的解释如下。

- location：定义了具体的URI应该如何响应。
- =、~、~*和^~：用于URI的匹配。
- @：用于创建一个内部location标识，可以用在类似try_file的指令里。

在使用location指令的过程中，修饰符和查找逻辑也经常让人感到困惑，对修饰符的介绍见表4-5。

表4-5 location指令的修饰符

修 饰 符	描 述
=	精确匹配
~	正则表达式，且区分大小写
~*	正则表达式，但不区分大小写
^~	不使用正则表达式

- **location指令的匹配规则和查找逻辑**

NGINX使用最长匹配原则匹配前缀location，在前缀location中，顺序是无关紧要的。比如：

```
# http://www.example.com/gallery/images/cat.png，此请求会匹配如下三个location
location /gallery/images
location /gallery
location /gallery/images
```

location指令的查找逻辑如图4-8所示。

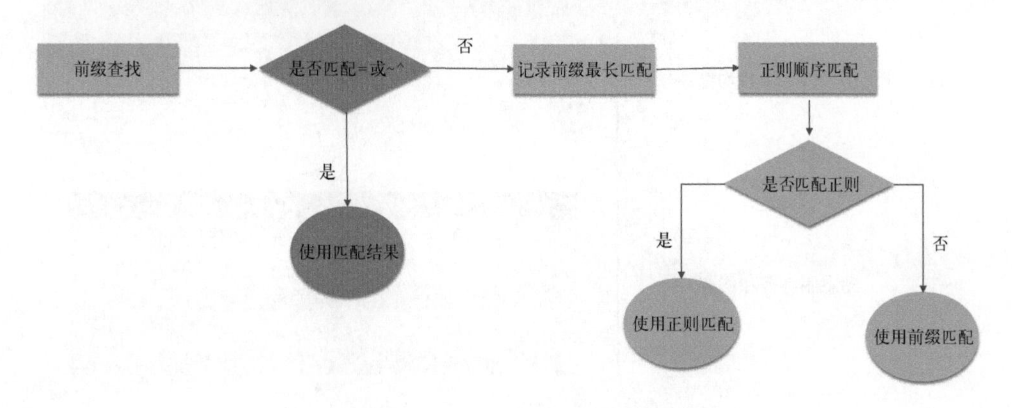

图4-8 location指令的查找逻辑

- **location 示例**

根据图 4-8 所示的查找逻辑，我们可以轻松得出如图 4-9 所示的关联结果。

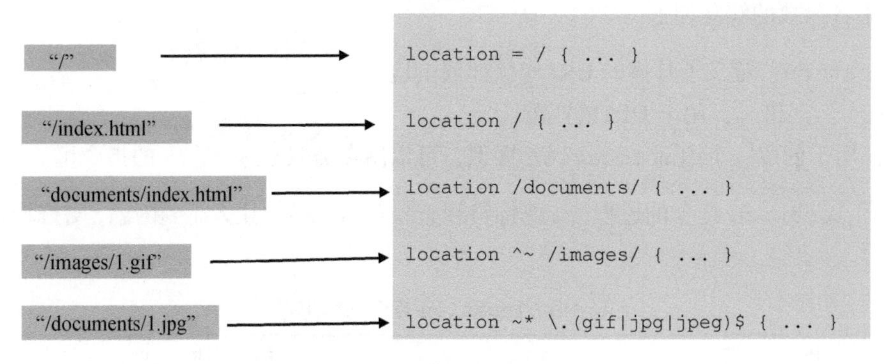

图 4-9　得出的关联结果

- **location 的配置小技巧**

如果访问 "/" 的请求比较多，则可以使用 "=" 加快查找速度。当 HTTP 请求匹配到 server 块和 location 块后，location 块中具体的指令决定了 NGINX 到底以什么角色存在。比如 root 指令表示 NGINX 作为本地静态 Web 服务器；*_pass 指令表示 NGINX 作为反向代理，当我们需要 NGINX 作为 HTTP、HTTPS、FastCGI、uWSGI、SCGI、memcached 和 gRPC 等协议配置反向代理和负载均衡时，可以把*替换为具体的协议内容，具体分类和指令如图 4-10 所示。

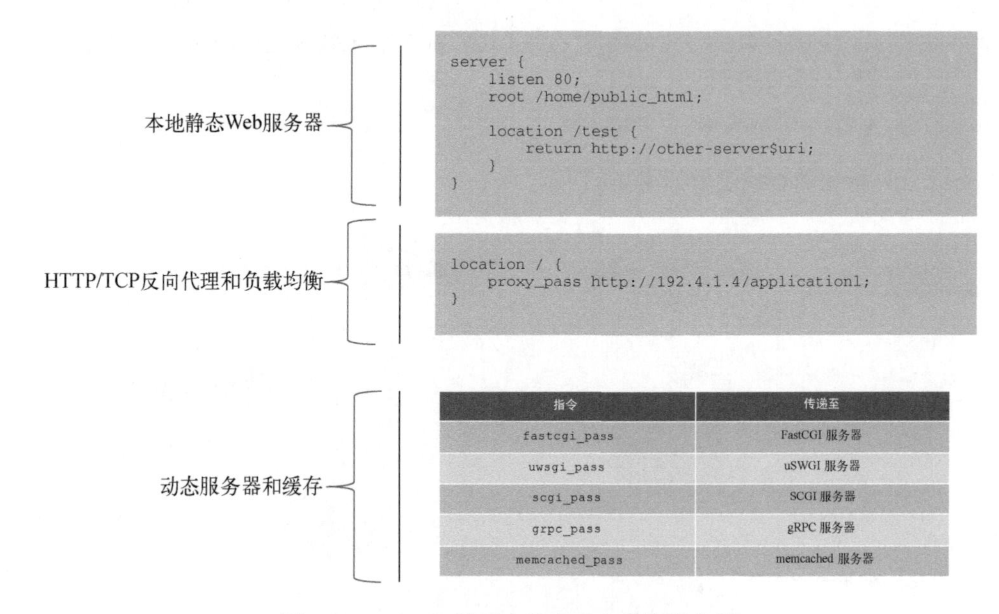

图 4-10　NGINX 的反向代理和负载均衡分类

我们会在第 6 章和第 8 章中详细讲解七层和四层的反向代理和动态服务器相关的内容，此处不再赘述。

4.4 本章小结

本章概要性地介绍了 HTTP 模块、处理 HTTP 请求的各阶段以及 HTTP 服务器的基本配置。前两部分是为了让大家对 NGINX 作为 HTTP 服务器有宏观和架构的认识，最后一部分是为了让大家了解 NGINX 配置文件的结构、`server` 配置块和 `location` 配置块。

第 5 章

HTTP 模块的增强功能

在第 4 章中，我们了解了 NGINX 作为 HTTP 服务器的基本功能，本章我们围绕 HTTP 的高级功能展开讲解。

5.1 HTTPS 服务器

众所周知，HTTP 是 Web 浏览器和网站在交互数据时主要使用的协议。HTTPS 是 HTTP 的安全版本，SSL/TLS 对 HTTP 请求进行了加密，提高了数据传输的安全性，尤其是当用户传输敏感数据（例如登录银行账户等）时，这一点尤为重要。所有网站，尤其是需要登录凭证的网站，都应该使用 HTTPS 协议。在现代浏览器（例如 Chrome）中，不使用 HTTPS 协议的网站和使用 HTTPS 协议的网站，其标记有所不同，网址栏中如果出现绿色的挂锁，则表示该网页是安全的。

5.1.1 HTTP 和 HTTPS 的区别

从技术上讲，HTTPS 不是与 HTTP 相分离的协议，它只是在 HTTP 协议的基础上又使用加密的 SSL/TLS 证书验证了特定提供者的身份。当用户连接到网站时，网站所在的服务器会通过 SSL/TLS 给其发送证书，该证书包含启动安全会话所需的公钥，随后两台计算机（用户和网站）将经历 SSL/TLS 握手，用于建立安全连接。如图 5-1 所示，相较于 HTTP，HTTPS 多了一层 SSL/TLS。

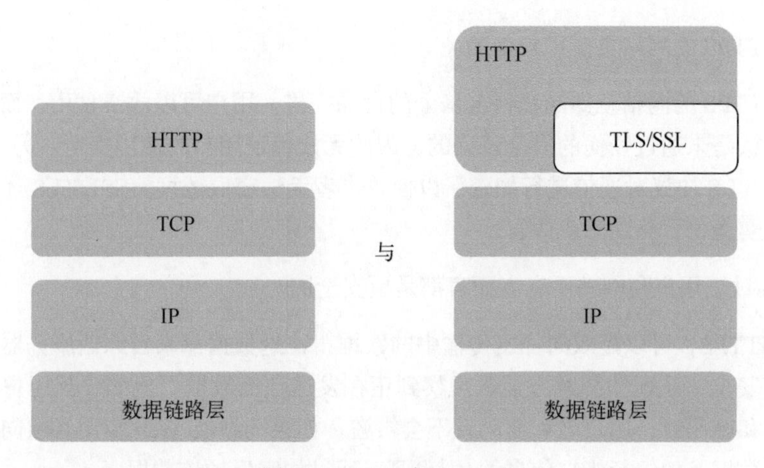

图 5-1 HTTP 与 HTTPS

接下来，我们理解和对比一下 HTTP 和 HTTPS 的交互过程，如图 5-2 所示。

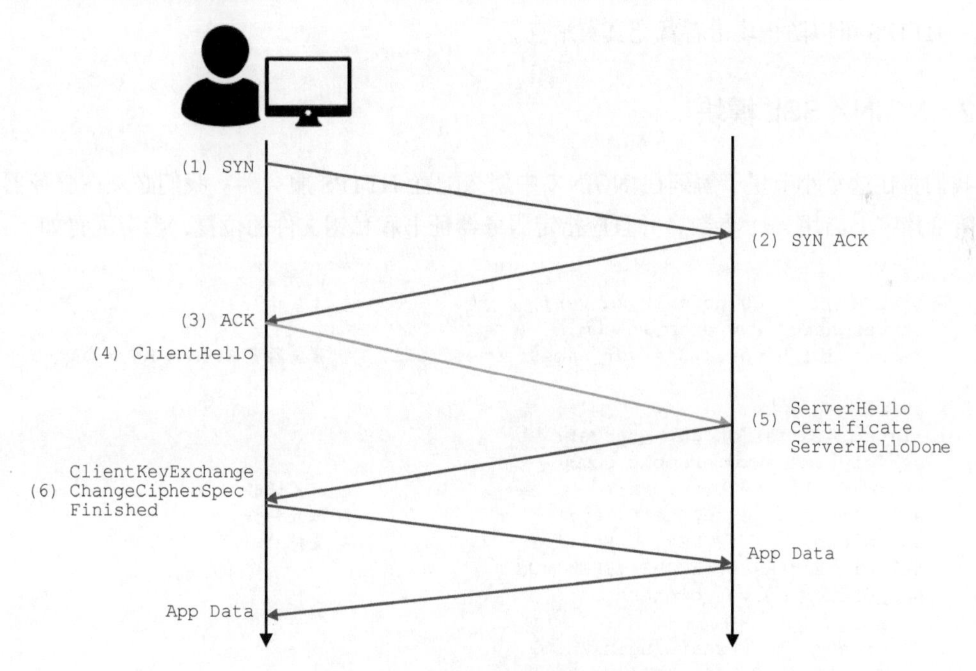

图 5-2 HTTP 与 HTTPS 的交互过程

在 HTTP 请求的交互过程中，客户端和服务器之间数据传输全部采用明文，所以很容易遭到黑客的劫持和攻击。而在 HTTPS 请求的交互过程中，会在请求网页的客户端和服务器之间进行多次连接，除了与 TCP 握手相关外，还必须进行 TLS/SSL 握手。

使用 HTTPS 协议能给用户带来哪些具体的好处呢？

- 使用 HTTPS 的网站更受用户信赖。

  使用 HTTPS 的网站就如同获得合格证的食品一样，用户可以放心食用。而使用 HTTP 的网站默认是未通过任何的安全认证的，因此无法保证用户的使用安全。另外，HTTPS 使用 SSL/TLS 协议对通信进行加密，以使攻击者无法窃取数据。SSL/TLS 还确认网站服务器的真实身份，从而防止假冒。

- HTTPS 对于用户和网站所有者而言都是更安全的。

  使用 HTTPS，可以是双向加密传输中的数据：往返数据都来自原始服务器。该协议可确保通信安全，从而使恶意方无法观察到正在发送什么数据。比如，当用户在表单中输入用户名和密码时，用户名和密码就不会被盗。如果网站或 Web 应用必须向用户发送敏感或个人数据（如银行帐户信息），则也可以通过加密保护该数据。

- HTTPS 对网站进行身份验证。

  HTTPS 可以防止攻击者冒充真实站点。

5.1.2　NGINX SSL 模块

我们将在这个小节里了解到在 NGINX 中怎么配置 HTTPS 服务器。我们必须在服务器块中的监听套接字上启用 `ssl` 参数，并且应指定服务器证书和私钥文件的位置，参考配置如下：

```
server {
    listen       80 default_server;
    server_name  www.example.com;
    return 301 https://$server_name$request_uri;  # 强制所有 HTTP 请求重定向到 HTTPS
}
server {
    listen 443 ssl default_server;
    server_name  www.example.com;
    ssl_certificate cert.crt;                      # 配置证书
    ssl_certificate_key cert.key;                  # 配置私钥
    ssl_protocols    TLSv1 TLSv1.1 TLSv1.2;        # 支持 TLSv1、v1.1 和 v1.2
    ssl_ciphers aRSA:!ECDHE:!EDH:!kDHE;
    ssl_prefer_server_ciphers on;
    location / {
        root   /usr/share/nginx/html;
        index  index.html index.htm;
    }
}
```

通过上面的参考配置，我们可以能够完成：

- 强制 HTTP 流量重定向到 HTTPS，满足安全标准。
- 配置证书和密钥完成最基础的 SSL 加解密过程。

- ❑ 使用 OpenSSL 进行所有的 SSL 处理。

当 HTTPS 请求进入到反向代理以后，多数情况下为了提升性能，会在反向代理层做 SSL 卸载，即 NGINX 与客户端直接采用加密 HTTPS，服务器侧采用 HTTP 传输。参考配置如下：

```
server {
    listen       80 default_server;
    server_name  www.example.com;
    return 301 https://$server_name$request_uri;
}
server {
    listen 443 ssl ;
    ssl_certificate      server.crt;
    ssl_certificate_key server.key;
    ssl_protocols     TLSv1 TLSv1.1 TLSv1.2;
    ssl_ciphers aRSA:!ECDHE:!EDH:!kDHE;
    ssl_prefer_server_ciphers on;
    location / {
        proxy_pass http://backend        # 后端服务器采用 HTTP 传输
    }
}
```

还有一些场景，我们需要使用 SNI 实现多个域名共享一个 IP，不同域名使用不同证书，具体的配置如下：

```
server {
    listen 443 ssl ;
    server_name  www.example1.com;
    ssl_certificate cert1.crt;
    ssl_certificate_key cert1.key;
}
server {
    listen 443 ssl ;
    server_name  www.example2.com;
    ssl_certificate cert2.crt;
    ssl_certificate_key cert2.key;
}
```

另外，也可以多个域名复用同一个 `server` 块的配置，以减少配置的工作量。我们可以在配置中指定证书和私钥的路径，这样动态更新证书以后，NGINX 不需要热加载。具体的配置如下：

```
server {
    listen 443 ssl;
    ssl_certificate       /etc/ssl/$ssl_server_name.crt;
    ssl_certificate_key  /etc/ssl/$ssl_server_name.key;
    ssl_protocols        TLSv1.3 TLSv1.2 TLSv1.1;
    ssl_prefer_server_ciphers on;
    location / {
        proxy_set_header Host $host;
        proxy_pass http://my_backend;
    }
}
```

为了提升 HTTPS 的性能，避免每次发送 HTTPS 请求时都进行 SSL 握手，可以在配置中加入 SSL session cache，并在 NGINX 的 worker 进程之间实现共享，示例配置如下：

```
server {
    listen 443 ssl default_server;
    server_name  www.example.com;
    ssl_certificate cert.crt;
    ssl_certificate_key cert.key;
    ssl_session_cache   shared:SSL:10m;     # 1 MB 的 session cache 可以存储 4000 条会话
    ssl_session_timeout 10m;
}
```

我们也可以配置 SSL session ticket，实现在多个 NGINX 之间共享 session ticket，示例配置如下：

```
server {
    listen 443 ssl default_server;
    server_name  www.example.com;
    ssl_certificate cert.crt;
    ssl_certificate_key cert.key;
    ssl_session_tickets      on;
    ssl_session_ticket_key   ticket_file;
}
```

5.2 HTTP/2 服务器

NGINX 除了作为 HTTP 服务器和 HTTPS 服务器，还可以作为 HTTP/2 服务器。

5.2.1 HTTP/2 协议

HTTP/2 是 HTTP 自 1999 年发布 HTTP/1.1 后的首个更新，主要基于 SPDY 协议，由 IETF 的 httpbis 工作小组开发。该组织于 2014 年 12 月将 HTTP/2 标准提议递交至 IESG 进行讨论，于 2015 年 2 月 17 日被批准。HTTP/2 标准于 2015 年 5 月以 RFC 7540 正式发表。

简单来讲，相比 HTTP/1.1，HTTP/2 新做的修改并不会破坏现有应用的正常工作，而且新的应用借由新特性可以达到更快的运行速度。HTTP/2 保留了 HTTP/1.1 的大部分语义，例如请求方法、状态码甚至 URI，同时采用新的方法来编码、传输客户端和服务器间的数据。下面我们分析 HTTP/2 协议中的几个重要变化。

1. 二进制分帧

图 5-3 展示了使用 HTTP/1.1 协议与使用 HTTP/2 协议的请求数据的差异。

HTTP/2.0 请求

```
00 00 9D 01 25 00 00 00  01 00 00 00 00 B6 41 8A    ..%  .   .A.
90 B4 9D 7A A6 35 5E 57  21 E9 82 00 84 B9 58 D3   ...z.5^W!.. ..X.
3F 85 61 09 1A 6D 47 87  53 03 2A 2F 2A 50 8E 9B   ?.a..mG.S.*/*P..
D9 AB FA 52 42 CB 40 D2  5F A5 11 21 27 51 8B 2D   ...RB.@._..!'Q.-
4B 70 DD F4 5A BE FB 40  05 DE 7A DA D0 7F 66 A2   Kp..Z..@..z...f.
81 B0 DA E0 53 FA D0 32  1A A4 9D 13 FD A9 92 A4   ....S..2........
96 85 34 0C 8A 6A DC A7  E2 81 04 41 04 4D FF 6A   ..4..j.....A.M.j
43 5D 74 17 91 63 CC 64  B0 DB 2E AE CB 8A 7F 59   C]t..c.d.......Y
B1 EF D1 9F E9 4A 0D D4  AA 62 29 3A 9F FB 52 F4   .....J...b):..R.
F6 1E 92 B0 D3 AB 81 71  36 17 97 02 9B 87 28 EC   .......q6.....(.
33 0D B2 EA EC B9
```

HTTP/1.1 请求

```
GET / HTTP/1.1
Host: demo.nginx.com
Accept: text/html,application/xhtml+xml,application/xml;q=0.9,image/webp,*/*;q=0.8
User-Agent: Chrome/47.0.2518.0
```

图 5-3 HTTP/1.1 请求数据和 HTTP/2 请求数据的对比①

在二进制分帧中，需要理解两个概念——帧和流。帧是 HTTP/2 数据通信的最小单位，是 HTTP/2 中逻辑上的 HTTP 消息。例如请求数据和响应数据都由一个或多个帧组成。流是存在于连接中的一个虚拟通道，可以承载双向消息，每个流都有一个唯一的整数 ID。HTTP/2 采用二进制格式传输数据，而非 HTTP/1.1 的文本格式，二进制解析起来更高效。HTTP/1.1 的请求报文和响应报文都是由请求行、请求头和请求体（可选）组成，各部分之间以文本换行符分隔。HTTP/2 则将请求数据和响应数据分割为更小的帧，并且对它们进行二进制编码。

HTTP/2 中，同域名下所有通信都在单个连接上完成，该连接可以承载任意数量的双向数据流。每个数据流都以消息的形式发送，消息又由一个或多个帧组成。多个帧可以乱序发送，接收方能根据帧首部的流标识将它们重新组装在一起。

2. 多路复用

HTTP/2 的多路复用结构如图 5-4 所示。

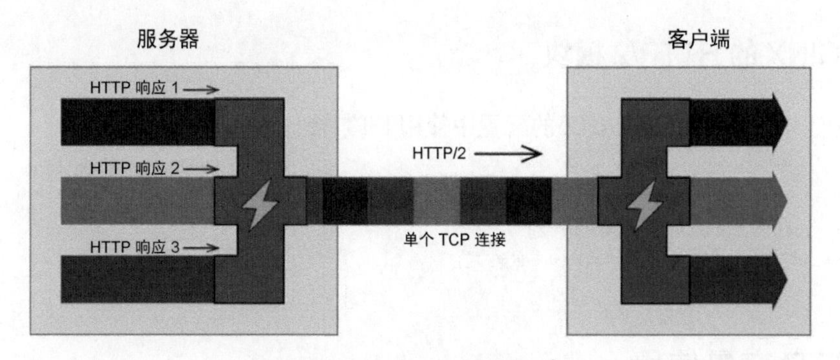

图 5-4 HTTP/2 多路复用②

① https://www.nginx.com/blog/http2-theory-and-practice-in-nginx-stable-13/。
② https://www.nginx.com/blog/http2-theory-and-practice-in-nginx-stable-13/。

在HTTP/1.1中，如果想并发多个请求，则必须使用多个TCP连接。而HTTP/2用多路复用机制代替了原来的序列和阻塞机制，所有并发请求都用一个TCP连接。这一特性，使得性能有了极大提升，表现为以下几个方面。

- 属于同一个域名的请求只需要占用一个TCP连接，避免了多个TCP连接带来的延时问题和内存消耗。
- 在单个连接上可以并行交错的请求和响应，且互不干扰。
- 在HTTP/2中，每个请求都可以带一个31bit的优先值，0表示最高优先级，数值越大优先级越低。有了这个优先值，客户端和服务器就可以在处理不同的流时采取不同的策略，以最优的方式发送流、消息和帧。

3. 服务器推送

服务器可以在发送页面HTML时就主动推送其他资源（如JavaScript文件和CSS文件），而不用等客户端解析到相应位置并发起请求后再响应。主动推送也遵守同源策略，服务器不会随便推送第三方资源给客户端。

服务器可以主动推送，客户端也有权利选择是否接收。如果客户端已经缓存过服务器推送的资源了，那么客户端可以发送RST_STREAM帧来拒收。

4. 头部压缩

因为客户端需要等接收到带有ACK的响应后才能继续发送请求，所以HTTP/1.1请求变得越来越大，有时甚至大过了TCP窗口的初始大小。HTTP/1.1请求由于携带大量冗余头信息，因此会浪费很多带宽资源。HTTP/2采用HPACK（专为HTTP/2头部设计的压缩格式）对消息头进行压缩传输，能够节省消息头占用的网络流量。

5.2.2 NGINX的HTTP/2模块

本节我们来看看如何在NGINX的配置中使用HTTP/2，示例配置如下：

```
server {
    listen 443 ssl http2;
    ssl_certificate server.crt;
    ssl_certificate_key server.key;
}
```

5.3 HTTP变量使用

在NGINX的HTTP配置中，还有一些经常会使用到的模块，比如referer、map、geoip和split_clients，本节我们分别介绍一下这些模块及其用法。

1. referer 模块

referer 模块（ngx_http_referer_module）会参考请求中 referer 字段的值，如果此值无效，就阻止这个请求的访问。使用 referer 字段构造请求非常容易，因此 referer 模块的初衷不是彻底阻止此类请求，而是阻止常规浏览器发送的大量请求。还应考虑到常规浏览器即使针对有效请求，也有可能不发送 referer 字段。

假设这样一个场景，服务器必须为用户提供一些静态资源文件，这些文件具有特定的 HTTP referer，但是移动设备不会发送任何 HTTP referer 来源网址。比如图片只供百度的用户使用，那么不符合条件的用户会看到 HTTP 400 的响应。如果用户请求来自移动应用，那么该用户也不会看到文件，因为移动应用不会发送任何 HTTP referer。如果希望为移动应用的用户提供一些静态资源文件，那么可以在 NGINX 中添加如下配置信息：

```
map $http_referer $referer_check {      # 此处根据 referer 字段检查映射，如果是来自百度的
                                          用户，则置为 0，表示信任
    default 1;
    "~baidu.com" 0;
    "*.baidu.com" 0;
}
map $http_user_agent $mobile_check {
    default 1;
    ~(Android|Darwin) 0;                         # 此处添加移动客户端匹配
}
set $flag "0";
if($referer_check) {
    set $flag "1";
}
if($mobile_check) {
    set $blockit $flag;
}
if($blockit) {
    return 400;
}
```

2. map 模块

map 模块（ngx_http_map_module）是 NGINX 中一个很常用的模块，它实现的是把源变量值的匹配结果赋值给结果变量。这里用一个实际的例子来说明：

```
map $source-variable $result-variable {    # $source-variable 为源变量，$result-variable
                                             为结果变量
    default    foo;
    f5  ltm;
    f4  bar;
}
```

如下为源变量值的匹配规则。

- 字符串匹配，不区分大小写。
- 正则表达式匹配，正则表达式应以“~”或“~*”开头，表示是否区分大小写。
- 如果存在多个源变量匹配，则匹配顺序为：精确最长匹配、最长前缀匹配、最长后缀匹配、位置中的第一个正则被匹配、采取默认配置（如果没有默认配置，则返回空字符串）。

给结果变量赋值遵循如下规则。

- 字符串赋值，也可以用其他变量给其赋值，或者混合（带插值）。
- 设置映射，并不表示立即执行，只有当访问触发结果变量取值时，才会到映射中匹配查找。

我们还可以把 map 指令应用在一些复杂的场景中，让结果变量的取值本身具备动态性。如一个请求的 session cookie 不存在，那么取 1%的这种请求并记录到访问日志里，示例配置如下：

```
map $cookie_SESSION    $logme {
    ""            $perhaps;
    default       0;
}
split_clients $request_id  $perhaps{                     # split_clients 指令会在随后的
                                                           split_client 模块功能中介绍
    1%        1;       # $perhaps is true 1% of the time
    *         0;
}
server {
    listen 80;
    access_log  /var/log/nginx/secure.log notes if=$logme;
    ...
}
```

3. geoip 模块

geoip 模块（ngx_http_geoip_module）使用预编译的 MaxMind 数据库创建变量，其值取决于客户端 IP 地址。当使用支持 IPv6 的数据库时，会将 IPv4 地址查找为与其映射的 IPv6 地址。NGINX 默认并未构建此模块，应使用--with-http_geoip_module 配置参数启用它。我们可以结合 map 指令设置允许/拒绝访问相应的 server 块，其 geoip 模块的配置如下：

```
load_module modules/ngx_http_geoip2_module.so;
http{
    geoip2 /var/lib/GeoIP/GeoLite2-Country.mmdb {
    $geoip2_data_country_iso_code country iso_code;
}
map $geoip2_data_country_iso_code $allowed_country {
    default no;
    FR yes; # France
    BE yes; # Belgium
    DE yes; # Germany
}
server {
```

```
    # Block forbidden country
    if($allowed_country = no) {
        return 444;
    }
}
```

4. split_clients 模块

split_clients 模块通常在测试应用的变更时使用，有些内容只能在生产环境中测试，而不能在开发环境和测试环境中测试，比如 UI 更改对用户行为和整体性能产生的影响。常见的测试方法是 A/B 测试，在 A/B 测试中，一小部分用户流量会被定向到应用程序的新版本，其余大多数用户则仍然使用当前版本。通过 split_clients，NGINX 还可以控制 Web 应用流量的发送位置。

根据一个或多个 NGINX 变量的值选择请求的目的地，这些变量捕获了客户端的特征（例如 IP 地址）或请求 URI 的特征（例如命名参数），split_clients 会根据在请求中提取的变量的散列值选择请求的目的地。所有可能的散列值集合都在应用版本之间划分，我们可以为每个应用分配不同比例的集合，所以最终选择的目的地也是随机的。

split_clients 配置块会为每个请求分别设置一个变量，该变量用于指定 proxy_pass 指令将请求发送给哪个上游服务器。下面这个配置示例中设置的变量是 $appversion。split_clients 模块使用散列函数将 $appversion 变量值动态设置为两个上游服务器的版本之一，即 version_1a 或 version_1b。示例内容如下：

```
http{
    # ...
    # application version 1a
    upstream version_1a {
        server 10.0.0.100:3001;
        server 10.0.0.101:3001;
    }
    # application version 1b
    upstream version_1b {
        server 10.0.0.104:6002;
        server 10.0.0.105:6002;
    }
    split_clients "${arg_token}" $appversion {
        95%     version_1a;
        *       version_1b;
    }
    server {
        # ...
        listen 9090;
        location / {
            proxy_set_header Host $host;
            proxy_pass http://$appversion;
        }
```

```
    }
}
```

split_clients 指令的第一个参数是一个字符串——${arg_token}，在每个请求期间都会使用 MurmurHash2 函数对该字符串进行散列处理。URI 中的变量 $arg_name 可供 NGINX 使用。我们可以使用任意 NGINX 变量或变量字符串作为要散列处理的字符串，例如 $remote_addr 变量（客户端 IP 地址）、$remote_port 变量（端口）或两者的组合。

split_clients 指令的第二个参数就是 $appversion，其后大括号内的语句将散列表划分为了两个存储桶，它们各包含一定的百分比（我们可以创建任意数量的存储桶，它们的大小不必全部相同，最后一个存储桶的百分比始终用星号（*）而不是特定数字表示，因为散列数可能无法均匀划分百分比）。将 95% 的散列值放入与 version_1a 上游服务器相关联的存储桶中，其余的放入另一个中。可能的散列值范围是 0 到 4 294 967 295，因此第一个存储桶包含的值大约是 0 到 4 080 218 930（占总数的 95%）。举个特例，散列值 100 000 000 属于第一个存储桶，因此将 $appversion 动态设置为 version_1a。

5.4 HTTP 过滤功能

在 NGINX 的 HTTP 配置中，还经常会使用到过滤功能模块，比如 image_filter、sub 和 addition，下面我们分别介绍这几个模块及其用法。

1. image_filter 模块

我们可以使用 image_filter 模块为图片创建和部署一个主版本，并通过 NGINX 即时调整其大小，以提供符合浏览器要求的任何尺寸变体。我们完全可以在 HTML 源代码中微调响应式网页和图像，而无须手动调整图像大小并将其部署到 Web 服务器中。

在下面的示例 HTML 文件中，我们根据显示需求，定义了 4 张具有不同像素密度的图片：

```
<!DOCTYPE html>
<html>
<head>
<title>Responsive Logo</title>
</head>
<body>

    <h2>Logo selection based on pixel density</h2>
    <img src="/img400/mylogo.png"
        srcset="/img400/mylogo.png 1x,
            /img800/mylogo.png 2x,
            /img1200/mylogo.png 3x,
            /img1600/mylogo.png 4x">
    </body>
</html>
```

里面的/img400、/img800、/img1200和/img1600目录实际上并不存在。下面的NGINX配置内容先匹配以/img为前缀的请求，再将其转换为“调整原始文件中图片大小”的请求（如上面HTML文件中的mylogo.png）。配置内容如下：

```
server {
    listen 80;
    root /var/www/public_html;
    location ~ ^/img([0-9]+)(?:/(.*))?$ {
        alias /var/www/master_images/$2;
        image_filter_buffer 10M;
        image_filter resize $1 -;
    }
}
```

这里在server块中定义了NGINX如何处理传入的HTTP请求。listen指令指定了NGINX在端口80上监听HTTP流量。root指令指定了站点在磁盘上的位置。在这个简单的示例中，我们使用的是由NGINX托管的静态网站，但NGINX通常还充当动态内容的反向代理或FastCGI之类的应用程序连接器。

由于我们的主图片可能非常大，因此需要确保image-filter模块能分配足够的内存来加载和调整它们的大小。在此示例中，我们使用image_filter_buffer指令设置支持的最大文件大小为10 MB。image_filter指令用于让image-filter模块将主图片的大小调整为从/img目录名的后缀捕获的宽度。-用于让NGINX保持主图片的宽高比。

2. sub 模块

NGINX的sub模块（ngx_http_sub_module）可以修改响应内容中的字符串，如过滤敏感词，包括以下4个指令：

```
sub_filter string replacement      # 将字符串string修改成replacement
sub_filter_last_modified on|off;
sub_filter_once on|off;      # sub_filter指令是执行一次，还是重复执行sub_filter_types
mime-type ...;  # 指定资源类型
```

示例配置如下：

```
location /sub {
    sub_filter 'AAA' 'BBB';           # 将字符串AAA修改成BBB
}
```

另外，第三方模块ngx_http_substitutions_filter_module弥补了ngx_http_sub_module的不足，可以采用正则表达式实现修改。

3. addition 模块

addition模块（ngx_http_addition_module）是一个过滤器，用于在响应体之前和之后添加文本，包括以下 3 个指令：

```
Syntax: add_before_body uri;        # 把处理给定子请求后返回的文本添加到响应体之前
Default: —
Context: http, server, location
Syntax: add_after_body uri;         # 把处理给定子请求后返回的文本添加到响应体之后
Default: —
Context: http, server, location
Syntax: addition_types mime-type ...;  # 可以使用的资源类
Default: addition_types text/html;
Context: http, server, location
```

示例配置如下：

```
server {
    server_name addition.com;
    access_log logs/addition.log main;
    location / {
        add_before_body /before_action;     # 在响应体头部添加；这个 uri 返回的结果
        add_after_body /after_action;       # 在响应体尾部添加；这个 uri 返回的结果
    }
    location /before_action {
        return 200 'test before_action\n';
    }
    location /after_action {
        return 200 'test after_action\n';
    }
}
```

5.5　HTTP 压缩功能

在 NGINX 的 HTTP 配置中，也经常会使用到压缩功能模块，比如 gzip、gzip_static 和 gunzip，下面我们分别介绍这几个模块及其用法。

1. gzip 模块

gzip 模块（ngx_http_gzip_module）是使用 gzip 方法压缩响应内容的过滤器，通常能将传输数据的大小减小一半甚至更多。示例配置如下：

```
gzip              on;
gzip_min_length   1000;
gzip_proxied      expired no-cache no-store private auth;
gzip_types        text/plain application/xml;
```

2. gzip_static 模块

开启 gzip_static 模块的压缩功能后，NGINX 服务器会根据配置策略对传输的 CSS、JavaScript、XML、HTML 文件等静态资源进行压缩。这样不仅可以节约大量的出口带宽，提高传输效率和访问速度，进而优化 NGINX 的性能，还能提升用户体验，可谓一举两得。尽管会消耗一定的 CPU 资源，但为了给用户更好的体验还是值得的。对于 Web 网站上的图片和视频等其他多媒体文件以及大文件而言，压缩效果并不好，所以没必要进行压缩，此时如果想优化 NGINX 性能，那么可以将图片的生命周期设置得长一点，让客户端有时间缓存。

经过压缩的页面，其大小可以变为原来的 30%甚至更小，这样用户浏览页面的速度会快很多。压缩功能需要浏览器和服务器双方的支持，实际上就是服务器端压缩，到达浏览器后再解压并解析。浏览器不需要我们担心，因为目前绝大多数浏览器已经支持解析压缩过的页面。示例配置如下：

```
gzip on;                    # 决定是否开启 gzip 模块，on 表示开启，off 表示关闭
gzip_min_length 1k;         # 设置允许压缩的页面最小字节
gzip_buffers 4 16k;         # 设置 gzip 申请内存的大小
gzip_http_version 1.1;      # 识别 HTTP 协议的版本
gzip_comp_level 2;          # 设置 gzip 压缩等级
gzip_types text/plain  application/x-javascript text/css application/xml;
                            # 设置需要压缩的 MIME 类型
gzip_vary on;               # 启用应答头"Vary: Accept-Encoding"
gzip_proxied off;           # of 表示关闭对所有代理结果的数据压缩
```

3. gunzip 模块

gunzip 模块（ngx_http_gunzip_module）是一个过滤器，用于对不支持 gzip 方法的客户端使用 Content-Encoding: gzip 解压缩响应内容。当需要存储压缩后的数据以节省空间并减少 I/O 开销时，该模块就变得非常有用。NGINX 默认并没有构建此模块，需要使用--with-http_gunzip_module 参数启用它。示例配置如下：

```
location /storage/{
    gunzip on;
    ...
}
```

5.6 本章小结

本章主要为读者介绍了 HTTP 模块的增强功能，包括 HTTPS 服务器和 HTTP/2 服务器的工作原理和在 NGINX 中如何配置 HTTPS 服务器。另外还介绍了在 HTTP 配置中一些常用模块的使用场景和配置，以及针对压缩功能和过滤功能。

第 6 章

七层反向代理的功能

上一章我们了解了 NGINX 作为 HTTP 服务器的增强功能，本章阐述 NGINX 另一个非常重要的功能——反向代理。

6.1 代理的概念

我们都知道 NGINX 很重要的一个使用场景是反向代理，而且我们经常看到代理、正向代理、反向代理、负载均衡这样的概念，那么它们的用途是什么，相互之间又有什么关联和区别呢？

1. 代理

在现实世界里，代理是代表他人完成某件事的人。在计算机术语里，代理是代表真实服务器与客户端进行通信的服务器，如图 6-1 所示，它可以拦截客户端请求和给客户端返回后端真实服务器的响应内容，它能仅转发请求，也能对请求内容进行修改。常见的代理有正向代理和反向代理，两者的实现方式有着很大的不同。

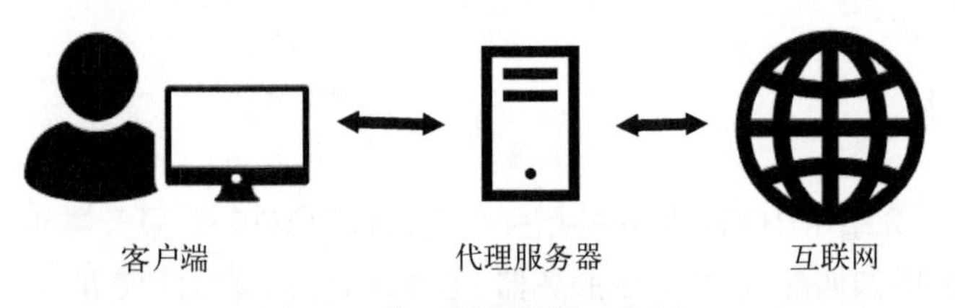

图 6-1　代理服务器的示意图

2. 正向代理

正向代理（如图 6-2 所示）通常是代理请求方或客户端，并封装它们的原始信息，常在两种场景中使用：绕开被屏蔽站点的限制，作为缓存服务器。

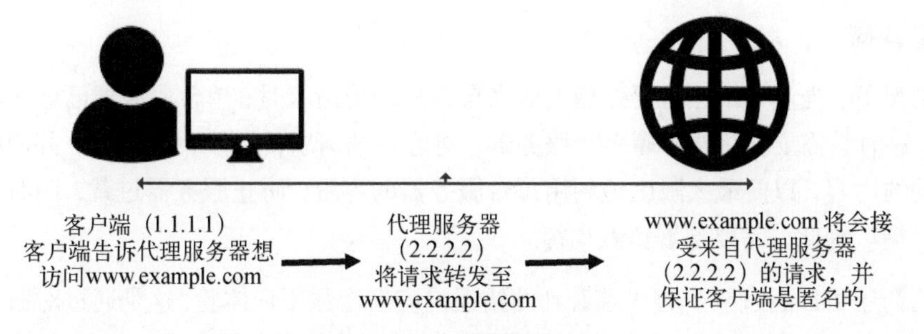

图 6-2 正向代理的示意图

3. 反向代理

反向代理（如图 6-3 所示）与正向代理恰恰相反，代表后端服务器响应客户端请求。正向代理和反向代理的区别在于正向代理会隐藏客户端的信息，反向代理隐藏的则是服务器的信息。反向代理通常用于在几台服务器之间分配负载，无缝显示来自不同站点的内容，或通过 HTTP 以外的协议将处理请求传递给应用服务器。

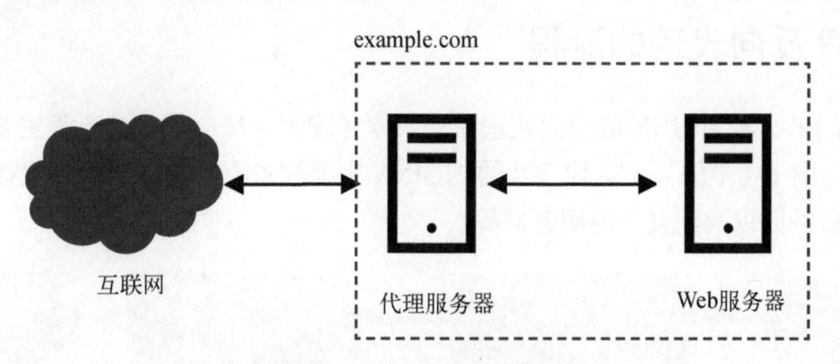

图 6-3 反向代理的示意图

反向代理的使用场景主要有下面这些。

- **负载均衡**。反向代理服务器可以充当“流量指挥官”，它处在后端服务器的前面，能在最大限度地提高速度和容量使用率的同时确保没有一个服务器过载，从而在一组服务器之间分配客户端请求。如果某台服务器出现故障，那么负载均衡器会将分配给它的流量重定向到其余的联机服务器。
- **Web 加速**。反向代理可以压缩入站数据和出站数据，以及缓存常用的内容，加速客户端和服务器之间的通信流。它还可以执行其他任务，例如 SSL 卸载，以减轻 Web 服务器的负担，从而提高其性能。
- **安全性和匿名性**。反向代理服务器通过拦截前往后端服务器的请求，保护其身份并充当针对安全攻击的附加防御措施。它还可以确保能从单个记录定位器（record locator）或 URL 访问多个服务器。

4. 负载均衡

通常情况下，当业务站点需要处理大量来自客户端的请求时，单台服务器已经无法有效处理这些请求。这时就需要在后端部署多台服务器，将客户端请求传给多台服务器，并使所有服务器都承载相同的内容，以便最大限度地利用每台服务器的容量，防止服务器过载，同时以最快的方式响应客户端。为此，需要部署负载均衡。

负载均衡还可以通过减少客户端看到的错误响应来增强用户体验，这是通过对服务器进行健康检查（何时出现故障），并将请求从故障服务器转移到其他服务器实现的。在最简单的实现中，负载均衡通过拦截对常规请求的错误响应来检查服务器的运行状况（比如 404 状态码）。

某些负载均衡还会提供会话保持功能，可以将所有请求从特定客户端发送到同一服务器。尽管 HTTP 从理论上讲是无状态的，但是许多应用为了提供其核心功能，必须存储状态信息，比如淘宝的购物车。如果负载均衡将用户会话中的请求分发到不同的服务器，而不是将所有请求都定向到响应初始请求的服务器，那么会导致用户体验非常糟糕。

6.2　HTTP 反向代理的流程

本节中我们来学习 NGINX 的反向代理流程及参考配置。反向代理的流程主要有 4 个阶段，如图 6-4 所示。图 6-4 中的 4 个阶段涉及的 NGINX 主要配置有：传递请求到代理服务器、传递请求头、配置缓冲区以及配置上游服务器等。

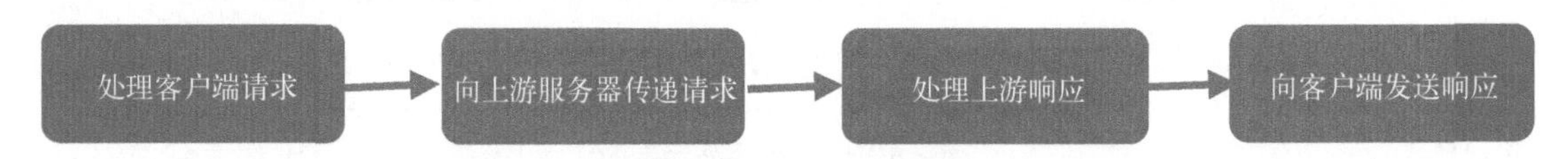

图 6-4　反向代理的流程

在上述流程中，NGINX 会使用 proxy 模块和 upstream 模块。proxy 模块的作用是将请求转发到相应的后端服务器，upstream 模块的作用是定义可以由 proxy_pass、fastcgi_pass、uwsgi_pass、scgi_pass、memcached_pass 和 grpc_pass 指令引用的服务器组。

1. 传递请求到代理服务器

如果要将请求传递到 HTTP 代理服务器，必须在一个 location 块内调用 proxy_pass 指令，指定代理服务器的地址，这个地址可以是域名或 IP 地址。例如：

```
location /some/path/ {
    proxy_pass http://www.example.com/link/;
}
```

之后在这个 location 块内处理的所有请求都会被传递到指定地址的代理服务器。该地址可能还包含端口：

```
location ~ \.php {
    proxy_pass http://127.0.0.1:8000;
}
```

如果指定的地址没有 URI，或者无法确定 URI 要替换的部分，则将传递完整的请求 URI（可能已修改）。

如果要将请求传递到非 HTTP 代理服务器，则应使用适当的 *_pass 指令。

- 使用 fastcgi_pass 指令将请求传递到 FastCGI 服务器。
- 使用 uwsgi_pass 指令将请求传递到 uWSGI 服务器。
- 使用 scgi_pass 指令将请求传递到 SCGI 服务器。
- 使用 memcached_pass 指令将请求传递到 memcached 服务器。
- 使用 grpc_pass 指令将请求传递到 gRPC 服务器。

proxy_pass 指令还可以指定服务器的命名组，在这种情况下，将根据指定的策略给组里的服务器分配请求。

2. 传递请求头

NGINX 默认会重新定义所代理请求中的两个请求头字段——Host 和 Connection，将 Host 设置为$proxy_host 变量，将 Connection 设置为 off，并去掉值为空字符串的请求头字段。当然，也可以修改其他请求头字段。

要实现这些设置，请使用 proxy_set_header 指令。可以继续在上一步的 location 块内或层级更高的 location 块内调用这个伪指令，也可以在特定的 server 块或 http 块中调用它。例如：

```
location /some/path/ {
    proxy_set_header Host $host;
    proxy_set_header X-Real-IP $remote_addr;
    proxy_pass http://localhost:8000;
}
```

在这个配置中，将 HOST 字段设置为 $host 变量。

为了防止将请求头字段传递给代理服务器，请将其设置为空字符串：

```
location /some/path/ {
    proxy_set_header Accept-Encoding "";
    proxy_pass http://localhost:8000;
}
```

3. 配置缓冲区

在默认情况下，NGINX 缓冲区中的内容来自后端服务器。当后端服务器返回响应内容时，NGINX 先将它存储在内部缓冲区中，直到接收到整个响应内容后才发送给客户端。缓冲区有助于优化慢速客户端的性能，如果 NGINX 把响应内容同步传递到客户端，那么有可能会浪费代理服务器的时间。而启用缓冲区后，NGINX 允许代理服务器快速处理响应，NGINX 把响应内容存储下来的时间和客户端下载响应内容所需的时间一样长。

负责启用和禁用缓冲区的指令是 proxy_buffering，其默认值为 on，表示启用缓冲区。proxy_buffers 指令用于设置为请求分配的缓冲区大小及数量。缓冲区的大小由 proxy_buffer_size 指令设置。来自代理服务器的响应内容的第一部分会被存储在单独的缓冲区中，这部分通常包含一个相对较小的响应头。

在以下示例中，增加了默认的缓冲区数，并使响应内容的第一部分所在的缓冲区大小小于默认值：

```
location /some/path/ {
    proxy_buffers 16 4k;
    proxy_buffer_size 2k;
    proxy_pass http://localhost:8000;
}
```

如果禁用缓冲区，则将从服务器接收到的响应同步发送到客户端。对于需要尽快开始接收响应的快速交互客户端，这样的配置是可行的。

要想在特定位置禁用缓冲，那么可以把 proxy_buffering 指令放在该位置，将其值设置为 off，示例如下：

```
location /some/path/ {
    proxy_buffering off;
    proxy_pass http://localhost:8000;
}
```

在这种情况下，NGINX 仅使用 proxy_buffer_size 配置的缓冲区来存储响应内容的当前部分。

4. 配置上游服务器

在使用 NGINX 对一组服务器进行 HTTP 流量负载均衡前，需要先使用 upstream 指令定义一组服务器，该指令位于 http 上下文中。

服务器组中的服务器可以使用 server 指令进行配置（注意不要与定义在 NGINX 上的虚拟服务器 server 块混淆）。例如以下配置定义了一个名为 backend 的服务器组，它由 3 台服务器组成（可以在 3 台以上的实际服务器中解析）：

```
http{
    upstream backend {
        server backend1.example.com weight=5;
        server backend2.example.com;
        server 192.0.0.1 backup;
    }
}
```

要把请求传递给服务器组，需要在 proxy_pass 指令（或针对不同协议的 fastcgi_pass、memcached_pass、scgi_pass、uwsgi_pass、grpc_pass 指令）中指定服务器组的名称。看下面这个示例：

```
server {
    location / {
        proxy_pass http://backend;
    }
}
```

这样配置后，在 NGINX 上运行的虚拟服务器将把所有请求传递到上一个示例中定义的 backend 服务器组中。再来看一个示例：

```
http{
    upstream backend {
        server backend1.example.com;
        server backend2.example.com;
        server 192.0.0.1 backup;
    }
    server {
        location / {
            proxy_pass http://backend;
        }
    }
}
```

这个示例结合了前面两个示例，还显示了如何将 HTTP 请求代理到 backend 服务器组。该组中的前两台服务器运行同一应用程序的实例，第三台则是备份服务器。由于在 upstream 块中未指定负载均衡算法，因此 NGINX 使用默认的轮询算法。这里提到了负载均衡算法，我们结合实际的配置来看看都有哪些。

- **轮询算法**

给各服务器平均分配请求，其中考虑到了各服务器的权重，是默认使用的负载均衡算法（在未指定负载均衡算法时）：

```
upstream backend {
    # 默认的负载均衡算法为轮询
    server backend1.example.com;
    server backend2.example.com;
}
```

- **最少连接数算法**

将请求发送给具有最少活动连接数的服务器，需要考虑服务器的权重。比如：

```
upstream backend {
    least_conn;
    server backend1.example.com;
    server backend2.example.com;
}
```

- **IP hash 算法**

根据客户端 IP 地址确定把请求发送给哪台服务器，比如：

```
upstream backend {
    ip_hash;
    server backend1.example.com;
    server backend2.example.com;
}
```

如果要暂时从负载均衡循环中删除一台服务器，那么可以使用 down 参数标记这台服务器，以保留客户端 IP 地址的当前散列值。由该服务器处理的请求会自动被发送到组中的下一台服务器：

```
upstream backend {
    server backend1.example.com;
    server backend2.example.com;
    server backend3.example.com down;
}
```

- **hash 算法**

根据用户定义的键确定把请求发送给哪台服务器，这个键可以是文本字符串、变量或两者的组合。例如，密钥既可以是成对的源 IP 地址和端口，也可以是本示例中的 URI：

```
upstream backend {
    hash $request_uri consistent;
    server backend1.example.com;
    server backend2.example.com;
}
```

hash 指令的可选一致性参数启用了 ketama 一致性散列算法。根据用户定义的键值，会在所有上游服务器上平均分配请求。如果往 backend 服务器组中添加上游服务器或者从中删除服务器，那么只有少数几个键需要重新映射，从而在负载均衡缓存服务器或其他累积状态的应用程序的情况下最大程度地减少缓存丢失。

- **随机算法**

把请求发送给随机选择的服务器。示例如下：

```
upstream backend {
    random two least_time=last_byte;
    server backend1.example.com;
    server backend2.example.com;
    server backend3.example.com;
    server backend4.example.com;
}
```

这个示例中指定了 2 个参数，意思是 NGINX 先根据服务器权重随机选择两台服务器，再使用指定的方法从中选择一台。随机算法应用于多个负载均衡器将请求发送到同一个后端服务器组的分布式环境中。如果负载均衡器具有所有请求的完整视图，那么尽量使用其他算法，例如轮询算法和最少连接数算法。

另外，我们还可以给服务器组中的服务器设置 `weight` 和 `slow-start` 参数值。下面的示例设置的是 `weight` 参数值：

```
upstream backend {
    server backend1.example.com weight=5;
    server backend2.example.com;
    server 192.0.0.1 backup;
}
```

这代表 backend1.example.com 服务器的权重为 5，其他两台服务器则都取默认的权重值 1。由于第三台服务器被标记为了备用服务器，因此只有当前两台服务器都不可用时，它才会接收请求。通过这种权重配置，在每 6 个请求中，有 5 个会被发送到 backend1.example.com，有 1 个会被发送到 backend2.example.com。

`slow-start` 参数用于设置服务器的慢启动功能，可防止最近才恢复的服务器不堪重负，因为连接可能会超时并导致服务器再次被标记为故障。示例如下：

```
upstream backend {
    server backend1.example.com slow_start=30s;
    server backend2.example.com;
    server 192.0.0.1 backup;
}
```

请注意，如果组中只有一台服务器，那么会忽略 `server` 指令的 `max_fails`、`fail_timeout` 和 `slow_start` 参数，并且永远不会将这台服务器视为不可用。

6.3 本章小结

本章主要介绍了正反向代理的工作原理，梳理了 NGINX 作为反向代理的使用场景和反向代理的流程，还结合示例讲解了反向代理的配置，包括 `proxy_pass` 指令的使用，以及请求头、缓冲区和上游服务器的配置。

第 7 章

七层反向代理的补充功能

上一章我们了解了 NGINX 作为七层反向代理的功能，本章我们继续了解和学习它作为七层反向代理的补充功能。

7.1 gRPC 模块的功能介绍

1. gRPC 协议

gRPC 协议的使用范围非常广泛，比如在服务网格的实现中就会使用它。gRPC 协议是客户端和服务器在通信时使用的 RPC 协议，它本身被设计为非常紧凑（节省空间）且可跨语言移植，支持请求与响应的方式和流方式两种。

gRPC 通过 HTTP/2 传输数据，可以传输明文数据或 TLS 加密过的数据。对 gRPC 的调用是基于 ProtoBuf 编码方式发送 HTTP POST 请求实现的，且 gRPC 响应内容使用的是类似的编码体，在响应内容的尾部会使用 HTTP 状态码。

根据设计，gRPC 协议不能通过 HTTP/1.*x* 传输，使用 HTTP/2 才能具有连接复用和流传输功能。基于 gRPC 的客户端应用和服务器端应用的交互如图 7-1 所示。

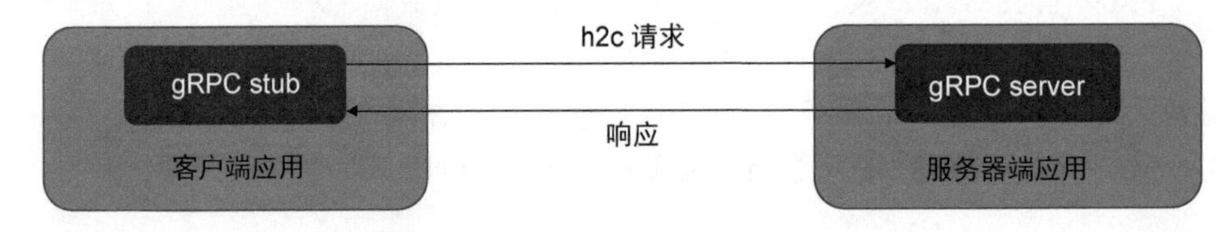

图 7-1　基于 gRPC 的应用交互[①]

2. 通过 NGINX 配置和管理 gRPC

我们设计一个由 NGINX 反向代理 gRPC 流量的场景，结构如图 7-2 所示。

① https://www.nginx.com/blog/nginx-1-13-10-grpc/。

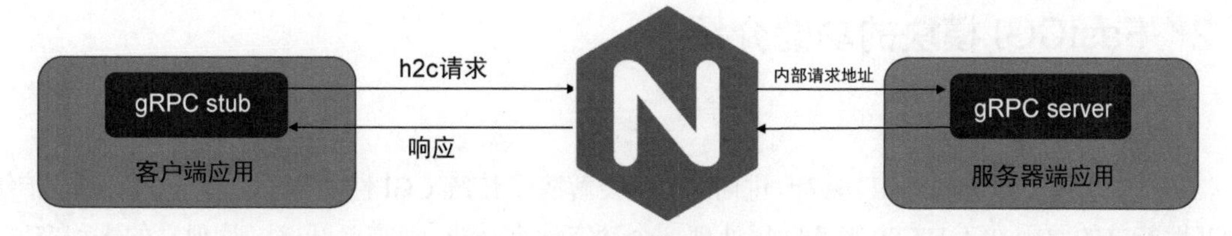

图 7-2 由 NGINX 反向代理 gRPC 流量[①]

在NGINX开源版中使用gRPC功能，需要添加http_ssl_module模块和http_v2_module模块：

```
auto/configure --with-http_ssl_module --with-http_v2_module
```

NGINX 使用 grpc_pass 指令监听 gRPC 流量，我们可以在配置文件中让 gRPC 监听 80 端口，并将请求转发至后端服务器的 50051 端口：

```
http{
    log_format  main  '$remote_addr - $remote_user [$time_local] "$request" '
                      '$status $body_bytes_sent "$http_referer" '
                      '"$http_user_agent"';
    server {
        listen 80 http2;
        access_log logs/access.log main;
        location / {
            grpc_pass grpc://localhost:50051;
        }
    }
}
```

gRPC 默认使用明文的方式传输数据，如果需要 TLS 加密，那么可以使用 ssl_certificate 指令和 ssl_certificate_key 指令：

```
server {
    listen 1443 ssl http2;
    ssl_certificate     ssl/cert.pem;
    ssl_certificate_key ssl/key.pem;
    #...
}
```

如果 NGINX 需要代理加密的 gRPC 服务，那么将 grpc 替换为 grpcs 即可：

```
grpc_pass grpcs://grpcservers;
```

如果 upstream 块里有多个 gRPC 服务器，那么负载均衡配置起来也非常简单：

```
upstream grpcservers {
    server 192.168.20.11:50051;
    server 192.168.20.12:50051;
}
```

① https://www.nginx.com/blog/nginx-1-13-10-grpc/。

7.2 FastCGI模块的功能介绍

1. FastCGI

FastCGI基于传统的CGI协议改进而来，主要解决了传统CGI性能和安全性差的问题。传统CGI性能差的原因在于HTTP服务器每处理一个动态内容请求，都需要开辟一片独立的进程空间，进程管理所需的时间和空间很大，在高并发的场景下，这样会使HTTP服务器的性能急剧下降。

FastCGI接口采用C/S架构，可以分开HTTP服务器和脚本解析服务器，同时在脚本解析服务器上启动一个或者多个脚本解析守护进程。HTTP服务器每当遇到动态内容请求，都可以将其直接交付给FastCGI进程执行，然后将得到的结果返回给客户端(浏览器)。这种方式可以让HTTP服务器专注地处理静态内容请求或者将动态脚本服务器的结果返回给客户端，在很大程度上提高了整个应用系统的性能。

2. FastCGI配置

在NGINX中，FastCGI代理的主要用例之一是PHP的处理。与Apache使用`mod_php`模块直接处理PHP不同，NGINX必须依靠单独的PHP处理器来处理PHP请求。php-fpm是一个经过广泛测试并与NGINX一起使用的通用FastCGI管理器。

配置了FastCGI的NGINX可以代理各种语言的应用程序，只要这个应用的实现符合FastCGI的规范和标准。我们来看一个典型的配置了FastCGI的配置文件（假设文件的存放路径为/etc/nginx/fastcgi.conf）：

```
# fastcgi.conf
fastcgi_param  GATEWAY_INTERFACE  CGI/1.1;
fastcgi_param  SERVER_SOFTWARE    nginx;
fastcgi_param  QUERY_STRING       $query_string;
fastcgi_param  REQUEST_METHOD     $request_method;
fastcgi_param  CONTENT_TYPE       $content_type;
fastcgi_param  CONTENT_LENGTH     $content_length;
fastcgi_param  SCRIPT_FILENAME    $document_root$fastcgi_script_name;
fastcgi_param  SCRIPT_NAME        $fastcgi_script_name;
fastcgi_param  REQUEST_URI        $request_uri;
fastcgi_param  DOCUMENT_URI       $document_uri;
fastcgi_param  DOCUMENT_ROOT      $document_root;
fastcgi_param  SERVER_PROTOCOL    $server_protocol;
fastcgi_param  REMOTE_ADDR        $remote_addr;
fastcgi_param  REMOTE_PORT        $remote_port;
fastcgi_param  SERVER_ADDR        $server_addr;
fastcgi_param  SERVER_PORT        $server_port;
fastcgi_param  SERVER_NAME        $server_name;
```

`fastcgi_param`命令用于设置FastCGI请求中的参数，设置的具体内容可以从`$_SERVER`中获取，如`echo $_SERVER['REMOTE_ADDR']`。

如果想设置当前的机器环境，那么可以执行 fastcgi_param ENV test;指令。对于 PHP 来说，最少需要设置如下这些变量：

```
fastcgi_param SCRIPT_FILENAME /home/www/scripts/php$fastcgi_script_name;
fastcgi_param QUERY_STRING    $query_string;
```

上述示例能够使单个 FastCGI 的配置尽可能简单。

与 Apache 不同，NGINX 不会自动生成 FastCGI 进程，我们必须分别启动这些进程。实际上，FastCGI 非常类似于代理。PHP5 会自动生成 PHP_FCGI_CHILDREN 环境变量中设置的 FastCGI 应用。因此，我们只需手动运行 php -b 127.0.0.1:9000，或创建下面的初始化脚本：

```
#!/bin/bash
BIND=127.0.0.1:9000
USER=www-data
PHP_FCGI_CHILDREN=15
PHP_FCGI_MAX_REQUESTS=1000

PHP_CGI=/usr/bin/php-cgi
PHP_CGI_NAME=`basename $PHP_CGI`
PHP_CGI_ARGS="- USER=$USER PATH=/usr/bin
PHP_FCGI_CHILDREN=$PHP_FCGI_CHILDREN PHP_FCGI_MAX_REQUESTS=$PHP_FCGI_MAX_REQUESTS
$PHP_CGI -b $BIND"
RETVAL=0

start() {
    echo -n "Starting PHP FastCGI: "
    start-stop-daemon --quiet --start --background --chuid "$USER" --exec /usr/bin/
        env -- $PHP_CGI_ARGS
    RETVAL=$?
    echo "$PHP_CGI_NAME."
}

stop() {
    echo -n "Stopping PHP FastCGI: "
    killall -q -w -u $USER $PHP_CGI
    RETVAL=$?
    echo "$PHP_CGI_NAME."
}

case "$1" in
    start)
    start
  ;;
    stop)
    stop
  ;;
    restart)
    stop
    start
  ;;
    *)
    echo "Usage: php-fastcgi {start|stop|restart}"
```

```
    exit 1
  ;;
esac
exit $RETVAL
```

将上述脚本保存至 /etc/init.d 目录下，并设置为开机自启动。在 NGINX 中可以这样配置：

```
location ~ \.php$ {
    include /etc/nginx/fastcgi.conf;
    if($uri !~ "^/images/") {
        fastcgi_pass 127.0.0.1:9000;
    }
}
```

在这个配置中，可以发现我们针对安全问题做了设置，我们不希望上传至站点的文件中有可执行的 PHP 源文件，于是简单添加了一条 `if` 判断语句，并把正则表达式传入其中。

7.3　uWSGI 模块的功能介绍

1. uWSGI

近年来，许多用于各种应用程序框架和应用程序容器的标准化接口被开发出来。在这些接口中有一个 Web 服务器网关接口（WSGI）。当请求到来时，服务器底层会将请求以 `environ` 变量的方式传递给应用程序，应用程序执行结束后调用 `start_response` 函数将结果返回。

uWSGI 是 Web 服务器/代理和基于 Python 的应用程序之间的接口协议，既不用 WSGI 协议也不用 FastCGI 协议，是自创的协议。uWSGI 协议是 uWSGI 服务器自有的一个协议，用于定义传输信息的类型，每一个 uWSGI 数据包的前 4 字节都是用来描述这个类型的，uWSGI 和 WSGI 相比是两样东西，其运行速度大约是 FastCGI 协议的 10 倍。

2. uWSGI 配置

为了简化描述，本节仅列出 uWSGI 服务器（使用 Django 搭建）和 NGINX 的配置。

uWSGI 服务器的配置如下：

```
# /usr/local/sbin/uwsgi \
    --chdir=/var/django/projects/myapp \
    --module=myapp.wsgi:application \
    --env DJANGO_SETTINGS_MODULE=myapp.settings \
    --master --pidfile=/usr/local/var/run/uwsgi/project-master.pid \
    --socket=127.0.0.1:29000 \
    --processes=5 \
    --uid=505 --gid=505 \
    --harakiri=20 \
    --max-requests=5000 \
    --vacuum \
    --daemonize=/usr/local/var/log/uwsgi/myapp.log
```

NGINX 的配置如下：

```
http{
    # ...
    upstream django {
        server 127.0.0.1:29000;
    }
    server {
        listen 80;
        server_name myapp.example.com;
        root /var/www/myapp/html;
        location / {
            index index.html;
        }
        location /static/  {
            alias /var/django/projects/myapp/static/;
        }
        location /main {
            include /etc/nginx/uwsgi_params;
            uwsgi_pass django;
            uwsgi_param Host $host;
            uwsgi_param X-Real-IP $remote_addr;
            uwsgi_param X-Forwarded-For $proxy_add_x_forwarded_for;
            uwsgi_param X-Forwarded-Proto $http_x_forwarded_proto;
        }
    }
}
```

请注意，在这个配置中，定义了一个名称为 django 的 upstream。

静态内容服务/static 通过 location /static/ 卸载到 NGINX 或 NGINX Plus，由 /var/django/projects/myapp/static 返回资源内容。而访问到 /main 处的应用程序流量，桥接到 uWSGI 服务 django，并传递到在 uWSGI 应用程序容器中运行的 Django 应用程序处理。

7.4 SCGI 模块的功能介绍

1. SCGI

SCGI 是 CGI 的替代版本，它与 FastCGI 类似，也是将请求处理程序独立于 Web 服务器之外，但更容易实现，性能比 FastCGI 要弱一些。在 NGINX 中，ngx_http_scgi_module 模块允许将请求传递到 SCGI 服务器。

2. SCGI 配置

在 NGINX 中配置 SCGI 代理的示例代码如下：

```
location / {
    include   scgi_params;
    scgi_pass localhost:9000;
}
```

7.5 本章小结

本章我们介绍了 NGINX 作为七层反向代理的其他重要功能，包括 FastCGI、uWSGI、SCGI、gRPC 模块的功能及配置。

第 8 章

四层反向代理的功能

本章我们将了解和学习 NGINX 作为四层反向代理的功能。

8.1 NGINX 处理 TCP/UDP 请求的 7 个阶段

还记得我们在第 4 章介绍的 NGINX 作为七层反向代理处理 HTTP 请求的 11 个阶段吗？有人可能会问，NGINX 也可以作为四层反向代理，那是不是会有针对 TCP/UDP 请求的处理阶段？是的。本节我们就来看看 NGINX 是如何处理 TCP/UDP 请求的，NGINX 提供了 stream 模块来处理 TCP/UDP 请求，处理流程如图 8-1 所示。

图 8-1　处理 TCP/UDP 请求的阶段

图 8-1 中的 7 个处理阶段和相应的模块指令举例如表 8-1 所示。

表 8-1　7 个处理阶段

名　称	模块指令	功　能
POST_ACCEPT	realip	将客户端地址和端口更改为 PROXY 协议头发送
PRE_ACCESS	limit_conn	限制连接数（限流）
ACCESS	access	限制允许访问的客户端地址（控制访问权限）
SSL	ssl	使用 SSL/TLS 协议为流代理服务器提供必要的支持
PREREAD	ssl_preread	允许从 ClientHello 消息中提取信息，而无须终止 SSL/TLS
CONTENT	return、stream_proxy	允许通过 TCP、UDP 和 UNIX 域 socket 的方式代理数据流
LOG	access_log	日志处理模块，用于输出访问日志

8.2　四层反向代理与负载均衡配置

在什么场景下会用到四层的反向代理和负载均衡呢？很多常见的应用和服务（如 LDAP、MySQL、RTMP 等）使用的是 TCP 协议，另外一些应用（如 DNS、syslog 等）使用的是 UDP 协议，NGINX 可以配置为 TCP/UDP 的反向代理，并将遵循 TCP/UDP 协议的数据从客户端转发到上游或者应用服务器。

1. 配置四层反向代理

四层反向代理的具体配置分为 6 个步骤。

(1) 创建一个 `stream` 块：

```
stream{
    # ...
}
```

(2) 在 `stream` 上下文中分别为每个虚拟服务器定义一个或多个 `server` 配置块。

(3) `server` 块中包括 `listen` 指令，用来定义服务器监听的 IP 地址或端口。TCP 是 `stream` 上下文默认使用的协议，所以 `listen` 指令并没有 `tcp` 参数；而对于 UDP 流量，`listen` 指令还包括 `udp` 参数：

```
stream {
    server {
        listen 12345;
        # ...
    }
    server {
        listen 53 udp;
        # ...
    }
    # ...
}
```

(4) 在 `server` 块中添加 `proxy_pass` 指令，用来定义代理服务器或要将流量转发到的 `upstream`：

```
stream {
    server {
        listen 12345;
        proxy_pass stream_backend;
    }
    server {
        listen 12345;
        # TCP traffic will be forwarded to the specified server
        proxy_pass backend.example.com:12346;
    }
    server {
        listen 53 udp;
```

```
        # UDP traffic will be forwarded to the "dns_servers" upstream group
        proxy_pass dns_servers;
    }
    # ...
}
```

(5) 如果代理服务器有多个网络接口，则可以选择特定的源 IP 让 NGINX 监听。proxy_bind 指令的作用是让 NGINX 在把请求转发到上游服务器时选择适当的本地网络接口的 IP 地址，示例配置为：

```
stream {
    # ...
    server {
        listen 127.0.0.1:12345;
        proxy_pass backend.example.com:12345;
        proxy_bind 127.0.0.1:12345;
        # proxy_bind $remote_addr transparent;
        # 把请求流量转发到上游时不使用本地 IP，而是用客户端的真实 IP 地址
    }
}
```

(6) 如果想调整内存缓冲区的大小，那么可以通过缓冲区指令（proxy_buffering 和 proxy_buffer_size）控制 NGINX 对上游服务器返回结果的处理行为：缓存在本地（proxy_buffering on）或同步转发给客户端（proxy_buffering off）。NGINX 可以往缓冲区中放置来自上游的数据。如果数据量很小，则可以减少缓冲区，节省内存资源。如果数据量很大，那么可以增加缓冲区大小以减少套接字读/写操作的数量。缓冲区的大小由 proxy_buffer_size 指令设置：

```
stream {
    # ...
    server {
        listen 127.0.0.1:12345;
        proxy_pass backend.example.com:12345;
        proxy_buffer_size 16k;
    }
}
```

2. 配置四层负载均衡

四层的负载均衡配置分为 3 步。

(1) 创建一组 server 块或一个 upstream 块，其流量将实现负载均衡。在 stream 上下文中定义一个或多个 upstream 配置块，并为它们设置名称，例如把包含 TCP 服务器的 upstream 块命名为 stream_backend，把包含 UDP 服务器的 upstream 配置块命名为 dns_servers：

```
stream {
    upstream stream_backend {
        # ...
    }
    upstream dns_servers {
```

```
        # ...
    }
# ...
}
```

(2) 用上游服务器填充 upstream 块。在 upstream 块内，为每个上游服务器分别添加一个 server 指令，指定服务器的 IP 地址（或主机名，可以解析为多个 IP 地址）和端口号：

```
stream {
    upstream stream_backend {
        server backend1.example.com:12345;
        server backend2.example.com:12345;
        server backend3.example.com:12346;
        # ...
    }
    upstream dns_servers {
        server 192.168.136.130:53;
        server 192.168.136.131:53;
        # ...
    }
    # ...
}
```

3) 配置 upstream 块使用的负载均衡算法。NGINX 默认使用的是轮询算法，会将请求按顺序定向到已配置好的 upstream 块中的服务器。只需在 stream 上下文中创建一个 upstream 配置块，并按照上一步中的说明添加 server 指令即可。其他诸如 hash、随机、最少连接数的负载均衡算法也都可以添加到上游服务器组中。示例配置如下：

```
upstream stream_backend {
    random two least_time=last_byte;
    # 随机选择两个服务器
    server backend1.example.com:12345;
    server backend2.example.com:12345;
    server backend3.example.com:12346;
    server backend4.example.com:12346;
}
upstream stream_backend {
    hash   $remote_addr consistent;
    # 以基于源地址计算而得的散列值为选择服务器的依据
    # consistent 使得有新服务器加入时，转发映射关系相对稳定
    server backend1.example.com:12345 weight=5;
    server backend2.example.com:12345;
    server backend3.example.com:12346 max_conns=3;
}
upstream dns_servers {
    least_conn;
    # 以最少连接数作为选择依据
    server 192.168.136.130:53;
    server 192.168.136.131:53;
    # ...
}
```

8.3 本章小结

本章主要为读者介绍了 NGINX 作为四层反向代理处理 TCP/UDP 请求的 7 个阶段和相应的模块。还介绍了 NGINX 作为四层反向代理和负载均衡的具体配置实例。此外，NGINX 具备在更复杂的集群环境实现反向代理和负载均衡的能力，更多配置和对参数的详细解释，读者可以自行查阅 https://nginx.org/en/docs/stream/ngx_stream_upstream_module.html。

第 9 章

内容缓存功能

静态缓存是 NGINX 非常重要的一个功能，本章我们来了解一下其相关内容。

9.1 缓存的原理和功能

发展至今，缓存的概念已得到极大的丰富。IT 基础架构能够支撑全球数十亿用户的访问，缓存在其中发挥了重要的作用，可以说随处可见。除了 CPU 缓存、磁盘缓存、操作系统层面的缓存（临时文件和 DNS 缓存等），应用层的缓存场景也有很多：浏览器缓存、数据库缓存、分布式缓存、内容缓存等。把热点数据放在处理速度更快的介质上，已经成为应用架构师们设计大规模应用系统时依据的重要原则。

我们会介绍浏览器发起 HTTP 访问的整个过程，以此简要描述浏览器缓存的原理，然后详细介绍代理服务器的缓存机制（以 NGINX 为例）、缓存配置和缓存架构设计示例。

9.2 浏览器缓存

当我们在 Chrome 浏览器栏中输入 https://www.nginx.com，浏览器会通过操作系统与目标服务器建立 SSL 连接，发起针对 www.nginx.com 站点中“/”路径下 index 文件的 GET 请求。同时请求头中带有 `cache-control: max-age=0`，意思是浏览器希望获取最新数据，不接收缓存数据。当浏览器接收到 HTTP 响应后，会发现这是个 Document 类型的文件，也就是所访问网站的首页的框架文件。然后浏览器会解析该文件的 HTML 代码，提取出网站中资源对象的地址。浏览器会依次获取资源对象的内容，如果它们缓存在本地就直接获取，否则根据地址发起 HTTP 请求获取，最后利用资源对象内容渲染整个页面。一个简单的浏览器访问网站的过程如图 9-1 所示（Disable cache 选项处于关闭状态）。

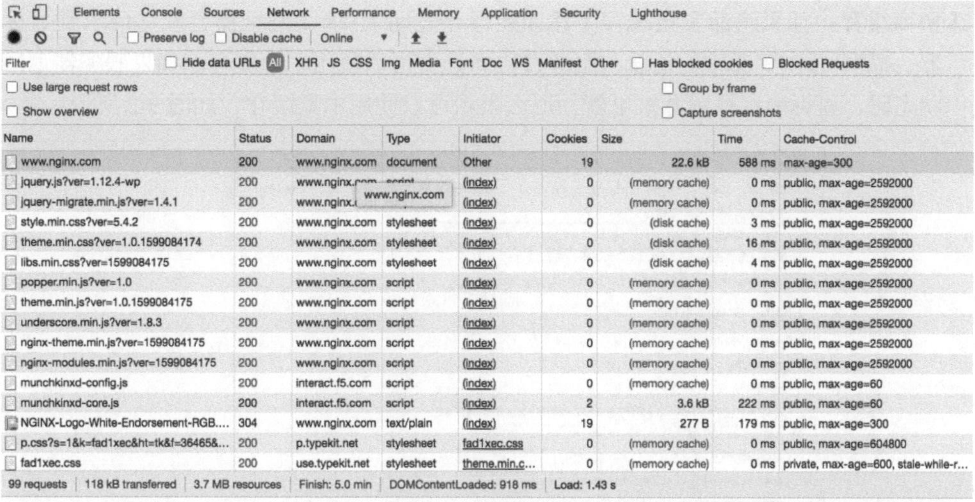

Elements Console Sources Network Performance Memory Application Security Lighthouse

Preserve log | Disable cache | Online

Filter | Hide data URLs | All | XHR JS CSS Img Media Font Doc WS Manifest Other | Has blocked cookies | Blocked Requests

Use large request rows | Group by frame

Show overview | Capture screenshots

Name	Status	Domain	Type	Initiator	Cookies	Size	Time	Cache-Control
www.nginx.com	200	www.nginx.com	document	Other	19	22.6 kB	588 ms	max-age=300
jquery.js?ver=1.12.4-wp	200	www.nginx.com	script	(index)	0	(memory cache)	0 ms	public, max-age=2592000
jquery-migrate.min.js?ver=1.4.1	200	www.nginx.	[illegible]	(index)	0	(memory cache)	0 ms	public, max-age=2592000
style.min.css?ver=5.4.2	200	www.nginx.com	stylesheet	(index)	0	(disk cache)	3 ms	public, max-age=2592000
theme.min.css?ver=1.0.1599084174	200	www.nginx.com	stylesheet	(index)	0	(disk cache)	16 ms	public, max-age=2592000
libs.min.css?ver=1599084175	200	www.nginx.com	stylesheet	(index)	0	(disk cache)	4 ms	public, max-age=2592000
popper.min.js?ver=1.0	200	www.nginx.com	script	(index)	0	(memory cache)	0 ms	public, max-age=2592000
theme.min.js?ver=1.0.1599084175	200	www.nginx.com	script	(index)	0	(memory cache)	0 ms	public, max-age=2592000
underscore.min.js?ver=1.8.3	200	www.nginx.com	script	(index)	0	(memory cache)	0 ms	public, max-age=2592000
nginx-theme.min.js?ver=1599084175	200	www.nginx.com	script	(index)	0	(memory cache)	0 ms	public, max-age=2592000
nginx-modules.min.js?ver=1599084175	200	www.nginx.com	script	(index)	0	(memory cache)	0 ms	public, max-age=2592000
munchkinxd-config.js	200	interact.f5.com	script	(index)	0	(memory cache)	0 ms	public, max-age=60
munchkinxd-core.js	200	interact.f5.com	script	(index)	2	3.6 kB	222 ms	public, max-age=60
NGINX-Logo-White-Endorsement-RGB....	304	www.nginx.com	text/plain	(index)	19	277 B	179 ms	public, max-age=300
p.css?s=1&k=fad1xec&ht=tk&f=36465&...	200	p.typekit.net	stylesheet	fad1xec.css	0	(memory cache)	0 ms	public, max-age=604800
fad1xec.css	200	use.typekit.net	stylesheet	theme.min.c...	0	(memory cache)	0 ms	private, max-age=600, stale-while-r...

99 requests | 118 kB transferred | 3.7 MB resources | Finish: 5.0 min | DOMContentLoaded: 918 ms | Load: 1.43 s

图 9-1 浏览器缓存

从图 9-1 可以看出，部分对象（CSS 文件、JavaScript 文件）是直接从 memory cache 或 disk cache 中获取的。这是由于浏览器在上次访问该站点时，将这些静态资源文件的 HTTP 响应内容缓存到了内存和本地磁盘中。由于 CSS 文件加载一次就可以渲染出来，因此不需要频繁地读取它，适合放到磁盘中缓存。而 JavaScript 文件随时有可能被执行，如果也放到磁盘中，那么在执行的时候需要频繁从磁盘取出它然后放到内存中，无疑增加了 I/O 开销，甚至可能会导致浏览器失去响应，所以把它缓存到内存中。浏览器如何判断这些缓存文件处于可用状态呢？在本例中是由 HTTP 响应头中的 `Cache-Control` 字段进行控制，`Cache-Control` 是浏览器强缓存的一种实现方式。浏览器的缓存可以分为强缓存和协商缓存两类。

- **强缓存**。指浏览器在加载资源时，先根据本地缓存资源的响应头中的信息判断是否命中强缓存，如果命中就直接使用缓存资源，而不用向服务器发送请求。图 9-1 中的 JavaScript 文件和CSS文件即强缓存。这里提到的响应头中的信息是指 `Expires` 字段和 `Cache-Control` 字段。`Expires` 字段是 HTTP/1.0 的规范，其值是一个绝对时间（GMT 格式的字符串），表示资源的失效时间。如果服务器与客户端的时间偏差较大，那么会造成缓存混乱。HTTP/1.1 引入了 `Cache-Control` 字段，该字段利用 `max-age` 值来判断资源的失效时间，这是个相对时间，比如 `max-age=60`，代表资源的缓存有效期是 60s。除了 `max-age` 外，`Cache-Control` 字段还有几个比较常见的配置，如 `no-cache` 代表需要进行协商缓存，发送请求到目标服务器确认是否使用缓存；`no-store` 代表禁止使用缓存，意味着每次都要重新请求数据；`public` 代表所有用户都可以缓存资源，包括终端用户和 CDN 等中间代理服务器节点；`private` 代表只有终端用户的浏览器可以缓存资源，不允许 CDN 等中间代理服务器节点缓存。

- **协商缓存**。如果未命中强缓存（比如强缓存过期），那么浏览器会发送请求到目标服务器，根据 HTTP 头中的信息与服务器协商是否可以使用本地缓存。如果服务器返回 304 状态码，告诉浏览器资源未更新，那么表示可以使用本地缓存，如图 9-2 所示。

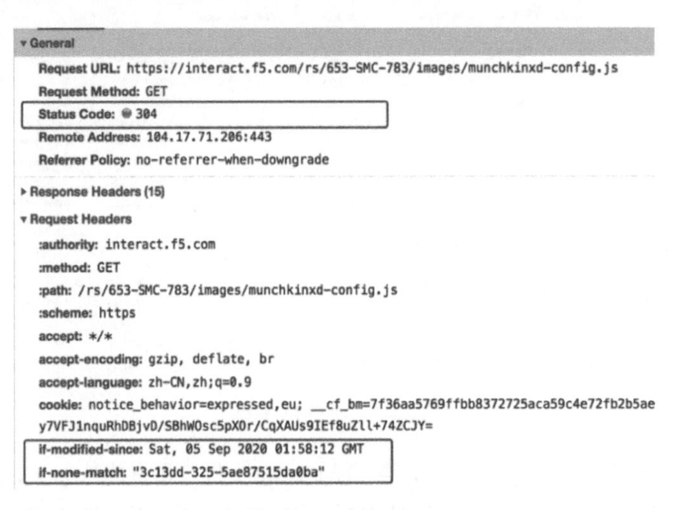

图 9-2　协商缓存

协商缓存的响应只有 HTTP 响应头，没有 HTTP 响应体，节约了传输的响应内容。前面所说的 HTTP 头信息指的是 `last-modified/if-modified-since` 和 `ETag/if-none-match` 字段。“/”表示其前后的两个字段成对出现，前者为 HTTP 响应头中的字段，后者为 HTTP 请求头中的字段。如果 HTTP 响应头中既不包含 `last-modified` 字段，也不包含 `ETag` 字段，那么浏览器在强缓存失效的情况下不会启动协商缓存机制，而是会直接发起 HTTP 请求来获取数据。

对于 `last-modified/if-modified-since` 字段，在浏览器第一次请求资源时，服务器返回的 HTTP 响应头中有 `last-modified` 字段，其值是一个时间，标识资源的最后修改时间。之后当浏览器协商请求资源时，其发送的 HTTP 请求头中会包含 `if-modified-since` 字段，字段值就是之前返回的 `last-modified` 值。当服务器接收到请求，会根据资源的最后修改时间判断缓存是否命中。由于时间无法唯一标识资源，因此 `last-modified/if-modified-since` 字段在使用上存在一些场景限制，比如一些资源文件是自动化工具周期性生成的，即内容并没有修改，只是时间修改了，这时利用 `if-modify-since` 就会导致协商不通过，继而影响缓存使用，于是出现了 `ETag` 字段。

与 `last-modified` 稍微不同，`ETag` 的值是由服务器端生成的能够唯一标识资源的字符串，比如 `ETag: "3c13dd-325-5ae87515da0ba"`。当资源文件发生变化的时候，`ETag` 的值也同步发生变化。当浏览器协商请求资源时，服务器会对比 `ETag` 的值和客户端发送的 `if-none-match` 值来决定协商结果。`if-modified-since` 和 `if-none-match` 可以配合使用，服务器端会优先验证 ETag 的值。

介绍了访问 www.nginx.com 的案例以及强缓存和协商缓存的原理之后，我们通过流程图来梳理一下处理浏览器的 HTTP 请求的流程，如图 9-3 所示。

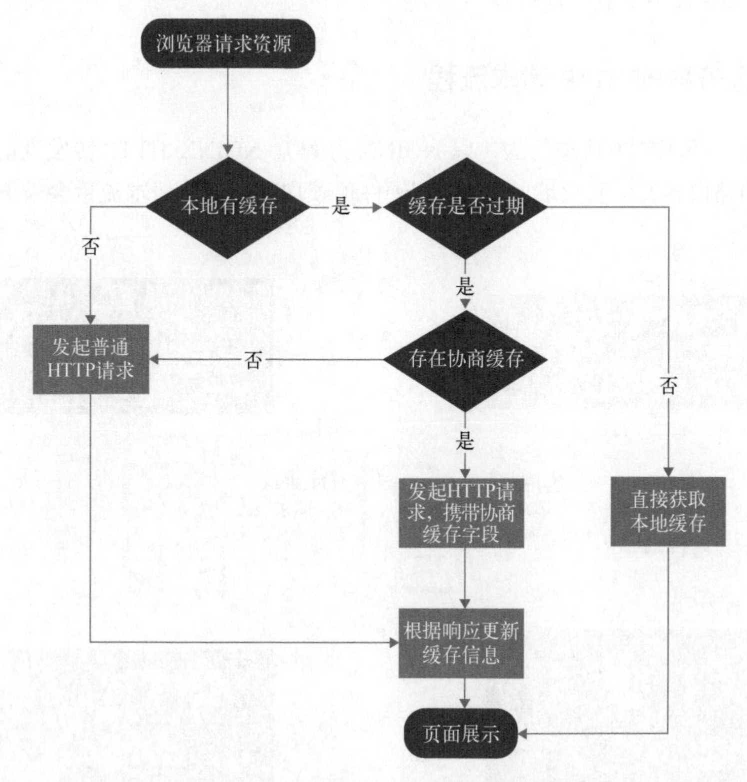

图 9-3 处理浏览器 HTTP 请求的流程图

但在实际的访问场景中，并非所有资源都适合被缓存，比如动态资源就不适合长时间缓存，和个人相关的资源不适合在代理服务器上缓存。下面梳理了一些无法被浏览器强缓存，或者说需要协商缓存的一些请求。

(1) HTTP 响应头中包含 `Cache-Control:no-cache`、`pragma:no-cache` 或 `Cache-Control:max-age=0` 等内容的请求无法被强缓存。

(2) HTTP 响应头中不包含 `Cache-Control/Expires` 的请求无法被强缓存。

(3) 需要根据 cookie、认证信息等决定输入内容的动态请求不会被缓存。

(4) POST 请求不会被浏览器以任何形式缓存。

(5) HTTP 响应头中不包含 `last-modified/ETag` 的请求无法被协商缓存。

9.3 代理服务器缓存

本节我们先回顾一下代理服务器的 HTTP 请求流程，再了解代理服务器缓存是如何工作的，并学习如何在 NGINX 中配置代理缓存。

9.3.1 代理服务器的 HTTP 请求流程

我们先了解一下 HTTP 代理行为（以 NGINX 为例）。NGINX HTTP 转发流量是代理行为，不同于网络上的路由转发、防火墙的 NAT 和硬件负载均衡，默认请求流量会被拆分到多连接，如图 9-4 所示。

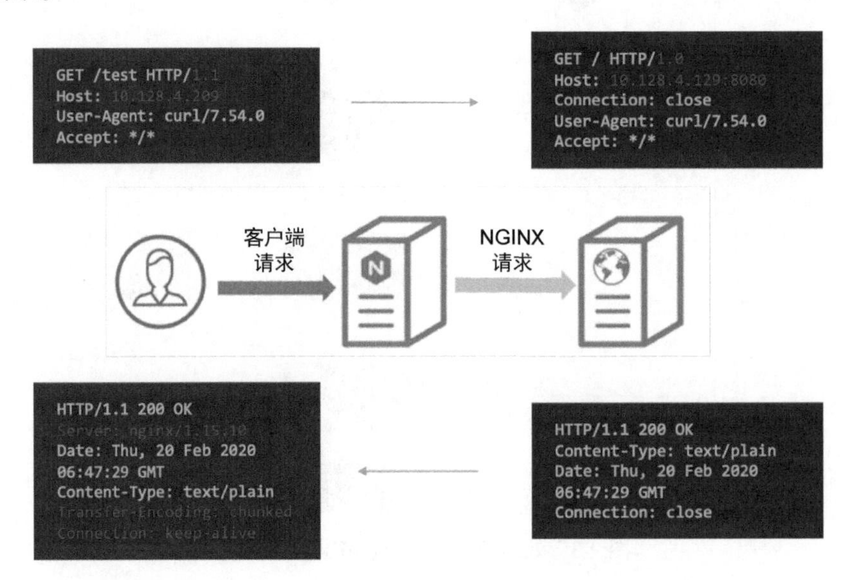

图 9-4 HTTP 代理行为

9.3.2 代理服务器缓存

我们在第 6 章中介绍了正反向代理及各自的特点，并没有介绍代理的另一个重要功能——缓存。缓存服务器是代理服务器的一种，并归类在缓存代理中。换句话说，当代理服务器转发从服务器返回的响应时，会保存一份资源的副本。其流程为当代理服务器转发响应时，缓存代理（Caching Proxy）预先将资源的副本保存（缓存）在代理服务器上。当代理服务器再次接收到对相同资源的请求时，就可以不从源服务器那里获取资源，而是将之前缓存的资源作为响应返回。很多 CDN 提供商都会基于 NGINX 实现内容或站点的加速。

另外我们在代理服务器缓存阶段，还需要考虑 4 个问题。

(1) 缓存的内容是动态的吗？

(2) 多久更新一次缓存？

(3) 缓存的内容具有哪些依存关系？

(4) 缓存的内容会对磁盘空间造成什么影响？

我们根据内容更新的频率和安全性对缓存内容做一个分类，如图 9-5 所示。

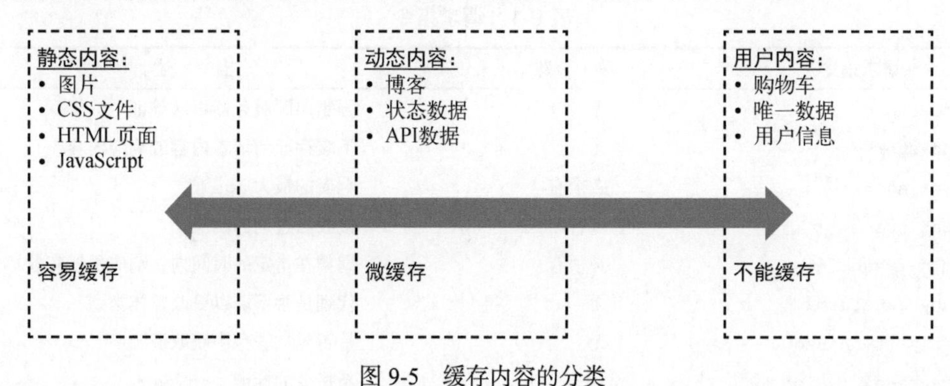

图 9-5 缓存内容的分类

缓存服务器的优势在于利用缓存可以避免多次从源服务器（溯源）转发资源，因此客户端可以就近从缓存服务器上获取资源，而源服务器也不必多次处理相同的请求了。

9.3.3 在 NGINX 中配置代理缓存

本节我们来学习 NGINX 是如何配置代理缓存的，需要考虑缓存的有效期、客户端缓存和缓存配置指令。

1. 缓存的有效期

即便缓存服务器和客户端服务器内都设有缓存，也不能每次都让客户端使用缓存数据，因为这样会无法获取服务器端的更新。为了解决这个问题，给缓存设计了时效性的概念：即使存在缓存，也会鉴于客户端的要求、缓存的有效期等因素，向源服务器确认资源的有效性。若判断缓存失效，那么缓存服务器会再次从源服务器获取“新”资源。

2. 客户端缓存

缓存不仅可以存在于缓存服务器内，还可以存在于客户端浏览器中。以 Chrome 为例，把客户端缓存称为临时网络文件（Temporary Internet File）。客户端缓存如果有效，就不必再向服务器请求相同的资源了，直接从本地磁盘读取即可。和缓存服务器相同的一点是，客户端会向源服务器确认资源的时效性，如果判定缓存过期，那么浏览器会再次请求新资源。

3. 缓存配置指令

- **源 Web 服务器端的配置**

在 Web 服务器端，我们可以添加 expires 指令来设置缓存的过期时间，通过 Cache-Control 字段来控制缓存内容的存储和更新。Cache-Control 的请求指令和响应指令分别如表 9-1 和表 9-2 所示。

表 9-1　请求指令

请求指令	参　数	描　述
no-cache	无	强制向源服务器再次验证
no-store	无	不缓存任何请求内容或响应内容
max-age=[秒]	必须有	响应的最大 age 值
max-stale=[秒]	可省略	接收已过期的响应
min-fresh=[秒]	必须有	期望在指定的时间内，响应仍然有效
no-transform	无	代理是否不可以更改媒体类型
only-if-cached	无	是否只从缓存中获取资源
cache-extension	-	新指令的标记（token）

表 9-2　响应指令

响应指令	参　数	描　述
public	无	可向任意请求方提供响应的缓存
private	可省略	仅向特定用户返回响应
no-cache	可省略	缓存前必须先确认内容的有效性
no-store	无	不缓存任何请求内容或响应内容
no-transform	无	代理是否不可以更改媒体类型
must-revalidate	无	可缓存但必须再向源服务器进行确认
proxy-revalidate	无	要求缓存服务器对缓存的响应有效性进行再次确认
max-age=[]秒	必须有	响应的最大 age 值
s-maxage=[]秒	必须有	公共缓存服务器响应的最大 age 值
cache-extension	-	新指令的标记（token）

然后我们再看 NGINX 的配置，就非常容易理解了：

```
server {
    listen       80 default_server;
    server_name  www.example.com;
    location / {
        root    /usr/share/nginx/html;
        index index.html index.html;
        add_header Cache-Control "private, no-store";
```

```
        expires          -1;
    }
    location ~*\.(jpg|jpeg|gif|png|tif|ico|svg|svgz) {
        expires max;
        add_header Cache-Control "public";
    }
}
```

- **代理缓存的配置**

在 NGINX 中，我们可以把代理缓存设置为全局或者 server 块/location 块的缓存，如下为其各参数的含义。

- proxy_cache_path：定义磁盘的布局、大小、位置和缓存的其他参数。
- proxy_cache_bypass：定义不从缓存中获取响应的条件。
- proxy_cache_key：定义缓存 key。
- proxy_cache_min_uses：设置请求数，之后将缓存响应内容。
- proxy_cache：为此上下文启用缓存。
- proxy_cache_valid：设置不同缓存内容的有效时间。
- proxy_ignore_headers：禁用来自代理服务器的某些响应头字段。
- add_header X-Cache-Status $upstream_cache_status：将缓存状态添加到头信息中以进行调试。

具体的配置过程如下，先是全局配置：

```
# proxy cache configuration
proxy_cache_path /tmp/cache
                levels=1:2
                keys_zone=cache:10m
                max_size=100m
                inactive=60m
                use_temp_path=off;
proxy_cache_key $scheme$proxy_host$request_uri;
# global cache settings
proxy_cache_bypass $cookie_nocache $arg_nocache;
proxy_cache_use_stale updating;
proxy_cache_revalidate on;
proxy_cache_lock on;
proxy_cache_methods GET HEAD;
proxy_cache_min_uses 3;
```

然后是 server 块/location 块的配置：

```
server { # server 配置
    #...
    location ~* \.(?:css|js)$ {
        proxy_cache cache;
        proxy_cache_valid 200 301 302 7d;
```

```
        # override cache headers
        proxy_ignore_headers X-Accel-Expires Expires
            Cache-Control Set-Cookie;
        expires         365d;
        add_header       Cache-Control "public";
        # cache status
        add_header X-Cache-Status $upstream_cache_status;
        proxy_pass http://origin; # Proxy origin server
    }
    #...
}
```

- **代理日志的配置**

我们还可以在 NGINX 的访问日志中添加缓存命中率信息，具体配置如下：

```
log_format main '$remote_addr - $remote_user       [$time_local]  "$request" '
    ' $status $body_bytes_sent "$http_referer" '
    '"$http_user_agent" "$http_x_forwarded_for" '
    ' rid="$request_id" pck="$scheme://$proxy_host$request_uri" '
    ' ucs="$upstream_cache_status" ';
```

- **针对视频的 byte-range 的配置**

针对视频的切片，可以在 NGINX 中这样设置，如图 9-6 所示。

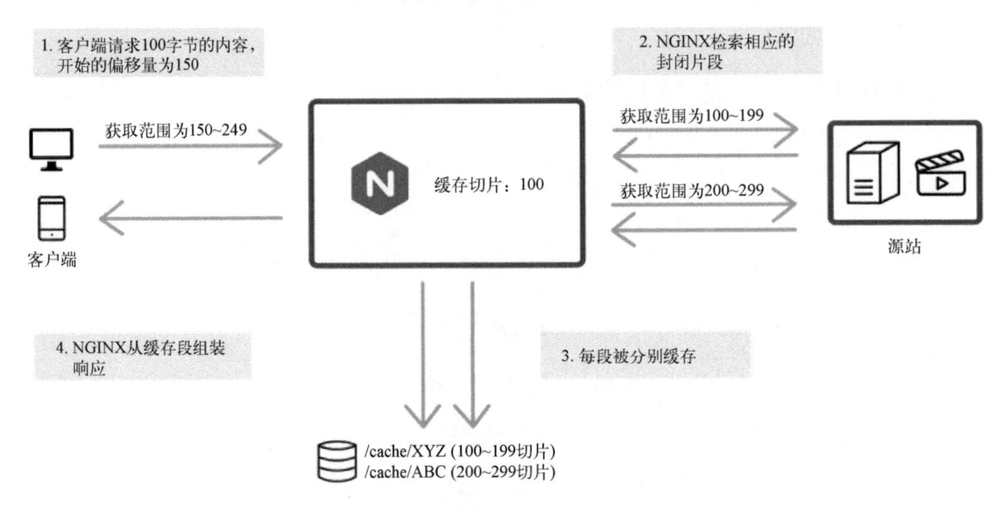

图 9-6 byte-range 缓存

如下为其中参数的含义及配置。

- ❑ **`$slice`**：用于设置切片的大小。值为 `0` 表示禁止将响应内容切分为片。请注意，太小的值可能会导致使用过多的内存和打开过多的文件。
- ❑ **`$slice_range`**：用于表示切片范围的变量，例如 `bytes = 0-1048575`。

- **-caching-nginx/**：我们可以将 `$slice_range` 插入 `proxy_cache_key` 中，以便将每个段作为单个对象缓存。

示例代码如下：

```
location ~* \.(flv|mp4|mov) {
    # ...
    proxy_set_header Range $slice_range;
    proxy_cache cache;
    proxy_cache_key $scheme$proxy_host$request_uri$slice_range;
    slice 5m; # slice into 5mb segments
}
```

更多的细节可以参考 https://www.nginx.com/blog/smart-efficient-byte-range-caching-nginx/。

9.3.4　代理服务器缓存的架构

可以把缓存服务器设计成主备缓存集群，也可以设计成分片集群，能够提升冗余度和缓存服务器的扩展性。

1. 主备缓存集群

NGINX 缓存集群既要最大程度地降低成本，又要最大程度地减小对业务产生的影响，同时还要拥有一种高可用解决方案和在各服务器之间保持一致性的缓存。9.3.3 节的解决方案并不完美，因为我们不想在服务器出现故障时丢失任何内容。

将 NGINX 作为缓存服务器，我们可以使用主备模式，参考架构如图 9-7 所示。

图 9-7　主备缓存集群

活动的 NGINX 实例接收所有的请求流量，并将请求转发到被动的 NGINX 实例。被动的 NGINX 实例从源服务器中检索内容并将响应结果缓存下来，活动的 NGINX 实例同样缓存响应结果，然后将其返回给客户端。这样，两个 NGINX 实例就都有了完全填充的缓存，并且缓存会超时刷新。主缓存服务器即活动的 NGINX 实例的参考配置如下：

```
proxy_cache_path /tmp/mycache keys_zone=mycache:10m;
server {
    listen 80;
    proxy_cache mycache;
```

```
    proxy_cache_valid 200 15s;
    location / {
        proxy_pass http://secondary;
    }
}
upstream secondary {
    server 192.168.56.11; # secondary
    server 192.168.56.12 backup; # origin
}
```

从缓存服务器即被动的 NGINX 实例具有完整的缓存，对源服务器没有不利影响。假设主缓存服务器出现了故障，那么当它恢复并开始接收客户端的请求时，其缓存的内容已经过期了，还有许多条目即将过期。此时主缓存服务器将根据需求从备缓存服务器刷新其本地缓存，并且不会影响源服务器。

假设从缓存服务器出现了故障，那么主缓存服务器将会检测到这个情况（运行状况检查）并将流量转发给其备缓存服务器（这里是源服务器）。

备缓存服务器的参考配置如下：

```
proxy_cache_path /tmp/mycache keys_zone=mycache:10m;
server {
    listen 80;
    proxy_cache mycache;
    proxy_cache_valid 200 15s;
    location / {
        proxy_pass http://origin;
    }
}
upstream orgin{
    server 192.168.56.12; # origin
}
```

2. 分片缓存集群

这种方式混合了负载均衡层和缓存层。每个 NGINX 实例都接收一个连接，然后使用一致性散列算法在整个集群中进行负载均衡。这种方式的参考架构如图 9-8 所示。

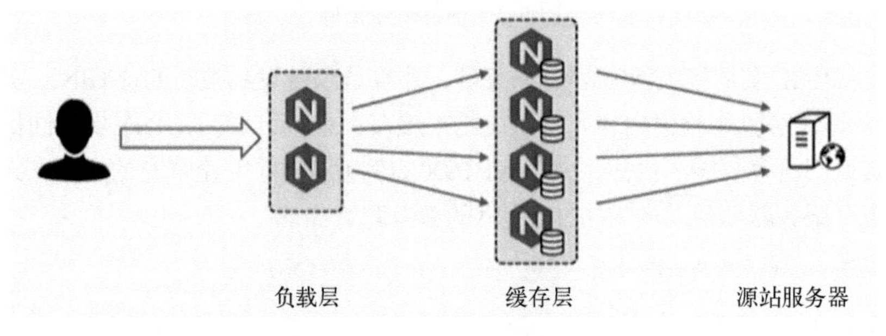

图 9-8　分片缓存集群

9.4 本章小结

在本章中，我们介绍了缓存的原理与功能、浏览器缓存和代理服务器缓存。浏览器的缓存原理有助于我们理解如何正确使用 HTTP 缓存。针对代理服务器缓存，我们介绍了 NGINX 的缓存架构和配置实践，在第 13 章中我们将会介绍如何通过 NGINX 构建 CDN。

第 10 章

流媒体服务器

在如今这个社交为王的时代，各种视频应用层出不穷，据统计，一个人平均每天有 6 小时花在手机上，视频直播又是用户最喜爱的应用之一，直播已经渗透到我们日常生活的方方面面，如购物直播、音乐直播、游戏直播等。从技术角度看，这些直播背后采用的是什么技术呢？本章我们向大家介绍 NGINX 的另一个重要功能——流媒体服务器。

10.1 流媒体

流媒体服务器能将视频和音频传递给向它请求这些内容的客户端，既指执行此功能的软件，也指运行流媒体服务器软件的主机。

流媒体服务器最常见的用途是提供 VOD（视频点播），它会从存储介质中检索预先录制好的视频内容，然后通过互联网传输。VOD 最常见的用例是视频网站的订阅服务，在这些服务中，遍布全球的媒体服务器通过 CDN 向成千上万的客户提供视频播放。常见的用于 VOD 的技术有很多种，流媒体服务器需要根据自己支持的视频播放器的类型来使用其中的一些或全部。

实时流式传输（直播）是流媒体服务器的另一种越来越流行的用法。在这种场景下，流媒体服务器将交付实时生成（或仅稍有延迟）的内容。体育赛事直播是实时流式传输的一个典型例子，与 VOD 相比，通过实时流式传输，内容提供商可以确定用户何时观看视频，还可以把实时流记录下来为以后提供 VOD 做铺垫。

不同 VOD 技术在对回放量的控制上有很大差异，表 10-1 显示了一些不同的 VOD 技术，这些技术的复杂程度是递增的。

表 10-1　VOD 技术及其描述

VOD 技术	技术描述
文件下载	视频位于单个文件中，只有将整个文件从流媒体服务器下载到视频播放器后才能开始观看
渐进式下载	视频位于单个文件中，但是只要下载了元数据和少量视频数据，文件开头的元数据就可以开始播放。在视频播放的同时，下载在后台继续进行

（续）

VOD 技术	技术描述
伪流	播放器直接缓冲并播放视频数据，而不把数据下载到存储介质中。它可以为请求的视频指定开始时间和结束时间，然后流媒体服务器会检索并传输流媒体文件中对应的部分，这样能让用户在视频流中快速前进/后退，甚至跳过视频。Flash 和 MP4 就是伪流的两种流行格式
自适应比特率流传输	流媒体文件被分割成许多小文件，并有一个播放列表作为这些小文件的目录，能方便用户在视频间跳转。另外，内容提供商可以创建以不同比特率编码的视频的多个版本，来提供不同级别的声音和图片质量。通过请求以适当的比特率编码的视频，播放器可以响应不断变化的网络状况和在版本之间无缝切换。自适应比特率流的流行编码包括 Apple 的 HTTP Live Streaming（HLS）和 Adobe 的 HTTP Dynamic Streaming（HDS）

10.2 常见的流媒体协议

对主流流媒体协议的讨论大体可以分两个阶段，2010 年以前和 2010 年以后，2010 年以前的流媒体协议主要以 RTMP 和 RTSP 为主，而 2010 年以后的流媒体协议主要以 MP4、HLS、MPEG-DASH 为主。

10.2.1 渐进式下载与 HTML5

传统视频使用的是渐进式下载的方式，视频的观看者需要在浏览器中安装一个流媒体播放插件，并通过它获取流媒体文件，在播放视频的同时后台正下载着流媒体文件，所以传统视频的播放体验取决于下载速度和元数据。为了减少卡顿，下载速度需要快于播放速度，另外元数据作为视频的一部分，需要放置在视频的开头，如果放置在视频末尾，则视频会无法播放。

与渐进式下载方式相比，目前的所有浏览器都内置了 HTML5 能力，这样就使浏览器本身具备了播放视频的能力。浏览器可以发起多个字节范围 HTTP 请求，即使元数据位于视频文件的末尾，也可以流畅地播放视频。

10.2.2 常见的流媒体协议

常见的流媒体协议有 RTMP、HLS、MPEG-DASH 等。从功能分类的角度，可以把它们分为两大类，即非 HTTP 的流媒体协议和基于 HTTP 的流媒体协议，下面我们详细介绍这两种协议的特点和区别。

1. 非 HTTP 的流媒体协议

RTMP 协议是最常见的非 HTTP 的流媒体协议。RTMP 指实时消息传送协议，是 Adobe 公司为在 Flash 播放器和服务器之间传输音频数据和视频数据开发的私有协议。RTMP 协议中的基本数据单元是消息（Message），消息在传输过程中会被拆分为更小的消息块（chunk），消息块通过 TCP 协议传输，接收端接收到消息块后再进行解析并恢复出流媒体数据。RTMP 协议采用 TCP 长连接，其优缺点都非常明显。

优点主要体现在以下三点。

- 基于 TCP 长连接，不需要多次建立连接。
- 延时短，通常只有 1~3 秒。
- 技术成熟，配套完善。

缺点有以下三点。

- 在 PC 浏览器中只能通过 Flash 播放器使用，需要安装插件，而且无法在移动端的浏览器中使用。
- 无法使用基于 HTTP 的缓存和负载均衡能力。
- 鉴于 Flash 播放器已退出历史舞台，所以在网页播放端基本不会以 RTMP 做拉流。

2. 基于 HTTP 的流媒体协议

HLS 和 MPEG-DASH 是使用比较广泛的两种基于 HTTP 的流媒体协议格式。这种协议的主要特点有下面几个。

- 内容被切分为许多消息块，每块各包含数秒的视频或音频。
- 清单文件（manifest 文件）提供包含所有消息块的列表，如图 10-1 所示。
- 可以对清单文件和消息块进行预处理，也可以根据要求实时进行准备。

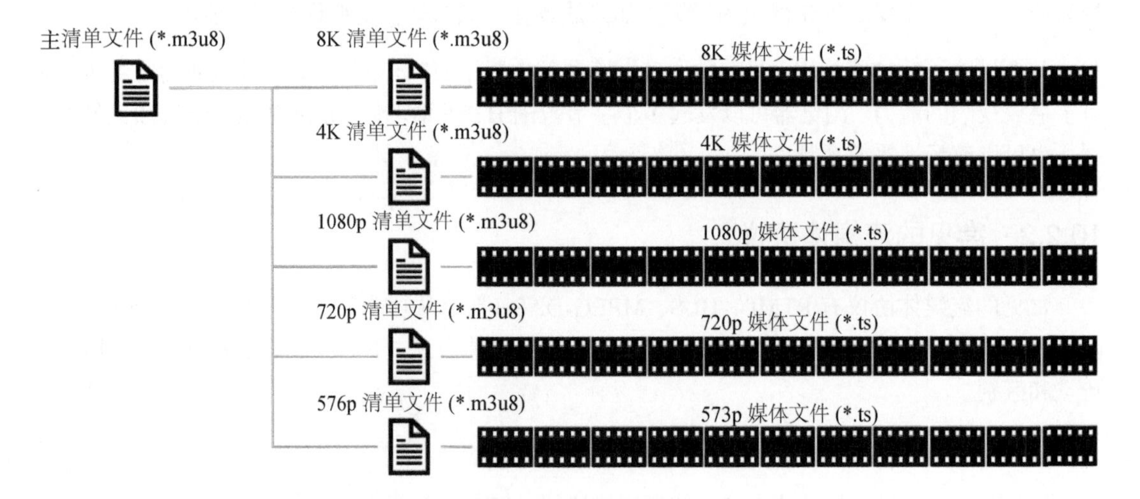

图 10-1　清单文件和消息块

HLS是HTTP Live Streaming的缩写，诞生自2009年，是苹果公司开发的意在颠覆流媒体产业的新协议。它的工作原理简单来说就是把一段视频流，分成一个个小的基于HTTP的文件来下载。当媒体流正在播放时，客户端可以根据当前的网络环境，方便地在不同码率流之间做切换，以达到更好的观影体验。HLS是为了解决苹果原生环境中存在的流媒体播放问题而出现的，这个协议可以方便地让Mac和iPhone播放视频流，而不依赖Adobe，更不用管什么标准委员会。

以下是其优点。

- **支持苹果公司的全系列产品**。由于HLS是苹果公司提出的，所以在其全系列产品（包括iPhone、iPad、Safari）中不需要安装任何插件就可以支持HLS，现在Android系统也加入了对HLS的支持。
- **能穿透防火墙**。基于HTTP（80端口）传输，有效避免防火墙的拦截。
- **性能好**。通过HTTP传输，支持网络分发，对CDN有良好的支持，且自带码流自适应，苹果公司在提出HLS时，就已经考虑了码流自适应的问题。

以下是缺点。

- **实时性差，延迟高**。HLS的延迟基本在10秒以上。
- **文件碎片**。ts切片较小，会导致产生海量小文件，对存储和缓存都具有一定的挑战性。
- DASH（MPEG-DASH）是Dynamic Adaptive Streaming over HTTP的缩写，是国际标准组MPEG在2014年推出的技术标准，主要目标是形成IP网络承载单一格式的流媒体，并提供高效与高质量服务的统一方案，解决多制式传输方案（HTTP Live Streaming，Microsoft Smooth Streaming，HTTP Dynamic Streaming）并存格局下的存储与服务能力浪费、运营成本与复杂度高、系统间互操作性弱等问题。其优点为码率自适应，标准规范；缺点为对服务端及CDN的支持不够，使用不广泛。

10.2.3 多屏幕支持

现在的视频需要准备多种播放格式，以便在不同的设备上（如Mobile、Desktop、TV等）播放（如图10-2所示）。另外，影响视频播放的因素还有媒体播放器的帧大小和分辨率、带宽、用户选择或应用偏好等。

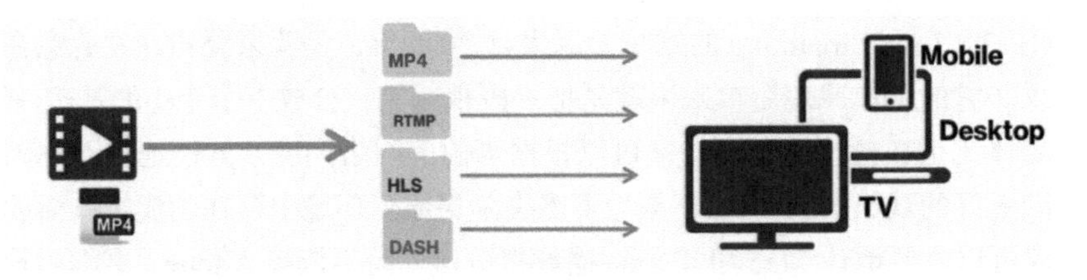

图 10-2　多种视频格式的转换[1]

10.3　NGINX 的 RTMP 模块

本节我们学习如何配置 NGINX，以支持 10.1 节和 10.2 节所学的流媒体设置。

10.3.1　安装 RTMP 模块

多模块的配置和安装可以参考第 2 章，此处的示例只涉及编译和安装 RTMP 模块：

```
cd /path/to/build/dir                                # 存放 RTMP 模块代理的路径
git clone https://github.com/arut/nginx-rtmp-module.git
git clone https://github.com/nginx/nginx.git
cd nginx
./auto/configure --add-module=../nginx-rtmp-module # 配置
make                                                 # 编译
sudo make install                                    # 安装
```

10.3.2　配置 RTMP 模块

我们可以将 NGINX 配置为 HLS 和 DASH 中的一个或两个来播放流视频。

1. 配置 HLS Live

HLS Live 的示例配置如下：

```
rtmp {
    server {
        listen 1935;
        application live {
            live on;
            interleave on;
            hls on;
            hls_path /tmp/hls;
            hls_fragment 15s;
        }
    }
}
```

① https://youtu.be/t8ebB9Pxb2s。

2. 配置 HLS 点播

HLS 点播的示例配置如下：

```
http {
    default_type application/octet-stream;
    server {
        listen 80;
        location /tv {
             root /tmp/hls;
        }
    }
    types {
        application/vnd.apple.mpegurl m3u8;
        video/mp2t ts;
        text/html html;
    }
}
```

3. 配置 DASH Live

DASH Live 的示例配置如下：

```
rtmp {
    server {
        listen 1935;
        application live {
            live on;
            dash on;
            dash_path /tmp/dash;
            dash_fragment 15s;
         }
    }
}
```

4. 配置 DASH 点播

DASH 点播的示例配置如下：

```
http{
    server {
        listen 80;
        location /tv {
            root /tmp/dash;
        }
    }
    types {
        text/html html;
        application/dash+xml mpd;
    }
}
```

怎么验证我们的配置有效呢？图 10-3 所示，展示的是 NGINX 作为流媒体服务器的场景，有助于我们了解。

图 10-3　NGINX 作为流媒体服务器

在图 10-3 中，NGINX 可以通过 RTMP 的方式拉取直播流，然后转换成如上面示例代码所示的 HLS 点播和 DASH 点播的配置。这样客户端就可以通过浏览器直接观看 HLS 或者 DASH 格式的视频了。我们可以在 NGINX 所在的机器上执行 `ffmpeg` 命令模拟拉取视频流：

```
ffmpeg -re -i demo.mp4 -vcodec copy -loop -1 -c:a aac -b:a 160k -ar 44100 -strict -2
-f flv rtmp: 172.17.8.111/live/bbb
```

`ffmpeg` 命令的参数请参考 https://ffmpeg.org/ffmpeg.html。

接下来，我们在支持 HLS 协议和 DASH 协议的播放器中输入相应的 URL 地址，就可以播放视频了，如下为 URL 地址。

- RTMP：rtmp://NGINX_server/live/bbb。
- HLS：http://NGINX_server/live/bbb.m3u8。
- DASH：http://NGINX_server/live/bbb.mpd。

10.4　本章小结

我们在本章简单介绍了 NGINX 作为视频直播和点播的流媒体，并介绍了常见的流媒体协议的优缺点，在此基础上我们介绍了 NGINX RTMP 模块的安装及配置，并使用 HLS 和 DASH 视频流直播和点播的使用和配置。另外，针对视频流点播，也可以参考 NGINX VOD 模块，其链接为 https://github.com/kaltura/nginx-vod-module。

应用场景篇

- 第 11 章　应用层转发
- 第 12 章　流量加解密
- 第 13 章　缓存与内容加速
- 第 14 章　NAT64 和 ALG 网关
- 第 15 章　透传源 IP 地址
- 第 16 章　灰度发布与 A/B 测试
- 第 17 章　安全与访问控制
- 第 18 章　对新协议的支持
- 第 19 章　PaaS Ingress
- 第 20 章　微服务与 API 网关
- 第 21 章　运维管理场景

第 11 章

应用层转发

NGINX 是一个强大的服务器软件，既可以处理传输层的数据，也可以处理应用层的数据。NGINX 可以解析出客户端（浏览器）请求的各个特征（如应用层协议的各字段），在实际场景中，这可以帮助用户完成各种动态转发。

本章从两种特征（HTTP URI 中的 path 参数和 HTTP 头）入手，阐述 NGINX 如何帮助我们完成应用层的动态转发。

11.1 基于 HTTP URI 中的 path 参数的动态转发

本节主要介绍 NGINX 根据 HTTP URI 中的 path 参数把请求动态转发到上游的方法和实现过程，以及在这个过程中使用的指令。在 NGINX 的一些高级应用场景中，我们可能会碰到这样的需求：根据 URI 中的 path 参数把请求动态转发到不同的上游，如表 11-1 所示。

表 11-1 根据 URI 动态转发请求

URI 的定义	转发至上游
/compute/abc?x=y	compute:80/abc?x=y
/storage/abc?x=y	storage:80/abc?x=y
/network/abc?x=y	network:80/abc?x=y

我们经常会将互联网中保存的元素定义为资源（就是上游），然后利用 path 访问不同的资源，这是 RESTful API 常见的实现方式。那如何在 NGINX 中实现呢？下面先看一种简单的实现方式，即静态地定义相关资源和资源的转发策略。在配置文件 nginx.conf 中，这样定义资源：

```
http {
    upstream compute {
        server localhost:81;
    }
    upstream storage {
        server localhost:82;
    }
```

```
    upstream network {
        server localhost:83;
    }
    ...
}
```

为了简化实现步骤，也为了让读者能有更简单直观的认识，这里以运行在本地 81、82、83 端口上的服务来代表所引用的 compute、storage、network 资源。读者由此能够联想到，localhost 代表的资源在 nginx.conf 文件中的另一个位置定义着，如下面这部分定义的是 compute 资源：

```
server {
    listen 81;
    location ~ /(.*)$ {
        return 200 "compute '/$1$is_args$args' resource available.\n";
    }
}
```

这里我们使用 `$1` 代表正则表达式中的括号内匹配到的内容，本节之后的代码均会使用这个变量。基于 `path` 的动态转发策略可以用以下配置实现：

```
server {
    location / {
        return 200 "hello nginx.\n";
    }

    location ~ ^/compute/(.*)$ {
        allow all;
        proxy_set_header Host $host;
        proxy_set_header x-forwarded-for $proxy_add_x_forwarded_for;
        proxy_pass http://compute/$1$is_args$args;
    }

    location ~ ^/storage/(.*)$ {
        allow all;
        proxy_set_header Host $host;
        proxy_set_header x-forwarded-for $proxy_add_x_forwarded_for;
        proxy_pass http://storage/$1$is_args$args;
    }

    location ~ ^/network/(.*)$ {
        allow all;
        proxy_set_header Host $host;
        proxy_set_header x-forwarded-for $proxy_add_x_forwarded_for;
        proxy_pass http://network/$1$is_args$args;
    }
}
```

在这个实现中，`proxy_set_header` 用于让客户端地址信息保持不变，`proxy_pass` 用于将请求转发给各上游服务器。这段代码具有很强的实现重复性，且使用的是静态定义策略的方式，我们可以使用动态定义策略的方式简化它：

```
location ~ ^/(.*)/(.*)$ {
    allow all;
    proxy_set_header Host $host;
    proxy_set_header x-forwarded-for $proxy_add_x_forwarded_for;
    proxy_pass http://$1/$2$is_args$args;
}
```

这里需要注意，因为我们是使用正则匹配的方式查找资源，所以如果请求 URI 未能命中 nginx.conf文件中upstream的定义，就会报502错误，如将请求URI中的compute错写为compate：

```
$ curl localhost:80/compate/abc?x=y

<html>
<head><title>502 Bad Gateway</title></head>
<body>
<center><h1>502 Bad Gateway</h1></center>
<hr><center>nginx/1.19.2</center>
</body>
</html>

# 产生如下日志
2020/09/22 05:55:23 [error] 4647#4647: *91 no resolver defined to resolve compate,
client: 172.22.0.1, server: , request: "GET /compate/abc?x=y HTTP/1.1", host:
"localhost:80"
```

正常的访问结果应该为：

```
$ curl localhost:80/storage/abc?x=y
storage 'abc?x=y' resource available.
```

基于 HTTP URI 中的 path 实现动态转发可以将不同类型的资源或服务组织为某种集合，并通过 URI path 的形式呈现，从而实现在统一 URI 入口下转发不同的资源和服务对象。我们这里可以将计算密集型服务或者存储密集型服务合理布置在不同的服务器上，以期高效地利用服务器资源。这种动态转发的方式也经常用在 Kubernetes 的 Ingress 入口上，即通过不同的路径区分不同的服务。

在“开源功能篇”，我们已经介绍了 location 指令的功能和使用方法，这里简要总结一下它的语法和匹配顺序。location 指令的语法为：

```
location [ = | ~ | ~* | ^~ ] uri { ... }
```

以下为它支持的 5 种匹配方式和对应的 NGINX 符号。

- 精确匹配：=。
- 前缀匹配：无对应的符号。
- 正则匹配：~（区分大小写）和~*（不区分大小写）。
- 非正则匹配：^~。

还有一种匹配方式：命名转发，以@标识，表示内部跳转。这里暂不做介绍，请参考“开源功能篇”。

各种匹配的流程如图 11-1 所示。

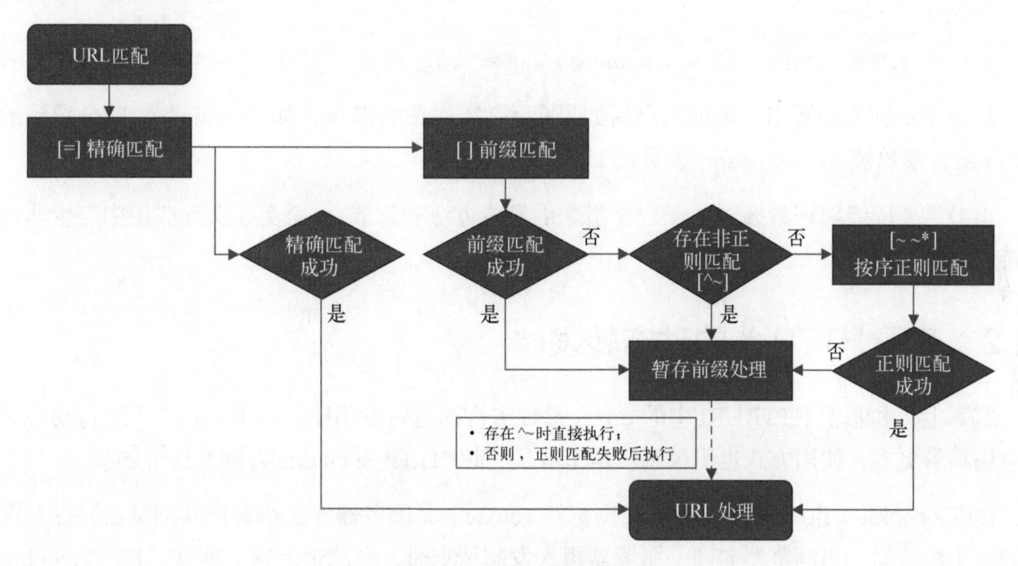

图 11-1 URL 匹配流程

在图 11-1 中，总的匹配顺序为“精确匹配→非正则匹配→按序正则匹配→前缀匹配”，用 NGINX 符号表示是“= > ^~ > ~~* > ''”，这样可以有效帮助我们记忆。关于细节，可以参考图中的判断逻辑。

在实际的应用场景中，需要特别关注 location 指令的参数 path 中最后的“/”，它会导致不同的转发行为，我们通过几个简单的案例来了解一下。假如有以下 4 个 location 配置，当我们访问 http://192.168.1.1/proxy/index.html 时，代理后的实际访问地址会有所不同：

```
location /proxy/ {
    proxy_pass http://127.0.0.1/;
} # A: 代理到 http://127.0.0.1/index.html

location /proxy/ {
    proxy_pass http://127.0.0.1;
} # B:代理到 http://127.0.0.1/proxy/index.html，循环执行 proxy_pass

location /proxy/ {
    proxy_pass http://127.0.0.1/static/;
} # C: 代理到 http://127.0.0.1/static/index.html

location /proxy/ {
    proxy_pass http://127.0.0.1/static;
} # D: 代理到 http://127.0.0.1/staticindex.html
```

```
location /proxy {
    proxy_pass http://127.0.0.1/;
} # E: 代理到 http://127.0.0.1//index.html, 同 A

location /proxy {
    proxy_pass http://127.0.0.1;
} # F: 代理到 http://127.0.0.1/proxy/index.html, 同 B
```

从这个示例不难看出，地址的最后如果多了“/”（或者路径，如“/static”），就会导致地址中的 path 参数被 proxy_pass 参数的 URL 部分替换。

本节需要读者熟练掌握 location 指令的配置方法和细节，以避免在实际应用中产生非预期的转发效果。

11.2　基于 HTTP 头的动态转发

实际上，和基于 HTTP URI 中的 path 参数进行动态转发相比，基于 HTTP 头进行动态转发的应用场景更多，使用方式也更灵活。本节我们将以 HTTP 头 cookie 为例进行讲述。

HTTP cookie（也叫 Web cookie 或浏览器 cookie）是服务器发送给客户端浏览器并保存在本地的一小块数据，当浏览器向同一服务器再次发起请求时，会携带上它。通常，HTTP cookie 用于告知服务器两个请求是否来自同一浏览器，如果是就需要保持用户的登录状态，它使基于无状态的 HTTP 协议记录稳定的状态信息成为可能。HTTP cookie 的格式为 key=value，如 prod_version=v2.0，NGINX 提取出这个信息后，会将 2.0 版本的请求转发到预发布环境，其他版本的请求则依旧转发到原生产环境。通过这种方式，可以测试产品的预上线版本的情况，等产品真正上线时，就删除 2.0 版本对应的跳转代码。

我们当然也能通过其他的方式测试，例如基于 11.1 节的内容，在 location 指令中加入“/v2”，但这样做会给之后的版本维护带来麻烦。本节这种方式就比较灵活，其实现如下：

```
map $COOKIE_prod_version $version {
    default "";
    "v2.0" "v2.0";
}

server {
    listen 80;
    location / {
        if ($version = "v2.0"){
            proxy_pass http://127.0.0.1:82;
            break;
        }
        proxy_pass http://127.0.0.1:81;
    }
```

```
}

server {
    listen 81;
    location / {
        return 200 "Server V1 responses\n";
    }
}
server {
    listen 82;
    location / {
        return 200 "Server V2 responses\n";
    }
}
```

在上述代码中，为了简化实现过程，我们使用监听 81、82 端口的 server 块来代表不同的版本（已发布版本 81 和预发布版本 82）。当我们用不同的 HTTP cookie 访问时，NGINX 会依据 map 指令生成的 version 变量的值做相应的转发，如代码中的 if 指令所示。这里我们提到了两个关键指令—— map 和 if，在“开源功能篇”中有详细的介绍，这里不再展开。

可以在配置文件中添加以下内容设置 cookie：

```
add_header Set-Cookie "prod_verion=v2.0";
```

本节我们以 HTTP 头 cookie 为例展示了 NGINX 基于用户特征实现动态转发的过程。其中的用户特征体现在 HTTP 请求中，即 HTTP 头的各个字段（如 User-Agent、Accept、Accept-Type 等）和 HTTP URI 中的 path 参数。

11.3 本章小结

如本章开头所说，处理应用层的数据是 NGINX 的重要能力。通过 proxy_pass 指令和 map 指令、if 指令等的组合使用，可以让 NGINX 实现动态转发。这一过程虽然比较简单，应用却很广泛。

本章并没有展开介绍指令的配置细节，而仅是在代码段中列出了示例。关于指令的功能性介绍，读者可以参考“开源功能篇”的相关内容或 https://nginx.org/en/docs/。

第 12 章

流量加解密

在网络高速发展的今天，数据通信的安全问题无处不在，NGINX 作为网络构建的重要组成部分，提供了强大的数据安全访问能力，其中包含支持 HTTPS 协议，以及利用 SSL/TLS 协议最大限度地保障信息安全。本章将从三个方面详细介绍 NGINX 在 SSL/TLS 加解密方面的使用场景。

12.1 SSL/TLS 卸载

HTTPS 协议虽然能保证业务的安全可靠性，但也给服务器的全负荷服务能力带来了挑战，因为服务器在提供正常服务的同时，还要跟客户端建立安全信道，这无疑会增加计算开销。SSL/TLS 加解密过程导致的计算开销不容忽视，它并不会产生直接的业务价值。

下面做一个简单的实验，对加密通信与非加密通信的性能耗时进行对比：

```
ab -c 100 -n 100 http://localhost/EXAMPLE.txt
Requests per second:    611.21 [#/sec] (mean)
Time per request:       163.609 [ms] (mean)
Time per request:       1.636 [ms] (mean, across all concurrent requests)
Transfer rate:          816.54 [Kbytes/sec] received

ab -c 100 -n 100 https://localhost/EXAMPLE.txt
Requests per second:    48.52 [#/sec] (mean)
Time per request:       2060.857 [ms] (mean)
Time per request:       20.609 [ms] (mean, across all concurrent requests)
Transfer rate:          64.82 [Kbytes/sec] received
```

使用 HTTP 协议的网站处理一个请求的速度比使用 HTTPS 协议的网站的处理速度快 12 倍。传统的 HTTP 协议使用 TCP 三次握手建立连接，SSL/TLS 在这个基础上又额外建立了 SSL/TLS 连接的 9 个握手包。上面的实验过程比较简单，没有过多考虑 cypher 的选择等，但依然可以明显地看出加密通信中的加解密处理很耗时。

在很多实际的应用场景中，NGINX 以网关的形式存在，也很适合用来做 SSL/TLS 卸载。如图 12-1 所示，我们把 NGINX 作为专门的 SSL/TLS 加解密设备部署在服务器前面，由于内网中

SSL/TLS 加解密的意义不像外网那么显著，因此 NGINX 和服务器之间采用 HTTP 协议通信，以提高服务器的服务能力占比。

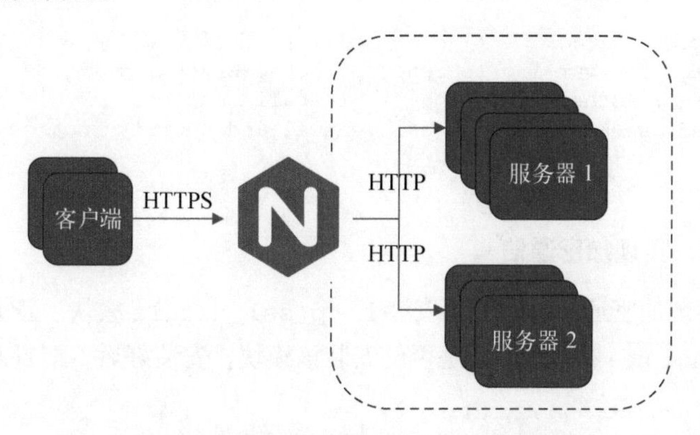

图 12-1 NGINX 作为 HTTPS 反向代理

为了让 NGINX 和客户端使用 HTTPS 协议通信，我们需要做以下两步。

(1) 生成非对称密钥对。

(2) 配置 NGINX，实现加密通信。

1. 生成非对称密钥对

SSL/TLS 协议、非对称加解密、证书及 HTTPS 加解密通信的原理不在本章的描述范围内，请读者自行查阅网络或相关书籍。本章只关注 SSL/TLS 在 NGINX 中的应用实践。生成密钥对的方式如下：

```
openssl genrsa -out server.key 2048
openssl req -new -key server.key -out server.csr
openssl x509 -req -in server.csr -signkey server.key -out server.crt
```

这里我们以最简单的方式生成了自签名证书，其中涉及命令行交互，也可以使用如下命令实现非交互：

```
openssl req -new -key server.key -out server.csr -subj
    "/C=CN/ST=Beijing/L=BJ/O=F5China-PD-Test/OU=IT-Department/CN=example.com"
```

还可以使用自签名 CA 签发证书的方式：

```
# 生成自签名 CA 密钥对
openssl genrsa -out ca.key 2048
openssl req -new -x509 -days 365 -key ca.key -out ca.crt
# 生成服务器 key 并使用 CA 签发证书
openssl genrsa -out server.key 2048
openssl req -new -key server.key -out server.csr
openssl x509 -req -days 365 -in server.csr -CA ca.crt -CAkey ca.key -set_serial 01 -out
server.crt
```

另外，读者可以通过 https://letsencrypt.org/ 生成 3 个月的免费可信证书，这个网站提供了对接 NGINX 配置的命令行工具，可以方便地一键式生成、配置、管理 NGINX 环境的证书：

```
$ certbot --nginx
Saving debug log to /var/log/letsencrypt/letsencrypt.log
Plugins selected: Authenticator nginx, Installer nginx
Enter email address (used for urgent renewal and security notices) (Enter 'c' to
cancel):
...
```

2. 配置 NGINX，实现加密通信

使用 NGINX 实现加密通信时，需要安装 `http_ssl_module` 模块。正如“基础入门篇”中提到的，可以利用 `nginx -V` 命令检查是否已安装该模块。安装好后，配置并重新编译 NGINX：

```
./configure --prefix=/usr/local/nginx
--with-http_stub_status_module --with-http_ssl_module
--with-stream --with-stream_ssl_preread_module
--with-stream_ssl_module
```

之后执行 `ssl_certificate`、`ssl_certificate_key` 两条指令，就可以配置最基本的加密通信：

```
server {
    listen       443 ssl;
    server_name  localhost;
    ssl_certificate     /etc/nginx/conf.d/keypairs/server.crt;
    ssl_certificate_key /etc/nginx/conf.d/keypairs/server.key;
    ...
```

在这个配置中，我们使用了刚刚生成的自签证书和私钥。`listen` 指令用于指定监听端口和参数 `ssl`。在 NGINX 中只需要执行 `ssl_certificate`、`ssl_certificate_key` 指令就能使用 SSL/TLS 加密，但到了具体的应用场景中，我们需要考虑更多因素，例如接下来要讲的加密算法的选择，这会直接影响加解密过程的效率和安全性。

当使用 Let's Encrypt（https://letsencrypt.org/）自动配置 NGINX 加密通信时，在 NGINX 的配置文件中除了会添加 `ssl_certificate` 和 `ssl_certificate_key` 指令，还会添加另外几个参数：

```
listen [::]:443 ssl ipv6only=on; # managed by Certbot
listen 443 ssl; # managed by Certbot
ssl_certificate /etc/nginx/kps/fullchain.pem; # managed by Certbot
ssl_certificate_key /etc/nginx/kps/privkey.pem; # managed by Certbot
include /etc/nginx/kps/options-ssl-nginx.conf; # managed by Certbot
ssl_dhparam /etc/nginx/kps/ssl-dhparams.pem; # managed by Certbot
```

其中，`ssl_dhparam` 用于指定 DHE 加密套件所用的 `DH` 参数。DH（Diffie-Hellman）是著名的密钥交换协议（或密钥协商协议），可以保证通信双方能够安全地交换密钥。需要注意一点，它

不是加密算法，所以没有加密功能，其作用仅是保护密钥交换的过程。此外，也可以使用 ssl_ecdh_curve 指令配置 ECDHE 使用的参数。ssl_dhparam 参数指向的文件内容如下：

```
-----BEGIN DH PARAMETERS-----
MIIBCAKCAQEA//////////+t+FRYortKmq/cViAnPTzx2LnFg84tNpWp4TZBFGQz
+8yTnc4kmz75fS/jY2MMddj2gbICrsRhetPfHtXV/WVhJDP1H18GbtCFY2VVPe0a
87VXE15/V8k1mE8McODmi3fipona8+/och3xWKE2rec1MKzKT0g6eXq8CrGCsyT7
YdEIqUuyyOP7uWrat2DX9GgdT0Kj3jlN9K5W7edjcrsZCwenyO4KbXCeAvzhzffi
7MA0BM0oNC9hkXL+nOmFg/+OTxIy7vKBg8P+OxtMb61zO7X8vC7CIAXFjvGDfRaD
ssbzSibBsu/6iGtCOGEoXJf//////////wIBAg==
-----END DH PARAMETERS-----
```

在实际的应用过程中，加解密的计算一直是 HTTPS 通信中的耗时大户，所以加密握手过程变成了优化的重点。保存 SSL 握手记录（即 session）可以减少 SSL 握手的次数，优化 HTTPS 通信的性能。

跟 HTTP 的 session 类似，SSL session 也会在客户端或服务器端开辟内存空间保存客户端和服务器端之间交互的 SSL 握手记录。SSL session 的实现方式有两种：session ID（RFC 4507）和 session ticket（RFC 5507）。

这两种方式 NGINX 都有实现。无论用哪种方式，客户端都会记录 session ID。两者的主要区别在于谁负责保存加密的握手记录。session ID 是服务器端保存握手记录 session ticket 是客户端保存握手记录。

在 options-ssl-nginx.conf 文件中，存在另外几个指令能够增强 NGINX 中的 SSL 握手过程：ssl_session_cache、ssl_session_timeout、ssl_session_tickets、ssl_protocols、ssl_prefer_server_ciphers 和 ssl_ciphers。

- **ssl_session_cache**。这个指令指明了用来缓存 session 参数的空间的类型和大小，其参数 shared 表示所有 worker 进程共享这个缓存，1 MB 缓存可以存储约 4000 个会话。我们刚提到的记录 session ID 的方式可以缓存 SSL 连接，提高 HTTPS 的性能，让客户端重用之前创建的会话，减少重新建立 TLS 连接带来的开销。目前这种基于 session ID 的会话连接适用于所有的浏览器。
- **ssl_session_timeout**。SSL session 的超时时间，可以根据服务器提供的网络资源的类型给其设定不同的值，比如网页访问类网站的该值可以设置得稍大，但是如果设置过大，会有安全风险。
- **ssl_session_tickets**。配置 NGINX 采用 session ticket 机制恢复 SSL 握手信息。用 session ticket 机制可以提高 SSL 握手的效率，节约有效的服务器计算资源（另外一种是使用 ssl_session_cache），可在 NGINX 集群环境下使用。当 ssl_session_cache 和 ssl_session_tickets 都存在时，以 session ticket 为准。NGINX 从 1.5.9 版本开始默认支持 ssl_session_tickets 指令。session ticket 机制解决了 session cache 机制消耗服务

器端存储空间的问题，但为了保证 ticket 的前向安全性，需要周期性（ssl_session_timeout）地更新 ticket key（ssl_session_ticket_key），并发布给集群中的其他节点。

- **ssl_protocols**。用于配置特定的加密协议，在 1.1.13 版本和 1.0.12 版本后的 NGINX 中，默认的 ssl_protocols 取值为 SSLv3 TLSv1 TLSv1.1 TLS1.2。随着安全攻防的不断演进，SSL 存在被攻破的漏洞，已经被废弃，目前主流的加密套件均使用 TLS1.2，甚至 TLS1.3。
- **ssl_prefer_server_ciphers**。这个指令表示在设置协商加密算法时，是否优先使用服务器的加密套件，与其相对的是客户端浏览器的加密套件。
- **ssl_ciphers**。这个指令用于选择加密套件，不同套件浏览器支持的套件（和顺序）也不同。其各参数以冒号分隔，需要根据 OpenSSL 支持的算法套件来配置。下面使用 openssl ciphers -v 命令查看当前服务器都支持哪些加密套件：

```
# openssl ciphers -v
ECDHE-RSA-AES256-GCM-SHA384 TLSv1.2 Kx=ECDH     Au=RSA   Enc=AESGCM(256) Mac=AEAD
ECDHE-ECDSA-AES256-GCM-SHA384 TLSv1.2 Kx=ECDH   Au=ECDSA Enc=AESGCM(256) Mac=AEAD
ECDHE-RSA-AES256-SHA384 TLSv1.2 Kx=ECDH     Au=RSA   Enc=AES(256)  Mac=SHA384
ECDHE-ECDSA-AES256-SHA384 TLSv1.2 Kx=ECDH     Au=ECDSA Enc=AES(256)  Mac=SHA384
ECDHE-RSA-AES256-SHA    SSLv3 Kx=ECDH     Au=RSA   Enc=AES(256)  Mac=SHA1
ECDHE-ECDSA-AES256-SHA  SSLv3 Kx=ECDH     Au=ECDSA Enc=AES(256)  Mac=SHA1
...
```

以 ECDHE-RSA-AES256-GCM-SHA384 为例，套件各部分的含义如下。

  - Kx（密钥交换算法）：ECDH。
  - Au（证书验证签名算法）：ECDSA。
  - Enc（建立连接后的对称加密算法）：AES256。
  - Mac（完整性检查散列算法）：SHA256。

以上各指令的具体配置如下：

```
ssl_session_cache shared:le_nginx_SSL:10m;
ssl_session_timeout 1440m;
ssl_session_tickets off;
ssl_protocols TLSv1.2 TLSv1.3;
ssl_prefer_server_ciphers off;

ssl_ciphers "ECDHE-ECDSA-AES128-GCM-SHA256:ECDHE-RSA-AES128-GCM-SHA256:
    ECDHE-ECDSA-AES256-GCM-SHA384:ECDHE-RSA-AES256-GCM-SHA384:
    ECDHE-ECDSA-CHACHA20-POLY1305:ECDHE-RSA-CHACHA20-POLY1305:
    DHE-RSA-AES128-GCM-SHA256:DHE-RSA-AES256-GCM-SHA384";
```

至此，我们介绍完了如何使用 NGINX 搭建 TLS 安全网站，同时展开描述了 SSL/TLS 相关指令的使用方法、安全算法的选择。DH 从安全上讲没有问题，但出于对性能的考虑，我们往往会选择 ECDHE 以优化安全握手的过程。另外，可以通过 session ID 或者 session ticket 的方式减少 TLS 握手的计算成本，但这两者都不具备前向安全性，存在重放攻击的可能，需要平衡超时时间。

12.2 SSL/TLS 透传

最初，NGINX 被设计为反向代理服务器。在 12.1 节中我们了解了作为反向代理时，NGINX 处理 TLS 流量的能力。其实，在 TLS 的应用场景中，不管是反向代理（代理服务器端的应答）还是正向代理（代理客户端的请求），都需要对加密流量做处理。

随着技术的不断发展，NGINX 成为实现正向代理（常被称为转发代理）的选项之一。正向代理本身并不复杂，它需要解决的关键问题依旧是如何处理 TLS 流量。本节将会介绍使用 NGINX 作为 HTTPS 流量的正向代理的两种方法和它们的代码方案，以及如何实现 SSL/TLS 透传。

为了更好地理解 SSL/TLS 透传在正向代理中的使用场景，我们按照如下两种方式对正向代理分类。

- 按照代理服务器是否对客户端可见，可将正向代理分为普通代理和透明代理。
  - **普通代理**：在这种模式下，需要在客户端浏览器或系统环境变量中手动配置代理地址和端口。例如，当我们使用 Squid 搭建代理服务器时，需要在客户端配置 Squid 服务器的 IP 地址和端口（默认为 3128）。
  - **透明代理**：无须在客户端浏览器或系统环境变量中做配置。“代理”的角色对客户端而言是透明的。企业网络上的 Web 网关设备就是透明代理。
- 按照代理服务器是否对途经流量解密，可将正向代理分为隧道代理和中间人代理。
  - **隧道代理**：代理服务器会为 HTTPS 流量建立通道，透明传输流量，不会对流量进行加解密。客户端与服务器端直接建立 SSL/TLS 交互。本节将要介绍的基于 NGINX 搭建的代理就是此类型。
  - **中间人（MITM）代理**：代理服务器会对 HTTPS 流量进行解密，使用自签名证书完成与客户端的 SSL/TLS 握手，同时还会与服务器建立 TLS 交互。于是在代理服务器上，将会建立两个 SSL/TLS 会话。在这种模式下，需要保证代理服务器所使用的证书的有效性，否则将不会被客户端信任。

12.2.1 在正向代理中需要解决的核心问题

在反向代理中，代理服务器通常会终止 HTTPS 流量，然后将其转发到后端实例，我们称这个流量为 TERMINATED_HTTPS。HTTPS 流量的加密、解密和身份验证都发生在客户端和反向代理服务器之间。

而在正向代理中，因为客户端的流量为加密流量，如图 12-2 所示，代理服务器无法看到客户端请求的 URL，也看不到目标域名。因此，与 HTTP 流量不同，在正向代理的实现中对 HTTPS 流量需要做特殊处理。

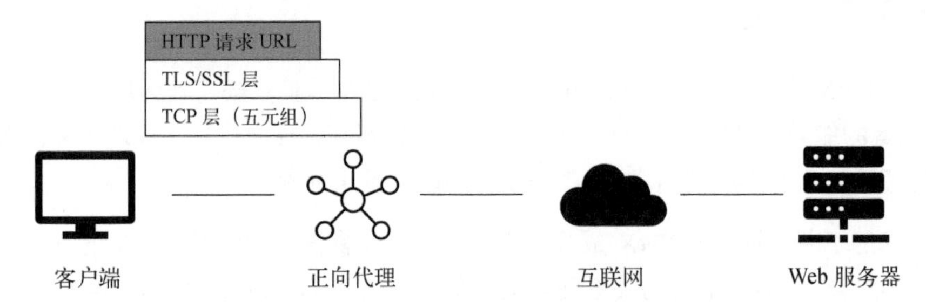

图 12-2　正向代理中的 URL 信息为加密信息

从上述内容不难看出，如果使用 NGINX 作为 HTTPS 正向代理，那么它应该是透明传输代理（就是隧道代理），既不对 HTTPS 流量解密也不感知上层流量。要让 NGINX 达到这一目的，可以有两种解决方案：七层代理和四层代理。下面我们详细介绍这两种解决方案。

12.2.2　七层代理——HTTP CONNECT 隧道

HTTP CONNECT 隧道的核心思想是建立从客户端到代理服务器之间的 HTTP 连接，所有 SSL 流量都通过此连接进行传输，具体过程如图 12-3 所示。

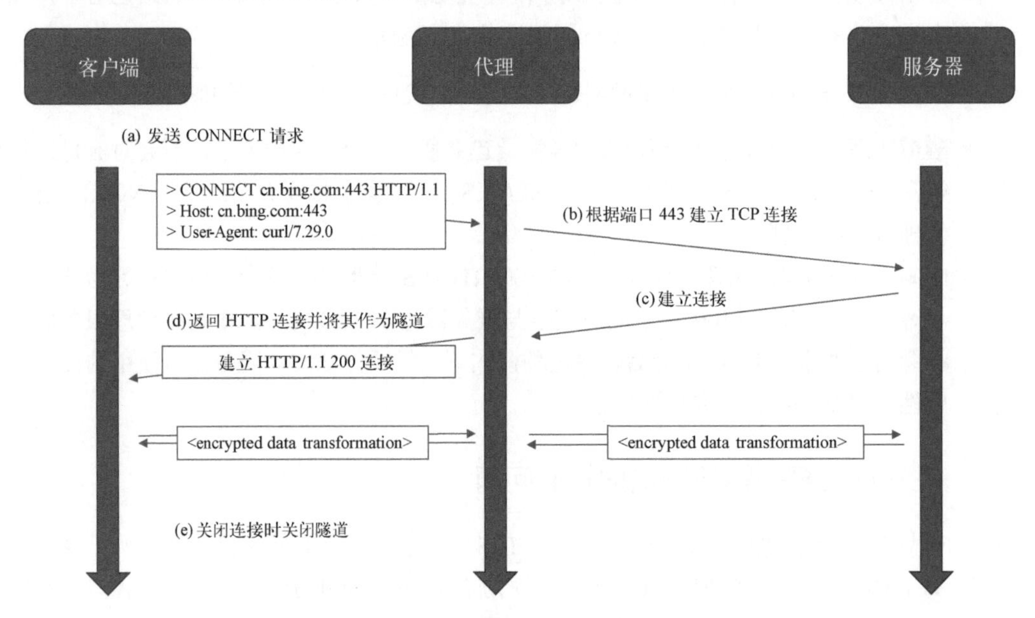

图 12-3　HTTP CONNECT 隧道的通信过程

下面简要介绍一下图 12-3 中的几步。

(a) 客户端向代理服务器发送 CONNECT 请求。

(b) 代理服务器使用 CONNECT 请求中的 IP 地址和端口信息与目标服务器建立 TCP 连接。

(c) 目标服务器通知代理服务器连接已建立。

(d) 代理服务器向客户端返回 HTTP 200 响应。

(e) 客户端通过代理服务器建立 HTTP CONNECT 隧道。在连接关闭后，关闭隧道。

当 HTTPS 流量到达代理服务器后，代理服务器会通过 TCP 连接透明地将 HTTPS 流量传输给远程目标服务器。在这个过程中，代理服务器仅透明地传输 HTTPS 流量，而不对其解密。

12.2.3 HTTP CONNECT 隧道的代码实现

作为反向代理服务器，NGINX 本身并不支持 HTTP CONNECT 方法。基于 NGINX 的模块化和可扩展的特征，阿里巴巴的 @chobits 提供了 `ngx_http_proxy_connect_module` 模块使其能够支持 HTTP CONNECT 方法，从而使 NGINX 成为正向代理，这个模块的实现链接为：https://github.com/chobits/ngx_http_proxy_connect_module。

要使用 `ngx_http_proxy_connect_module` 模块，需要从源码开始编译 NGINX，并将该模块编译为动态加载模块。我们的操作是在 CentOS 7 系统中进行的，使用的 NGINX 版本是 1.17.9。如下为具体的实现、配置及验证过程。

(1) 下载 NGINX 源码：

```
$ wget http://nginx.org/download/nginx-1.17.9.tar.gz
$ tar zxf nginx-1.17.9.tar.gz
```

(2) 下载并使用 `ngx_http_proxy_connect_module` 模块所需的 NGINX 补丁文件。正如该模块下的 `build nginx` 部分所述，原生 NGINX 不支持 HTTP CONNECT 方法，我们需要对其打个补丁。先下载补丁：

```
# 单行过长，uri 被切分为多行
$ curl https://raw.githubusercontent.com\
    /chobits/ngx_http_proxy_connect_module/master\
    /patch/proxy_connect_rewrite_1018.patch \
    > proxy_connect_rewrite_1018.patch
```

然后使用补丁（使用 `yum install patch` 安装 `patch` 命令）：

```
$ patch -p1 < /path/to/proxy_connect_rewrite_1018.patch
```

(3) 下载 `ngx_http_proxy_connect_module` 模块的代码：

```
$ git clone https://github.com/chobits/ngx_http_proxy_connect_module
```

(4) 安装编译 NGINX 时所需的依赖：

```
$ yum install -y epel-release
$ yum install -y gcc automake autoconf libtool make
$ yum install -y openssl-devel pcre-devel zlib-devel
```

(5) 编译 NGINX，并且增加 ngx_http_proxy_connect_module 模块的编译：

```
$ ./configure
--prefix=/root/nginx \
--with-http_ssl_module \
--with-http_realip_module \
--add-dynamic-module=/path/to/ngx_http_proxy_connect_module \
--with-http_ssl_module
$ make
$ make install
```

编译完成后，在 /root/nginx 目录下会生成 NGINX 的可执行文件目录（sbin）、配置目录（conf）和动态模块目录（modules）：

```
$ ls
client_body_temp conf fastcgi_temp html logs modules proxy_temp sbin scgi_temp
uwsgi_temp
$ ls modules/
ngx_http_proxy_connect_module.so
```

(6) 配置 NGINX 为七层 HTTPS 正向代理。刚才提供的网址描述了使用方法，在 nginx.conf 文件中这样配置：

```
load_module /root/nginx/modules/ngx_http_proxy_connect_module.so;
...
http {
    ...
    server {
        listen  443;
        resolver  114.114.114.114;
        proxy_connect;
        proxy_connect_allow            443;
        proxy_connect_connect_timeout  10s;
        proxy_connect_read_timeout     10s;
        proxy_connect_send_timeout     10s;
        location / {
            proxy_pass http://$host;
            proxy_set_header Host $host;
        }
    }
}
```

(7) 验证以上代理转发配置。

注意在实验环境下需要设置好网络流量控制规则，或者直接将 NetworkManager.service 和 firewalld.service 关掉。

在七层代理的解决方案中，HTTP CONNECT 请求会建立一个隧道，客户端能感知到代理服务器的存在，因此我们需要手动配置客户端上的 HTTP（HTTPS）代理服务器的 IP 地址和端口。可以使用 cURL 工具的 -x 参数添加代理服务器的参数：

```
# curl https://cn.bing.com -svo /dev/null -x 10.145.69.56:443
* About to connect() to proxy 10.145.69.56 port 443 (#0)
*   Trying 10.145.69.56...
* Connected to 10.145.69.56 (10.145.69.56) port 443 (#0)
* Establish HTTP proxy tunnel to cn.bing.com:443
> CONNECT cn.bing.com:443 HTTP/1.1
> Host: cn.bing.com:443
> User-Agent: curl/7.29.0
> Proxy-Connection: Keep-Alive
>
< HTTP/1.1 200 Connection Established
< Proxy-agent: nginx
<
* Proxy replied OK to CONNECT request
* Initializing NSS with certpath: sql:/etc/pki/nssdb
*   CAfile: /etc/pki/tls/certs/ca-bundle.crt
  CApath: none
* SSL connection using TLS_ECDHE_RSA_WITH_AES_256_GCM_SHA384
* Server certificate:
*     subject: CN=www.bing.com
*     start date: Oct 27 02:20:08 2020 GMT
*     expire date: Apr 27 02:20:08 2021 GMT
*     common name: www.bing.com
*     issuer: CN=Microsoft RSA TLS CA 02,O=Microsoft Corporation,C=US
> GET / HTTP/1.1
> User-Agent: curl/7.29.0
> Host: cn.bing.com
> Accept: */*
>
< HTTP/1.1 200 OK
< Cache-Control: private
< Transfer-Encoding: chunked
< Content-Type: text/html; charset=utf-8
...
< Date: Tue, 15 Dec 2020 05:14:44 GMT
<
{ [data not shown]
* Connection #0 to host 10.145.69.56 left intact
```

用 -v 参数打印上述详细信息，会显示客户端先使用代理服务器 10.145.69.56 建立 HTTP CONNECT 隧道，当代理回复“HTTP/1.1 200 Connection Established”信息后，客户端启动 SSL/TLS 握手并向服务器发送流量。

12.2.4　四层代理——L4 转发

既然上层流量 HTTPS 是透明传输的，那么 NGINX 是否可以充当“L4 代理”，以实现对 TCP/UDP 之上的协议完全透明地传输呢？答案是肯定的。1.9.0 和更新版本的 NGINX 都支持 ngx_stream_core_module 模块，本节将使用此模块实现四层转发代理。

NGINX 默认不编译和启用 ngx_stream_core_module 模块，我们可以在 ./configure 配置命令下添加 --with-stream 选项来启用它。

使用 NGINX stream 作为四层 HTTPS 流量的代理，同样要解决 12.2.2 节中提到的问题：代理服务器如何获取客户端想要访问的目标域名？在第四层我们仅能获取目标服务器的 IP 地址和端口，并不能获取域名。要想获取，代理服务器必须能够从上层数据包中提取域名。因此，基于 NGINX stream 实现的转发代理不是严格意义上的 L4 代理，它必须向上层寻求帮助才能提取域名。

要想在不对 HTTPS 流量进行解密的情况下获取 HTTPS 流量中的目标域名，唯一的方法是就捕获 SSL/TLS 握手期间的 ClientHello 包，该包中包含 SNI 字段。从 1.11.5 版本开始，NGINX 增加了对 ngx_stream_ssl_preread_module 模块的支持，这个模块有助于从客户端的 ClientHello 数据包中获取 SNI 和 ALPN。对于 L4 代理而言，从 ClientHello 数据包中成功提取出 SNI 至关重要，否则将不能实现基于 NGINX stream 的 L4 转发方案。同时这也带来了一个限制，即所有客户端必须在 SSL/TLS 握手期间的 ClientHello 数据包中加上 SNI 字段，否则 NGINX stream 代理将不知道客户端需要访问的目标域名是什么。

12.2.5　L4 转发的代码实现

实现 L4 转发，同样需要先编译源码，具体有如下几个步骤。

(1) 下载 NGINX 源码。

(2) 安装编译时所需的依赖。这步和上一步可以参考 12.2.3 节的步骤。

(3) 编译 NGINX：

```
$ ./configure \
    --prefix=/root/nginx \
    --with-http_ssl_module \
    --with-http_realip_module \
    --with-stream \
    --with-stream_ssl_preread_module \
    --with-stream_ssl_module
$ make
$ make install
```

(4) 配置 nginx.conf 文件。与 12.2.3 节不同，这里需要在 stream 块中配置，但是命令参数和 http 块中的类似：

```
stream {
    resolver 114.114.114.114;
    server {
        listen 444;
        ssl_preread on;
        proxy_connect_timeout 5s;
        proxy_pass $ssl_preread_server_name:$server_port;
    }
}
```

(5) 验证。

四层代理基本上以透明的方式将流量传输到上层，不需要建立 HTTP CONNECT 隧道，因此 L4 转发方案适用于透明代理。我们可以将 DNS 解析定向到代理服务器（通过修改 /etc/hosts 文件）来模拟透明代理：

```
$ cat /etc/hosts
...
10.145.69.56 www.baidu.com
10.145.69.56 cn.bing.com

$ curl https://www.baidu.com -svo /dev/null
* About to connect() to www.baidu.com port 443 (#0)
* Trying 10.145.69.56...
* Connected to www.baidu.com (10.145.69.56) port 443 (#0)
* Initializing NSS with certpath: sql:/etc/pki/nssdb
* CAfile: /etc/pki/tls/certs/ca-bundle.crt
 CApath: none
* SSL connection using TLS_ECDHE_RSA_WITH_AES_128_GCM_SHA256
* Server certificate:
* subject: CN=baidu.com,O="Beijing Baidu Netcom Science Technology Co.,
Ltd",OU=service operation department,L=beijing,ST=beijing,C=CN
*     start date: Apr 02 07:04:58 2020 GMT
*     expire date: Jul 26 05:31:02 2021 GMT
*     common name: baidu.com
*     issuer: CN=GlobalSign Organization Validation CA - SHA256 - G2,O=GlobalSign
nv-sa,C=BE
> GET / HTTP/1.1
> User-Agent: curl/7.29.0
> Host: www.baidu.com
> Accept: */*
>
< HTTP/1.1 200 OK
< Accept-Ranges: bytes
...
< Server: bfe/1.0.8.18
< Set-Cookie: BDORZ=27315; max-age=86400; domain=.baidu.com; path=/
<
{ [data not shown]
* Connection #0 to host www.baidu.com left intact
```

以上 curl 命令会在ClientHello数据包中携带SNI信息，否则会导致访问失败，我们可以使用OpenSSL来模拟访问失败的场景：

```
$ openssl s_client -connect www.baidu.com:443 -msg
CONNECTED(00000003)
>>> TLS 1.2  [length 0005]
    16 03 01 01 1c
>>> TLS 1.2 Handshake [length 011c], ClientHello
    01 00 01 18 03 03 c9 01 44 74 4b de 1b 18 26 85
...
    03 02 01 02 02 02 03 00 0f 00 01 01
140308014602128:error:140790E5:SSL routines:ssl23_write:ssl handshake
failure:s23_lib.c:177:
---
no peer certificate available
---
No client certificate CA names sent
---
SSL handshake has read 0 bytes and written 289 bytes
---
New, (NONE), Cipher is (NONE)
Secure Renegotiation IS NOT supported
Compression: NONE
Expansion: NONE
No ALPN negotiated
SSL-Session:
    Protocol  : TLSv1.2
    Cipher    : 0000
...
    Timeout   : 300 (sec)
    Verify return code: 0 (ok)
---
```

访问成功的场景同样可以使用OpenSSL模拟：

```
$ openssl s_client -connect www.baidu.com:443 -msg -servername www.baidu.com
CONNECTED(00000003)
>>> TLS 1.2  [length 0005]
    16 03 01 01 32
>>> TLS 1.2 Handshake [length 0132], ClientHello
    01 00 01 2e 03 03 a9 9d 85 f6 5a 5d 88 5f 83 eb
...
    8c f4 0c 87 0c f4 ac 40 f8 59 49 98
depth=2 C = BE, O = GlobalSign nv-sa, OU = Root CA, CN = GlobalSign Root CA
verify return:1
depth=1 C = BE, O = GlobalSign nv-sa, CN = GlobalSign Organization Validation CA - SHA256
- G2
verify return:1
depth=0 C = CN, ST = beijing, L = beijing, OU = service operation department, O = "Beijing
Baidu Netcom Science Technology Co., Ltd", CN = baidu.com
...
```

```
<<< TLS 1.2 Handshake [length 0010], Finished
    14 00 00 0c 23 ed 7e 0e f7 38 c3 ec 64 a3 10 3a
---
Certificate chain
 0 s:/C=CN/ST=beijing/L=beijing/OU=service operation department/O=Beijing Baidu
Netcom Science Technology Co., Ltd/CN=baidu.com
   i:/C=BE/O=GlobalSign nv-sa/CN=GlobalSign Organization Validation CA - SHA256 - G2
 1 s:/C=BE/O=GlobalSign nv-sa/CN=GlobalSign Organization Validation CA - SHA256 - G2
   i:/C=BE/O=GlobalSign nv-sa/OU=Root CA/CN=GlobalSign Root CA
---
Server certificate
-----BEGIN CERTIFICATE-----
MIIKLjCCCRagAwIBAgIMclh4Nm6fVugdQYhIMA0GCSqGSIb3DQEBCwUAMGYxCzAJ
...
rlylLTTYmlW3WETOATi70HYsZN6NACuZ4t1hEO3AsF7lqjdA2HwTN10FX2HuaUvf
5OzP+PKupV9VKw8x8mQKU6vr
-----END CERTIFICATE-----
...
    Timeout   : 300 (sec)
    Verify return code: 0 (ok)
---
<<< ??? [length 0005]
...
    15 03 03 00 1a
>>> TLS 1.2 Alert [length 0002], warning close_notify
    01 00
```

以上就是使用 NGINX 作为 HTTPS 流量的正向代理的两种实现方法，我们详细阐述了利用 NGINX 建立 HTTP CONNECT 隧道和利用 NGINX stream 实现 HTTPS 透传转发代理的解决方案的思路、部署、实现过程和关键问题。

12.3 mTLS 和 SSL/TLS 装载

保护传输数据的安全除了是一种好的做法外，也是企业所有者和客户的要求。确保通信安全对于用户应用至关重要。

mTLS（双向 TLS）不仅可以确保发送的数据完好无损，还可以确保交互双方均是可信任的。在本节中，我们将介绍 mTLS 的工作原理，并演示 NGINX 和 NGINX Plus 如何为会话提供身份验证，最后讨论 NGINX Plus 如何实现动态地加载证书，包括如何通过 API 调用的方式替换证书。

如图 12-4 所示，发送消息的客户端和接收消息的服务器端通过 mTLS 连接交换来自它们都信任的证书颁发机构 CA 的证书，以证明各自的身份。

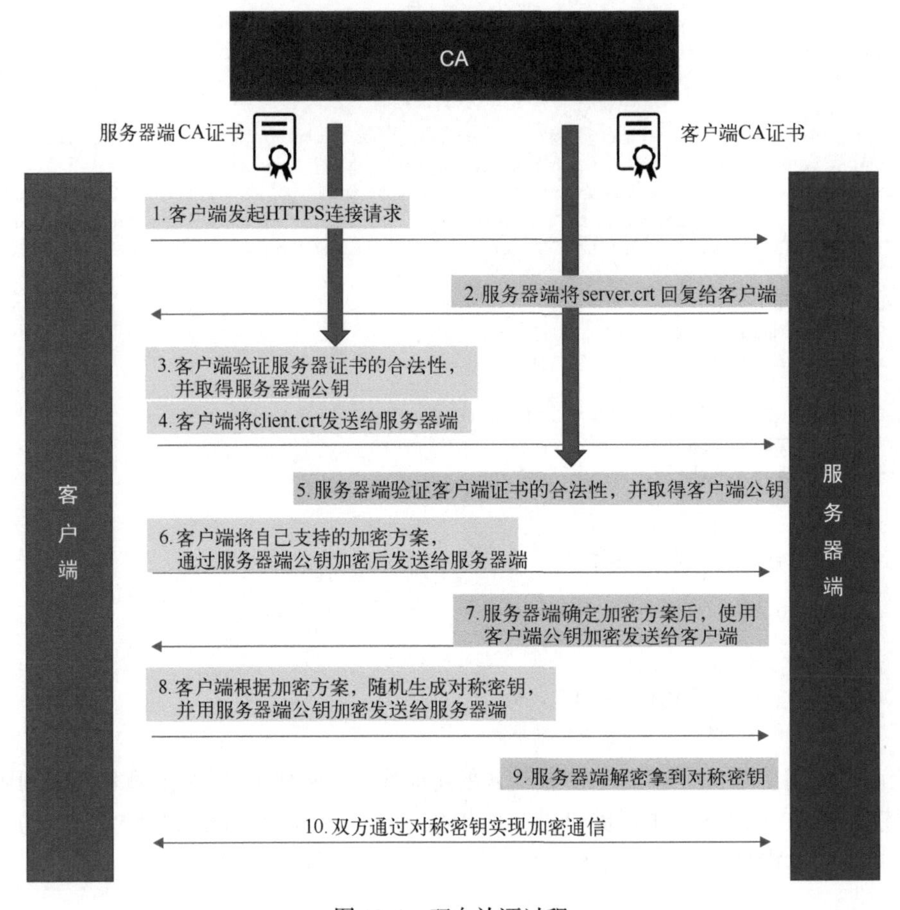

图 12-4　双向认证过程

从图 12-4 可以看出，在 mTLS 通信过程中，首先需要由第三方可信任机构 CA 分别给客户端和服务器端颁发证书；然后当两者通信时，通过交换证书来证明自身的合法性；最后建立可信通道。

12.3.1　配置 NGINX 服务器实现双向认证

首先，我们配置 NGINX 来强制让客户端和服务器端建立 TLS 连接。在 NGINX 配置的 `server` 块中，为监听套接字启用 `ssl` 参数，并指定服务器证书和私钥的位置；设置 NGINX 使用的 TLS 协议、证书密钥：

```
server {
listen                 8443 ssl;
    ssl_certificate      /root/kps/server.crt;
    ssl_certificate_key /root/kps/server.key;
```

```
    ssl_protocols       TLSv1.2 TLSv1.3;
    ssl_ciphers         HIGH:!aNULL:!MD5;
    # ...
}
```

在后面的配置过程中，我们会使用以下证书和私钥文件，它们均在 /root/kps 目录下。

- CA 证书、私钥：ca.crt 和 ca.key。
- 服务器证书、私钥：server.crt 和 server.key。
- 客户端证书、私钥：client.crt 和 client.key。

这些文件的生成请读者参考 https://github.com/zongzw/https-openssl 中的生成过程和命令。

接下来，我们配置 mTLS。使用 `ssl_verify_client` 要求客户端进行身份验证，NGINX 会利用客户端在建立 mTLS 连接时提供的 CA 证书来验证客户端证书：

```
server {
    listen                  8443 ssl;
    # ...

    ssl_certificate     /root/kps/server.crt;
    ssl_certificate_key /root/kps/server.key;
    ssl_protocols       TLSv1.2 TLSv1.3;
    ssl_ciphers         HIGH:!aNULL:!MD5;
    ssl_client_certificate /root/kps/ca.crt;
    ssl_verify_client optional;
    # ...

    location / {
        if ($ssl_client_verify != SUCCESS) {
            return 403;
        }
        return 200 "mtls";
    }
    # ...
}
```

`ssl_client_certificate` 用于指定用来验证客户端证书的 CA 根证书的位置。将 `ssl_verify_client` 设置为 `optional` 后，如果客户端没有提供证书，就会返回 403，否则返回 `mtls`。

12.3.2 使用 cURL 验证双向认证

完成配置后，我们使用 cURL 工具验证客户端和服务器端双向认证的过程：

```
$ curl -k --cert /root/kps/client.crt --key /root/kps/client.key
https://localhost:8443 -sv
* About to connect() to localhost port 8443 (#0)
*   Trying ::1...
```

```
* Connection refused
*   Trying 127.0.0.1...
* Connected to localhost (127.0.0.1) port 8443 (#0)
* Initializing NSS with certpath: sql:/etc/pki/nssdb
* skipping SSL peer certificate verification
* NSS: client certificate from file
*     subject: E=a.zong@f5.com,CN=server.test.self,OU=pd,O=f5,L=beijing,ST=BJ,C=CN
*     start date: Dec 15 08:48:22 2020 GMT
*     expire date: Dec 15 08:48:22 2021 GMT
*     common name: server.test.self
*     issuer: E=a.zong@f5.com,CN=test.self,OU=pd,O=f5,L=beijing,ST=BJ,C=CN
* SSL connection using TLS_ECDHE_RSA_WITH_AES_256_GCM_SHA384
* Server certificate:
*     subject: E=a.zong@f5.com,CN=server.test.self,OU=PD,O=f5,L=beijing,ST=BJ,C=CN
*     start date: Dec 15 08:47:03 2020 GMT
*     expire date: Jan 14 08:47:03 2021 GMT
*     common name: server.test.self
*     issuer: E=a.zong@f5.com,CN=server.test.self,OU=PD,O=f5,L=beijing,ST=BJ,C=CN
> GET / HTTP/1.1
> User-Agent: curl/7.29.0
> Host: localhost:8443
> Accept: */*
>
< HTTP/1.1 200 OK
< Server: nginx/1.17.9
< Date: Tue, 15 Dec 2020 09:38:22 GMT
< Content-Type: application/octet-stream
< Content-Length: 4
< Connection: keep-alive
<
* Connection #0 to host localhost left intact
mtls
```

下面介绍一下其中几个参数的含义。

- **-k**：用于指明让客户端不要验证服务器端证书的合法性，服务器端证书只负责传输安全，否则会报 `* NSS error -8172(SEC_ERROR_UNTRUSTED_ISSUER)`错误。
- **--cert** 和 **--key**：用于指定客户端证书和私钥。因为我们将`ssl_verify_client`设置为了`optional`，所以即便不带这两个参数依然，可以访问 NGINX 服务器，但返回结果为 403。
- **-sv**：让 cURL 打印 TLS 握手的细节。

使用NGINX搭建mTLS能力的过程并不复杂，关键在于对普通单向加密过程的理解，NGINX提供的简明扼要的指令和变量能让我们轻松实现 mTLS。

12.3.3　NGINX Plus 动态加载 SSL 证书

在多数情况下，只要其他安全防护措施采取得当，并且限制好证书的访问，那么在磁盘上存储 SSL 证书就是安全的。但在某些场景中，这样做未必能达到安全要求，因此我们只能把 SSL

证书存储在内存中。

NGINX Plus 允许在内存中以 key-value 的形式存储 SSL 证书，这样可以直接从内存动态地（而不是从磁盘静态地）加载证书。

配置 NGINX Plus 动态加载证书，我们需要用到 `ssl_certificate` 和 `ssl_certificate_key` 指令的增强功能，即在这两个指令的参数前使用 `data:` 前缀。这个前缀会告诉 NGINX Plus `data:` 之后的变量为存储在 key-value 中的证书/私钥的内容，而不是文件路径。这个设计避免了证书、私钥信息以文件的形式存在于磁盘上，这就意味它们可以更加安全（无法从磁盘找到这些文件）。

配置方法如下所示：

```
log_format vault_ssl_keyval '$remote_addr [$time_local] - '
                            'ssl_server_name:"$ssl_server_name" '
                            'host:"$host" ';
keyval_zone zone=vault_ssl_pem:1m;
keyval $ssl_server_name $certificate_pem zone=vault_ssl_pem;

server {
    listen 443 ssl;
    access_log /var/log/nginx/vault-ssl-keystore-access.log vault_ssl_keyval;
    error_log  /var/log/nginx/vault-ssl-keystore-error.log debug;
    # Load PEMs from variable. Note the 'data:' prefix.
    ssl_certificate     data:$certificate_pem;
    ssl_certificate_key data:$certificate_pem;

    location / {
        root /usr/share/nginx/html;
        index index.html;
    }
}
server {
    listen 8443 ssl;
    access_log /var/log/nginx/status-api-access.log api;
    error_log  /var/log/nginx/status-api-error.log notice;

    ssl_certificate     /etc/nginx/ssl/nginx-ssl.crt;
    ssl_certificate_key /etc/nginx/ssl/nginx-ssl.key;

    location /api {
        api write=on;
        if ($request_method !~ ^(GET|POST|HEAD|OPTIONS|PUT|PATCH|DELETE)$) {
            return 405;
        }
    }
}
```

在以上代码中，我们对 NGINX Plus 做了以下配置。

- 在内存中创建名为 `vault_ssl_pem` 的 key-value 存储空间，用来保存证书、私钥。

- 将 SNI 主机头部作为 key-value 的关键字，匹配 key-value 存储空间中保存的内容。
- 在 server 443 配置块中使用动态加载的 SSL 证书、私钥。
- 在 server 8443 配置块中启用 API 接收 HTTPS 请求，实现 key-value 存储空间中内容的改变。
- 对两个 server（分别监听于 443 端口和 8443 端口）开启了 debug 日志，用来记录 API 请求和正常 HTTPS 访问请求的日志。

配置完成后，使用以下 curl 命令给 8443 端口发送 HTTPS POST 请求来更新证书和私钥：

```
$ curl -s -X POST -d '{"www.example.com":"-----BEGIN RSA PRIVATE KEY-----\n..."}'
https://NGINX_Plus_instance:8443/api/6/http/keyvals/vault_ssl_pem
```

这里的 NGINX_Plus_instance 是需要更新证书的 NGINX Plus 节点的主机名，www.example.com 是 NGINX Plus 对外提供 HTTPS 服务的 SNI 名称。

另外，我们可以通过 query 的方式查看设备上 key-value 存储空间中的内容，即证书列表：

```
$ curl https://NGINX_Plus_instance:8443/api/6/http/keyvals/
vault_ssl_pem
{"www.example.com":"-----BEGIN RSA PRIVATE KEY-----\n..."}
```

想要删除证书内容，同样可以使用 curl 命令：

```
$ curl -s -X PATCH -d '{"www.example.com":null}'
https://NGINX_Plus_instance:8443/api/6/http/keyvals/vault_ssl_pem
```

至此，我们通过 NGINX Plus 完成了用 API 和 key-value 动态加载证书、私钥的试验过程。关于 NGINX Plus 动态加载证书的更多实践，可以参考 NGINX 的官方博客，比如和第三方证书管理平台 HashiCorp Vault 相结合，将其作为 CA 自动完成证书、私钥的获取。

12.4　本章小结

本章我们讲述了 NGINX 对 SSL/TLS 的处理能力。NGINX 不仅可以作反向代理服务器，也可以作为正向代理（转发代理）服务器，卸载 TLS 流量或者透传 TLS/HTTPS 流量。本章详细阐述了两种代理场景的配置、验证过程，最后讲述了 NGINX mTLS 的配置过程，希望能对读者在用 NGINX 加解密流量方面有所启发。

第13章

缓存与内容加速

本章将详细介绍缓存产生的背景和需求，以及NGINX缓存机制的实现。另外，我们会阐述内容加速的相关内容，最后通过一个简单的案例告诉大家如何实现一个简单的自建CDN。

13.1 背景和需求

NGINX凭借其高性能、高并发等优势，已经成为全球网站使用量排名第一的Web服务器和反向代理平台，同时还支持HTTP缓存。有不少应用架构师会通过配置NGINX缓存来优化应用架构，提升系统的整体性能，降低业务的瞬时拥塞度，提升用户的访问体验，降低访问时延和互联网的带宽开销。

在HTTP的访问数据流中，除了作为中间节点（CDN节点，反向代理缓存节点）的NGINX具备缓存HTTP响应内容的能力之外，浏览器本身也具备缓存能力，整个HTTP访问流程实际上是个整体，各部分相辅相成。我们需要全面掌握HTTP缓存的原理，才能在NGINX开启缓存时尽可能不对业务的访问造成影响。在第9章中，我们简单介绍过浏览器的缓存原理和NGINX的缓存能力。本章首先会深入介绍NGINX的缓存机制，然后详细说明在缓存和内容加速场景下的配置实践，以及如何构建一个简单的CDN应用。

13.2 NGINX的缓存机制

本节我们来详细介绍NGINX的缓存机制。

13.2.1 NGINX的缓存处理流程

NGINX的缓存处理流程如图13-1所示。

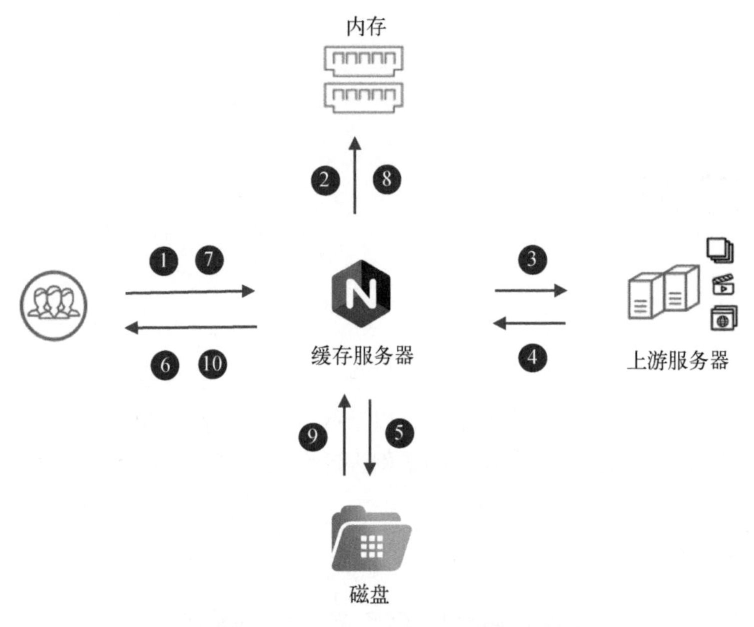

图 13-1　NGINX 的缓存处理流程

下面按照图里的序号介绍一下这个流程。

① 客户端发送请求到 NGINX，这个 NGINX 配置了缓存功能。

② NGINX 接收到请求，并根据请求的特征值生成一个 Hash Key，然后在内存中查询这个 Key 是否存在。

③ 假设客户端是第一次发出该请求，那么内存中暂时并未保存对应的 Key，此时 NGINX 会将请求反向代理到上游服务器。

④ 上游服务器处理请求后，返回响应内容。

⑤ NGINX 把响应内容保存到本地磁盘，同时把步骤②中生成的 Hash Key 写入共享内存。需要留意，在内存中只保存散列值，并不保存具体的响应内容。通过散列值的特定位数还可以计算出保存该响应内容的磁盘相对路径信息。

⑥ NGINX 将响应内容返回给客户端。

⑦ 同一个客户端或者其他客户端发起跟步骤①中相同特征的请求。

⑧ NGINX 接收到请求，还是根据请求的特征值生成一个 Hash Key，然后在内存中查询这个 Key，会发现缓存命中，并且缓存未过期。

⑨ NGINX 根据对应的磁盘路径从磁盘中获取缓存内容，并直接返回给客户端。对于磁盘热

点数据，Linux 操作系统会预先把它们加载到内存中以便快速读取，因此并非在每次获取缓存内容时，NGINX 都需要进行磁盘 I/O 操作。

⑩ NGINX 将缓存内容直接返回给客户端。

大家可以留意到，当具有相同特征的请求第二次到达 NGINX 之后，由于命中了本地缓存，并且缓存处于有效期内，此时 NGINX 无须与上游服务器交互，直接把缓存内容返回给客户端即可，从而提升了响应速度。

在步骤②中，NGINX 可以自定义请求的特征值来做 MD5 运算，生成 Hash Key。在默认情况下，NGINX 会使用由请求的 `scheme` 字段、Host 内容和请求 URI 组合成的字符串进行 MD5 运算，如图 13-2 所示。

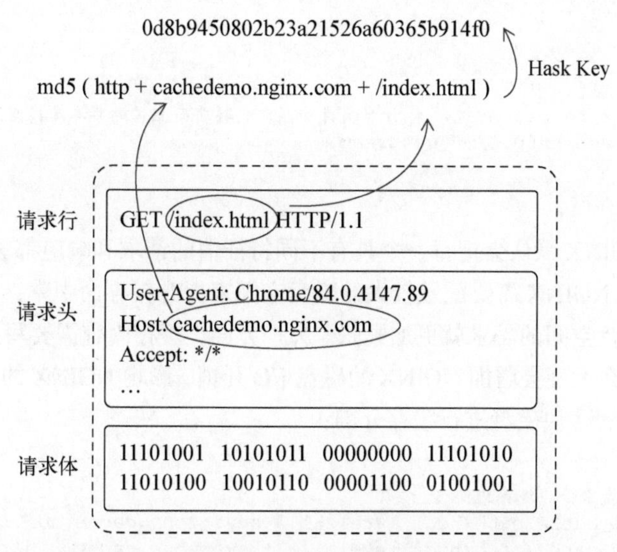

图 13-2 NGINX 根据请求的特征值计算 Hash Key

我们可以通过 `proxy_cache_key` 指令进行自定义配置，比如某些站点会根据客户端的浏览器类型来判断是 PC 客户端还是手机客户端，并给它们返回不同的页面。这时我们就可以将浏览器类型添加到请求的特征值中以进行 MD5 运算，这样缓存就能够区分不同的浏览器类型，代码如下：

```
server { # 也可以配置在 http 和 location 上下文中
    proxy_cache_key $scheme$proxy_host$request_uri$http_user_agent;
    ...
}
```

要开启 NGINX 的缓存功能，首先需要在 `http` 全局代码块下配置缓存文件的保存路径和共享内存：

```
http {
    proxy_cache_path /etc/nginx/files levels=1:2 keys_zone=cache:10m;
    ...
}
```

其中，/etc/nginx/files 为自定义的缓存文件在本地的保存路径，levels=1:2 表示缓存文件的目录层级为 2 级，keys_zone=cache:10m 表示设置了一个名叫 cache 的共享内存空间用于存储 Hash Key，空间大小为 10 MB。1 MB 内存空间可以存储 8000 个 Hash Key，那么 10 MB 就可以存储 80 000 个。当然除了这些，proxy_cache_path 指令还有很多可选的配置项，主要用于缓存资源的管理，这将在 13.2.3 节详细介绍。

接下来，还需要在 http 全局代码块下，或在对应的 server 代码块、location 代码块下开启缓存功能：

```
server {
    ...
    location / {
        proxy_cache cache;     # 开启缓存功能，关联前面配置的共享内存空间
        proxy_pass http://my_upstream;
    }
}
```

启用缓存后，NGINX 默认会把每一个具有不同特征值的请求和响应都缓存在本地。一方面，站点内容丰富，导致 NGINX 需要配置较大的磁盘空间来提升缓存命中率，如果 NGINX 还代理着多个站点，那么磁盘空间的需求就更加紧张。另一方面，缓存内容需要写入磁盘，如果对所有请求都进行缓存，那么无疑会增加 NGINX 的磁盘 I/O 开销，影响 NGINX 的性能。解决办法通常有两种，第一种是配置多块磁盘进行缓存分割：

```
http {
    # 配置两块磁盘来保存缓存文件
    proxy_cache_path /path/hdd1 levels=1:2 keys_zone=cache_hdd1:10m;
    proxy_cache_path /path/hdd2 levels=1:2 keys_zone=cache_hdd2:10m;
    # 根据 $request_uri 对请求进行散列分割，确定请求对应的共享内存空间
    split_clients $request_uri $cache {
        50% "cache_hdd1";
        50% "cache_hdd2";
    }
    server {
        ...
        location / {
            # $cache 变量的值由 split_clients 基于 $request_uri 获得
            proxy_cache $cache;
            proxy_pass http://my_upstream;
        }
    }
}
```

第二种是只有热点数据才进行缓存，非热点数据则不缓存。NGINX 为我们提供了 proxy_

cache_min_uses 指令，可以配置当某个内容的请求量达到一定值时（明确它是热点数据），再缓存这个内容。配置示例如下：

```
server { # 也可以配置在 http 和 location 上下文中
    proxy_cache_min_uses 5;
    ...
}
```

前面我们说过，并非所有类型的请求都适合缓存。在 NGINX 中，我们有多种途径可以根据实际需求自定义缓存内容。比如，可以通过 proxy_cache_methods 指令自定义缓存哪些类型的请求；通过 proxy_no_cache 指令自定义不缓存哪些请求；通过 proxy_cache_valid 指令自定义缓存哪些响应状态码对应的请求和缓存有效期有多久：

```
server { # 以下指令也可以配置在 http 和 location 上下文中
    # 缓存 GET 和 HEAD 类型的请求，不缓存 POST 及其他类型的请求
    proxy_cache_methods GET HEAD;
    # 当请求对应的变量值不为空或非 0 时，不缓存
    proxy_no_cache $http_pragma $http_authorization;
    # 缓存 200 和 302 状态码对应的请求，缓存有效期为 10 分钟
    proxy_cache_valid 200 302 10m;
    # 缓存 404 状态码对应的请求，缓存有效期为 1 分钟；其他状态码对应的请求则不缓存
    proxy_cache_valid 404      1m;
    ...
}
```

除了 proxy_cache_valid 指令之外，上游服务器返回的响应报文中的某些字段（X-Accel-Expires 字段、Expires 字段以及 Cache-Control 字段等）也会影响该响应是否会被 NGINX 缓存，以及缓存有效期是多久。NGINX 在处理这些字段的时候，是有优先级的，如图 13-3 所示，从上到下表示优先级从高到低。

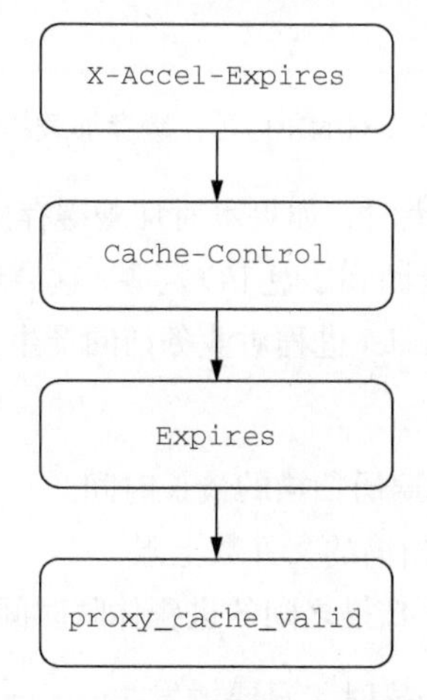

图 13-3 各参考字段的优先级顺序

其中 X-Accel-Expires 是专为 NGINX 设计的 HTTP 报文字段，Cache-Control 和 Expires 字段我们在 9.2 节做过介绍，这里不再展开。X-Accel-Expires 字段的值如果为 0，就表示不缓存该响应内容；如果不为 0，则将此值作为缓存有效期。Cache-Control 字段和 Expires 字段同理。另外，NGINX 不会缓存包含 Set-Cookie 字段的响应内容，以及包含 Vary 字段且值为*的响应内容。

13.2.2　NGINX 初始化缓存加载

在具体的实现中，NGINX 通过两个进程——cache manager 和 cache loader 来管理缓存文件。其中 cache manager 进程负责 NGINX 缓存文件的淘汰管理，我们将在 13.2.3 节详细介绍此内容。cache loader 进程负责在 NGINX 启动时遍历扫描磁盘中的所有缓存文件，并将对应 Hash Key 加载到共享内存中。当所有缓存文件的信息都加载完成后，该进程退出。NGINX 初始化缓存加载的整个流程如图 13-4 所示。

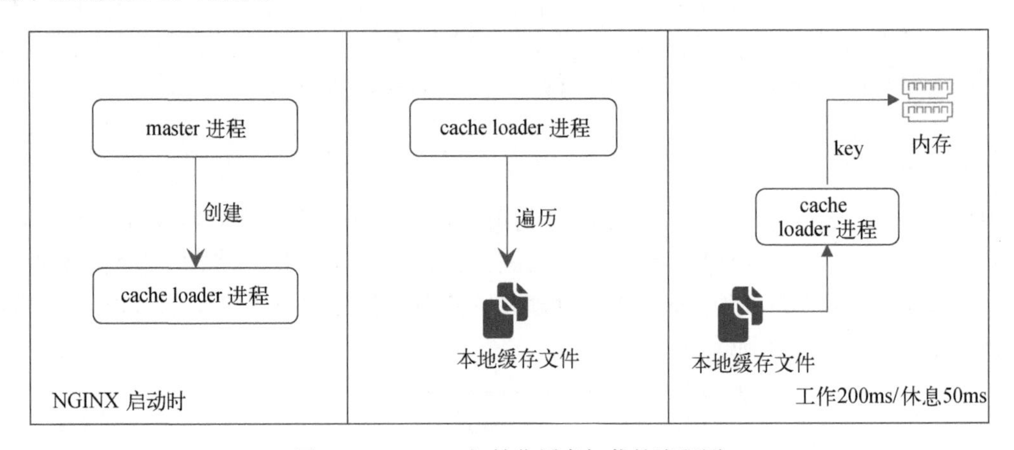

图 13-4　NGINX 初始化缓存加载的流程图

当本地保存的缓存文件数量巨大时，如果不对加载缓存的动作加以控制，cache loader 进程就会抢占 worker 进程的大量 CPU 资源和磁盘 I/O 资源，这导致 NGINX 的对外服务能力下降，影响用户访问体验。为了降低 cache loader 进程对业务访问产生的影响，NGINX 给我们提供了三个配置项来控制加载动作。

- **loader_threshold**：每次遍历扫描的最长时间。
- **loader_files**：每次遍历扫描的文件数上限。
- **loader_sleeps**：两次遍历扫描之间的进程休眠时间。

当 cache loader 进程执行遍历扫描时，只要触发 loader_threshold 和 loader_files 中的任何一个阈值，就会进入休眠状态，把 CPU 资源交给 worker 进程。在具体的 NGINX 配置中，我们可以利用 proxy_cache_path 指令提供的配置参数：

```
http {
    # 配置 cache loader 进程，使之在不超过 200ms 的时间内，一次性最多加载 100 个缓存文件，
      然后暂停 50ms 再重复这个加载动作，直到所有缓存文件加载完成
    proxy_cache_path /etc/nginx/files levels=1:2 keys_zone=cache:10m
        loader_files=100 loader_sleep=50 loader_threshold=200;
    ...
}
```

13.2.3 NGINX 缓存文件的淘汰管理

在 13.2.2 节中，我们介绍了 NGINX 在启动时加载本地磁盘缓存文件的初始化动作由 cache loader 进程负责。在这一节中，我们介绍 NGINX 缓存文件的淘汰管理由 cache manager 进程负责，如图 13-5 所示。

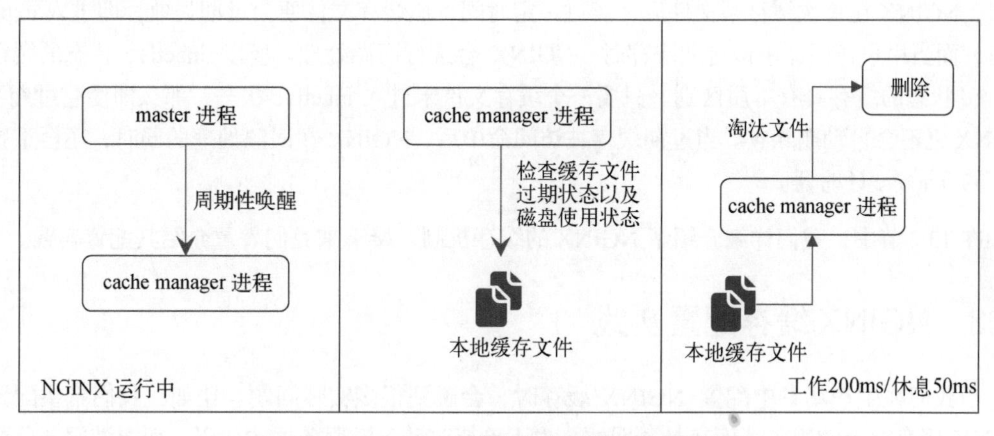

图 13-5 NGINX 缓存文件的淘汰流程图

cache manager 进程会被周期性地唤醒，它会检查缓存文件的过期状态，当某个缓存文件超时，或者本地磁盘中所有缓存文件所占的空间大小超出阈值时，cache manager 就会淘汰缓存文件。如果满足的淘汰条件是前者，就表示该缓存文件在预定的时间内未被访问过，那么 cache manager 会直接删除该文件。如果是后者，那么 cache manager 会根据最少使用原则删除对应的缓存文件。缓存文件的超时时间和本地磁盘中所有缓存文件所占空间的大小阈值都在 proxy_cache_path 指令中以可选项的形式进行配置：

```
http {
    # 配置缓存文件超时时间为 60 分钟，本地磁盘中所有缓存文件占用的最大空间为 10 GB
    proxy_cache_path /etc/nginx/files levels=1:2 keys_zone=cache:10m
        inactive=60m max_size=10g min_free=100m manager_files=100 manager_sleep=50
        manager_threshold=200
    ...
}
```

在这段代码中，我们配置了当缓存文件在 60 分钟内未被访问，或者所有缓存文件占用的磁盘空间大小超过 10 GB 时，cache manager 就开始执行删除操作。和 cache loader 进程一样，删除也是通过遍历实现的。为了尽可能不让批量删除操作对业务访问造成影响，我们可以设置 cache manager 进程的删除行为参数，如 `manager_files`（每次删除的文件数上限）、`manager_threshold`（每次执行遍历删除操作的最长时间）和 `manager_sleeps`（两次遍历删除之间的进程休眠时间）。

值得一提的是，这里提到的缓存文件的超时时间指的是 active/inactive 状态，跟在其他地方提到的“缓存文件是否过期，即 valid/expired（如 `proxy_cache_valid any 10m`）”是两个维度的概念。active/inactive 衡量的是缓存文件在特定时间内是否被访问过，valid/expired 衡量的是缓存文件是否有效，是否需要回源处理。比如，一个缓存文件在既定时间内未被访问过，那么不管它是处在 valid 状态还是 expired 状态，都会进入 inactive 状态，并且被 cache manager 进程删除。又如，NGINX 在首次缓存某文件后，经过一定时间，该缓存文件便会过期失效，即进入 expired 状态，而当用户访问命中该过期缓存时，NGINX 会进行回源处理。所以 inactive 状态的缓存和 expired 状态的缓存具有本质区别。只要一个缓存文件未进入 inactive 状态，那么即使它过期了，NGINX 也不会自动删除它。当过期缓存被访问命中后，NGINX 在回源处理的同时，还会重置该缓存的 inactive 计时器。

在 13.2 节中，我们详细介绍了 NGINX 的缓存机制，接下来我们着重介绍其配置实践。

13.3　NGINX 缓存配置实践

当我们在生产场景中配置 NGINX 缓存时，会碰到很多实际问题。比如，我们希望配置的 NGINX 缓存对上游服务器而言是透明的，也不希望改动上游服务器的代码，而上游服务器配置了部分页面资源不能被缓存，可从缓存视角看，又能通过短暂缓存这些资源来优化访问效率，此时我们应该怎么做呢？另外，静态资源应该怎么配置缓存呢？大部分技术文章认为动态资源不适合缓存，那么 NGINX 又是怎么认为的？视频跟流媒体有什么好的缓存办法吗？当上游服务器更新资源时，希望缓存节点中的缓存内容自动失效，有什么实现办法呢？再有，我们怎么实现缓存的问题定位以及优化呢？接下来，我们将结合在实际项目中遇到的一些场景对上述问题进行详细说明。

13.3.1　控制 HTTP 头

NGINX 作为 Web 服务器和反向代理软件，对 HTTP 头的控制十分强大，不但可以在把客户端请求反向代理给上游服务器的时候控制 HTTP 头，还可以在返回响应内容给客户端的时候控制。比如，通过 `proxy_pass_request_headers` 指令可以明确是否把客户端的请求头字段都反向代理给上游服务器；通过 proxy_set_header 指令可以控制反向代理到上游服务器的具体请求头字段和内容；通过 add_header 指令可以在返回的响应内容中添加自定义的请求头字段和内容；通过 expires 指令可以先修改响应内容中 Expires 字段或者 Cache-Control 字段的内容，再把响应内容返回给客户端。第三方的 headers-more-nginx-module 模块为我们提供了更多选择，使得可以在请求和响应两个方向上对请求头字段和内容进行配置，以及指定需要过滤的请求头字段。

回到 13.3 节开头提到的场景，上游服务器对某些页面配置了不缓存（Cache-Control: no-store），但是我们配置 NGINX 缓存后又希望给某些页面配置短暂的缓存时间，同时不改动上游服务器的代码，做到对上游服务器透明，这可以通过以下方式实现：

```
server { # 也可以在 http 和 location 上下文中配置
    ...
    location /abc { # 为指定路径下的资源开启缓存策略
        proxy_cache cache;
        # 配置忽略源服务器的请求头字段
        proxy_ignore_headers X-Accel-Expires Expires Cache-Control;
        # 配置缓存有效期为 10s，在这个场景下如果没有配置 ignore_headers，那么该配置不生效，
          因为 Cache-Control 优先于 proxy_cache_valid
        proxy_cache_valid any 10s;
        proxy_pass http://my_upstream;
    }
}
```

13.3.2 配置静态资源缓存

大家都知道，并非所有的网站资源都可以缓存。适合缓存的资源通常是公共的，并且在一段时间内不会变化或变化较少的，如图片、文本、视频、CSS 文件、JavaScript 文件等静态资源。那些根据输入参数不同来得到不同结果的动态页面（如个人账户这种私人的内容）是不适合缓存的，这些页面一旦缓存下来，就可能导致登录的是 B 用户，返回的信息却是 A 用户的，这种错误是不可接受的。而对于部分特定条件下的动态页面，其实是可以进行短暂缓存的，我们将在 13.3.3 节展开介绍。本节着重介绍图片、视频、CSS 文件、JavaScript 文件这类静态资源的缓存配置。

对于静态资源，根据资源大小和资源特性，我们可以进行针对性的分类配置：

```
server {
    ...
    # 配置图片、文本等静态资源
    location ~*\.(jpg|jpeg|gif|png|tif|ico|svg|svgz|html|htm|pdf) {
        proxy_cache cache;
        proxy_cache_valid 200 301 302 7d;  # 图片、文本静态资源的缓存时间能以天为级别进行
                                             配置，但这个参数需要跟 inactive 参数尽可能
                                             匹配，避免在低并发场景下，缓存磁盘文件因超时
                                             被删除造成事实上的回源处理，失去缓存效果
        # 根据需要，配置 proxy_ignore_headers 等指令
```

```
        proxy_ignore_headers X-Accel-Expires Expires Cache-Control;
        add_header Cache-Control "public";
        proxy_pass http://my_upstream;
    }
    location ~*\.(?:css|js)$ {
        proxy_cache cache;
        # CSS 文件和 JavaScript 文件等静态资源的缓存时间以小时为级别进行配置
        proxy_cache_valid 200 301 302 1h;
        # 根据需要配置 proxy_ignore_headers 等指令
        proxy_ignore_headers X-Accel-Expires Expires Cache-Control;
        add_header Cache-Control "public";
        proxy_pass http://my_upstream;
    }
}
```

对于视频或者流媒体这种大文件，如果等用户全部读取完再以整个文件的形式进行缓存，那效率就十分低下了。常见的做法是把大文件拆分成若干个小文件进行缓存。NGINX 支持按照字节范围分片缓存大文件，如图 13-6 所示。

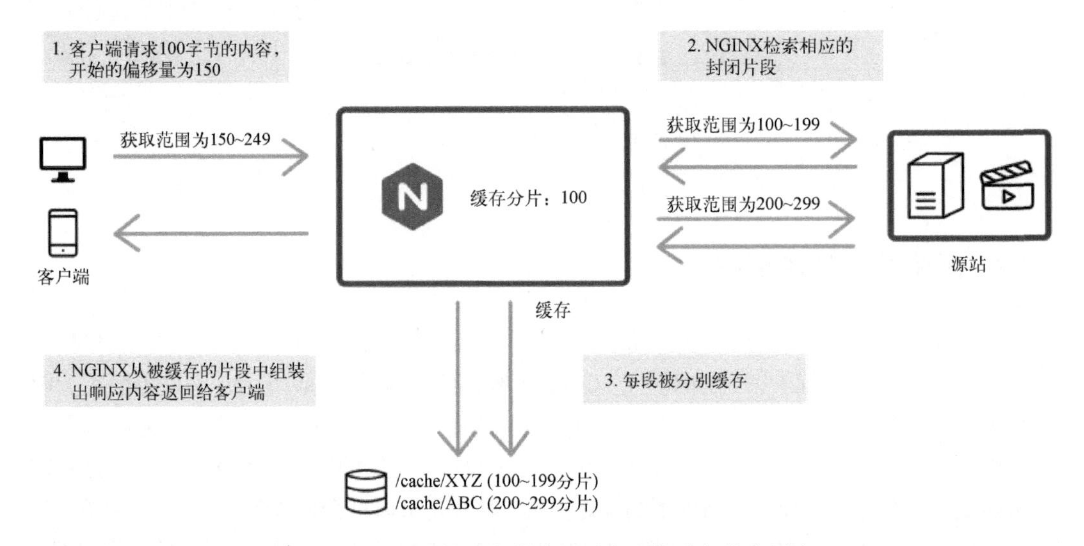

图 13-6　NGINX 按照字节范围对大文件进行分片缓存

在图 13-6 中，当客户端请求大文件的时候，不再是请求整个文件，而是请求文件的字节范围，如请求 150B~249B 的数据，这在请求视频和流媒体，或者在支持断点续传的下载场景中经常会用到。在 NGINX 上，我们配置了缓存分片的大小为 100B，此时未命中本地缓存，于是 NGINX 会向源服务器发起两次 range 请求，分别请求 100B~199B 和 200B~299B 的数据。获取到响应内容后，NGINX 先把两部分分片数据缓存在本地，再整理好客户端要求的 150B~249B 数据，返回给客户端。此时 NGINX 本地已经保存了 100B~299B 的数据，客户端后续请求的字节范围如果包含在这个范围里，就代表命中了本地缓存，NGINX 可以直接返回响应。

在实际的生产场景中，需要平衡缓存分片的大小。如果其值设置得过小，那么会导致缓存文件的数量巨大，文件句柄数、共享内存和磁盘 I/O 的开销都较大。如果设置得过大，NGINX 回源下载一个大的缓存分片也需要一段时间，那么在这段回源时间内，客户端的缓存命中率又会下降。总之，需要结合源文件的大小进行设置：

```
server {
    ...
    location ~* \.(flv|mp4|mov) { # 配置 flv、MP4、mov 等视频及流媒体内容
        # ...
        slice               1m;                          # 以 1 MB 为单位进行分片
        proxy_cache        cache;
        # 需要把 $slice_range 作为 key 的一部分，这样才能分片缓存
        proxy_cache_key    $uri$is_args$args$slice_range;
        proxy_set_header   Range $slice_range;
        proxy_cache_valid 200 206 1h;
        proxy_http_version 1.1;       # http1.1 版本才支持以字节范围进行请求
        proxy_pass http://my_upstream;
    }
}
```

13.3.3 配置动态资源缓存

用户个性化内容这类动态资源，是不适合进行缓存的，如应用服务器针对具体用户返回的定制化内容。而那些经常发生变动，并且不属于用户个性化内容的动态资源，服务器端生成它们时会产生较多的开销，此时适合进行短时间缓存，NGINX 称这类动态资源为微缓存（microcaching）。微缓存主要有以下这些形式。

(1) 频繁更新的新闻或者博客站点首页，其每隔几秒钟就会发布一次新文章。

(2) 包含最新信息的 RSS 订阅。

(3) CI/CD 等自动化平台的状态页面。

(4) 商品库存页面、状态页面等对实时数据要求不高的页面。

(5) 彩票结果页面等内容不会改变的动态页面。

(6) 根据 cookie 信息生成的广告页面。

(7) 隔一段时间就更新（比如 10s 更新一次）的大屏或者 dashboard 页面。

具体操作时，我们首先要结合源站的特性，梳理出哪些动态页面符合微缓存的条件，然后给不同页面配置适合自己的缓存时间：

```
server {
    ...
    location /dashboard {    # dashboard 页面
        ...
```

```
        proxy_cache cache;
        proxy_cache_valid 200 10s ; # 配置 10s
        proxy_pass http://my_upstream;
    }
    location /adv {    # 广告页面（根据不同用户特征匹配不同广告页面）
        ...
        proxy_cache cache;
        proxy_cache_valid 200 1d ; # 配置 1 天
        # 忽略 Set-Cookie 字段，缓存包含 Set-Cookie 字段的响应内容
        proxy_ignore_headers X-Accel-Expires Expires Cache-Control Set-Cookie;
        # 把属于用户特征的 cookie 内容放到 key 中
        proxy_cache_key $scheme$proxy_host$request_uri$cookie_name
        proxy_pass http://my_upstream;
    }
}
```

这里我们仅以 dashboard 和 adv 两种动态页面为例进行了说明，读者需要结合企业站点的实际页面类型和特征有针对性地进行配置。

13.3.4　缓存清除

在缓存的生效时间内，如果客户端的请求命中了 NGINX 本地缓存，NGINX 就会直接将缓存结果返回客户端，而不做回源处理。缓存在给我们带来诸多好处的同时，也存在一个弊端，就是客户端无法实时感知到上游服务器中资源发生的变化（比如新版本投产）。降低 NGINX 的缓存时间在一定程度上可以规避这个问题，但会产生 NGINX 回源访问资源的开销。另一种解决方案是在上游服务器中的资源发生变化后，以手工或者自动化的方式清除 NGINX 中对应的缓存内容，这种方案被称为缓存清除（cache purge）。

社区开源版的 NGINX 并不具备缓存清除的能力，通过引入第三方模块 ngx_cache_purge 可以实现。商业版的 NGINX Plus 本身具备缓存清除的能力。本节以 NGINX Plus 为例，阐述如何配置缓存清除以及这个功能如何使用：

```
http {
    ...
    proxy_cache_path /etc/nginx/files levels=1:2 keys_zone=cache:10m purger=on;
    # 开启缓存清除
    # 限制可以进行清除操作的客户端 IP
    geo $purge_allowed {
        default         0;
        10.0.0.1        1;
        192.168.0.0/24  1;
    }
    # 配置 $purge_method 变量的值，当请求方法为 PURGE 时，变量值为 $purge_allowed 的变量值，
      否则为 0
    map $request_method $purge_method {
        PURGE   $purge_allowed;
        default 0;
```

```
    }
    server {
        listen      80;
        server_name www.example.com;
        location / {
            proxy_pass        http://my_upstream;
            proxy_cache       my_cache;
            # 识别请求是一个实现清除操作的请求还是个正常请求
            proxy_cache_purge $purge_method;
        }
    }
}
```

在配置中启用缓存清除后，可以向 NGINX 发送 PURGE 类型的 HTTP 请求来实现缓存清除，如：

```
curl -X PURGE -D - "https://www.example.com/*"
```

如果得到如下响应结果，就代表 www.example.com 所在的服务器中的所有缓存都已经被清除：

```
HTTP/1.1 204 No Content
```

13.3.5 缓存的问题定位

NGINX 的缓存指令丰富，配置起来相对复杂。同时在缓存场景中，需要上游服务器、NGINX 和客户端三方共同作用，才能让缓存真正发挥作用。另外，读者需要对 HTTP 协议有较为深入的了解，才能用好 NGINX 的缓存功能。换句话说，在 NGINX 中配置缓存存在较大的门槛，笔者也经常配置出错。因此，我们需要有方法来验证缓存是否配置准确，或者在出现问题时定位问题所在，下面介绍几种方法。

(1) **禁用浏览器的本地缓存**。在测试过程中禁用浏览器的本地缓存，如图 13-7 所示，这样每次刷新页面时产生的请求都会经过 NGINX。

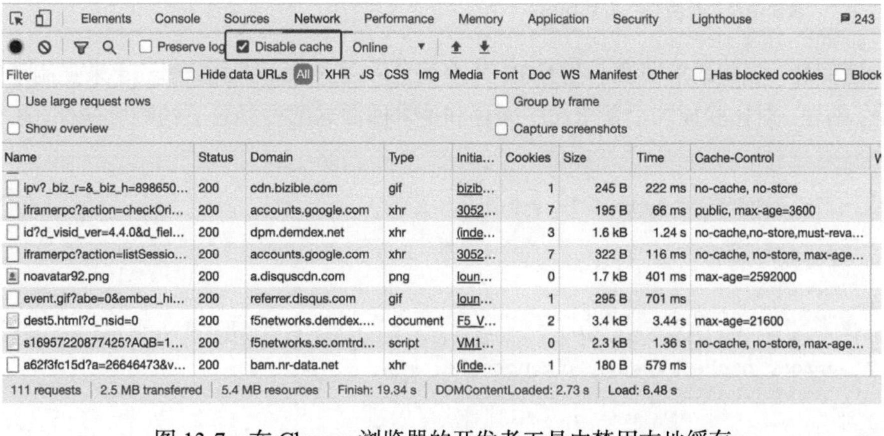

图 13-7 在 Chrome 浏览器的开发者工具中禁用本地缓存

(2) **在响应内容中插入缓存状态变量**。往请求的响应内容中插入 $upstream_cache_status 变量，可以在客户端观察该请求的缓存命中情况：

```
server { # 也可以配置在 http 和 location 上下文中
    ...
    location / {
        ...
        proxy_cache my_cache;
        # 将请求的缓存状态信息返回给客户端
        add_header X-Cache-Status $upstream_cache_status;
        proxy_pass http://my_upstream;
    }
}
```

$upstream_cache_status 变量有 MISS、BYPASS、EXPIRED、STALE、UPDATING、REVALIDATED 和 HIT 这 7 个取值，代表 7 种状态。熟练掌握这 7 种状态的含义有助于我们理解 NGINX 缓存当前的运行情况，能够快速定位问题所在。7 个变量值和各自的含义见表 13-1。

表 13-1　$upstream_cache_status 变量值

变量值	含义
MISS	未命中缓存，从上游服务器获取响应。当前响应有可能已经被 NGINX 缓存下来
BYPASS	请求被强制回源处理，原因在于请求和 proxy_cache_bypass 指令的设置相匹配了。当前响应有可能已经被 NGINX 缓存下来
EXPIRED	命中的缓存已经失效，需要从上游服务器获取最新响应
STALE	由于上游服务器没有正常响应，因此 NGINX 返回给客户端过期的缓存内容
UPDATING	客户端获取的缓存内容已经失效，NGINX 正在刷新缓存。这发生在配置了 proxy_cache_use_stale updating 指令而且 proxy_cache_lock 超时的时候
REVALIDATED	发生在配置了 proxy_cache_revalidate 指令，NGINX 向上游服务器确认得知当前缓存依然有效的时候
HIT	命中缓存，且缓存在有效期内

(3) **构造变量，强制请求回源**。在 NGINX 上配置 proxy_cache_bypass 来强制请求回源而不进行缓存处理。对比验证同个请求命中缓存和请求回源这两种场景下的响应情况，可以定位并分析问题：

```
server { # 也可以配置在 http 和 location 上下文中
    ...
    location / {
        ...
        proxy_cache my_cache;
        # 配置 $arg_nocache 值为 true 时，该请求 bypass 强制回源
        proxy_cache_bypass $arg_nocache;
        proxy_pass http://my_upstream;
    }
}
```

这时候，我们可以构造一个请求 http://www.example.com/?nocache=true 进行请求回源处理，然后对比 http://www.example.com/ 缓存命中的请求，通过差异来定位问题。

13.3.6 缓存优化

针对缓存的使用场景，NGINX 提供了一系列缓存优化指令。

如果在 NGINX 缓存失效或者缓存未命中的时候遭遇突发流量（比如秒杀），或者遇到黑客利用庞大肉鸡对 NGINX 进行随机路径的请求遍历攻击时，由于每个请求的 URL 都是随机的，无法命中 NGINX 缓存，因此会导致一瞬间有大量请求同时回源处理，直接把上游服务器“打瘫”。为了优化这个问题，NGINX 为我们提供了回源锁定机制：

```
server { # 以下指令也可以配置在 http 和 location 上下文中
    proxy_cache_lock on;  # 开启回源锁定，之后在同一时刻，具有相同 proxy_cache_key 的所有请
                            求中只有第一个能进行回源处理，其他请求则等待
    proxy_cache_lock_age 5s;  # 如果 5s 后上游服务器未对首个请求返回响应，NGINX 就会再次转发
                                一个请求回源
    proxy_cache_lock_timeout 10s;  # 为了避免极端情况——所有请求都等待超时，可以设置回源锁
                                     定机制的超时时间，如果超过这个时间，NGINX 仍未成功获得
                                     缓存更新，那么所有处于等待中的请求都会进行回源处理
    ...
}
```

针对上游服务器出现访问异常的情况，NGINX 提供了将过期缓存直接返回给客户端的机制，这相当于一种系统自动降级操作，能快速应急并提升用户的访问体验：

```
server {    # 也可以配置在 http 和 location 上下文中
    ...
    # 当 NGINX 从上游服务器接收到一个错误、超时或者状态码以 5 开头的错误包时，就把对应的过期缓存
      返回给客户端，而不是服务器返回的真实错误页面
    proxy_cache_use_stale error timeout http_500 http_502 http_503 http_504;
}
```

在 NGINX 缓存失效进行回源处理的时候，它也可以发起携带 `if-modified-since` 和 `if-none-match` 字段的 HTTP 请求来刷新缓存内容，如果上游服务器的内容无变化，就返回 304。这种方式节约了 NGINX 跟上游服务器的带宽开销，同时也减少了磁盘写入的次数。配置代码如下：

```
server {    # 也可以配置在 http 和 location 上下文中
    ...
    # 当 NGINX 缓存失效后，与上游服务器协商更新缓存内容
    proxy_cache_revalidate on;
}
```

13.4 自建 CDN

NGINX 作为缓存节点，通常有两种部署位置：一种是部署在 Web 服务器/应用服务器之前，发挥 NGINX 高性能的特性，提升系统的响应速度以及整体性能，支持接入更多并发用户；另外

一种是部署在靠近客户端的位置，构建内容分发网络，即 CDN（Content Delivery Network），实现内容加速，降低带宽开销，提升系统容量。部署 CDN 节点后，根据用户区域的不同，页面响应速度能提升 50%~85%，离源站物理距离越远的用户，其内容加速的效果越明显。

据了解，目前市场上主流的 CDN 厂商，如 Akamai、Cloudflare 等都是基于 NGINX 来定制开发 CDN 节点，为用户提供 CDN 服务。CDN 服务在给企业带来诸多好处的同时，也存在如下这些弊端。

- **成本高昂**。通常按照流量计费，随着流量的增加，CDN 费用也越来越高。
- **缺乏对端到端流量的控制能力**。企业无法实现从客户端到源服务端的流量控制，CDN 节点异常、用户体验不佳等问题都无法在源服务端感知到。
- **安全风险**。随着 HTTPS 流量成为主流，企业需要把 SSL 证书交付给 CDN 厂商，存在安全风险。

与此同时，随着公有云领域的蓬勃发展，可供用户部署服务器资源的机房区位日渐丰富，自建公网 CDN 或者内网 CDN 开始进入很多企业的考虑范围。在本节中，我们会详细介绍如何通过 NGINX 一步一步构建企业自己的 CDN。

(1) **部署 CDN 节点**。企业根据实际情况，选取合适区位里的公有云数据中心和行业云数据中心，各部署一定数量的 NGINX 实例作为 CDN 节点。对于有互联网接入的企业分支机构，也可以在分支机构的机房部署 CDN 节点。在部署 CDN 节点时，建议以集群的方式部署 NGINX 实例，并在前面部署负载均衡设备以实现 NGINX 集群的高可用和弹性扩展。既可以部署一级缓存，也可以部署多级缓存。某企业内网 CDN 的规划架构如图 13-8 所示。

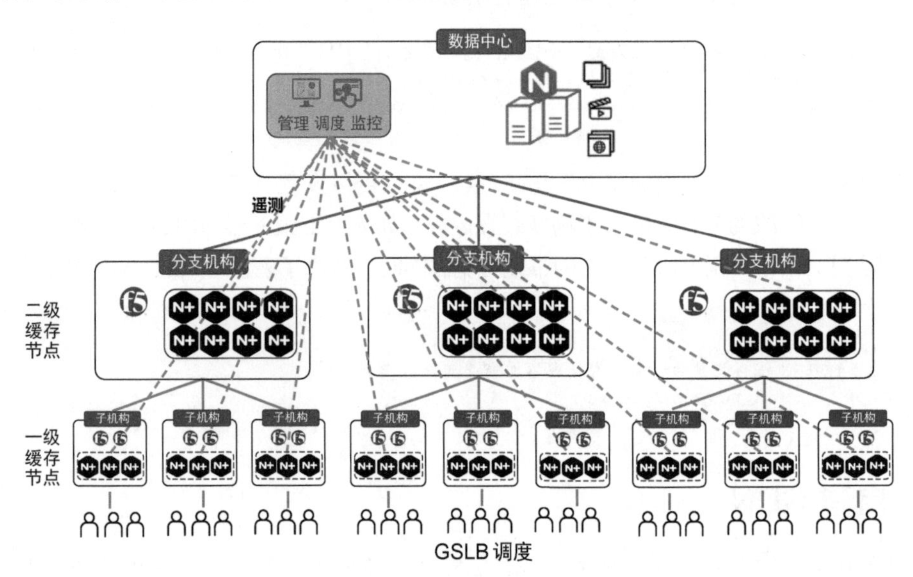

图 13-8 某企业内网 CDN 的规划架构图

(2) **集中管理 CDN 节点**。面对数量庞大的 NGINX 实例，常规的管理方法是逐步开发一个管理控制台，实现集中管理、流量调度和统一监控。在早期，还可以和 DevOps 流程相整合，或者借助 Ansible 等自动化工具来简化对数量庞大的 NGINX 实例的管理，具体内容可以参考本书第 21 章。

(3) **流量引导**。对于部署了 CDN 的应用，需要根据用户的地理位置将用户流量引导到就近的 CDN 节点上。通常的做法是在权威 DNS 上配置应用域名的 `cname` 记录，引导客户端 DNS 请求到专门的应用 CDN 域名上。当用户解析这个 `cname` 域名时，智能 DNS 系统（如 F5 DNS 或者其他开源 GSLB 产品）会根据用户的地理位置返回就近的 CDN 节点的 IP 地址。如果 CDN 系统遇到故障，我们可以在权威 DNS 上变更应用域名，快速绕过 CDN。

(4) **缓存清除**。在业务投产变更后，需要快速清除各 NGINX 实例上的对应缓存，这个可以通过 `PURGE` 的方式实现。对此，13.3.4 节已经详细说明，这里不再展开。对于庞大的 NGINX 实例，最简单的清除方法自然是逐个对 NGINX 实例发送 `PURGE` 请求，但这种方式较为低效。我们可以额外部署一个 NGINX 实例，利用 NGINX 提供的镜像能力来高效地批量清除缓存。在操作时，我们只需要对额外部署的 NGINX 实例发起 `PURGE` 请求，它就会把 `PURGE` 请求分别镜像给其他的所有 NGINX 缓存实例，如图 13-9 所示。

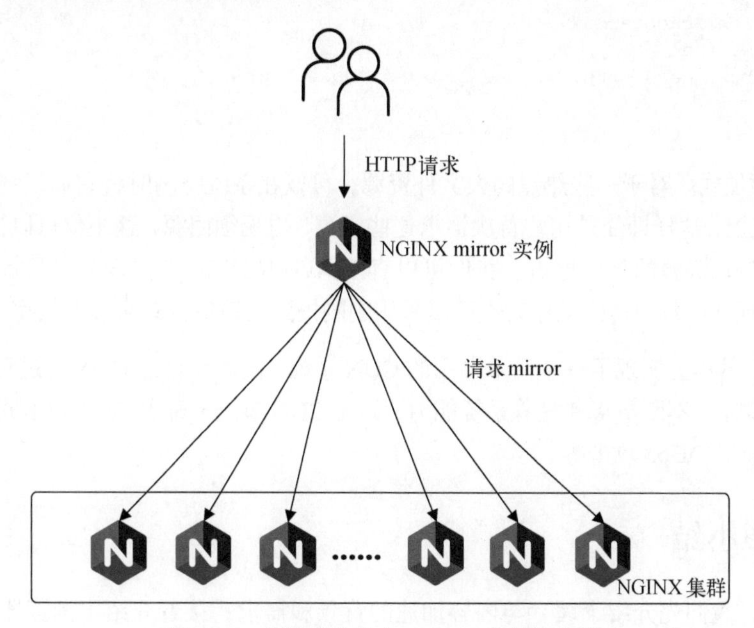

图 13-9　批量清除庞大 NGINX 实例的缓存

具体到代码实现上，额外部署的 NGINX 实例只用作管理，没有其他用途。执行下面的代码把镜像请求配置到所有的 NGINX 实例节点上：

```
server {
    # ...
    location / {
        ...
        proxy_cache cache;
        proxy_cache_purge $purge_method;
        proxy_set_header Host   $host;
        # 把请求镜像到其他目标服务器上
        mirror /cache-proxy-1;
        mirror /cache-proxy-2;
        mirror /cache-proxy-3;
        mirror /cache-proxy-4;
    }
    location /cache-proxy-1 {
        internal;
        proxy_pass http://cache-proxy-1$request_uri;
    }
    location /cache-proxy-2 {
        internal;
        proxy_pass http://cache-proxy-2$request_uri;
    }
    location /cache-proxy-3 {
        internal;
        proxy_pass http://cache-proxy-3$request_uri;
    }
    location /cache-proxy-4 {
        internal;
        proxy_pass http://cache-proxy-4$request_uri;
    }
}
```

(5) **缓存预加载**。对于一些热点的大文件资源，可以在系统空闲时将它们以缓存的形式预加载到 CDN 节点上，这样即使是用户首次请求这些资源，也无须回源，这不仅可以提升用户体验，还可以避免对带宽资源的集中抢占。我们可以直接向各 NGINX 节点发起对目标资源的 HTTP GET 请求来实现预加载，具体操作时也可以采用刚刚提到的镜像方式来提升效率。

至此，我们基本上实现了一个简单可用的 CDN 系统。读者在自建 CDN 的过程中，也可以结合企业自身的需求，不断丰富和完善系统能力，如在 CDN 节点上部署 WAF 以实现防御前置、部署限流措施以应对 DDoS 攻击等。

13.5　本章小结

在本章中，我们先介绍了缓存与内容加速的背景和需求；接着介绍了浏览器的缓存原理，理解了浏览器的缓存原理有助于我们理解 HTTP 缓存的正确使用方法；之后我们详细介绍了 NGINX 的缓存机制和缓存配置实践；最后我们以自建 CDN 为例，带领读者一步步构建出了一个 CDN 系统。

第 14 章

NAT64 和 ALG 网关

随着对 IPv6 的使用越来越普遍，如何快速实现企业的 IPv6 改造成了大家要考虑的问题。本章将详细介绍 NAT64 的意义，ALG 在 NAT64 中发挥的作用，以及如何通过 NGINX 实现 ALG 网关，解决外链天窗的问题。

14.1 NAT64 的意义

近些年，在国家战略和行业发展趋势的推动下，各行各业都轰轰烈烈地开展了对应用的 IPv6 改造。在众多改造方案中，NAT64 是一个不需要在应用侧做任何改造，就可以快速实现 IPv6 接入的方案。这其实就是部署一个 V6/V4 边界网关，这个网关对外提供的是 IPv6 地址，接收 IPv6 地址发来的请求，会先自动批量地将 IPv6 地址转化成 IPv4 地址，再把请求转发给内部对应的 IPv4 应用；对内提供的则是 IPv4 地址，当接收到 IPv4 地址发来的响应后，先把地址转换成 IPv6 地址再把响应返回给客户端，从而实现了 IPv6 的访问接入。NAT64 数据流图如图 14-1 所示。

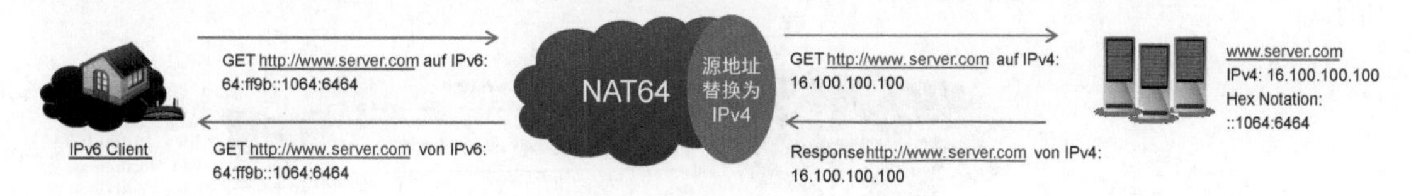

图 14-1 NAT64 数据流图

对于 IPv6 和 IPv4 地址的映射规则，通常是配置一个 96 位的 IPv6 前缀，然后把 IPv6 地址的最后 32 位转换成内部的 32 位 IPv4 地址。

14.2 ALG 的作用

通常来说，普通的 NAT64 只能转换网络层的 IP 地址和传输层的 TCP/UDP 端口，无法对应用层数据做处理，而有些协议（如 FTP 协议）在会话建立的过程中会协商出另外的地址或端口来进行后续通信，这里的协商信息就是通过应用层报文与客户端交互的。此时如果使用 NAT64，那么就不能对应用层的内容做相应替换，继而导致 IPv6 客户端无法进行后续通信，造成访问失败。

还有一种场景是 B/S 应用中通常存在外链，外链可能以固定 IP 的形式存在，也可能以域名的形式存在，而这个外链指向的网站本身可能并未提供对 IPv6 的访问支持。那么当一个纯 IPv6 的客户端访问时，就会出现外链无法打开的情况，就像开天窗，这称为外链天窗问题，示例页面如图 14-2 所示。

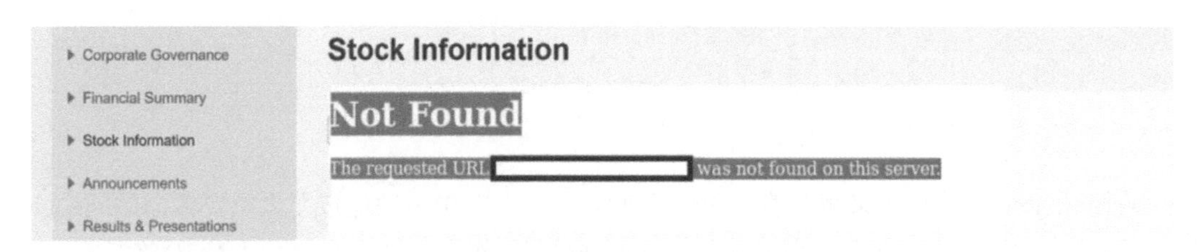

图 14-2　外链天窗问题

如果使用 NAT64，那么不管是 FTP 等协议，还是 B/S 应用的外链天窗问题，都可以通过 ALG（Application Level Gateway，应用层网关）来解决，即有针对性地替换应用层的内容，以兼容 NAT64。ALG 是目前主流的商业级解决方案，如 F5 的 LTM 自带 ALG Profile。而由于 NGINX 不擅长处理 FTP 这类 C/S 应用，因此接下来将重点介绍 NGINX 如何解决 B/S 应用的外链天窗问题。

14.3　外链天窗问题的解决方案

我们可以借助 NGINX 的 `sub_filter` 模块将 NGINX 作为一个代理网关来解决外链天窗问题。NGINX 需要开启双栈协议，在网卡上同时配置 IPv6 地址和 IPv4 地址。具体的数据流如图 14-3 所示。

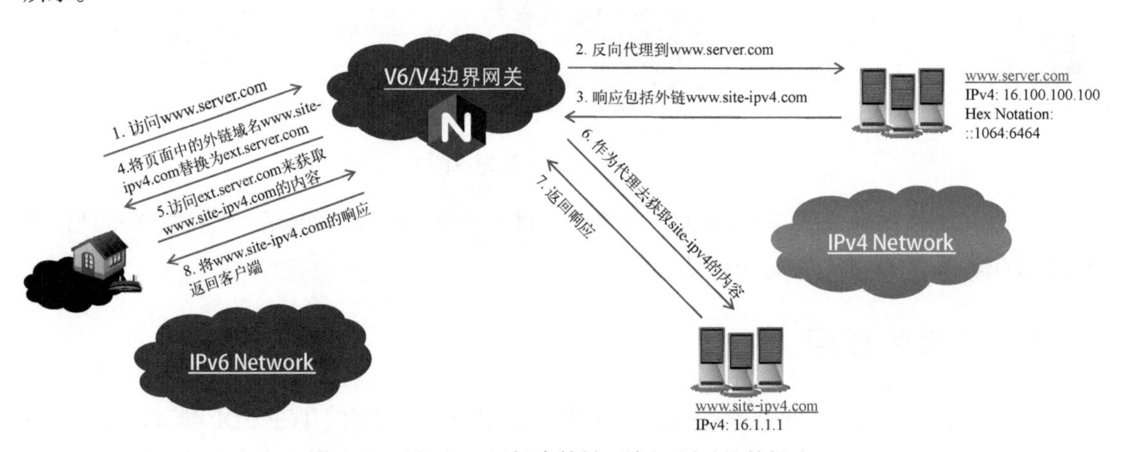

图 14-3　用 NGINX 解决外链天窗问题时的数据流

下面按序介绍图 14-3 中的各步骤。

(1) IPv6 客户端发起对 www.server.com 的访问，该域名对应的 IPv6 地址在 NGINX 上保存着。

(2) NGINX 接收到 IPv6 客户端的请求后，根据 NAT64 映射规则，将请求反向代理到对应的 IPv4 站点上。

(3) 这个 IPv4 站点的页面上存在外链 www.site-ipv4.com，因此 HTTP 响应体中就会包含该外链。如果不做处理，那么当客户端接收到响应后，会再次发起访问 www.site-ipv4.com 的请求，导致访问失败。

(4) 为了避免访问失败，NGINX 先把页面中的所有 www.site-ipv4.com 字符串都替换成 ext.server.com，再把处理后的响应内容返回给客户端。同时，这个新域名对应的 IPv6 地址也在 NGINX 上保存着。

(5) IPv6 客户端发起对 ext.server.com 的访问。

(6) NGINX 接收到这个访问请求后，通过 IPv4 连接将请求反向代理到实际的 www.site-ipv4.com 站点。

(7) www.site-ipv4.com 站点返回响应内容。

(8) NGINX 将响应内容返回给客户端。

至此，外链天窗问题得到了解决，解决后的示例页面如图 14-4 所示。

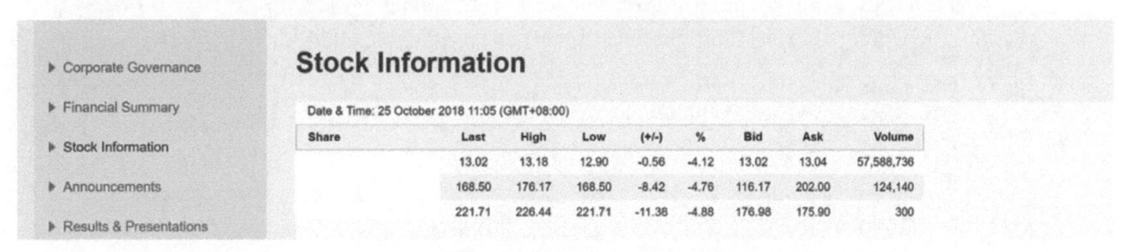

图 14-4　外链天窗问题解决后的页面效果图

14.4　NAT64 和外链天窗问题的整体解决方案

在利用 NGINX 实现 NAT64 和解决外链天窗问题时，需要解决如下 3 个核心技术点（以 CentOS 7 为例）。

(1) 让 NGINX 监听一个 96 位前缀的 IPv6 网段。

(2) 指定 IPv6 监听地址和 `proxy_pass` 反向代理目的地址的映射关系。

(3) 替换 HTTP 响应体中的外链字符串。

第(1)点需要借助 Linux 内核的 AnyIP 特性实现，即通过环回接口绑定 IPv6 网段：

```
ip -6 route add local fd14:4ba5:5a2b:1004::/96 dev lo
```

在对应的网络设备上配置静态路由，以确保访问该网段的数据包能够被路由到 NGINX 上。除了 IPv6 网段之外，NGINX 还需要额外配置一个 IPv6 地址，用来接收请求并将其作为代理去访问 IPv4 外链站点，图 14-3 中的 ext.server.com 就相当于这个 IPv6 地址。

第(2)点可以通过 NJS（NGINX JavaScript）脚本实现，即把 IPv6 地址的最后 32 位转换成 IPv4 地址。具体代码如下：

```
nat64.js
function decode(r) {
    var v6addr = r.variables.server_addr;
    var splitlength = v6addr.split(":").length;

    var v6addr1  = v6addr.split(":")[splitlength-2] ;
    var v6addr2  = v6addr.split(":")[splitlength-1] ;

    var length1 = v6addr1.length ;
    var v4index1 = parseInt(v6addr1.substring(0,length1-2,),16);
    var v4index2 = parseInt(v6addr1.substring(length1-2,length1),16);

    var length2 = v6addr2.length ;
    var v4index3, v4index4       ;
    if (length2 > 2) {
        v4index3 = parseInt(v6addr2.substring(0,length2-2),16);
        v4index4 = parseInt(v6addr2.substring(length2-2,length2),16);
    } else {
        v4index3 = 0;
        v4index4 = parseInt(v6addr2,16);
        }

    var v4addr =  v4index1 + "." + v4index2 + "." + v4index3 + "." + v4index4 ;
    return v4addr;
}
export default {decode}
```

关于 NJS 脚本的更多信息，请参考本书“NJS 开发篇”的内容。

第(3)点既可以通过 NGINX 社区版提供的原生模块 ngx_http_sub_module 实现，也可以通过第三方模块 ngx_http_substitutions_filter_module 实现。第三方模块相比原生模块，增加了对字符串大小写、正则表达式等功能的支持，建议大家采用第三方模块。

在 NGINX 的配置文件中，配置两个 server 块，其中一个负责代理外链地址，另一个负责处理 NAT64 和替换外链内容。配置代码如下：

```
nat64.conf
js_import conf.d/nat64.js;
js_set $v4addr nat64.decode;
...
# 配置外链代理的地址映射
map ${scheme}://${host}  $upstream {
    "http://ext.server.com" "http:// www.site-ipv4.com ";
}
# 转换原 IPv4 站点的 host 值
map $host $orginal_host {
    "ext.server.com" "www.site-ipv4.com";
    default $host;
}
# 该 server 块负责代理外链地址
server {
    listen [::]:80;
    server_name  ext.server.com;
    ...
    location / {
        proxy_pass $upstream;
        proxy_http_version 1.1;
        proxy_set_header Host $orginal_host;
        ...
    }
    ...
}
# 该 server 块负责处理 NAT64 和替换外链内容
server {
    listen [::]:80 default ipv6only=on;
    ...
    location / {
        # $v4addr 由 nat64.js 脚本获取
        proxy_pass http://$v4addr;
        proxy_http_version 1.1;
        proxy_set_header Host $host;
        # 设置外链内容的替换规则
        subs_filter_types text/html text/css text/xml;
        subs_filter http://www.site-ipv4.com http://ext.server.com;
        ...
    }
    ...
}
```

14.5 本章小结

在本章中，我们首先介绍了 IPv6 和 NAT64 的意义，以及应用在 IPv6 改造过程中存在的外链天窗问题。我们利用 NJS 脚本构建了从 IPv6 地址到 IPv4 地址的映射，然后通过 ngx_http_substitutions_filter_module 模块替换外链字符串，最终很好地实现了 NAT64，并解决了外链天窗问题。

第 15 章

透传源 IP 地址

在企业的生产环境中，获取真实的客户端 IP 地址通常是一个刚性需求，这个 IP 地址能用于排障、审计等。而 NGINX 作为反向代理，如何将真实的客户端 IP 地址透传到上游服务器就成为部署它时需要重点考虑的内容。在本章中我们将详细介绍使用 NGINX 透传源 IP 地址的各种使用场景。

15.1 背景和需求

在实际的生产环境中部署 NGINX 时，从网络层面上看，最常见的部署方式是把它作为标准的七层反向代理，这实际上是一种连接代理，其数据包的处理过程如图 15-1 所示。

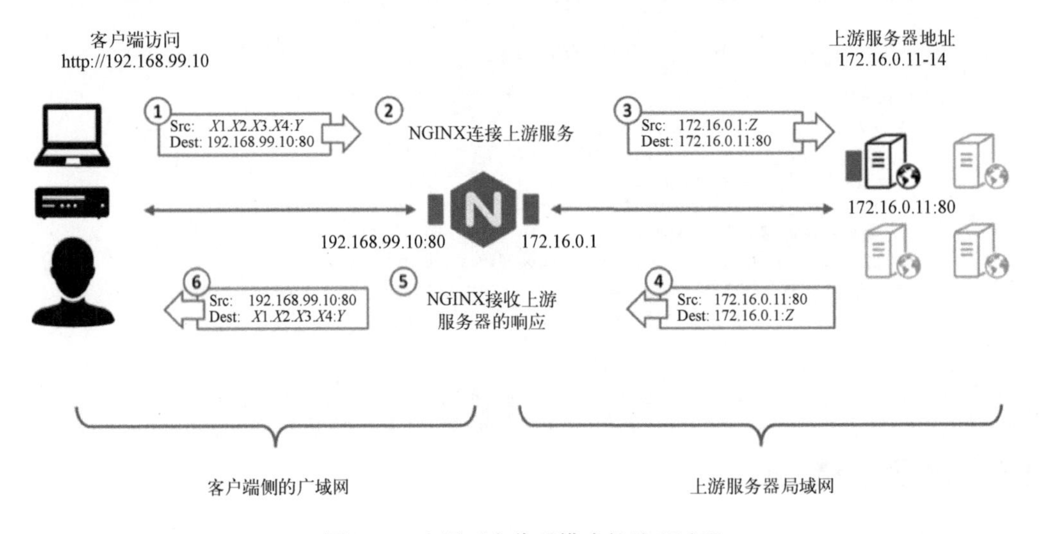

图 15-1 七层反向代理模式的处理过程

下面按顺序介绍图 15-1 中的各步骤。

① 客户端根据 NGINX 的 IP 地址和端口建立 TCP 连接，向 NGINX 发送 HTTP 请求，然后 NGINX 读取请求数据。

② NGINX 根据负载均衡算法选定某台上游服务器，并与之建立新连接（或重用现有的空闲连接），该连接使用的是 NGINX 的内部 IP 地址。

③ NGINX 将请求发送给上游服务器。

④ 上游服务器响应该请求。

⑤ NGINX 接收响应数据，它可以处理或修改数据内容（如对 HTTP 响应进行 gzip 压缩）。

⑥ NGINX 将响应数据返回给客户端。

在这个例子中，NGINX 通过本机 IP 和上游服务器建立 TCP 连接。对于上游服务器来说，如果没做任何处理，那么它会把 NGINX 的 IP 认作发送请求的客户端的 IP，也就是说服务器获取的并不是真实的客户端 IP 信息，这会对安全审计、排障溯源等需要真实客户端信息的场景造成较大的困扰。

还有一种情况发生在客户端和 NGINX 中间，出于某些原因（如 CDN 回源、F5 LTM 进行了 SNAT 配置），位于这个位置的一些网络节点、应用节点会修改源 IP 地址。此时 NGINX 如果识别不出真实的源 IP 地址，它就会根据错误的源 IP 地址进行处理，在根据源 IP 地址进行限流、根据源 IP 地址进行会话保持等场景中，这可能会造成处理偏差。

基于上述情况，我们需要一个透传真实客户端 IP 地址的解决方案。透传源 IP 地址包含 NGINX 识别真实客户端 IP 地址和把客户端 IP 地址透传到上游服务器两部分内容，本节我们会介绍几种主流的透传源 IP 地址的方案。

15.2 X-Forwarded-For 字段

对于 B/S 应用，业界目前主流的做法是用某个约定俗成的 HTTP 头字段（如 X-Forwarded-For，即 XFF 字段）来承载客户端的 IP 地址信息，数据流中的各节点根据需要从这个字段中获取客户端真实的 IP 地址，图 15-2 把源 IP 地址信息放在了 X-Forwarded-For 字段。

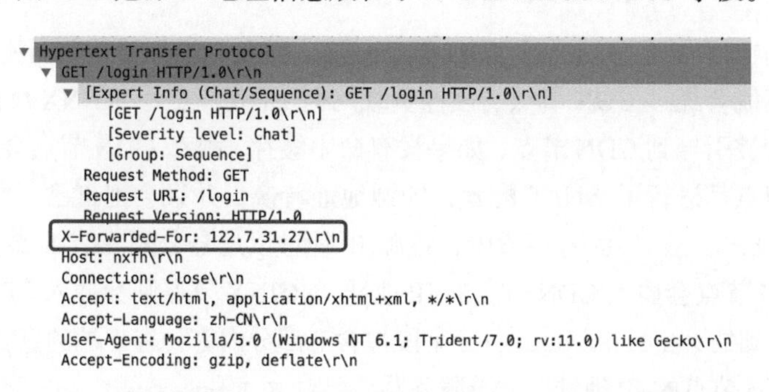

图 15-2 B/S 应用通过 X-Forwarded-For 字段传递客户端 IP 地址

在配置 NGINX 时，我们可以利用 proxy_set_header 指令将客户端 IP 地址通过 X-Forwarded-For 字段透传到上游服务器：

```
server {
    listen 80;
    ...
    location / {
        # 将$remote_addr 变量插入 X-Forwarded-For 字段中
        proxy_set_header X-Forwarded-For $remote_addr;
        ...
    }
}
```

如果客户端和 NGINX 直接相连，那么 $remote_addr 变量值就是客户端的 IP 地址。但在企业的实际生产场景中，从客户端到数据中心的 NGINX 反向代理节点，通常包含很多中间节点，每个节点都可能存在地址转换，这导致 NGINX 获取的 $remote_addr 并非客户端的 IP 地址，把这个地址直接透传到上游服务器后，服务器获得的就是错误结果。我们可以参考图 15-3 所示的方法来解决这个问题。

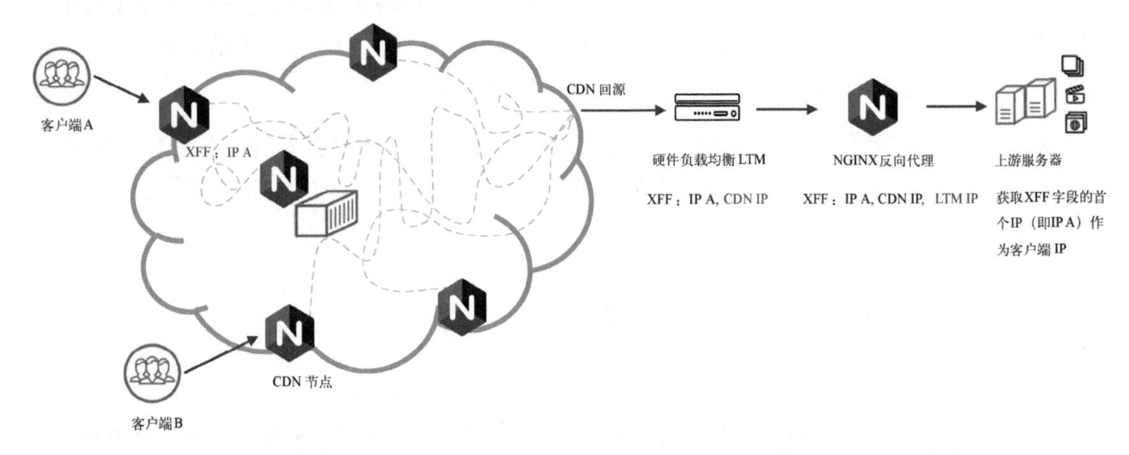

图 15-3　数据流中的各节点都通过 X-Forwarded-For 字段传递源 IP 地址信息

图 15-3 中简单描绘了客户端通过 CDN 节点回源访问上游服务器的数据流。从客户端到上游服务器，整个数据流会经过 CDN 节点、硬件负载均衡 LTM 节点、NGINX 反向代理节点等。客户端的请求首先会被引导到 CDN 节点，如果没有命中缓存，那么 CDN 节点会进行回源处理。数据流经过的每个节点都进行了 SNAT 配置，即源地址转换，并且会把自己"看到"的客户端 IP 地址信息插入 X-Forwarded-For 字段中，各源 IP 地址以逗号分隔。CDN 节点会插入客户端的真实 IP 地址，LTM 节点会插入 CDN 节点的 IP 地址，NGINX 节点则会插入 LTM 节点的 IP 地址。最终上游服务器得到的 X-Forwarded-For 字段包含三部分内容：客户端的真实 IP 地址、CDN 节点的 IP 地址和 LTM 节点的 IP 地址。上游服务器需要对 X-Forwarded-For 字段值做额外的筛选

处理，才能得到客户端的真实 IP 地址。下面为上游服务器获取客户端 IP 地址的 Java 代码示例：

```
public String getRealClientIP(HttpServletRequest request) {
    String ip = request.getHeader("x-forwarded-for");
    // 如果 X-Forwarded-For 字段值为空，就采用原获取客户端 IP 地址的方式
    if (ip == null) {
        ip = request.getRemoteAddr();
    } else {
        // 如果 X-Forwarded-For 字段值不为空，则以逗号对其值进行拆分，然后选取数组中的第一个
           数值作为客户端 IP 地址
        String ips[] = ip.split(",");
        ip=ips[0];
    }
    return ip;
}
```

在这个场景中，作为反向代理节点的 NGINX 也需要做一定调整，不再是直接把 `$remote_addr` 变量设置为 `X-Forwarded-For` 字段的值传递给上游服务器，而是先获取客户端请求头中的 `X-Forwarded-For` 字段，然后把它“看到”的客户端 IP 信息插入原 `X-Forwarded-For` 字段内容的末尾，再把最新的完整内容插入 `X-Forwarded-For` 字段中。NGINX 为我们提供了一个新变量 `$proxy_add_x_forwarded_for`，能方便我们实现该操作，具体配置如下：

```
server {
    listen 80;
    ...
    location / {
        proxy_set_header X-Forwarded-For $proxy_add_x_forwarded_for;
        ...
    }
}
```

在基于客户端 IP 地址做限流、基于客户端 IP 地址进行散列计算等场景下，NGINX 也需要解析真实的客户端 IP 地址。在 4.2 节讲到的 NGINX 处理 HTTP 请求的 11 个阶段中的第 1 个阶段，即 `Post-Read` 阶段，可以设置真实的客户端 IP 地址。具体配置如下：

```
http {
    ...
    real_ip_header  X-Forwarded-For;
    real_ip_recursive on;
    set_real_ip_from  192.168.1.0/24;
    ...
}
```

其中 `real_ip_header` 用于设置从哪个字段中读取数据作为真实的客户端 IP 地址，这里就是 `X-Forwarded-For` 字段。`real_ip_recursive` 用于设置当 `X-Forwarded-For` 字段值中有多个 IP 地址时，是否过滤掉 `set_real_ip_from` 参数指定的 IP 地址，这里取值为 `on`，表示需要过滤。还是拿图 15-3 举例，作为反向代理的 NGINX 节点接收到的 HTTP 请求中的 `X-Forwarded-For` 字段的内容是“客户端的 IP 地址，CDN 节点的 IP 地址”，这时候如果设置 `set_real_ip_from` 参数

的值为 CDN 节点所处的 IP 网段,就会过滤掉 X-Forwarded-For 字段值中 CDN 节点的 IP 地址，剩下的便是客户端的 IP 地址。我们完全可以把$remote_addr 变量配置到日志中来验证 NGINX 是否能解析出真实的客户端 IP 地址。由于篇幅有限，这里不再详细展开，读者感兴趣的话可以自行测试验证。

图 15-3 中的这种解决方案需要在实现连接代理/地址转化的节点上，把源 IP 地址同步插入 X-Forwarded-For 字段中。但如果请求使用的是 HTTPS 协议，那么不进行 SSL 解密的话，是无法在加密的数据包中把源 IP 地址插入 X-Forwarded-For 字段的，这会导致源 IP 地址透传失败，如图 15-4 所示。

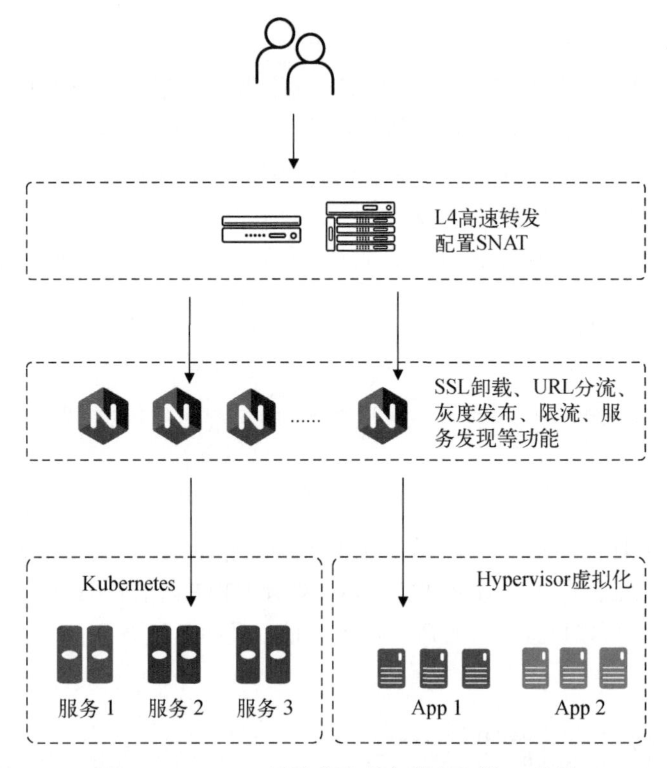

图 15-4　NGINX 无法获取真实的客户端 IP 地址

这是四层负载均衡和七层负载均衡相分离的场景，其中硬件负载均衡器负责四层的高速转发，配置了源地址转换 SNAT，并把 SSL 卸载、URL 分流等 CPU 高密型操作放到 NGINX 上，通过部署 NGINX 集群来实现弹性扩展。由于经过硬件负载均衡器的流量未进行解密，因此无法把客户端 IP 地址插入 X-Forwarded-For 字段中，NGINX 就无法解析出真实的客户端 IP 地址。我们如何处理这类场景？另外，图 15-3 中的解决方案只适用于 B/S 应用，那么对于 C/S 应用，我们又该如何透传客户端 IP 地址呢？针对这两种场景，我们可以考虑使用 proxy_protocol 协议解决。

15.3 proxy_protocol 协议

proxy_protocol 协议是开源软件 HAProxy 引入的特性，旨在解决四层反向代理中的客户端连接信息丢失的问题。目前，虽然 proxy_protocol 协议还不是 RFC 正式标准，但已经得到了 NGINX 等众多软件的支持。

proxy_protocol 协议的实现需要发送者和接收者两种角色配合实现。发送者和接收者建立连接之后，发送者会在应用层的有效载荷（payload）前添加一串带有客户端信息的字符串，把它们一起发送给接收者，如图 15-5 所示。

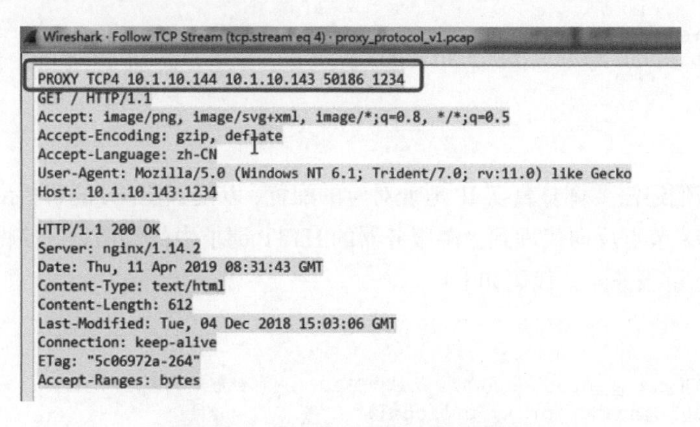

图 15-5　带有客户端信息的字符串

接收者接收到字符串后，会先解析它，再拆包解析应用层的有效载荷。在图 15-5 中，PROXY TCP4 10.1.10.144 10.1.10.143 50186 1234 就是发送者发送给接收者的字符串，其中 PROXY 表示 proxy_protocol 协议，TCP4 表示 TCP 协议使用了 IPv4 地址。10.1.10.144 和 10.1.10.143 分别表示源 IP 地址（即客户端 IP 地址）和目标 IP 地址，50186 和 1234 分别表示源端口和目标端口。通过解析这些内容，接收者很容易就能获取客户端的信息。

1. 让 NGINX 作为接收者

回到图 15-4 所示的场景，我们可以配置硬件负载均衡器，让其作为发送者，NGINX 则作为接收者，从而在 SSL 流量未解密的情况下，将客户端 IP 地址传递给 NGINX。下面先以 F5 LTM 为例，讲解配置硬件负载均衡器的方法，其中利用了 F5 的 iRules，实现代码如下：

```
when CLIENT_ACCEPTED {
    set proxyheader "PROXY "
    if {[IP::version] eq 4} {
        append proxyheader "TCP4 "
    } else {
        append proxyheader "TCP6 "
    }
```

```
    append proxyheader "[IP::remote_addr] [IP::local_addr] [TCP::remote_port]
        [TCP::local_port]\r\n"
}

when SERVER_CONNECTED {
    TCP::respond $proxyheader
}
```

NGINX 提供了 `listen` 指令，它有一个 `proxy_protocol` 参数，利用这个参数我们可以很方便地实现接收者的能力，代码如下：

```
http {
    ...
    server {
        listen 443 ssl proxy_protocol;
        ...
    }
}
```

除此之外，我们还需要调整真实 IP 地址对应的配置，以便 NGINX 能解析出真实的客户端 IP 地址；调整 NGINX 节点反向代理到上游服务器的 HTTP 请求中的头信息，使得真实的客户端 IP 地址能被透传到上游服务器，代码如下：

```
http {
    server {
        # 配置 proxy_protocol 的 IP 地址为 NGINX 内部处理的真实 IP 地址
        real_ip_header proxy_protocol;
        ...
        location / {
            # 将真实的客户端 IP 地址添加到 X-Forwarded-For 字段中
            proxy_set_header X-Forwarded-For $proxy_protocol_addr;
            ...
        }
    }
}
```

NGINX 提供了多个 `proxy_protocol` 相关的变量，如 `$proxy_protocol_addr`、`$proxy_protocol_port`、`$proxy_protocol_server_addr`、`$proxy_protocol_server_port` 等，方便我们根据需要记录日志。

值得注意的是，正常客户端无法直接访问配置了接收者的 NGINX，只能由发送者访问，会给日常运维造成一定的不便。

2. 让 NGINX 作为发送者

我们知道，NGINX 除了作为七层反向代理外，其 `stream` 模块还提供了四层反向代理的能力。在四层反向代理的场景中，我们可以让 NGINX 作为 `proxy_protocol` 协议的发送者来实现源 IP 地址的透传，这个方案需要上游服务器作为接收者来配合，如图 15-6 所示。

图 15-6 四层反向代理的场景

NGINX 的 stream 模块提供了 proxy_protocol 指令，可以很方便地实现发送者功能，具体配置如下：

```
stream {
    server {
        listen 12345;
        proxy_pass example.com:12345;
        proxy_protocol on;
        ...
    }
}
```

值得注意的是，proxy_protocol 专为 TCP 协议开发，对 UDP 协议的支持目前还不完善，因此上述这个方案只适用于使用 TCP 协议的反向代理场景。那么对于 UDP 协议，怎么透传源 IP 地址呢？我们可以通过透明代理的方式解决这个问题。

15.4 透明代理

常规反向代理的做法是当客户端与 NGINX 建立连接之后，NGINX 用自身的 IP 地址跟上游服务器建立连接。而透明代理（Transparent Proxy，也叫 IP Transparent）的做法是 NGINX 在发送数据包给上游服务器的时候，把客户端的 IP 地址作为源 IP 地址，这样上游服务器拿到的就是真实的客户端 IP 地址。回包的时候，上游服务器需要把包发送给 NGINX（一般通过把网关指向 NGINX 实现），然后由 NGINX 对数据包的 IP 地址进行重新映射，这之后再返回给客户端。具体的数据流如图 15-7 所示。

图 15-7 透明代理的场景

在整个过程中，数据包地址的转换细节分如下几步。

(1) NGINX 接收来自客户端（192.168.1.1）的数据包或连接。

(2) NGINX 根据负载均衡策略选择要连接的上游服务器（如 10.1.1.10），在向上游服务器发送数据包或者建立连接之前，先将上游的套接字绑定为客户端的 IP 地址。

(3) 上游服务器接收到数据包或连接，这些“看起来”是由客户端发送的。

(4) 上游服务器准备好响应数据包，根据客户端的 IP 地址进行路由寻址，然后通过 NGINX（默认网关）路由出去。

(5) NGINX 上的 Linux iptables 规则提前标记了响应数据包，会捕获数据包，然后将其传递给 NGINX 处理，这时 NGINX 会读取响应内容。

(6) NGINX 将响应数据包发送给客户端。

透明代理的方式既适用于 UDP 场景，也适用于 TCP 场景。其弊端在于上游服务器的网关需要指向 NGINX，这会造成网络上的耦合，运维起来有一定难度，适用面相对有限。同时，对应的 NGINX 一般要部署为主备模式，这需要通过 keepalived 虚拟出一个浮动 IP 地址作为上游服务器的网关。如果 NGINX 采用的是集群模式，那么透明代理的方式通常就不适用了，因为很难对上游服务器分组，并把网关均衡地指向不同的 NGINX，不好规划和管理。

我们来看一下具体的实现。我们可以使用 `proxy_bind` 指令提供的 `transparent` 参数实现透明代理，同时需要在 NGINX 上配置 iptables 来处理回包。首先在 `server` 上下文中配置 `proxy_bind` 指令：

```
server {
    listen 53;
    ...
    location / {
        # 以客户端 IP 地址跟上游服务器建立连接或者发送数据包
        proxy_bind $remote_addr transparent;
        proxy_pass dns_upstreams;
    }
}
```

然后在 NGINX 上配置 iptables 来捕获上游服务器返回的数据包，并传递给 NGINX 处理：

```
ip rule add fwmark 1 lookup 100
ip route add local 0.0.0.0/0 dev lo table 100
iptables -t mangle -A PREROUTING -p udp -s 10.1.1.0/24 --sport 53 -j MARK --set-xmark
0x1/0xffffffff
```

在上游服务器上，我们需要把默认网关指向 NGINX，这样上游服务器的回包才能经过 NGINX：

```
route add default gw 10.1.1.1
```

如果没有做此配置，而是把默认网关指向了路由器或者交换机，就相当于上游服务器直接将响应数据返回给客户端。站在客户端的角度，就是“莫名”收到了一份数据，因为客户端建立连接或者发送数据包的对方都是 NGINX。由于数据包绕开了 NGINX，回包没有做地址转换，因此客户端会丢弃这个数据包，导致交易失败，这就是所谓的三角路由问题。根据网络路由的原理，只有非同网段的目标 IP 地址是通过网关进行路由的，同网段的回包则是根据目标 MAC 地址直接转发的，所以如果客户端的 IP 地址跟上游服务器的 IP 地址在同一个网段，那么通过配置网关指向的方式是没有办法解决三角路由问题的。在这个场景中，透明代理模式无法正常工作，需要引起大家注意。

15.5 TOA 方案

15.2 节和 15.3 节讲的两种方案都需要 NGINX 在配置文件层面做配合才能实现。其实除了这两种，还有一种方案是利用 TCP/IP 数据包中传输层的 `TCP OPTION` 字段来传递客户端 IP 地址，就是进行地址转换的一方同时把客户端 IP 信息插入 `TCP OPTION` 字段，接收方会从这个字段中取出客户端 IP 地址。因为这种方案利用了 `TCP OPTION` 字段，所以把它叫作 TCP OPTION ADDRESS，简称 TOA 方案。乍一看，这种方案的改造量比前两种要大，但它的好处更为重要，它是在 Linux 内核层面以打补丁（patch）的方式实现的，这对应用层是透明的，不需要应用侧做任何调整和改造，只需要企业内部制定好 Linux 基线标准即可，容易推广。TOA 方案由阿里巴巴开源，具体原理如图 15-8 所示。

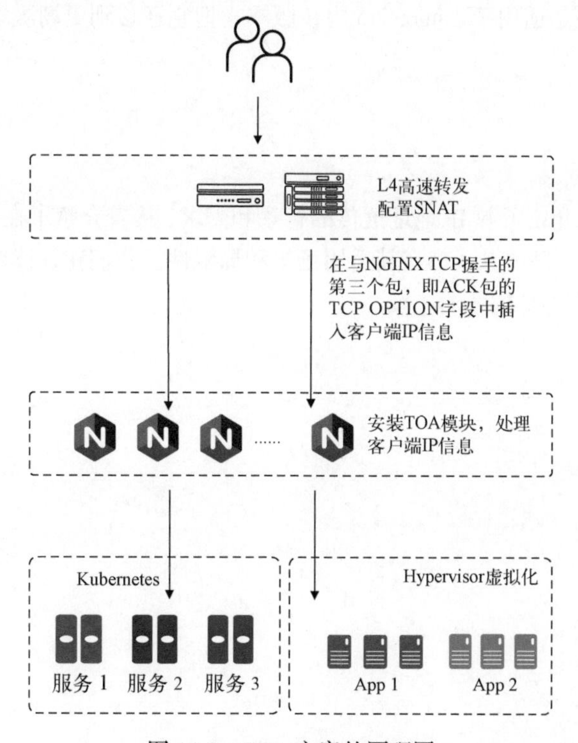

图 15-8 TOA 方案的原理图

图 15-8 所示的 TOA 方案为：在常规的四层/七层部署架构下，LVS（fullnat 模式）或者 F5 LTM（通过 iRules 实现）在 Linux 内核与 NGINX 的 TCP 三次握手过程中的第三个数据包——ACK 包（三个数据包分别是 SYN 包、SYN-ACK 包和 ACK 包）里的 `TCP OPTION` 字段中插入了客户端 IP 信息。在正常情况下，Linux 内核接收到这个 ACK 包后，会接受这个连接，并调用 `tcp_v4_syn_recv_sock` 方法开始套接字的初始化工作。而在 TOA 方案里，还需要在 NGINX 上安装内核补丁，我们称之为 TOA 模块。这个 TOA 模块主要发挥两个功能。

- Hook 前面提到的 `tcp_v4_syn_recv_sock` 方法，在保持该方法原本功能不变的同时，增加读取 ACK 包中 `TCP OPTION` 字段里的客户端 IP 地址的功能，并把读取出的内容保存到套接字的结构体中。
- 在应用层读取客户端 IP 地址的时候，Linux 内核会调用 `inet_getname` 方法获取 IP 信息。TOA 模块的第二个功能就是 Hook 这个 `inet_getname` 方法，用刚保存在套接字结构体中的客户端真实 IP 地址替换它获取的 IP 信息，返回给内核。

TOA 方案的设计十分精妙，相当于在操作系统层面“善意地欺骗”了应用层，给应用层返回了它想要的结果。在这种情况下，应用层无须做任何改动和配置，就能获取真实的客户端 IP 信息。当然 TOA 方案也存在一些痛点，首先它只支持 Linux 操作系统，其次目前 TOA 方案的社区已经多年未更新，还是适用于 Linux 2.6 内核版本，把它迁移到更高版本的 Linux 内核需要投入一定的改造成本。

15.6 本章小结

在本章中，我们先介绍了源 IP 地址透传的背景和需求，接着介绍了在 NGINX 上常用的几种透传源 IP 地址的方式，每种方式都有其适用场景和局限性。我们建议读者在实际使用的过程中结合企业情况灵活选择解决方案。

第 16 章

灰度发布与 A/B 测试

近年来，随着 CI/CD 和应用架构的微服务化、容器化发展，版本发布的周期逐渐缩短、频率逐渐提升。如何在短平快的开发周期下降低新版本投产的风险，是摆在研发团队和应用交付团队面前的一道难题。如今，灰度发布理念已开始普及。本章将详细介绍 NGINX 在灰度发布和 A/B 测试场景中的使用技巧。

16.1 背景和需求

所谓灰度发布，又名金丝雀发布。矿井工人发现，金丝雀对瓦斯气体很敏感，于是在下井之前，会先放一只金丝雀进去，如果金丝雀不叫了，就说明瓦斯浓度高，不宜下井。矿工通过金丝雀来规避风险。在 IT 业务系统发布新版本的时候，架构师们也会利用灰度发布的思想来规避新版本投产的风险，验证新版本的可用性和是否满足需求，他们通常会在保持旧版本服务器资源不动的同时，新建服务器资源，投产新版本。同时，架构师们会根据实际需求引流小部分流量来验证新版本的成熟度，一旦新版本存在异常，就及时回切流量，以减轻对整体业务产生的影响。待对新版本验证充分后，再逐步把更多流量引到新版本的服务器上，最终完成新版本的完全投产。

在产品的运营过程中，产品经理也经常为怎样的产品风格更能吸引用户而困扰？一、二线城市的用户更喜欢风格 A 还是风格 B？三、四线城市的用户口味是否不一样？改版后的产品界面效果好不好？解答这些问题是实现产品迭代优化的重要环节，需要有对比数据作为支持。基于这个诉求，A/B 测试的理念应运而生。所谓 A/B 测试，就是同时部署 A、B 两个版本的软硬件资源，然后基于一定规则（如 IP 地址、用户区域、用户的浏览器类型、cookie 字段、请求比率）将用户流量分别引导到对应版本的服务器上，通过对比一段时间内的运营数据来验证两个版本的效果。

其实不管是灰度发布还是 A/B 测试，本质上都是区分使用场景，从技术层面讲，更多的还是要精细化控制流量。而 NGINX 可以基于灵活的流量控制手段帮助我们快速地实现灰度发布和 A/B 测试方案。

16.2 灰度发布

灰度发布的流量模型如图 16-1 所示，在保持原版本 v1.0 的服务器资源不变的情况下，新增了一定数量的服务器资源来部署新版本 v1.1，NGINX 会根据策略识别出灰度流量，然后把灰度流量转发到新版本服务器上来验证新版本。

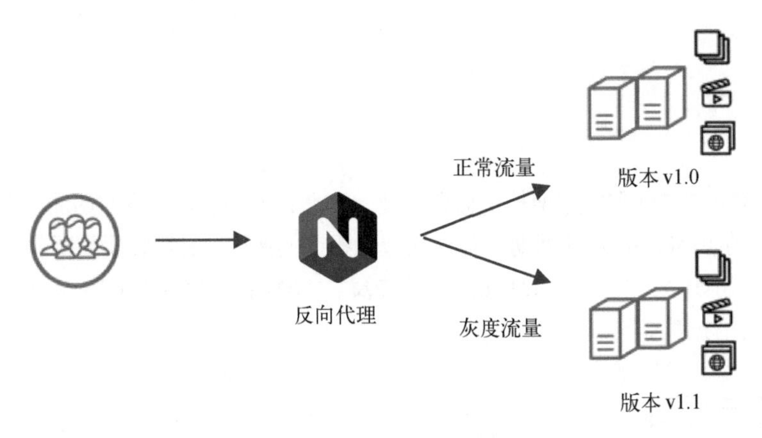

图 16-1　灰度发布的流量模型

待新版本验证无误后，可以将 v1.0 的服务器滚动升级到 v1.1，直到所有服务器都完成版本升级；也可以逐步增加灰度流量，同步增加新版本服务器资源的配置，直到把所有流量都引导到新版本。我们分别把这两种方法叫作滚动升级方案和流量递增方案。

如下为滚动升级方案的具体实现过程。

(1) 保持原 v1.0 版本的服务器不变。

(2) 新增一定数量的服务器，在其上部署 v1.1 版本。

(3) 在 NGINX 上配置灰度策略，引导灰度流量到 v1.1 版本。

(4) 若新版本验证失败，就取消 NGINX 上配置的灰度策略，将灰度流量回切到 v1.0 版本的服务器。

(5) 若新版本验证成功，则逐步滚动升级原 v1.0 版本的服务器到 v1.1。

(6) 在 NGINX 上取消灰度策略，把所有流量都引导到 v1.1 版本的服务器上。

(7) 根据实际需要，释放支撑灰度流量的服务器资源，或者用这部分资源验证更新的 v1.2 版本的灰度发布。

如下为流量递增方案的具体实现过程。

(1) 保持原 v1.0 版本的服务器不变。

(2) 新增一定数量的服务器，在其上部署 v1.1 版本。

(3) 在 NGINX 上配置灰度策略，引导灰度流量到 v1.1 版本。

(4) 若新版本验证失败，就取消 NGINX 上配置的灰度策略，将灰度流量回切到 v1.0 版本的服务器。

(5) 若新版本验证成功，则逐步引导更多的灰度流量到 v1.1 版本，直至所有流量都到达 v1.1 版本。在这个过程中，可以逐步增加 v1.1 版本的服务器资源，当然也可以在步骤(2)中一次性配置够。

(6) 当把所有流量都引导到 v1.1 版本后，在 NGINX 上取消灰度策略，完成版本升级。

(7) 根据实际需要，释放原 v1.0 版本的服务器资源，或者用这部分资源验证更新的 v1.2 版本的灰度发布。

在 NGINX 上实现滚动升级方案时，我们可以根据用户特征（如 cookie 中的某字段值、userid 等）指定某些用户流量作为灰度流量来验证新版本：

```
upstream app {
    server 172.16.210.81:80 slow_start=30s;
    server 172.16.210.82:80 slow_start=30s;
}
upstream app-new {
    server 172.16.210.83:80 slow_start=30s;
    server 172.16.210.84:80 slow_start=30s;
}
# 通过 map 指令识别请求的浏览器类型，$gray_flag 变量的值取决于浏览器的类型，本例中配置来自
  Opera Mini 浏览器的用户流量为灰度流量
map $http_user_agent $gray_flag {
    default          0;
    "~Opera Mini"    1;
}
server {
    listen 80;
    ...
    location / {
        # 识别灰度流量并转发到灰度服务器集群
        if ($gray_flag) {
            proxy_pass http://app-new;
        }
        proxy_pass http://app;
        ...
    }
}
```

基于 map 指令的强大能力，我们还能很容易地将来自特定 IP 地址段的用户流量作为灰度流量：

```
# 通过map指令识别请求的客户端IP地址，把来自172.16.210.1到172.16.210.19的客户端的请求
  配置为灰度流量
map $remote_addr $app_upstream {
    ~^172.16.210.([1-9]|[1-9][0-9])$ app-new;
    default  app;
}
server {
    listen 80;
    ...
    location / {
        # 识别灰度流量，把这些流量转发到灰度服务器集群
        proxy_pass http://$app_upstream;
        ...
    }
}
```

实现流量递增方案时，通常是先引导属于某一范围的用户流量（如来自某国、省、市的用户流量）到新版本，然后逐步扩大这个范围，直到覆盖所有区域：

```
load_module modules/ngx_http_geoip2_module.so;
http {
    geoip2 /usr/local/share/GeoIP/GeoLite2-Country.mmdb {
        $geoip2_country_code country iso_code;
    }
    map $geoip2_country_code $app_upstream {
        JP app-new;     # 把来自日本地区的用户流量作为灰度流量
        default app;
    }
    server {
        listen 80;
        ...
        location / {
            proxy_pass http://$app_upstream;
            ...
        }
    }
}
```

理论上我们可以用 geo 数据库配置 IP 地址段来区分用户流量。但在本例中，我们使用的是 MaxMind 的 geoip2 数据库，能够更精确地识别不同用户。这个配置中是把来自日本地区的用户流量作为灰度流量，之后我们可以在 map 代码块中添加更多国家的地区代码作为判断灰度流量的依据，直到覆盖所有国家。geoip2 数据库包括洲、国家、城市、邮编以及 ISP 等数据。

在流量的逐步递增过程中，我们可以灵活调整 map 代码块中的比例数值，逐步添加更多国家的数据。在具体的开发过程中，则可以自建管理平台，预先部署好多个版本的配置文件，然后根据需求把配置文件推送给对应的 NGINX 实例并热加载配置文件。另外，也可以将国家数据参数化，然后和企业内部的 DevOps 平台做对接，在调整代码中的国家数据时，自动生成配置文件，并热加载使其生效。当然，这两种方式都需要我们耗费一定的精力去适配和开发。另外，我们也

可通过 NGINX Plus 提供的 API、键值对和集群同步能力，将国家清单以变量的形式存放在键值对内，并且整个 NGINX 集群可以自动同步这个键值对的数值，同时，借助 API 可以灵活地调整国家清单。和 NGINX Plus 相关的更多能力，可以参阅本书“商业软件篇”的内容。

16.3 A/B 测试

通过部署 A、B 版本，我们可以横向衡量两个版本的应用程序的性能或功能之间的差异。比如，我们的开发团队想更改用户界面中某个按钮的布局或者调整购物车的流程，通过横向对比两个版本中用户的留存率、交易成功率等数据，就能了解版本变更对业务产生的影响。通常，我们会随机地将一定比例的请求发送到 A 版本，其他请求则发送到 B 版本，然后评估两个版本的差异。针对 A/B 测试，NGINX 专门开发了一个指令 `split_clients`:

```
upstream version-A {
    ip_hash;
    server 172.16.210.81:80 slow_start=30s;
    server 172.16.210.82:80 slow_start=30s;
}
upstream version-B {
    ip_hash;
    server 172.16.210.83:80 slow_start=30s;
    server 172.16.210.84:80 slow_start=30s;
}
split_clients $remote_addr$remote_port $app_upstream {
    20% version-A;
    *  version-B;
}
server {
    listen 80;
    ...
    location / {
        # 将请求按比例分发到不同的上游服务器上
        proxy_pass http://$app_upstream;
        ...
    }
}
```

在这段代码中，`split_clients` 指令基于 MurmurHash2 算法对字符串`$remote_addr$remote_port` 进行 Hash 运算，`$app_upstream` 的值取决于请求在进行 Hash 运算后是否落在 20%以内这个区间。由于`$remote_addr$remote_port` 代表不同的连接，因此从整体上讲，有 20%的连接上的请求会被分发到 A 版本上，80%连接上的请求会被分发到 B 版本上，这初步达到了 A/B 测试的效果。但站在单个用户的角度仔细一想，会有一种情况是上一个连接的请求被分发到了 A 版本，下一个连接的请求则被分发到了 B 版本，如果两个版本差异较大，就会给用户带来较大的困扰。一个用户在两个版本之间来回串访，也会影响两个版本的横向对比效果，而且应用本身如果是有状态的，还会频繁地产生用户登出异常。因此，在做 A/B 测试的时候，我们希望同一个用户能始终访问同一个版本。

针对上述问题，将 split_clients $remote_addr$remote_port 调整成 split_clients $remote_addr 会有一定的优化效果，即来自同一个 IP 地址的所有连接经过散列运算后会得到同一个数值。但$remote_addr 表示连接的源地址，而用户切换网络的时候，其 IP 地址会发生变化，因此无法通过$remote_addr 一直标识同一个用户。我们可以通过 NGINX 提供的 userid 模块来标识客户端，这个模块通过给客户端浏览器设置 cookie 来区分不同的用户：

```
userid         on;
userid_name    uid;
userid_domain  example.com;
userid_path    /;
userid_expires 365d;
userid_p3p  'policyref="/w3c/p3p.xml", CP="CUR ADM OUR NOR STA NID"';
```

当用户第一次发起请求并接收到响应内容后，可以从客户端浏览器（开发者模式）上查看 NGINX 写入的 cookie 信息：

```
Set-Cookie uid=CgEKkl+wlCNbcSsRAwMDAg==; expires=Mon, 15-Nov-21 02:36:19 GMT;
domain=example.com; path=/
```

当用户再次发起请求时，会携带 cookie 字段，NGINX 能根据 cookie 内容进行散列运算，达到 A/B 测试的效果。但我们都知道，一个首次访问站点的客户端是不会携带 cookie 信息的，这意味着该用户的第一个请求和后续请求有可能得到不同的散列结果，并且用户需要在不同版本间串访。我们可以借助 map 指令识别请求是否为首次访问，并做相应处理：

```
map $uid_set $uid {
    ''      $uid_got;    # 如果是后续请求，就不做 cookie set 操作，uid_set 变量为空
    default $uid_set;    # 如果是首次请求，就做 cookie set 操作，设置$uid 变量值为$uid_set
}
```

接下来我们可以配置根据$uid 变量来识别不同的客户端，实现 A/B 测试的流量引导效果，并且来自同一个用户的请求会始终被分发到同一个版本上：

```
split_clients $uid $app_upstream {
    20% version-A;
    *   version-B;
}
server {
    listen 80;
    ...
    location / {
        proxy_pass http://$app_upstream;
        ...
    }
}
```

16.4 本章小结

本章先介绍了灰度发布和 A/B 测试的背景和需求，接着介绍了灰度发布的两种常见的实现方案——滚动升级方案和流量递增方案，并且详细阐述了用 NGINX 实现的方法和配置。在 16.3 节，我们详细描述了通过 ngx_http_split_clients_module 模块和 ngx_http_userid_module 模块构建一个完善的 A/B 测试场景的过程。不管是灰度发布还是 A/B 测试，落实到技术细节，体现的都是 NGINX 对流量的灵活且强大的控制能力。本章中的技术实现其实并没有严格的场景限制，A/B 测试的技术实现也可以用于灰度发布，反之也同样成立。读者可以根据企业的实际场景灵活选择合适的解决方案。

第 17 章

安全与访问控制

反向代理软件一般是分开维护客户端侧的连接和服务器侧的连接，这使得反向代理软件会截断通信连接。这样的通信模式给访问安全、访问控制暴露了最佳的技术处理点，在这里可以进行认证、ACL 控制、限流、检查访问内容、防御零日漏洞、处理 WAF 和防御 DDoS 攻击等。正是基于此，很多反向代理类安全软件或产品往往也具备网络或应用防火墙的能力。比如，在 NGINX 上可以增加多种 WAF 模块，如 ModSecurity、AppProtect、Signal Sciences 等。

本章将介绍几个场景，让你了解到 NGINX 在认证、ACL 控制、限流、防御 DDoS 技术、防御零日漏洞等方面的能力。

17.1 NGINX OAuth 2.0 认证

在 OAuth 体系中，NGINX 可以扮演多种角色。为了阐述清晰，我们先来学习一下为什么需要 OAuth。

17.1.1 为什么需要 OAuth

在日常生活中，我们一般会同时使用多个 App，这些 App 各自拥有账号和密码，为了方便记忆，我们可能会给它们使用同一套账号和密码。这样无疑会导致严重的安全问题，当其中某个 App 被暴库后，我们就得把其他 App 的密码全部修改一遍。那如果有一家在安全方面做得很好、信誉体系也很不错的公司，我们是不是能非常信任它，用一个用户账号“横行”互联网？相信大家已经有了答案。目前，我们很多时候已经在这么做了，如在登录某个 App 时，习惯性地跳过“用户注册”，单击“使用***登录”，然后在弹出的界面里单击“同意”按钮，这样就不需要记忆那么多的账号和密码了。这和 OAuth 已经非常接近了，OAuth 的全称是 Open Authorization，是开放授权的意思，当前的版本为 2.0，即 OAuth 2.0，这里我们侧重描述用户身份验证这一场景。OAuth 在验证和授权方面经常被模糊化，其原因是基于 OAuth 的验证和授权流程基本一致。

OAuth 的设计初衷是解决跨利益团体之间的数据访问问题，如 A 公司开发了一个在线打印照片的 App，可是该公司并不提供照片存储服务，照片可能存储在 B 公司、C 公司、D 公司的网盘上，这就产生一个问题：用户怎么把照片给 A 公司，是从其他三个公司的网盘上下载下来发给它？还是把网盘的账号和密码给它？显然都不行。

对于 A 公司而言，如果让用户来上传或下载照片，则用户体验太糟糕，而且要维护一整套对应的系统，它更希望以一个简便的方式同时对接 B 公司、C 公司和 D 公司，只要这些公司的用户同意，就可以自动去从网盘上把用户照片拉下来并打印。

对于 B 公司、C 公司和 D 公司而言，仅存储冰冷的照片数据显然不够，它们也很想对接 A 公司来给客户提供更多的增值服务，但它们必须保证用户的账号和照片的安全。

授权能够同时解决用户、A 公司和网盘公司（B 公司、C 公司和 D 公司）这三个利益团体的问题，当用户希望打印照片的时候，A 公司会引导用户进入网盘界面，然后用户登录网盘，并授权网盘可以将哪些资源共享给 A 公司（比如，只共享自己美颜过的照片，那些原始照片则不允许 A 公司访问），这样就非常安全了。图 17-1 用思维导图总结出了不同利益团体的诉求。

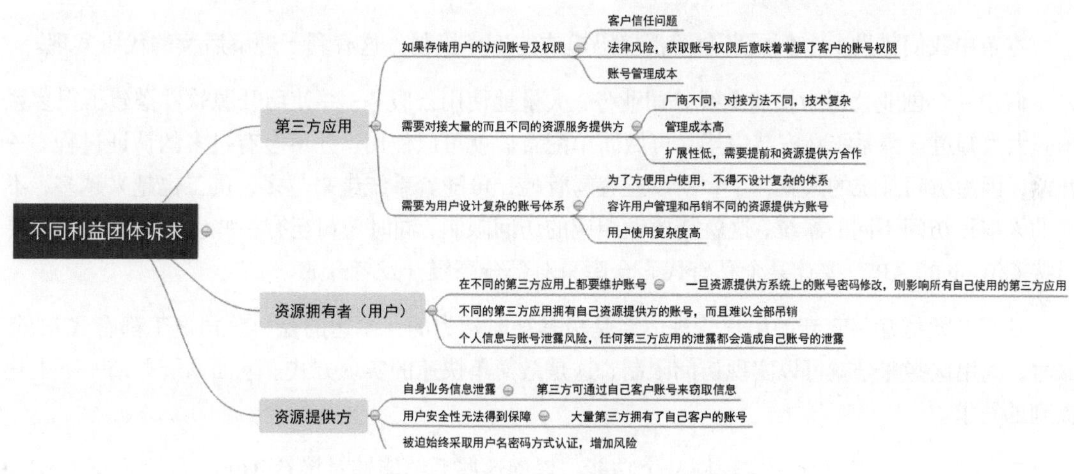

图 17-1　不同利益团体间的授权需求分析

17.1.2　OAuth 的基本原理

用一句话概括 OAuth 的基本原理，那就是：设计一个额外的临时令牌来解决身份认证与授权问题。实现流程分为如下几步。

(1) 第三方应用（client，注意这个 client 不表示用户）尝试访问资源提供方（resource server）提供的内容，发出获取权限的请求。

(2) 资源拥有者（resource owner，可以理解为最终用户）决定是否授权此第三方应用。由于资源拥有者只和授权服务器进行身份认证，因此第三方应用并不知道它的账号信息。

(3) 如果资源拥有者决定授权，那么资源提供方会颁发一个临时令牌（即 `access_token`）给第三方应用。当采取的是授权码（authorization code）模式时，临时令牌会直接被发送给第三方应用所在的服务器端，而不是用户使用的设备终端（如浏览器、手机上的 App）。

(4) 第三方应用凭借获取到的临时令牌去资源提供方那里获取资源。

在上述步骤中，我们提到了授权码模式，这是 OAuth 的四种常见实现模式之一，其他三种分别是简化（implicit）模式、资源拥有者密码凭据（resource owner password credentials）模式和客户端凭据（client credentials）模式。

授权码模式和简化模式的使用范围最为广泛。在 17.1.3 节和 17.1.4 节中，我们介绍如何使用 NGINX 实现授权码模式的 OAuth。

17.1.3　使用 NGINX 实现授权码模式的 OAuth 的思路

本节中我们借助一个例子来介绍授权码模式的工作机制，这有利于理解后续的代码实现。

假设一个创业公司为快速上线公司业务，大量地使用云服务，并使用开源软件搭建了很多系统。大家知道开源系统在安装完毕，再做简单配置后就可以使用，并不会有过多的认证过程。一开始，因为访问系统的人就几个，所以还容易管控，可随着系统越来越多，员工也越来越多，不同的人应该访问不同的系统，这就需要做相应的访问限制，同时公司还有一些应用开发系统需要对接 GitHub 的 API，要让某个私有代码仓库只对部分高级开发者开放。

从零开始搭建一套新的用户管理体系是极其耗时费力的，幸运的是，公司员工都有 GitHub 账号，利用这些账号就可以实现访问限制，这是最简单快速的实现方式。下面系统总结一下上述提到的需求。

- 需要在不同的系统上实现同一个功能，以使这些系统能够对接 GitHub，并且根据 GitHub 账号决定对应的员工是否可以访问该系统。
- 员工可以使用 GitHub 账号登录应用开发系统，并向 GitHub 申请资源授权（其中包含此员工的 repo 权限等信息），如果此员工没有 repo 权限，他就无法获取私有代码仓库里的内容。

用 OAuth 解决这两个需求非常合适，但会引入一个新问题：加入 OAuth 机制需要在系统上进行开发，不同开源系统使用的开发语言不同，有的系统甚至不支持二次开发，所以实现难度和工作量都很大。我们先厘清这个问题，再看如何解决。

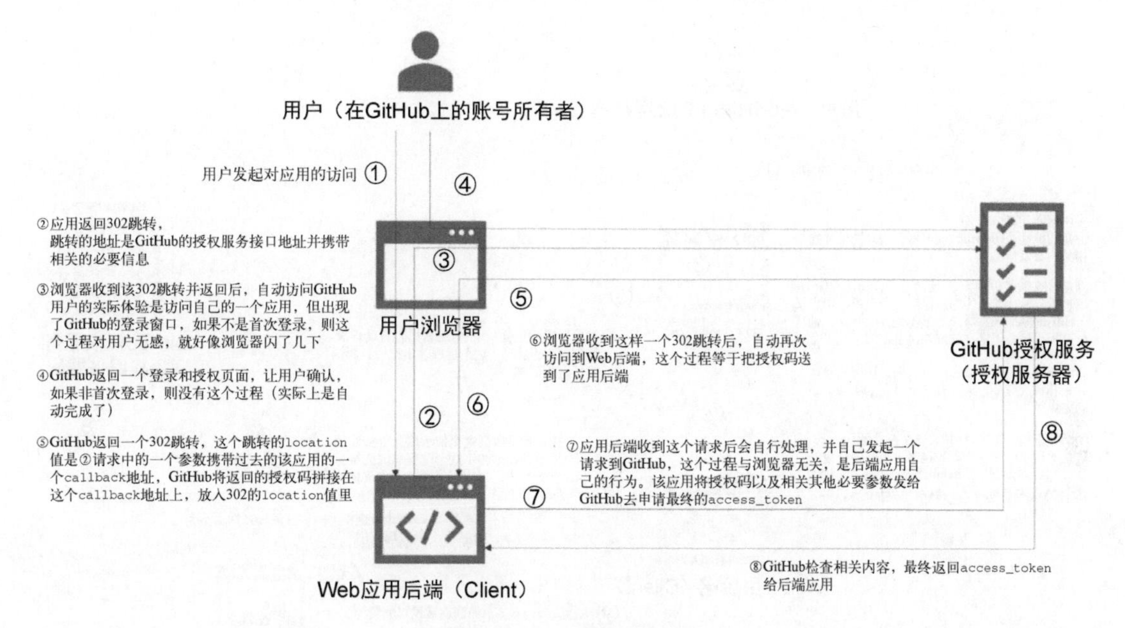

图 17-2 OAuth 通信过程

从图 17-2 中可以看出，用户登录了 GitHub 并做了一次授权，浏览器做了两次跳转，真正有用的 access_token 只跟 Web 应用后端和 GitHub 有关。用户自己和浏览器本身并不能看到这个 access_token 的具体内容，这就是所谓的后端通道（backend channel），相对安全。那么应用服务器在拿到 access_token 之后，会做什么呢？

如果仅是获取用户的一些基本信息，且返回的 access_token 是 JWT 格式的，那么应用服务器可以解析并获取 access_token 里的内容，抽取出用户信息并将其和本地的一些用户 ID 关联在一起作为登录凭据（实际上，OIDC 更适用于这种联合登录的场景，它的全称是 OpenID Connect，我们将在第 25 章中介绍这个技术）。如果 access_token 是 opaque 类型的，那应用服务器还需要去做令牌自省，就是和授权方进行再次核验后才能使用相关信息。

如果除了用户信息，还要获取其他资源，如获取用户的代码仓库中的内容，那么应用服务器需要向 GitHub 的代码仓库资源服务器（注意：资源服务器和授权服务器往往不是同一个，在大型场景中更是如此）发送请求，并在请求中携带上 access_token，于是整个过程变成了图 17-3 所示的这样。

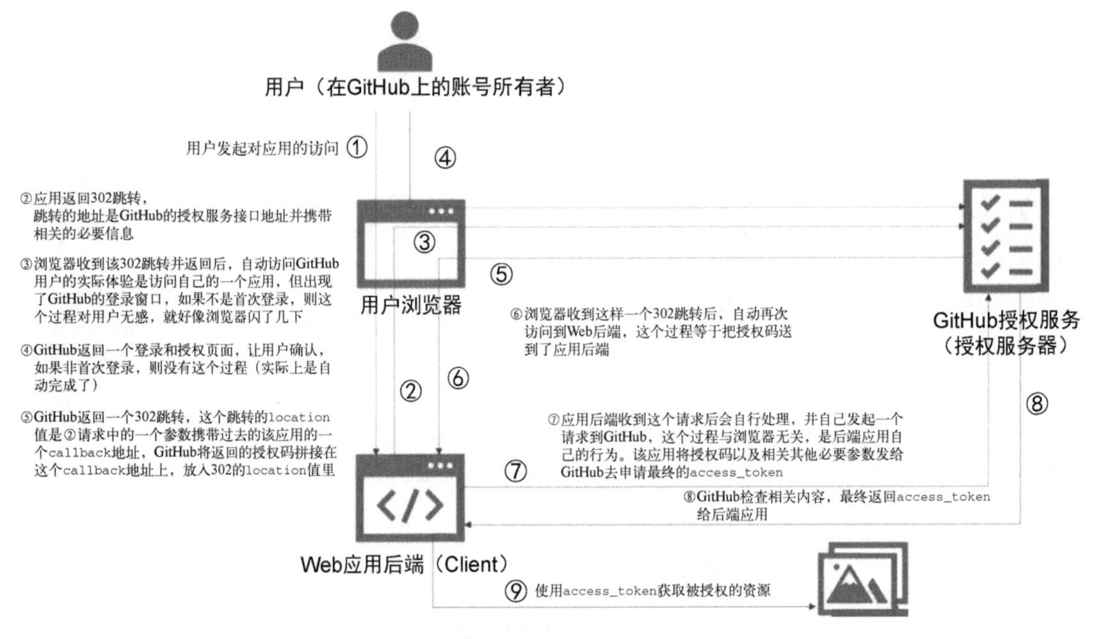

图 17-3　获取额外资源的 OAuth 通信过程

从图 17-3 中可以看出，Web 应用后端参与了整个 OAuth 通信过程，并最终获取了 access_token。试想一下，公司有那么多用不同语言开发的开源系统，给它们分别加入 OAuth 的难度会很大。

在 Web 应用后端的前面放置 NGINX 可以解决这个问题，让 NGINX 代替 Web 后端应用实现 OAuth 认证过程，NGINX 会根据 access_token 决定放行或者拒绝用户的访问请求，又或者将用户信息透传给 Web 应用后端做更多处理。

纵观图 17-2 中的整个验证流程，NGINX 要构造跳转返回，可以凭借授权码模式构造请求访问 GitHub 授权服务器。如果单纯在 NGINX 上实现这点会比较困难，有两种方法可以解决该问题。

- 通过 NJS 脚本开发、解析 JWT（JWT 是 NGINX Plus 具有的能力），这种思路的实现将在“商业软件篇”中介绍。
- 借助 auth_request 模块，配以开源组件 OAuth proxy，即把本来需要在各个开源系统上实现的 OAuth 验证过程抽象出来，独立成 OAuth 代理来完成 OAuth 通信过程，最后将获取的 access_token 内容解析出来并返回给 NGINX。NGINX 将根据收到的信息决定是否允许用户访问相关资源，或者将信息透传给 Web 应用后端。这种方法的实现逻辑如图 17-4 所示。

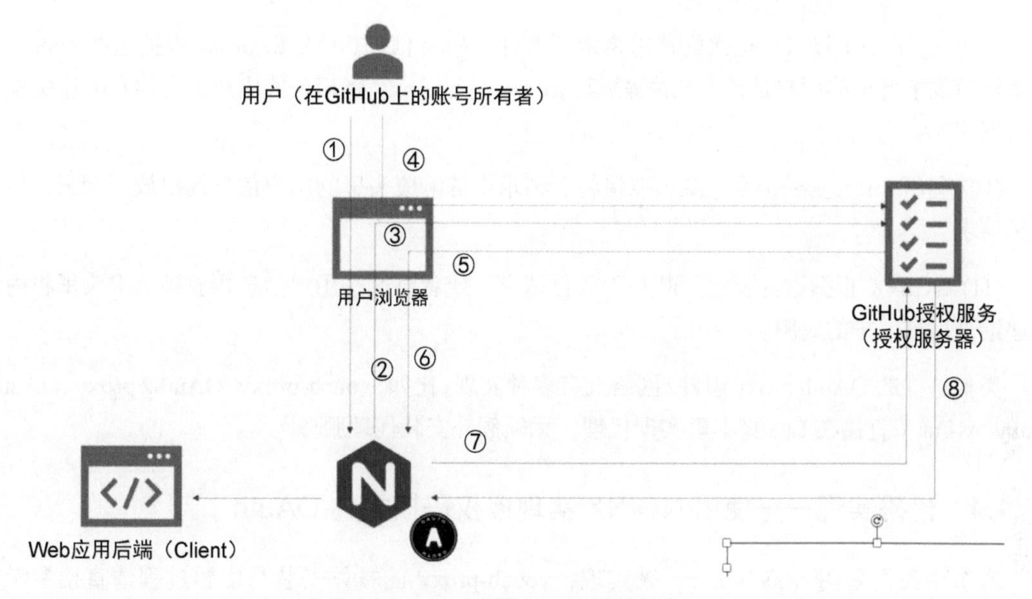

图 17-4 第二种方法的实现逻辑

下面分析一下实现思路和原理（下面的序号和图 17-4 中的序号无关）。

(1) 配置 NGINX 来发布被保护的应用。

(2) 在相关应用所在的 location 块里配置 auth_request 模块。

(3) 这样当请求到达 NGINX 后，NGINX 会使用 auth_request 模块发起子请求认证。

(4) proxy_pass 指令会把子请求代理给 OAuth proxy 组件的一个接口。

(5) 根据 auth_request 模块的特点，需要 OAuth proxy 组件返回相关的状态码来指示 NGINX 是放行子请求还是返回 401 状态码。

(6) OAuth proxy 组件在接收到子请求后，会判断发出请求的用户是否已经完成了相关的 OAuth 认证工作。如果该用户没有登录过，或者权限的有效期已过，那么 OAuth proxy 会返回 401（这里是通过检查用户浏览器是否携带 OAuth proxy 颁发的一个 cookie 信息来判断的）。

(7) NGINX 会截取 401 状态，然后定义 error_page。如果 OAuth proxy 返回了 401，NGINX 就会发送 302（表示跳转）给用户浏览器，跳转的地址其实是 OAuth proxy 的一个专门用于触发后续 OAuth 认证过程的接口，这个过程和正常的 OAuth 认证没有差异。

(8) OAuth proxy 完成整个 OAuth 认证过程后，返回 302 给用户浏览器，返回数据里还会携带相关的 cookie 信息，以让其重新访问被保护的应用。

(9) NGINX 接收到请求后，再次触发 auth_request 模块，这个模块再次把请求发送给

OAuth proxy 的一个接口，这次的请求携带了 8 种 cookie 信息，OAuth proxy 根据这些 cookie 信息就知道发来请求的用户是谁，之后解析其 `access_token`，将相关的用户信息放在响应头里返回给 NGINX。

(10) 利用 `auth_request_set` 变量将子请求中的响应头里的用户信息提出放到变量，传递给父请求。

(11) NGINX 根据这些变量判断是否放行请求，或者将这些用户信息再放到请求头里将内容传递给最后被保护的应用。

类似这样的 OAuth proxy 组件，网络上有多种实现，比如，vouch-proxy、OAuth2 proxy、OAuth2 proxy by Lua（直接在 Lua 脚本里实现代理，无须额外安装代理服务）。

17.1.4　代码实现——使用 NGINX 实现授权码模式的 OAuth

本节中我们采用 vouch-proxy 来实现，vouch-proxy 的具体安装与配置过程请直接参考其 GitHub，这里不再讲述。图 17-5 是通信过程的逻辑示意图，由中间的 NGINX 来模拟 Web 应用后端，利用 `return` 语句返回内容。

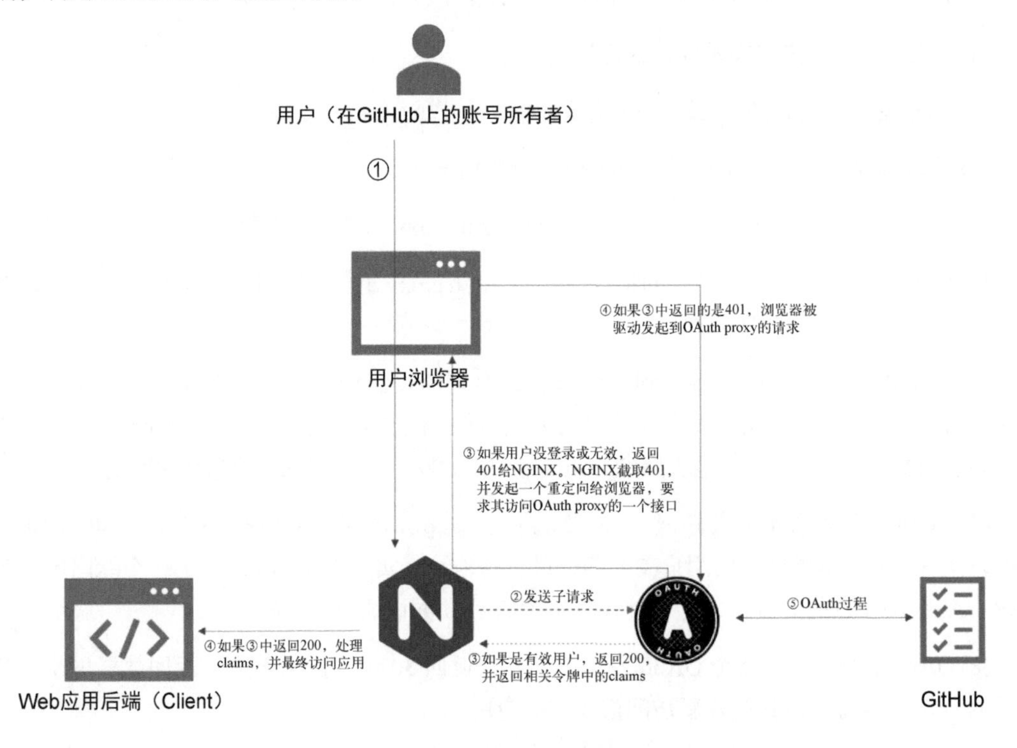

图 17-5　NGINX 和 OAuth proxy 相结合的通信逻辑

大家可以结合图 17-5 中的通信过程阅读如下 NGINX 配置内容：

```
# 定义被保护的应用访问入口，如 http://authcode.cnadn.net/personalinfo
server {
    listen 80;
    server_name authcode.cnadn.net;
    # root /var/www/html/;

    # 授权请求会发送请求到/validate 处理
    auth_request /validate;

    # 此 location 仅供 auth_request 的子请求调用
    location = /validate {
        # 转发/validate 请求给 vouch-proxy
        proxy_pass http://127.0.0.1:9090/validate;

        # 确保携带原始请求里的 host 头
        proxy_set_header Host $http_host;

        # vouch-proxy 仅处理请求头，不处理请求体
        proxy_pass_request_body off;
        proxy_set_header Content-Length "";

        # 增加可选的 http 请求头 X-Vouch-User
        auth_request_set $auth_resp_x_vouch_user $upstream_http_x_vouch_user;

        # 用于@error401 处理的值
        auth_request_set $auth_resp_jwt $upstream_http_x_vouch_jwt;
        auth_request_set $auth_resp_err $upstream_http_x_vouch_err;
        auth_request_set $auth_resp_failcount $upstream_http_x_vouch_failcount;
    }

    # 如果验证返回 401 not authorized，那么转发请求给 error401block
    error_page 401 = @error401;

    location @error401 {
        # 重定向给 vouch-proxy 来触发 login
        return 302 http://vouch.cnadn.net/login?url=$scheme://$http_host$request_
            uri&amp;vouch-failcount=$auth_resp_failcount&amp;X-Vouch-Token=$auth_
            resp_jwt&amp;error=$auth_resp_err;
    }

    # 负责真实的被保护应用
    location / {
        # 转发已授权的请求给后端服务
        # # 这个示例中，后端应用实际上也由这个 nginx 来模拟
        proxy_pass http://127.0.0.1:8080;
        auth_request_set $auth_resp_x_vouch_user $upstream_http_x_vouch_user;
        auth_request_set $auth_resp_x_vouch_idp_claims_avatar $upstream_
            http_x_vouch_idp_claims_avatar_url;
        auth_request_set $auth_resp_x_vouch_idp_claims_company $upstream_
            http_x_vouch_idp_claims_company;
        auth_request_set $auth_resp_x_vouch_idp_claims_blog $upstream_
            http_x_vouch_idp_claims_blog;
```

```
        # 设置扩展 header(一般是 email)
        proxy_set_header X-Vouch-User $auth_resp_x_vouch_user;
        #  可选的，传递自定义 claims
        proxy_set_header X-Vouch-IdP-Claims-company $auth_resp_x_vouch_idp_
            claims_company;
        proxy_set_header X-Vouch-IdP-Claims-avatar $auth_resp_x_vouch_idp_
            claims_avatar;
        proxy_set_header X-Vouch-IdP-Claims-blog $auth_resp_x_vouch_idp_
            claims_blog;
    }
}
```

如下为用 NGINX 模拟 Web 应用后端的配置内容：

```
server {
    listen 8080;

    location /personalinfo {
        default_type text/html;
        set $user $http_x_vouch_user;
        set $avatar $http_x_vouch_idp_claims_avatar;
        set $company $http_x_vouch_idp_claims_company;
        set $blog $http_x_vouch_idp_claims_blog;
        return 200 '<html><head><meta http-equiv="Content-Type" content="text/html;
            charset=utf-8" /></head><h2>Your personal info:</h2><hr />Name: $user
            <br>avatar: $avatar <br>company: $company <br>blog:$blog </html>';
    }
}
```

如下配置内容用于接收用户浏览器发送给 OAuth proxy 的请求：

```
####### 用于 vouch login/auth
server {
    listen 80;
    server_name vouch.cnadn.net;
    location / {
        proxy_pass http://127.0.0.1:9090;
        # be sure to pass the original host header
        proxy_set_header Host vouch.cnadn.net;
    }
}
```

下面来看一下实际的测试过程，第一个请求的跳转情况如图 17-6 所示。

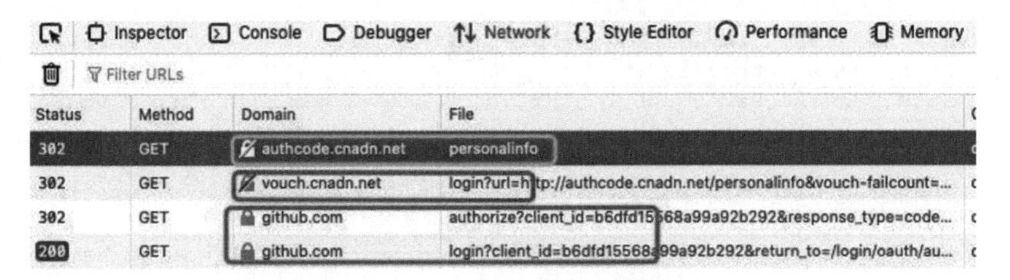

图 17-6　第一个请求的跳转情况

浏览器首次访问 http://authcode.cnadn.net/personalinfo 时，将自动跳转到 vouch.cnadn.net/login?这个接口上，这个跳转是由 NGINX 驱动的。

vouch.cnadn.net 接收到请求后，对其进行处理，并让浏览器跳转到 github.com/authorize 接口，因为发出请求的用户之前没有登录过 GitHub，所以 GitHub 又会跳转到 /login 接口让用户登录，具体的登录界面如图 17-7 所示。

在用户使用 GitHub 账号登录后，界面会显示授权信息，如图 17-8 所示。单击绿色按钮 Authorize，会跳转到 vouch.cnadn.net（OAuth proxy 服务的地址），这其实是把授权码返回给 OAuth proxy 服务。

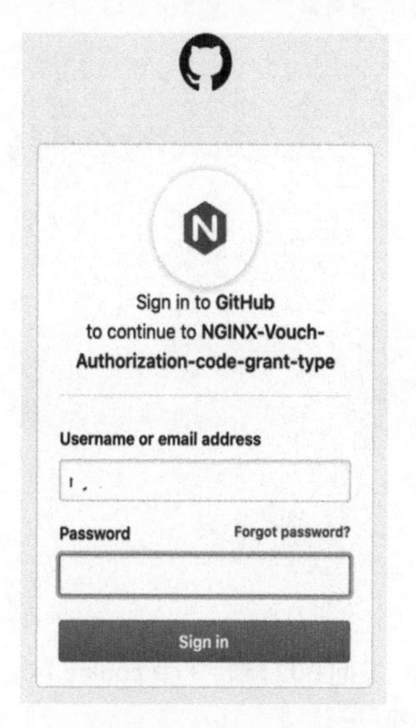

图 17-7 跳转后的 GitHub 登录界面

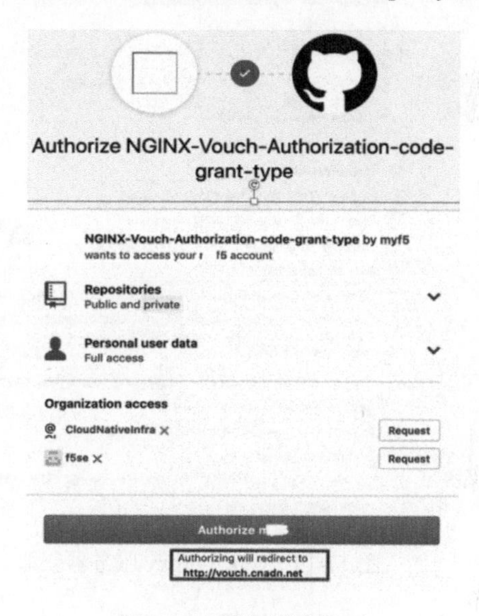

图 17-8 授权请求界面

之后，浏览器会继续跳转，GitHub 中出现如图 17-9 所示的跳转提示，实际上这是要求浏览器跳转到 vouch.cnadn.net/auth 回调接口。

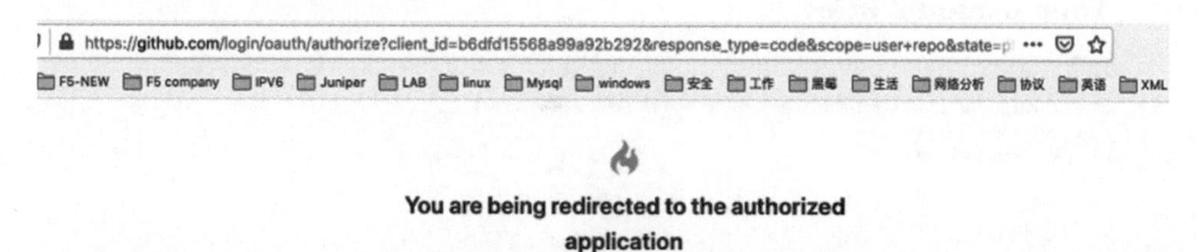

图 17-9 跳转提示

GitHub 请求 vouch.cnadn.net 的回调接口后，vouch-proxy 服务器发起获取 `access_token` 的请求，这个过程对浏览器而言是透明的。当 vouch-proxy 服务器获取完毕后，返回 302 给浏览器，要求浏览器正式访问应用地址，同时相关的 cookie 头部也会随 302 一起被发送给用户浏览器（如图 17-10 所示）。

All HTML CSS JS XHR Fonts Images Media WS Other Persist Logs Disable Cache No Throttling HAR
Headers Cookies Params Response Timings
Request URL: http://vouch.cnadn.net/auth?code=197186dba37398e3fc5e&state=YLlW09EOx4kCKPqoX35d3sn6i5iM11
Request Method: GET
Remote Address: 172.16.100.253:80
Status Code: 302 Found
Version: HTTP/1.1
Referrer Policy: strict-origin-when-cross-origin
Edit and Resend
Filter Headers
Response Headers (1.200 KB) Raw Headers
Connection: keep-alive
Content-Length: 61
Content-Type: text/html; charset=utf-8
Date: Sun, 10 May 2020 07:40:44 GMT
Location: http://authcode.cnadn.net/personalinfo
Server: nginx/1.17.9
Set-Cookie: VouchCookie=H4sIAAAAAAAA_0SQ24.../; Domain=cnadn.net; HttpOnly
Set-Cookie: VouchSession=MTU4OTA5NjQ0NHxEd...MT; Max-Age=2592000; HttpOnly
Request Headers (858 B) Raw Headers
Accept: text/html,application/xhtml+xm...ml;q=0.9,image/webp,*/*;q=0.8
Accept-Encoding: gzip, deflate
Accept-Language: en-US,en;q=0.5
Connection: keep-alive
Cookie: VouchSession=MTU4OTA5NjQzOXxEd...xRSHOqwMqlW34y8XTxljENOLDL20=
Host: vouch.cnadn.net

图 17-10　vouch-proxy 服务器获取 `access_token` 后发起 302 跳转（带 cookie）

最终的访问结果如图 17-11 所示。

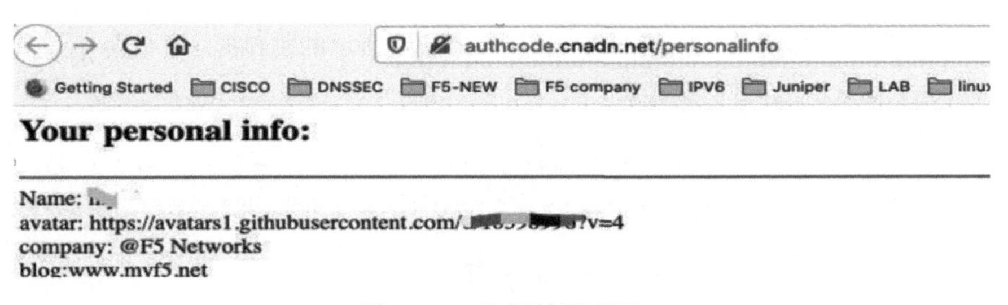

图 17-11　访问结果页面

17.2　基于 ACL 的访问行为控制

在 NGINX 中，具备访问限制功能的指令或模块有很多，如 `if` 指令、子请求处理、密码验证和 JWT 认证等，这里我们主要强调狭义定义 ACL 的能力。`ngx_http_access_module` 模块用于根据客户端 IP 地址来限制或允许其访问，该模块下包含两个指令——allow 和 deny，系统会根据 NGINX 配置文件中这两个指令的配置顺序查找地址，匹配出第一个满足条件的。假设 NGINX 配置文件的内容如下：

```
location / {
    deny  192.168.1.1;
    allow 192.168.1.0/24;
    allow 10.1.1.0/16;
    allow 2001:0db8::/32;
    deny  all;
}
```

客户端IP地址如果是192.168.1.1,NGINX就会拒绝其请求;如果是192.168.1.12,那么NGINX会允许。注意当客户端 IP 地址为 10.1.2.100 的时候，NGINX 也会允许，这是因为根据配置内容中的 10.1.1.0/16，其第三部分的 1 是无效的，NGINX 在加载配置时会给出一个报警信息。另外，如果 location 上下文和 http 上下文中配置的 ACL 彼此矛盾,那么 location 上下文中的 ACL 生效（范围更小的上下文优先）。

当需要配置大量 ACL 时，这种顺序执行的配置方式无论是配置效率还是执行效率都比较低。同时，这种方式的输出结果只是一个逻辑值（是或否），而 NGINX 最大的灵活性体现在对变量的应用上，ngx_http_geo_module 模块提供了这样的能力。该模块会根据访问的客户端 IP 地址创建一个新的变量，变量值是 geo 模块中配置的值，类似如下这样：

```
geo $arg_remote_addr $geo {
    default        0;
    127.0.0.1      2;
    192.168.1.0/24 1;
    10.1.0.0/16    1;
    ::1            2;
    2001:0db8::/32 1;
}
```

如果省略$arg_remote_addr，则需使用$remote_addr。这样的配置相当于将多个不同的客户端 IP 地址或范围映射到了某个特定的值上，在需要做限制的地方使用该值就可灵活地实现限制，如基于 if 指令的访问限制、连接/速率限制、灰度发布等。

我们来看一下连接限制的配置方式：

```
http {
    geo $limitsource  {
        default 0;
        20.0.0.0/16 1;
        106.39.37.0/24 1;
    }
    map $limitsource  $limit_factor {
        1 $binary_remote_addr;
        0 "";
```

```
    }
    limit_conn_zone $limit_factor zone=limit:10m;
...
}
```

这样当客户端 IP 地址匹配到 20.0.0.0/16 或 106.39.37.0/24 时，就会限制连接数。geo 指令根据最长匹配原则进行匹配。可以看到，geo 指令能很方便地对多个不同的源地址执行统一的逻辑或分开执行不同的逻辑。

再来看一下利用 geo 指令实现版本发布控制的例子：

```
geo $version {
    default version1;
    172.16.0.0/16 version2;
    106.0.0.0/8 version3;
}
server {
    listen    80;
    location / {
        proxy_pass http://$version;
    }
}
...
```

当客户端 IP 落入 172.16.0.0/16 这个范围时，其访问的上游服务版本是 v2；当落入 106.0.0.0/8 时，访问的上游服务版本是 v3。

从上述几个示例可以看出，geo 模块具有更好的灵活性和配置组织能力。此外，需要注意 geo 模块和 geoip 模块的区别，后者是用于获取 IP 地理信息的。

17.3　减缓 DDoS 攻击

近些年，我们的网站面临着日益严峻的安全风险，机器人攻击、撞库、应用层 DDoS 攻击等事件层出不穷。NGINX 具有灵活的访问控制策略，非常有助于我们有针对性地防御应用层的 DDoS 攻击行为，化解或者减小攻击造成的损失。

所谓应用层的 DDoS 攻击，通常是攻击者针对特定系统的漏洞，利用软件程序（就是机器人）发起大量的 HTTP 请求。攻击源可能是一组固定的 IP 地址，也可能是成千上万的肉鸡。比如，对于性能较弱的业务系统，攻击者可以发起大量连接并定期发送少量流量以使连接保持活动状态，从而耗尽业务系统接收新连接的能力。再如，攻击者直接通过大量肉鸡对某个大页面发起正常请求，且对于每个客户端来说，都是正常的访问行为，传统 WAF 设备是无法识别这种行为的。由于同时访问的肉鸡众多，因此可以直接把业务系统打瘫，把 CPU、内存、带宽等资源全部耗尽。

面对不同的攻击场景，NGINX 提供了丰富的解决方案。比如，当我们定位到攻击来自固定的 IP 地址段时，我们可以通过上文介绍的 ACL 能力，直接拒绝这些客户端的访问。又如，当我们确认攻击来自 123.123.123.1~123.123.123.16 时，我们可以直接对这个地址范围设限：

```
location / {
    deny 123.123.123.0/28;
    ...
}
```

如果攻击源是大量肉鸡，IP 地址不成段或者无法一一被识别，那么我们可以尝试分析请求的特征，如分析是否能利用 User-Agent 字段区分正常客户端流量和攻击者的流量，或者是否可以将 referer 字段的值和攻击行为相关联，还有其他能够标识出攻击特征的字段，我们可以根据这些字段筛选出不正常的请求，然后将它们封禁。下面的配置内容表示如果发现请求的 User-Agent 字段值为 foo 或者 bar，就认定这是 DDoS 攻击，要阻止这些请求的访问：

```
location / {
    if ($http_user_agent ~* foo|bar) {
        return 403;
    }
    ...
}
```

如果经判断，发现攻击行为都是针对某特定 URL 的，并且该 URL 不是核心业务，就完全可以直接阻止所有访问该页面的请求：

```
location /abc.php {
    deny all;
}
```

如果经判断，发现攻击行为是慢速攻击，那么可以配置客户端的超时参数来中断慢速攻击的连接。比如，利用 client_body_timeout 指令限制客户端发送 HTTP 请求体的超时时间，利用 client_header_timeout 指令限制客户端发送 HTTP 请求头的超时时间：

```
server {
    client_body_timeout 5s;
    client_header_timeout 5s;
    ...
}
```

如果经判断，发现攻击行为是以大并发连接或者 RPS 高并发的方式发出的，那么可以通过限制连接数、限制请求速率（即 RPS）的方式来限制每个客户端 IP 地址的行为。比如，限制单个客户端 IP 地址与 NGINX 建立连接的数量上限：

```
limit_conn_zone $binary_remote_addr zone=addr:10m;
server {
    ...
    location /store/ {
        limit_conn addr 10;             # 限制单个客户端 IP 地址连接上限
        ...
    }
}
```

或者限制单个客户端 IP 地址向 NGINX 发起请求的速率：

```
limit_req_zone $binary_remote_addr zone=one:10m rate=30r/m; # 限制单个客户端IP地址的速率
server {
    ...
    location /login.html {
        limit_req zone=one;
        ...
    }
}
```

如果经判断，发现攻击行为是以消耗带宽的方式进行的，那么可以限制单个客户端 IP 地址的下载速率：

```
geo $ratelimit {
    default 0;                    # 客户端默认不限速
    20.0.0.0/16 10k;              # 属于该网段的客户端，限制其速率为10kbit/s
    106.39.37.0/24 1k;            # 属于该网段的客户端，限制其速率为1kbit/s
}
server {
    set $limit_rate $ratelimit;                                # 开启限速
    ...
}
```

但在实际生产环境中，由于 CDN 回源、正向代理等场景普遍存在，因此通过 IP 地址来标识一个客户端并限制一定连接数是存在风险的，一个 IP 地址的背后往往是众多客户端。在这种情况下，我们可以通过请求的其他字段来识别真实客户端，如 cookie 信息、用户 ID 信息等。除此之外，由于数据链条上具备 SNAT（源地址转换）能力的节点有很多，因此 NGINX 侧获取的 IP 地址也不是客户端的真实地址。我们可以通过透传源 IP 地址的方式来获取真实的客户端 IP 地址，这方面的内容请查阅第 15 章。

配置高性能的硬件资源使 NGINX 本身具备强大的处理能力，当遇到 DDoS 攻击的时候，就能快速地进行处理，这其实也是抵御攻击行为的一种方式。当然，除了配置高性能的硬件资源外，我们也可以对 NGINX 进行性能优化，以提升数倍的性能。关于性能优化的更多内容，请查阅第 21 章。

NGINX 本身是基于异步、非阻塞、事件驱动的设计，这使它天然具备高并发能力。但上游服务器的性能往往和 NGINX 不是一个量级。这就导致当攻击流量突发的时候，NGINX 虽然能够快速处理，可瞬间把大量请求反向代理到上游服务器，有可能使上游服务器瘫痪。针对这种情况，我们可以配置缓存，或者限制和上游服务器的连接数量上限等对上游服务器进行有效的保护。配置缓存是指把绝大部分流量终结在 NGINX 这层，而不往上游服务器转发，以此降低上游服务器的负载。更多关于缓存的内容，请查阅第 13 章。限制和上游服务器的连接数量上限，在遭遇 DDoS 攻击时可以对上游服务器进行过载保护：

```
upstream website {
    server 192.168.100.1:80 max_conns=200;            # 限制 200 个连接
    server 192.168.100.2:80 max_conns=200;
}
```

对于以上这些防御手段，既可以结合企业实际情况预先配置一种或者几种，也可以在攻击行为产生后，做应急处理时再进行配置。

17.4 零日漏洞防御

零日漏洞（zero-day attack，又叫零时差攻击）是指被发现后立即被恶意利用的安全漏洞。通俗点讲，就是在安全补丁和瑕疵被曝光的同一天内，出现了相关的恶意程序，这种攻击往往具有很大的突发性和破坏性。而在企业内部，存在一些客观因素（如版本升级评估需要一定时间），使得从发布安全补丁到受影响的所有服务器全部修复完毕之间，具有一定的时间差。在这个时间差中，如果我们不做任何处理，就相当于系统携带着漏洞“裸奔”，风险巨大。如果曝光漏洞的业务系统通过 NGINX 进行了反向代理，那么我们完全可以在系统漏洞修复之前，结合漏洞的攻击特征，在 NGINX 上临时进行有针对性的配置，阻断具有特定攻击特征的请求，消除产生零日漏洞的风险。下面我们以某个真实的 CVE 漏洞为例进行说明。

2015 年 3 月 14 日，微软发布了一个 CVE 漏洞告警 CVE-2015-1635，其中声称，一旦攻击者发送一个具有特殊构造的 HTTP 请求到受影响的 Windows 系统，攻击者就可以获得特定权限并能远程执行代码。虽然在发布 CVE 的时候，几乎都不会有很详细的细节描述，但这个漏洞发布后，攻击者们依然可以通过漏洞告警的简要描述来尝试构造大范围的 HTTP 请求，扫描受影响的 Windows 系统。而一旦受影响的 Windows 系统接收到这类请求，就会触发缓冲区溢出，造成系统瘫痪。

随后不久，网上就出现了 CVE 攻击成功的案例。报告显示攻击者在 HTTP 请求的 `Range` 字段中构造了一个较大的字节范围，就可以触发系统瘫痪：

```
GET / HTTP/1.1
Range: bytes=0-18446744073709551615
...
```

针对这种攻击特征，我们很容易能想到一个最简单的方法，就是通过 `proxy_set_header` 指令来控制反向代理到上游服务器的请求的字段值，如设置 `Range` 字段值为空：

```
server {
    listen 80;
    location / {
        proxy_set_header Range "";              # 设置 Range 字段值为空
        proxy_pass http://windowsserver:80;
        ...
    }
}
```

这种方法可以直接删除转发到 Windows 服务器的 HTTP 请求中的 Range 字段。但是如果我们的 Windows 系统确实需要有字节范围的支持，这种方式就不可行了。在这个场景下，我们可以更进一步地通过 map 指令对 Range 字段值进行正则匹配，匹配大于某个指定范围的请求，设置它们的 Range 字段为空：

```
# 设置个新变量$saferange，其值由$http_range 变量根据正则匹配得出
map $http_range $saferange {
    "~d{10,}" "";                              # 如果匹配到大的整数字符，则置为空
    default $http_range;
}

server {
    listen 80;
    location / {
        # 转发处在安全范围的 HTTP 请求，把不安全的置为空
        proxy_set_header Range $saferange;
        proxy_pass http://windowsserver:80;
    }
}
```

另一方面，当我们识别到带有攻击特征的请求后，可以发送 444 状态码来直接关闭客户端连接，而且不给客户端返回任何信息：

```
server {
    listen 80;
    if ($http_range ~ "\d{9,}") {                # 识别带有攻击特征的请求
        return 444;
    }
    location / {
        proxy_pass http://windowsserver:80;
    }
}
```

当上游服务器中受零日漏洞影响的业务系统完成版本升级或者补丁部署之后，我们就可以删掉临时配置的 NGINX 访问控制策略，最终实现从漏洞发布到补丁升级的安全平稳过渡。

17.5　本章小结

在本章中，我们首先通过 OAuth、ACL 两个场景介绍了 NGINX 作为反向代理在访问控制方面具有的能力，接着我们详细描述了在 DDoS 攻击和零日漏洞的场景下，如何借助 NGINX 上的灵活访问控制策略进行有针对性的防御。事实上，NGINX 还有不少其他模块或指令可以用于广义上的访问控制，如 rewrite 模块中的 return 指令，密码验证和 JWT 认证等。这些控制策略可以基于 IP 地址、身份验证实现，也可以基于应用层的信息实现，灵活地结合 map 指令和变量创造出灵活的应用场景。

第 18 章

对新协议的支持

IT 技术的发展日新月异，新技术、新协议日益涌现。比如，HTTP/2 协议尚未完全覆盖所有的客户端和站点，新协议 HTTP/3 就已经处于草案阶段，并且即将发布。另外，近些年随着物联网技术的快速发展，企业在内部实现对物联网技术的支持也是大家经常讨论的焦点。此外，明文的 DNS 协议一直以来都饱受诟病，近年来 DoT 技术和 DoH 技术开始进入人们的视野。一直以来，NGINX 都快速跟进对各种新协议的支持。在本章中，我们将重点阐述让 NGINX 支持新协议（包括 DoT/DoH、HTTP/3、物联网）的解决方案。

18.1 DoT/DoH

DNS 作为拥有 30 多年历史的古老协议，在互联网世界中发挥着中流砥柱的作用，但是其明文传输的特性近年来一直是黑客攻击的焦点，DNS 劫持、DNS 污染等事件时有发生。对 DNS 数据包加密是提升 DNS 协议安全性的有效手段，技术实现路线分为两种：DoT 和 DoH。DoT 是 DNS over TLS 的缩写，可以看作 DNS 协议明智的扩展，IANA 目前已经为它分配了专门的端口（TCP/853）。DoT 会用经 TLS 加密的隧道传输 TCP DNS 数据包。DoH 是 DNS over HTTPS 的缩写，有别于 DoT，它把 DNS 数据包封装在一个 HTTP GET 请求或者 POST 请求中，然后通过 HTTP/2 协议或者更高版本的 HTTP 协议进行加密传输。现阶段运营商们更倾向于使用 DoT，而 Google 等互联网巨头则在力推 DoH 方案，但无论是 DoT 还是 DoH，都无法向下兼容现有的 DNS 服务。对于企业来说，需要对自身的 DNS 系统进行相应的改造才能支持 DoT 和 DoH，其中部署 NGINX 作为 DoT/DoH 网关是个很不错的改造方案。

NGINX 的 stream 模块支持 SSL 卸载，因此我们可以利用 NGINX 很快速地建立 DoT 服务：

```
stream {
    # 企业内部的原 DNS 服务器集群
    upstream dns {
        zone dns 64k;
        server 1.1.1.1:53;
        server 2.2.2.2:53;
    }
```

```
    # 在 NGINX 上实现 SSL 加解密
    server {
        listen 853 ssl;
        ssl_certificate /etc/nginx/ssl/certs/dot.local.pem;
        ssl_certificate_key /etc/nginx/ssl/private/dot.local.pem;
        proxy_pass dns;
    }
}
```

值得注意的是，DoT 协议使用的是 TCP 协议，而非传统 DNS 的 UDP 协议。企业部署 NGINX 作为网关，NGINX 做了 SSL 卸载后，会把 TCP 连接反向代理到 DNS 服务器上，这需要企业的 DNS 系统同步配合开启 DNS TCP 53 端口。整个数据流如图 18-1 所示。

图 18-1　NGINX 作为 DoT 网关的数据流

另外，如果企业 DNS 系统是根据 local DNS 的 IP 地址进行智能 DNS 解析，那么在部署 NGINX 作为 DoT 网关后，企业 DNS 系统是无法获取到真实的 DNS 请求源 IP 地址的。这个场景下的源 IP 地址透传方案可以参考第 15 章。

而如果部署 NGINX 作为 DoH 网关，那么 NGINX 除了要实现 SSL 卸载之外，还需解析 HTTP 请求头中携带的 DNS 解析信息，并把它转换成 DNS 协议，发往上游 DNS 服务器。同时 NGINX 需要把 DNS 服务器的响应结果再封装成 HTTP 报文，返回给客户端。NGINX 作为 DoH 网关，需要实现 HTTP 协议和 DNS 协议的协议转换。由于前端是 HTTP 协议，我们还可以在 NGINX 上配置缓存来提高 DoH 系统的整体性能：

```
http {
    # 该 upstream 为本地的 8053 端口，在下文 Stream 代码块中配置监听该端口并部署 NJS 处理流量
    upstream dohloop {
        zone dohloop 64k;
        server 127.0.0.1:8053;
    }
    proxy_cache_path /var/nginx/doh levels=1:2 keys_zone=doh:10m;
    # 配置 HTTP/2 协议接收 DoH 请求
    server {
        listen 443 ssl http2;
        ssl_certificate /etc/nginx/ssl/certs/doh.local.pem;
        ssl_certificate_key /etc/nginx/ssl/private/doh.local.pem;
        proxy_cache_methods GET POST;
        # 对于非 DoH 的请求，返回 404 状态码
        location / {
            return 404 "404 Not Found\n";
        }
```

```
        # 把HTTP/2 请求降级到HTTP/1.1 进行处理，并转发到内部 8053 端口
        location /dns-query {
            proxy_http_version 1.1;
            proxy_set_header Connection "";
            proxy_cache doh;
            proxy_cache_key $scheme$proxy_host$uri$is_args$args$request_body;
            proxy_pass http://dohloop;
        }
    }
}
stream {
    # 导入 NJS 脚本，处理 DoH 数据包
    js_include /etc/nginx/njs.d/nginx_stream.js;
    # 企业内部的 DNS 服务器集群
    upstream dns {
        zone dns 64k;
        server 1.1.1.1:53;
    }

    # 通过 NJS 脚本实现 DoH 转换过程
    server {
        listen 127.0.0.1:8053;
        js_filter dns_filter_doh_request;
        proxy_pass dns;
    }
}
```

在这段代码中，NGINX 在 443 端口上处理使用 HTTP/2 协议的请求，这个请求如果来自/dns-query 路径，就先把它降级为 HTTP/1.1 再转发到内部 8053 端口做二次处理；如果不是来自/dns-query 路径，则认为它不是 DoH 请求，返回 404 状态码。同时，NGINX 在 `stream` 代码块中配置 8053 端口来处理企业内部转发过来的流量，并在处理后转换成 DNS 协议发送到企业 DNS 服务器上。从 HTTP 协议到 DNS 协议的协议转换过程是通过 NJS 脚本 nginx_stream.js 中的 `dns_filter_doh_request` 方法实现的，详细的实现过程请见 GitHub 中的 nginx-dns 项目。DoH 的整个数据流如图 18-2 所示。

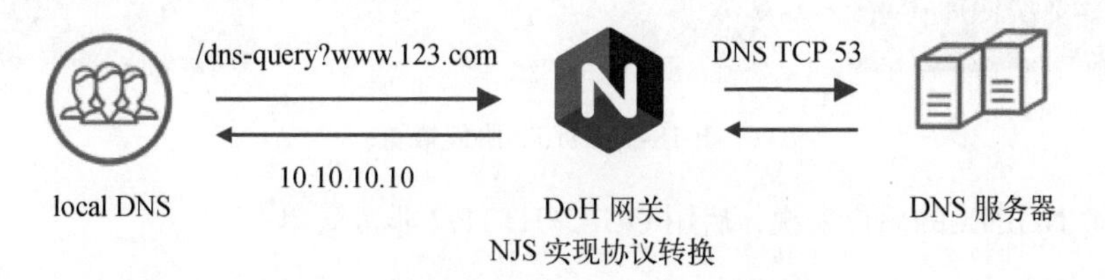

图 18-2 NGINX 作为 DoH 网关的数据流

同样地，NGINX 作为 DoH 网关时，也需要考虑 DNS 服务器的端口改造和源 IP 地址透传问题。

18.2 HTTP/3

尽管 IETF QUIC 协议还在草案阶段，可 NGINX 已经发布了针对 QUIC+HTTP/3 的特殊版本，这个版本目前被维护在开发分支中，与 Stable 版本和 Mainline 版本是隔离开的，截至本章编写时尚未完全稳定，不建议投入生产中。

HTTP 协议在过去的 20 多年中一直是非常稳定的存在，发布于 1999 年的 HTTP/1.1 协议已经成为 Web 应用和 API 应用使用地最普遍的传输协议。虽然这些年应用程序和服务发生了巨大变化，但 HTTP/1.1 协议基本上还是保持不变。直到 2015 年，HTTP/2 标准发布，目前可以看到面向互联网的站点中已经有 45%增加了对 HTTP/2 的支持。HTTP/2 的出现旨在解决公网上延迟高、丢包、一个请求出故障后影响后续请求等问题来提升用户体验，HTTP/2 极大地改善了浏览器和移动设备的用户体验。相比 HTTP/1.1，HTTP/2 的主要创新之处是使用 TCP 协议在单个连接上复用多个 HTTP 请求。但遗憾在于 TCP 协议存在固有的局限性，如建立连接的过程会产生 RTT 开销；如果有一个请求的数据包丢失了，那么所有多路复用的请求都将延迟，直到检测到丢失的那个数据包后再重新传输。HTTP/3 协议基于 QUIC 而开发，该协议具有专门的设计以支持多路复用连接，而无须依赖单个 TCP 连接。QUIC 使用 UDP 作为底层传输协议，并实现了发出 HTTP 请求的可靠连接，同时 QUIC 还是 TLS 不可或缺的组成部分。HTTP 协议内容的概览如图 18-3 所示。

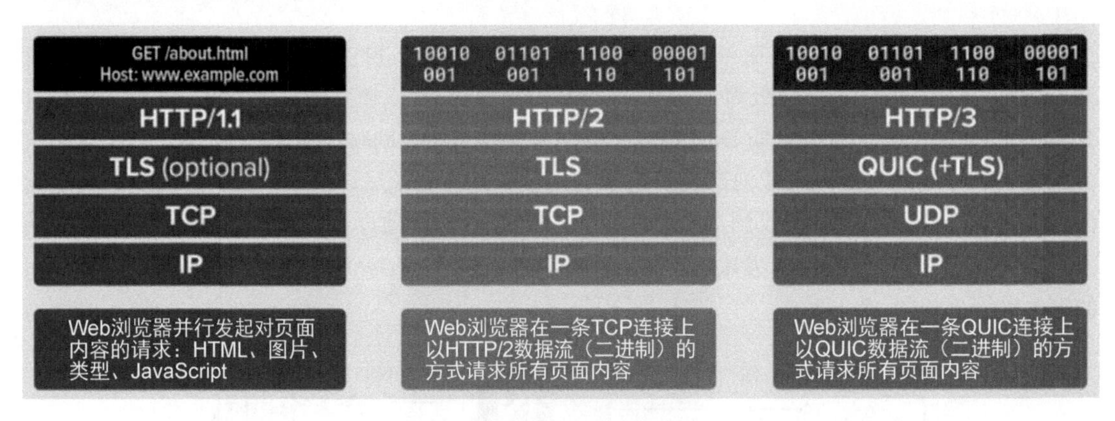

图 18-3　HTTP 协议概览

对于熟悉 NGINX 的用户来说，启用 QUIC+HTTP/3 非常简单：

```
server {
    listen 443 ssl;              # TCP 监听 HTTP/1.1
    listen 443 http3 reuseport;  # UDP 监听 QUIC+HTTP/3

    ssl_protocols       TLSv1.3; # QUIC 需要指定 TLS 1.3
    ssl_certificate     ssl/www.example.com.crt;
    ssl_certificate_key ssl/www.example.com.key;
```

```
    add_header Alt-Svc 'quic=":443"'; # 宣告 QUIC 可用
    add_header QUIC-Status $quic;
    ...
}
```

当前NGINX对QUIC+HTTP/3的支持可以认为是测试性质的，因为QUIC标准尚未最终确定，但 NGINX 欢迎测试反馈和代码贡献。专用开发分支技术的具体细节可以查看 https://hg.nginx.org/nginx-quic，NGINX QUIC + HTTP/3 的演示站点是 https://quic.nginx.org/。

18.3 MQTT

MQTT（Message Queuing Telemetry Transport，消息队列遥测传输协议）是一种基于发布/订阅（Publish/Subscribe）模式的轻量级通信协议，构建于TCP/IP协议之上，其最大的优点在于能以极少的代码和有限的带宽，为远程设备提供实时可靠的消息服务。作为一种低开销、低带宽占用的即时通信协议，MQTT广泛应用在物联网、小型设备、移动应用等方面。

人们通常认为NGINX更适合作为Web服务器,HTTP反向代理和负载均衡器,其实它对TCP应用或者 UDP 应用同样拥有丰富的负载均衡特性，它还有轻量、高性能、事件驱动机制和高度可扩展能力，所以也适用于物联网场景。在本小节，我们将简要介绍NGINX对MQTT流量的支持，包括负载均衡、会话保持、TLS加解密、客户端认证等。

目前，NGINX 的应用层负载均衡更多的还是基于 HTTP 协议，对于 MQTT 协议来说，在NGINX上可以配置基于TCP协议的负载均衡：

```
upstream hive_mq {
    server 127.0.0.1:18831; # 节点1
    server 127.0.0.1:18832; # 节点2
    server 127.0.0.1:18833; # 节点3
    zone tcp_mem 64k;
}

server {
    listen 1883;
    proxy_pass hive_mq;
    proxy_connect_timeout 1s;
    ...
}
```

对于物联网这种网络环境不稳定、IP地址不固定的场景，需要在NGINX上实现会话保持，确保物联网设备的MQTT消息能始终发送到同一台MQTT服务器上。在HTTP场景下，我们可以通过cookie来进行会话保持。在MQTT场景下，则需要抽取出 `client id` 进行。我们可以通过NJS脚本实现：

```
js_include mqtt.js;           # 加载 mqtt.js 脚本
js_set $mqtt_client_id setClientId;    # 设置 client id 信息
```

```
upstream hive_mq {
    server 127.0.0.1:18831; # 节点1
    server 127.0.0.1:18832; # 节点2
    server 127.0.0.1:18833; # 节点3
    zone tcp_mem 64k;
    hash $mqtt_client_id consistent;  # 根据client id信息进行会话保持
}

server {
    listen 1883;
    # 配置足够大的缓冲区来读取MQTT CONNECT数据包报文头
    preread_buffer_size 1k;
    js_preread getClientId;  # 通过JavaScript脚本解析CONNECT数据包，获取client id
    proxy_pass hive_mq;
    proxy_connect_timeout 1s;
    ...
}
```

下面是一个示例 mqtt.js 脚本，其中有两个方法——`getClientId` 和 `setClientId`。在每次建立连接后，NGINX 都会利用 `getClientId` 方法解析 CONNECT 数据包，获取 `client id` 信息，并存放到 mqtt.js 脚本的临时变量中。之后 NGINX 再通过 `js_set` 指令把脚本里的临时变量赋值为 NGINX 的变量，然后应用到负载均衡的 `hash` 指令中，从而获得基于 `client id` 的会话保持：

```
# mqtt.js 代码
var client_messages = 1;
var client_id_str = "-";
function getClientId(s) {
    s.on('upload', function (data, flags) {
        if ( data.length == 0  ) {  // 初始调用可以没有包含内容，那么再继续调用
            s.log("No buffer yet");
            return;
        } else if ( client_messages == 1 ) { // CONNECT是第一个包
            var packet_type_flags_byte = data.charCodeAt(0);
            s.log("MQTT packet type+flags = " + packet_type_flags_byte.toString());
            if ( packet_type_flags_byte >= 16 && packet_type_flags_byte < 32 ) {
                var multiplier = 1;
                var remaining_len_val = 0;
                var remaining_len_byte;
                for (var remaining_len_pos = 1; remaining_len_pos < 5;
                    remaining_len_pos++ ) {
                    remaining_len_byte = data.charCodeAt(remaining_len_pos);
                    if ( remaining_len_byte == 0 ) break; // Stop decoding on 0
                    remaining_len_val += (remaining_len_byte & 127) * multiplier;
                    multiplier *= 128;
                }
                    // 抽取出ClientId信息
                    var payload_offset = remaining_len_pos + 12;
                    var client_id_len_msb = data.charCodeAt(payload_offset).
                        toString(16);
                    var client_id_len_lsb = data.charCodeAt(payload_offset + 1).
```

```
                    toString(16);
                if ( client_id_len_lsb.length < 2 ) client_id_len_lsb = "0" +
                    client_id_len_lsb;
                var client_id_len_int = parseInt(client_id_len_msb +
                    client_id_len_lsb, 16);
                client_id_str = data.substr(payload_offset + 2,
                    client_id_len_int);
                s.log("ClientId value  = " + client_id_str);
            } else {
                s.log("Received unexpected MQTT packet type+flags: " +
                    packet_type_flags_byte.toString());
            }
        }
            client_messages++;
            s.allow();
        });
    }
}
function setClientId(s) {
    return client_id_str;
}
```

通过明文来传输 MQTT 数据肯定是不安全的，为了提升物联网场景的安全性，最好的办法是通过 TLS 来加密 MQTT 数据，NGINX 的 SSL 模块支持 TLS 终结：

```
server {
    listen 8883 ssl;      # MQTT 安全端口
    ssl_certificate       /etc/nginx/certs/my_cert.crt;
    ssl_certificate_key  /etc/nginx/certs/my_cert.key;
    ssl_ciphers         HIGH:!aNULL:!MD5;
    ssl_session_cache  shared:SSL:128m;  # 128MB 大约 50 万个 session
    ssl_session_tickets.   on;
    ssl_session_timeout  8h;

    proxy_pass hive_mq;
    proxy_connect_timeout 1s;
    ...
}
```

在物联网场景下，由于物联网设备数量庞大，因此 MQTT 服务器需要严格地做好安全控制，如对物联网设备的准入认证，限制并发连接、ACL 控制等，以此来保障物联网场景的安全。关于安全与访问控制的内容，请参考第 17 章。

18.4 本章小结

在本章中，我们先介绍了 NGINX 在 DoT/DoH、HTTP/3 以及 MQTT 等场景下的解决方案。目前部分协议还处于草案阶段，随着时间推移，这些新协议的解决方案也在不断演进中。如果需要获取这些解决方案的最新动态，建议大家关注 NGINX 官方博客。

第19章
PaaS Ingress

PaaS（平台即服务）一般是指将完整的开发环境作为服务交付的一种服务方式，可以帮助企业建设高效的应用开发与发布环境，更好地落地 DevOps，因此受到了越来越多企业的重视。目前各大企业正在纷纷建设自己的 PaaS 项目，并将更多的生产应用迁移到上面。PaaS 的服务最终是要被外部访问的，因此入口也是 PaaS 建设中一个重要的方面。在本章中，我们将学习什么是 PaaS Ingress，NGINX 如何在 Kubernetes 和 OpenShift 上处理入口流量，以及具体的部署方式和场景实践。本章最后将会为大家介绍 Kubernetes Ingress Controller 的常见部署结构，以帮你更好地设计 PaaS 入口。

19.1 什么是 PaaS Ingress

这里我们谈 PaaS Ingress，更主要的是描述实现 PaaS 底层平台架构时会涉及的入口服务。常见的底层平台架构有 Kubernetes、OpenShift 等，我们会基于这两个平台阐述 NGINX 如何处理入口流量。

对于 PaaS 内的服务，除了要让服务和服务互访（东西流量）之外，更为重要的一点是要让 PaaS 外部能访问这些服务。以 Kubernetes 为例，常见的 PaaS 服务对外发布方式有 NodePort 方式、LoadBalancer 方式、Ingress 方式。

NodePort 方式是在节点上为每个服务分别暴露一个唯一的静态端口，这个端口一般属于预设的端口区间（默认为 30 000~32 767）。因为不同的服务不能使用相同的端口，所以管理员需要对这些端口进行一定的管理，这导致这种方式在生产环境中使用成本较高，不易管理。

LoadBalancer 方式较为特殊，一般用于公有云环境，通过与云服务商进行集成，在服务暴露时直接自动化地申请和配置云服务商的负载均衡服务。用户通过访问公有云的负载均衡服务来访问对应的服务。

Ingress 本身是 Kubernetes 中的一种资源，提供负载均衡、SSL 终结、基于主机名或者 URI 的七层路由转发功能。它只能配置和定义这些功能，具体到数据平面的功能，还需要由负载均衡设备或软件实现，这些设备或软件通常由不同的厂商/社区提供。厂商/社区在提供负载均衡设备或软件的同时，还会提供与之匹配的 Ingress Controller（简称 IC），Ingress Controller 主要负责监控 Ingress 资源并将其转化为数据平面组件的具体配置。我们经常用 Ingress Controller 来代表一个整体，而不去刻意区分控制平面组件器和数据平面组件。表 19-1 列出了常见的 Ingress Controller 产品。

表 19-1　常见的 Ingress Controller 产品

开　源	商业化产品	公有云产品
Kubernetes 社区 NGINX	F5 BIG-IP Controller	Azure AKS Applicaion Gateway
NGINX 官方开源版本	NGINX Plus Ingress Controller	AWS ALB Ingress Controller
Kong 社区版本	Kong 商业版本	GKE Ingress Controller
Istio Ingress Gateway	Citrix	
HAproxy 社区版本	HAproxy 商业版本	
Traefik		
Gloo（基于 Envoy）		
Contour（基于 Envoy）		
Ambassador（基于 Envoy）		

不同 Ingress Controller 的实现方法是不同的，但总体上都遵循一个原则——不断监控 Kubernetes 中的 Ingress 资源，并利用控制器程序将 Ingress 资源转化为对应控制器的配置，如图 19-1 所示。

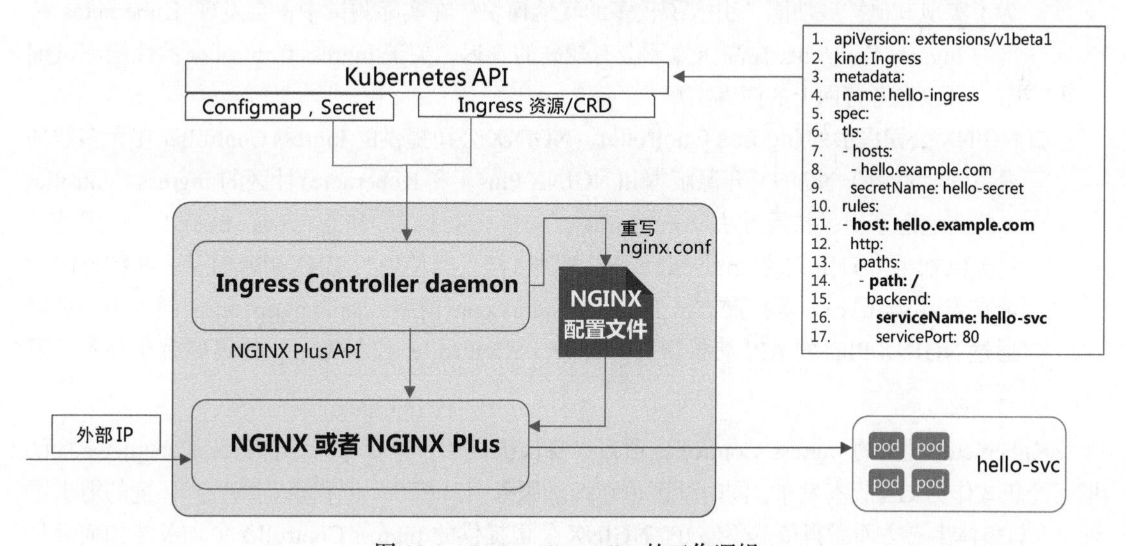

图 19-1　Ingress Controller 的工作逻辑

图 19-1 中的 Ingress Controller daemon 是控制平面组件，负责监听 Ingress 资源并重新生成

NGINX 配置文件，真正处理业务流量的是 NGINX 或者 NGINX Plus。对于常见的 Ingress Controller 产品来说，具体部署形态有两种——控制平面组件和数据平面组件，这两者既可以部署成一个实体，也可以分开部署成两个实体。比如，NGINX 的控制器和具体的 NGINX 程序运行在同一个容器中；F5 的 BIG-IP Controller 使用的是分离方式，控制器本身以容器运行，具体的配置则是写入外部的 F5 BIG-IP 硬件或虚拟化版本上。

了解了 Ingress 和 Ingress Controller 的基本知识后，下面为大家介绍 NGINX 在 Kubernetes 上作为 Ingress Controller 的具体部署与实践。

19.2　在 Kubernetes 上部署 NGINX 作为 Ingress Controller

在表 19-1 中，我们提到了三种基于 NGINX 的 Ingress Controller 产品，“Kubernetes 社区 NGINX”由 Kubernetes 社区基于 NGINX 开源版本开发，“NGINX 官方开源版”和“NGINX Plus Ingress Controller”均由 NGINX 公司提供，分别基于 NGINX 开源版本和 NGINX Plus 开发。下面简要描述一下不同 NGINX Ingress Controller 的特点。

- **Kubernetes 社区的 Ingress Controller**。Kubernetes 社区的 Ingress Controller 是实现 Ingress 的参考性开源项目，提供对 GitHub 社区或 Slack Chat 的支持，无专业服务支持。它在 NGINX 开源版本的基础上，使用 `lua-nginx-module` 模块实现在 pod 动态变化时免配置重载，做其他会引起 NGINX 配置内容发生变化的更改时则都会执行配置重载，同时为了实现其他扩展功能，引入了较多的其他模块。在实际测试中，会发现 Kubernetes 社区的 Ingress Controller 在高压力下会有较高的延迟。关于 Ingress Controller 的性能测试细节，可以参考官网上的博客文章。
- **NGINX 公司提供的 Ingress Controller**。NGINX 公司提供的 Ingress Controller 在大多数场景下同时适用于 NGINX 开源版本和 NGINX Plus。和 Kubernetes 社区的 Ingress Controller 一样，它除了提供扩展方法 `ConfigMap`、`Annotations` 和 `Custom template` 之外，还提供 `CRD` 和自定义的 `Annotations` 两种方法。当使用 NGINX Plus 时，一些特有的功能在 `Annotations` 等扩展方法上需使用 nginx.com 前缀，而非 nginx.org，同时用户可以通过 NGINX Plus 的 API 获得额外的 Ingress Controller 控制能力，如集群级动态入口限流等。

Kubernetes 社区的 Ingress Controller 项目本身仅提供了一种参考，尽管它在 Kubernetes 社区里已经正式作为 GA 版本发布，同时社区也在推进服务 API 模式，但在企业级生产环境的需求适配、入口整体生态方面做得依然不够好。NGINX 公司提供的 Ingress Controller 更加关注如何满足企业级的需求，如 Ingress 入口的应用安全防护集成、和服务网格集成以实现东西南北流量的统一管控、Ingress Controller 实例的统一运维管理、数据可视化、面向 DevOps 的 API 接口等。

在本节中，我们将基于 NGINX 公司提供的 Ingress Controller 进行阐述，如果 NGINX 开源版本和 NGINX Plus 之间存在差异，那么文中会单独指出。

19.2.1 部署 NGINX Ingress Controller

实际上，NGINX Ingress Controller 在部署后依然是以容器的方式运行在集群内，与其他业务型容器类似，它也有两种部署方法：Deployment 和 DaemonSet。Deployment 提供了一种遵循数量和调度规则的动态部署方式，NGINX Ingress Controller 实例可以按照指定的数量运行在合适的节点上。DaemonSet 默认会将 NGINX Ingress Controller 部署到所有可用的节点上，当然自己也可以通过.nodeSelector 或.affinity 控制具体选择哪些节点。Kubernetes 社区的 1.18 版本还支持将默认的 DaemonSet Controller 更换为 Kubernetes Scheduler，这样就可以在 yaml 文件中利用 NodeAffinity 特性了。无论部署方法是 Deployment 还是 DaemonSet，都需要考虑对外暴露服务端口相关的问题。Ingress 通常服务于 HTTP 层，因此常会使用的端口是 80 和 443，并且直接利用节点的 80 和 443 端口。根据入口环境的不同，将会有不同的端口暴露方式，这一点将在 19.3 节中进行讲解。

1. Manifests 部署方式

在部署 NGINX Ingress Controller 前，需要确定容器镜像的版本以及是使用 NGINX 开源版本还是 NGINX Plus。对于前者，可以直接使用 docker hub 提供的镜像，官方提供了基于 Alpine、Debian、RedHat UBI 的镜像。对于后者，需要用户自行构建的方式制作 NGINX Ingress Controller 镜像。

首先执行 `git clone` 命令复制 nginxinc 的 kubernetes-ingress，根据需要核实希望使用的 Ingress Controller 版本，一般建议使用最新发布的版本以获取最新的功能。打开 Ingress Controller 的 Releases 页面，本节以 1.7 版本为例进行说明：

```
$ git clone https://github.com/nginxinc/kubernetes-ingress/
$ cd kubernetes-ingress
$ git checkout v1.7.2
```

接下来执行 `make` 命令完成具体的编译：

```
$ make DOCKERFILE=DockerfileForAlpine PREFIX=myregistry.example.com/nginx-Alpine-ic
```

其中，必须要带的参数是 `PREFIX`，它用于指定镜像的存储仓库。在编译完毕后，会自动执行 `docker push` 命令，因此如果 `PREFIX` 参数中使用了私有仓库，就应提前人工登录相关的私有仓库。其他重要的参数还有 `DOCKERFILE`，用于指定具体的 Dockerfile 文件。它默认提供如下 7 个 Dockerfile 文件。

- Dockerfile：基于 Debian 构建的 NGINX 镜像，是默认使用的文件。
- DockerfileForAlpine：基于 Alpine 构建的 NGINX 镜像。

- ❑ DockerfileForPlus：基于 NGINX Plus 构建的镜像。
- ❑ DockerfileWithOpenTracing：基于 NGINX 构建的镜像，并增加了 OpenTracing 模块和 Jaeger 跟踪器。
- ❑ DockerfileWithOpenTracingForPlus：基于 NGINX Plus 构建的镜像，并增加了 OpenTracing 模块和 Jaeger 跟踪器。
- ❑ OpenShift/Dockerfile：基于 RedHat UBI 构建的 NGINX 镜像。
- ❑ OpenShift/DockerfileForPlus：基于 RedHat UBI 构建的 NGINX Plus 镜像。

完成上述的镜像准备工作后，即可开始正式的部署。为了节省篇幅与关注重点，这里我们不会粘贴大段落的 yaml 文件内容，对于步骤中需要注意的关键事项，我们会进行特别说明。假设当前位于 kubernetes-ingress/deployments 目录，执行下面的步骤。

(1) 创建用于 NGINX Ingress Controller 的 namespace 和相关的服务账号，设置 SA 的 RBAC 权限：

```
$ kubectl apply -f common/ns-and-sa.yaml
$ kubectl apply -f rbac/rbac.yaml
```

(2) 创建默认用于加密业务通信的 TLS 证书和密钥。在实际部署中，应将其内容替换为实际的业务证书和密钥，如果仅是测试，则可保持文件内容不变：

```
$ kubectl apply -f common/default-server-secret.yaml
```

(3) 创建用于 NGINX 配置的 ConfigMap 文件。注意在实际的 Ingress Controller 的 deployment 文件中将会引用这个文件的名称，因此如果自定义了名称，那么需要在实际的 deployment 文件里引用这个自定义的名称。在默认情况下，这里只是创建了一个空的 ConfigMap 文件，后续对 NGINX 进行的自定义配置均可通过修改此文件实现：

```
$ kubectl apply -f common/nginx-config.yaml
```

(4) 创建自定义资源 VirtualServer、VirtualServerRoute 和 TransportServer，这些自定义资源可以帮助用户更好地使用 NGINX，避开 Ingress 资源本身存在的功能不足，19.2.2 节会详细阐述这块内容：

```
$ kubectl apply -f common/vs-definition.yaml
$ kubectl apply -f common/vsr-definition.yaml
$ kubectl apply -f common/ts-definition.yaml
```

(5) 创建自定义资源 GlobalConfiguration，在定义 TransportServer 时会引用该资源，主要目的是创建全局通用的监听器。以下命令还创建了一个空的 GlobalConfiguration，在后续使用时修改其中的配置即可：

```
$ kubectl apply -f common/gc-definition.yaml
$ kubectl apply -f common/global-configuration.yaml
```

(6) 部署 NGINX deployment 资源，可以根据实际需要采取 Deployment 或 DaemonSet 中的一种，本例中我们采取 DaemonSet 模式。注意，自己在使用时应该把 yaml 文件中的镜像文件替换为实际的镜像文件：

```
$ kubectl apply -f daemon-set/nginx-ingress.yaml
```

下面查看 DaemonSet 的 yaml 文件：

```
containers:
- image: nginx/nginx-ingress:edge
  imagePullPolicy: Always
  name: nginx-ingress
  ports:
- name: http
  containerPort: 80
  hostPort: 80
- name: https
  containerPort: 443
  hostPort: 443
```

可以看到其中直接使用了节点的端口，因此在部署 DaemonSet 时应确保各个节点的 80 端口和 443 端口没有被占用。

在 yaml 文件里还定义了用于控制 Ingress Controller 的一些参数。这里需要注意，如果要使用上述步骤里提到的默认 TLS 证书、GlobalConfiguration 和 ConfigMap 这些资源，则需要配置相关参数来引用上述配置：

```
containers:
- args:
- -nginx-configmaps=$(POD_NAMESPACE)/nginx-config
- -default-server-tls-secret=$(POD_NAMESPACE)/default-server-secret
- -nginx-status
- -nginx-status-allow-cidrs=172.16.0.0/16,192.168.1.0/24
- -nginx-status-port=8888
- -enable-prometheus-metrics
```

关于具体控制参数的解释，可以参见 NGINX 官方在线文档 https://docs.nginx.com/nginx-ingress-controller/configuration/global-configuration/command-line-arguments/。

(7) 部署完毕后，确认相关的 pod 已经正常运行：

```
$ kubectl get pod -n nginx-ingress
NAME                                    READY   STATUS    RESTARTS   AGE
nginx-ingress-99b5f6dd5-qpsjq    1/1     Running   1          54d
nginx-ingress-99b5f6dd5-zbds4    1/1     Running   1          47d
```

2. Helm 部署方式

可以看出，上述的部署过程需要操作很多 yaml 文件，且这些文件是零散的，一旦部署完毕，在系统运行中的配置就与实际的 yaml 文件脱离了关系，难以在后续的应用生命周期里保持更新。为了解决这个问题，我们使用 CNCF 的 Helm 方式来部署 NGINX Ingress Controller。大家可以把 Helm 简单理解为类似 yum、apt-get 这样的包管理工具，只不过 Helm 是用于 Kubernetes 的包管理工具。Helm 的安装与使用过程较为简单，包里主要描述了相关的 yaml 模板，以及模板所需的相关变量值。对于用户来说，只需要关注相关包提供的控制变量即可。如何安装 Helm 不在本书的探讨范畴，有兴趣的读者可以参考 Helm 官方文档：https://helm.sh/docs/intro/install/。下面的步骤描述了如何使用 Helm 部署 NGINX Ingress Controller。

(1) 添加 NGINX 的官方 Helm repo，并查看该 repo 中包含的包：

```
$ helm repo add nginx-stable https://helm.nginx.com/stable
"nginx-stable" has been added to your repositories

$ helm search repo nginx-stable
NAME                          CHART VERSION  APP VERSION  DESCRIPTION
nginx-stable/nginx-ingress    0.5.2          1.7.2        NGINX Ingress Controller
```

(2) 执行安装过程。在本例中，我们指定 release 名称为 `myic`，自动创建名为 `ic-test` 的 namespace，并将相关资源部署在这个 namespace 下。此外，还指定了 Ingress Controller 的启动参数，让其监控 `ingressClass` 取值为 `test-ingress` 的 Ingress 资源：

```
$ helm install myic nginx-stable/nginx-ingress -n ic-test --create-namespace --set
controller.ingressClass=test-ingress
NAME: myic
LAST DEPLOYED: Sun Jun 28 19:18:34 2020
NAMESPACE: ic-test
STATUS: deployed
REVISION: 1
TEST SUITE: None
NOTES:
The NGINX Ingress Controller has been installed.
```

(3) 查看已安装的 release：

```
$ helm list  -n ic-test
NAME    NAMESPACE   REVISION   UPDATED                                  STATUS     CHART
APP VERSION
myic    ic-test     1          2020-06-28 19:18:34.80694826 +0800 CST   deployed
nginx-ingress-0.5.2    1.7.2
```

(4) 通过 `kubectl` 命令确认自动部署的资源对象：

```
# 为了更好地显示，已删除输出内容中的非关键信息
$ kubectl get all -n ic-test
pod/myic-nginx-ingress-69dcfbb87f-6zqfn
service/myic-nginx-ingress   LoadBalancer   10.101.100.233

deployment.apps/myic-nginx-ingress
```

```
replicaset.apps/myic-nginx-ingress-69dcfbb87f

$ kubectl get cm -n ic-test
NAME                                    DATA   AGE
istio-ca-root-cert                      1      2m15s
myic-nginx-ingress                      0      2m15s
myic-nginx-ingress-leader-election      0      2m15s

$ kubectl get secrets -n ic-test
myic-nginx-ingress-default-server-secret
myic-nginx-ingress-token-bwh7p
sh.helm.release.v1.myic.v1
```

(5) 从 Deployment 的输出内容中可以看到，我们正确指定了 `ingress-class`：

```
spec:
    containers:
        - args:
        ...省略其他内容...
        # 配置指定了 ingress-class
        - -ingress-class=test-ingress
        - -use-ingress-class-only=false
        ...省略其他内容...
```

3. 部署 NGINX Plus Ingress Controller

在上面两种部署方式中，我们均是以开源 NGINX 作为示例。对于希望使用 NGINX Plus 部署 Ingress Controller 的读者，首先需要构建基于 NGINX Plus 的镜像：

```
$ls -lrt nginx-repo.*
-rw-r--r-- 1 root root 1224 Mar 18 09:04 nginx-repo.crt
-rw-r--r-- 1 root root 1704 Mar 18 09:04 nginx-repo.key

$ make DOCKERFILE=DockerfileForPlus PREFIX=myregistry.example.com/nginx-plus-ic
```

注意在执行构建前，需要将获取的商业版证书与密钥文件放置在根目录，在构建时要使用专用于 NGINX Plus 的 Dockerfile 文件。

镜像构建完成后，如果是以 Manifests 文件的方式部署，就要修改 yaml 文件中的 image 镜像地址，并在启动参数中启用 `-nginx-plus` 参数，其他步骤与部署 NGINX Ingress Controller 时一致。如果是以 Helm 的方式部署，则需要覆盖 value.yaml 文件中的 `images` 值，并设置 `nginxplus` 为 `true`，相关命令如下：

```
$ helm install --name my-release nginx-stable/nginx-ingress --set
controller.image.repository=myregistry.example.com/nginx-plus-ingress --set
controller.nginxplus=true
```

19.2.2　扩展 Ingress Resource 功能的五种方式

Kubernetes 原生提供的 Ingress Resource 功能很少，仅有基于主机名或者 URI 进行路由和简单的 TLS 卸载功能。这就像给底层的数据平面控制器施加了一层魔咒，无论它实现的产品本身功能多么强大，都无法发挥出来。为此，NGINX Ingress Controller 提供了五种方式来帮助用户增强 Ingress Resource 的功能，分别是：Annotation 扩展、ConfigMap 扩展、自定义模板、自定义 Annotation 和 CRD。

1. Annotation 扩展

Annotation 是 Kubernetes 社区中对资源类型进行注解的一种方法，一般写在资源对象的 `metadata` 部分。其本身可以作为对资源的一种注释、备忘，也可以用来影响和改变相关组件处理该资源时的行为和结果。注解的格式一般是“前缀/名称”，其中前缀必须为 DNS 的 FQDN 格式，长度不得超过 253 个字符；名称需要以大小写字母或者数字开头或结尾，允许有中杠（-）、下杠（_）和点（.），长度不得超过 63 个字符。`Kubernetes.io` 和 `Kubernetes.io/`这两个前缀是 Kubernetes 内相关组件使用的保留前缀。注解也可以不包含前缀，只包含名字，这样的注解仅能让用户本身作为注释使用。

使用 Annotation 配置高级特性时，需要注意 Annotation 是用在 Ingress 资源上的，因此相关配置内容都在 `server` 或者 `location` 这样的上下文内。如果某个扩展功能是 NGINX 商业版的特性，那么 Annotation 的前缀是 `nginx.com/`，否则是 `nginx.org/`。NGINX 支持的 Annotation 是在不断变化的，这里我们不会详细列出所有的扩展项，仅综述涵盖的注解类型。如果大家想了解更多细节，可以访问 https://docs.nginx.com/nginx-ingress-controller/configuration/ingress-resources/advanced-configuration-with-annotations/。

- **通用类**：一般用于调整连接的超时时间，如 `proxy_connect_timeout` 指令。
- **操作请求头/URI 类**：用于控制 HTTP 请求头，或改写 URI。
- **SSL/TLS 类**：用于设置和控制与 SSL/TLS 相关的指令。
- **upstream 类**：用于控制和上游服务相关的配置，如负载均衡算法、健康检查、连接池和连接数限制等。
- **snippet 类**：如果存在上述这些注解都没有涵盖的指令，则可以通过这种类型的注解来扩展，它允许直接在注解中粘贴原始 NGINX 的指令块，当前支持在 `location` 和 `server` 这两个上下文中配置。

下面我们用示例来观察一下如何在 NGINX 上配置 Annotation：

```
apiVersion: extensions/v1beta1
kind: Ingress
metadata:
```

```
    name: cafe-ingress
    annotations:
        nginx.org/proxy-connect-timeout: "30s"
        nginx.org/proxy-read-timeout: "20s"
        nginx.org/client-max-body-size: "4m"
        nginx.org/location-snippets: |
            limit_req zone=req_zone_10 burst=1 nodelay;
            limit_req zone=perserver nodelay;
spec:
    tls:
    - hosts:
        - cafe.example.com
        secretName: cafe-secret
    rules:
    - host: cafe.example.com
        http:
            paths:
            - path: /tea
                backend:
                    serviceName: tea-svc
                    servicePort: 80
            - path: /coffee
                backend:
                    serviceName: coffee-svc
                    servicePort: 80
```

在这个示例中，我们设置 proxy_connect_timeout 为 30s，设置 proxy_read_timeout 为 20s，设置 client_max_body_size 为 4m，同时通过 location-snippets 增加了一段关于 limit_req 指令的配置。

如下为产生的实际 NGINX 配置内容，从输出内容中可以看到所有 location 上下文都应用了刚配置的所有 Annotation：

```
location /tea {
    proxy_http_version 1.1;
    limit_req zone=req_zone_10 burst=1 nodelay;
    limit_req zone=perserver nodelay;
    proxy_connect_timeout 30s;
    proxy_read_timeout 20s;
    proxy_send_timeout 60s;
    client_max_body_size 4m;
    …省略其他配置…
}
location /coffee {
    proxy_http_version 1.1;
    limit_req zone=req_zone_10 burst=1 nodelay;
    limit_req zone=perserver nodelay;
    proxy_connect_timeout 30s;
    proxy_read_timeout 20s;
    proxy_send_timeout 60s;
    client_max_body_size 4m;
    …省略其他配置…
}
```

你此时可能会想一个问题，怎么在不同的 location 上下文里使用不同的 Annotation？对此 NGINX 提供了 Mergeable Ingress Resource 功能。Mergeable Ingress Resource 由一个 Master Ingress Resource 和多个 Minion Ingress Resource 组成。

Master Ingress Resource 负责处理主级级别的相关配置，所涉及的 Annotation 将应用于整个主机，如 TLS、监听器端口等。在一个 FQDN 主机里，只允许存在一个 Master Ingress Resource，且不能包含路径方面的设置。

Minion Ingress Resource 主要负责本地相关的配置。所有 Minion Ingress Resource 最终都会被追加给 Master Ingress Resource，从而形成完整的 Ingress Resource 配置。对于关联到同一个 Master Ingress Resource 上的各 Minion Ingress Resource 而言，不能包含彼此冲突的 location 配置。

正是由于 Master Ingress Resource 和 Minion Ingress Resource 分别负责不同的配置，因此 Annotation 使用起来会有所限制，表 19-2 列出了在 Master Ingress Resource 和 Minion Ingress Resource 中不可以使用的 Annotation。

表 19-2　不可以使用的 Annotation

在 Master Ingress Resource 中	在 Minion Ingress Resource 中
nginx.org/rewrites	nginx.org/proxy-hide-headers
nginx.org/ssl-services	nginx.org/proxy-pass-headers
nginx.org/grpc-services	nginx.org/redirect-to-https
nginx.org/websocket-services	ingress.kubernetes.io/ssl-redirect
nginx.com/sticky-cookie-services	nginx.org/hsts
nginx.com/health-checks	nginx.org/hsts-max-age
nginx.com/health-checks-mandatory	nginx.org/hsts-include-subdomains
nginx.com/health-checks-mandatory-queue	nginx.org/server-tokens
	nginx.org/listen-ports
	nginx.org/listen-ports-ssl
	nginx.org/server-snippets

关于 Mergeable Ingress Resource 的更多信息，读者朋友可以参考相关的 GitHub 页面。

最后，我们来看一个实际的 Mergeable Ingress Resource 配置实例：

```
apiVersion: extensions/v1beta1
kind: Ingress
metadata:
  name: cafe-ingress-master
  annotations:
kubernetes.io/ingress.class: "nginx"
# 此 Annotation 负责声明 Mergeable Ingress Resource 类型为 Master
    nginx.org/mergeable-ingress-type: "master"
```

```
spec:
    # Master Ingress Resource 中仅包含主机级别的相关配置
  tls:
  - hosts:
    - cafe.example.com
    secretName: cafe-secret
  rules:
  - host: cafe.example.com
---
apiVersion: extensions/v1beta1
kind: Ingress
metadata:
  name: cafe-ingress-teasvc-minion
  annotations:
    # 声明类型为 minion
nginx.org/mergeable-ingress-type: "minion"
# 以下 Annotation 仅应用于/tea location
    nginx.org/proxy-read-timeout: "120"
    kubernetes.io/ingress.class: "nginx"
    nginx.org/location-snippets: |
      limit_req zone=req_zone_10 burst=1 nodelay;
      limit_req zone=perserver nodelay;
spec:
  rules:
  - host: cafe.example.com
    http:
      paths:
      - path: /tea
        backend:
          serviceName: tea-svc
          servicePort: 80
---
apiVersion: extensions/v1beta1
kind: Ingress
metadata:
  name: cafe-ingress-coffeesvc-minion
  annotations:
# 声明类型为 minion
nginx.org/mergeable-ingress-type: "minion"
# 以下 Annotation 仅应用于/tea location，注意时间不同
# snippets 内容也不同
    nginx.org/proxy-read-timeout: "100"
    kubernetes.io/ingress.class: "nginx"
    nginx.org/location-snippets: |
      limit_req zone=req_zone_20 burst=1 nodelay;
      limit_req zone=perserver nodelay;
spec:
  rules:
  - host: cafe.example.com
    http:
      paths:
      - path: /coffee
        backend:
          serviceName: coffee-svc
          servicePort: 80
```

最终产生的NGINX配置内容如下：

```
location /coffee {
    # location for minion default/cafe-ingress-coffeesvc-minion
    proxy_http_version 1.1;
    limit_req zone=req_zone_20 burst=1 nodelay;
    limit_req zone=perserver nodelay;
    proxy_connect_timeout 60s;
    proxy_read_timeout 100;
    proxy_send_timeout 60s;
    client_max_body_size 1m;
}
location /tea {
    # location for minion default/cafe-ingress-teasvc-minion
    proxy_http_version 1.1;
    limit_req zone=req_zone_10 burst=1 nodelay;
    limit_req zone=perserver nodelay;
    proxy_connect_timeout 60s;
    proxy_read_timeout 120;
    proxy_send_timeout 60s;
    client_max_body_size 1m;
}
```

可以看到不同 `location` 块的配置是不同的。

2. ConfigMap扩展

ConfigMap同样是Kubernetes中的一种资源对象，它主要存储非机密性的键值对。ConfigMap可以作为环境变量、启动命令行参数、以卷的形式挂载给pod或者直接通过entrypoint将ConfigMap名称传递给pod。pod内的程序可以直接读取ConfigMap中的具体内容，也可以调用Kubernetes提供的API接口来获取其中的内容。利用这个特性，我们可以解耦容器与环境或配置的关系，方便地在不同环境中迁移容器。

NGINX Ingress Controller通过将ConfigMap作为启动运行参数带入pod内的容器中，容器entrypoint执行nginx-ingress程序，该程序直接调用Kubernetes社区提供的API获取相关ConfigMap的内容，从而控制NGINX配置内容中的全局配置或NGINX的运行行为，如是否启动调试、是否报告Ingress状态中的 `Address` 字段。

NGINX Ingress Controller把ConfigMap名称传递给nginx-ingress程序：

```
/nginx-ingress -nginx-configmaps=nginx-ingress/nginx-config **省略其他参数**
```

程序从Kubernetes社区提供的API中读取ConfigMap的具体内容：

```
if *nginxConfigMaps != "" {
    ...省略其他代码...
    cfm, err := kubeClient.CoreV1().ConfigMaps(ns).Get(context.TODO(), name,
        meta_v1.GetOptions{})
    ...省略其他代码...
```

NGINX Ingress Controller 提供了多种预定义的 ConfigMap key，能帮助我们更好地定义 NGINX 全局配置，如 `worker-processes`、`proxy-connect-timeout` 等。表 19-3 对 ConfigMap key 提供的功能做了分类，每个分类的具体 `key` 值请参考 https://docs.nginx.com/nginx-ingress-controller/configuration/global-configuration/configmap-resource/。

表 19-3 ConfigMap key 分类

功 能 类	涵盖的能力
通用配置类	用于控制 NGINX 的全局配置，如连接超时计时器、工作进程相关的指令、缓冲区的大小、长连接等
日志类	用于控制日志的级别、格式、是否启用
操作请求头类	用于设置 `proxy_pass_headers`、`proxy_hide_headers`
TLS 类	负责 SSL 重定向、SSL 协议、cipher 控制、hsts 设置等
监听器类	用于启用 HTTP/2 协议和代理协议
Upstream 类	用于设置负载均衡算法、zone size、keepalive、fails 相关的内容
snippet 类	与 Annotation 扩展中的 snippet 类类似，支持注入整段 NGINX 配置，支持 `main`、`http`、`location`、`server`、`stream` 上下文的 snippet
自定义模板类	主要用于自定义的 `main` 与 `ingress` 模板
模块类	用于启用 OpenTracing 的支持与配置

需要注意，如果在 ConfigMap 与 Annotation 中同时存在相同的配置，那么 Annotation 中的配置会覆盖 ConfigMap 中的配置。

下面以一个实例演示 ConfigMap 的使用方法。这里假设我们使用 NGINX Plus 作为 Ingress Controller，需要将多个 Ingress Controller 构建为一个同步组，以同步 NGINX 键值对、请求限速等信息，那么可以在 ConfigMap 中增加如下 `stream-snippets` 来实现：

```
apiVersion: v1
data:
  stream-snippets: |
    resolver 10.96.0.10 valid=5s;
    server {
       listen 12345;
       zone_sync;
       zone_sync_server nginx-ic-svc.nginx-ingress.svc.cluster.local:12345 resolve;
    }
kind: ConfigMap
...省略其他配置...
```

最终 NGINX 将产生如下配置内容：

```
stream {
    log_format  stream-main  '$remote_addr [$time_local] '
                             '$protocol $status $bytes_sent $bytes_received
                             '$session_time "$ssl_preread_server_name"';
```

```
    access_log  /var/log/nginx/stream-access.log  stream-main;
    resolver 10.96.0.10 valid=5s;
    server {
       listen 12345;
       zone_sync;
       zone_sync_server nginx-ic-svc.nginx-ingress.svc.cluster.local:12345 resolve;
}
...省略其他配置...
```

3. 自定义模板

在默认设置下，NGINX Ingress Controller 容器会使用内置的配置模板，渲染生成具体的 NGINX 配置，这些模板默认位于容器内的根目录下，分为以下四种。

- 主模板：nginx.tmpl（用于 NGINX 开源版本）、nginx-plus.tmpl（用于 NGINX Plus）。
- Ingress 模板：nginx.ingress.tmpl、nginx-plus.ingress.tmpl。
- VirtualServer 模板：用于 VirtualServer CRD。
- Transportserver 模板：用于 TLS passthrough。

首先，我们需要讨论一下，为什么要做自定义模板，自定义模板可以用在什么场景中？尽管 NGINX 已经提供了 Annotation、ConfigMap 来扩展 Ingress Resource 的功能，但这些扩展只涵盖了大部分的常用场景，企业很可能还有自己的特殊需求，这就需要利用自定义模板来实现。

NGINX Ingress Controller 容器允许用户利用启动参数`-ingress-template-path`指定非默认的 Ingress 模板，在实际使用时只需将自定义的模板构建到镜像或者挂载到某个目录下即可。但利用此参数仅能自定义用于处理 Ingress 资源的模板，同时这种通过启动参数实现的方法使得在每次发生变化时都需要重新启动容器，因此使用上并不便捷。实际上，通过 ConfigMap 来自定义模板会更方便。截至编写本书时，ConfigMap 已经可以支持自定义主模板、Ingress 模板和 VirtualServer 模板。编写模板时用的是`go-template`语法，这里我们将用实际的实例来演示自定义模板的方法，不会过度关注`go-template`语法本身。利用 ConfigMap 自定义模板的基本逻辑如下：

```
kind: ConfigMap
apiVersion: v1
metadata:
    name: nginx-config
    namespace: nginx-ingress
data:
    main-template: |
        worker_processes {{.WorkerProcesses}};
        ...
                include /etc/nginx/conf.d/*.conf;
        }
    ingress-template: |
        {{range $upstream := .Upstreams}}
```

```
        upstream {{$upstream.Name}} {
            {{if $upstream.LBMethod }}{{$upstream.LBMethod}};{{end}}
        ...
        }{{end}}
    virtualserver-template: |
        {{ range $u := .Upstreams }}
        upstream {{ $u.Name }} {
            {{ if ne $u.UpstreamZoneSize "0" }}zone {{ $u.Name }}
                {{ $u.UpstreamZoneSize }};{{ end }}
        ...
        }
        {{ end }}
```

其实就是将对应的 ConfigMap key 值放入需要自定义的部分。下面我们还是通过一个实际的例子来介绍自定义模板的用法。假设当前 NGINX Ingress Controller 在构建镜像的时候已经选择了包含 OpenTracing，那么查看默认的主模板就可以看到内置模板本身仅打开了 OpenTracing，而没有增加关于 OpenTracing 标识的设置：

```
{{if .OpenTracingEnabled}}
opentracing on;
{{end}}
```

可我们的需求是为 OpenTracing 增加标识设置。由于 OpenTracing 的 tag 指令包含在 http 上下文中，所以我们可以自定义主模板来增加这个功能，在 ConfigMap 中增加如下 main-template 键值对即可：

```
main-template: |
worker_processes  {{.WorkerProcesses}};
...
http {
...
    {{if .OpenTracingEnabled}}
    opentracing on;
    opentracing_tag bytes_sent $bytes_sent;
    opentracing_tag http_user_agent $http_user_agent;
    opentracing_tag request_time $request_time;
    opentracing_tag upstream_addr $upstream_addr;
    opentracing_tag upstream_bytes_received $upstream_bytes_received;
    opentracing_tag upstream_cache_status $upstream_cache_status;
    opentracing_tag upstream_connect_time $upstream_connect_time;
    opentracing_tag upstream_header_time $upstream_header_time;
    opentracing_tag upstream_queue_time $upstream_queue_time;
    opentracing_tag upstream_response_time $upstream_response_time;
    {{end}}
}
```

这里存在一个问题，这个设置过程看上去也可以直接使用 HTTP Snippets 并粘贴相关配置来实现。从直接把配置内容引入配置文件的角度来说，这样做是没有问题的，但这无法支持条件判断。而在本例中，需要首先判断是否启用了 OpenTracing，启用了的话才能将配置内容写入，否则不写入。自定义模板更适合在需要进行较为复杂的逻辑判断或相关配置需要引入配置变量替换的场景中使用。

4. 自定义 Annotation

本节中我们再介绍一种扩展 NGINX Ingress Controller 功能的方法——自定义 Annotation。先想象一个场景：管理员希望以在外部配置某变量值的方式，控制模板的配置，如在模板内引入某个针对应用的全局功能配置，但是否开启此功能配置是由外部 Annotation 决定的。再想象另外一个场景：NGINX 的模板配置由平台管理员负责，而应用的 Ingress 日常发布由项目对应的应用管理员负责，平台管理员可能会希望预置很多满足不同应用需求的场景配置，是否使用这些场景则由应用管理员通过 Annotation 自行控制，这样可以较好地协调平台管理员和不同项目的应用管理员之间的关系。自定义 Annotation 的方式可以满足这两类场景的需求，下面是它的基本实现步骤。

(1) 自定义一个模板，往其中引入相关功能的配置，并通过判断自定义的 Annotation 来控制这些配置：

```
# 如果自定义 Annotation custom.nginx.org/feature-a 存在
{{if index $.Ingress.Annotations "custom.nginx.org/feature-a"}}
# 这里增加 featureBA 的配置代码
{{end}}

# 将 custom.nginx.org/feature-b 的值输入到配置
{{with $value := index $.Ingress.Annotations "custom.nginx.org/feature-b"}}
# 这里增加 feature B 的配置代码
# Print the value assigned to the annotation: {{$value}}
{{end}}
```

(2) 在 Ingress 中应用上述自定义的 Annotation：

```
apiVersion: extensions/v1beta1
kind: Ingress
metadata:
    name: example-ingress
    namespace: production
    annotations:
        custom.nginx.org/feature-a: "on"
        custom.nginx.org/feature-b: "512"
spec:
    rules:
    - host: example.com
```

(3) 下面同样以一个实例来介绍自定义 Annotation 的具体使用方法。假设有一个需求是让应用自主决定是否记录访问日志，那我们首先要自定义 Ingress 模板，在 ConfigMap 中增加类似下面这样的配置：

```
  # 已省略其他配置
ingress-template: |
    # configuration for {{.Ingress.Namespace}}/{{.Ingress.Name}}
    {{range $server := .Servers}}
    server {
      {{if index $.Ingress.Annotations "custom.nginx.org/disable-server-log"}}
      access_log off;
      {{end}}
...
```

再在应用对应的 Ingress 中使用自定义的 Annotation：

```
  # 已省略其他配置
kind: Ingress
metadata:
    annotations:
        custom.nginx.org/disable-server-log: "on"...
```

查看最后生成的配置内容，确认配置是否生效：

```
# cat default-apidemo-ingress.conf
# configuration for default/apidemo-ingress
server {
    access_log off;
    ...省略其他配置...
}
```

5. CRD

CRD（全称是 Custom Resources Definition）是 Kubernetes 的一种 API 资源，主要用于扩展 Kubernetes 的功能。当创建 CRD 后，用户就可以像使用 Kubernetes 默认内置的资源对象那样利用 `kubectl` 命令使用它了。NGINX 利用 CRD 实现了两种扩展资源——VirtualServer（简称 VS）和 VirtualServerRoute（简称 VSR）。

NGINX 开发上述两种 CRD 的目的是用它们替换 Kubernetes 原生的 Ingress API 资源，以满足更丰富的场景需求。我们知道 Ingress 资源本身具有的功能较为局限，虽然我们已经介绍了几种扩展其功能的方法，但这些方法本身还是要求使用者要在一定程度上对 NGINX 领域的知识有所了解，这样才能更加熟练地应用。而 Kubernetes 的使用者中有很多是应用开发人员或者应用维护人员，这些人员可能无法很深入地掌握 NGINX 领域的相关知识，因此就需要一种既能让使用者无须掌握过多 NGINX 领域的知识，又能扩展 Ingress 的功能的方法，同时这种方法要与 Kubernetes 社区中其他 API 资源具有一致的使用体验。VirtualServer 和 VirtualServerRoute 是 NGINX 未来发展 NGINX Ingress Controller 的功能的主要方式。

在工作机制上，VirtualServer 与 VirtualServerRoute 基于独立的模板，渲染生成最终的 NGINX 配置。我们在前几节提到的“ConfigMap 扩展”是针对 NGINX 做了全局性配置，因此 ConfigMap 中的扩展对 VirtualServer 和 VirtualServerRoute 产生的配置依然有效，但如果它们中包含重叠的配置，那么 VirtualServer 和 VirtualServerRoute 的配置会覆盖 ConfigMap 的配置。

VirtualServerRoute 在本质上类似于 Mergeable Ingress Resource，用于在某个 `location` 块下进一步细化相关的配置与逻辑。尽管 VirtualServerRoute 中也包含很多和 VirtualServer 一致的配置对象，但我们并不能脱离 VirtualServer，只单独配置 VirtualServerRoute，如果查看源码，就会发现 NGINX Ingress Controller 中只有针对 VirtualServer 的独立模板，而没有针对 VirtualServerRoute 的模板，所以 VirtualServerRoute 必须依附于 VirtualServer。

VirtualServer 和 VirtualServerRoute 还处在快速发展的过程中，以下介绍的内容仅基于本书成稿时它们提供的功能。

VirtualServer 资源包含的 Specification 有 `TLS`、`TLS.Redirect`、`Route`。

VirtualServerRoute 资源包含的 Specification 有 `subroute`。

VirtualServer 资源和 VirtualServerRoute 资源均包含的通用 Specification 有 `Upstream`、`Upstream.Buffers`、`Upstream.TLS`、`Upstream.Queue`、`Upstream.Healthcheck`、`Upstream.SessionCookie`、`Header`、`Action`、`Action.Redirect`、`Action.Return`、`Split`、`Match`、`Condition`、`ErrorPage`、`ErrorPage.Redirect`、`ErrorPage.Return`。

以上这些 Specification 在配置上遵循 yaml 规范，如果想理解和使用它们，可以参考 https://docs.nginx.com/nginx-ingress-controller/configuration/virtualserver-and-virtualserverroute-resources 获取最新内容。下面我们用几个例子来直观、快速地理解一下 VirtualServer 和 VirtualServerRoute。

(1) 如果请求 URI 中的 `path` 参数和 `/tea` 匹配了，则 NGINX Ingress Controller 会把请求转发到上游服务 `tea`；同理，如果和/`coffee` 匹配了，就把请求转发到上游服务 `coffee`。这是标准的 `cafe` 实例：

```
apiVersion: Kubernetes.nginx.org/v1
kind: VirtualServer
metadata:
    name: cafe
spec:
    host: cafe.example.com
    tls:
        secret: cafe-secret
    upstreams:
    - name: tea
        service: tea-svc
        port: 80
    - name: coffee
        service: coffee-svc
        port: 80
    routes:
    - path: /tea
        action:
```

```
            pass: tea
    - path: /coffee
        action:
            pass: coffee
```

(2) 当访问/coffee 路径时，我们按下面这样设置，实现按照流量百分比做灰度发布：

```
apiVersion: Kubernetes.nginx.org/v1
kind: VirtualServer
metadata:
    name: cafe
spec:
    host: cafe.example.com
    upstreams:
    - name: coffee-v1
        service: coffee-v1-svc
        port: 80
    - name: coffee-v2
        service: coffee-v2-svc
        port: 80
    routes:
    - path: /coffee
        splits:
        - weight: 90
            action:
                pass: coffee-v1
        - weight: 10
            action:
                pass: coffee-v2
```

(3) 假设一个业务由总项目组 café 以及两个子服务项目组 tea 和 coffee 合作完成，不同项目组的资源用命名空间区分，各项目组独立负责自己命名空间内的资源配置，然后需要两个子项目组各自控制将自己的请求 URI 中的 path 参数映射到哪个 service 上，它们相互不影响，各配各的映射。要实现这个需求，可以采取以下跨 VirtualServer 和 VirtualServerRoute 进行配置的方式：

```
apiVersion: Kubernetes.nginx.org/v1
kind: VirtualServer
metadata:
    name: cafe
    namespace: café
## café 总项目组负责域名的整体配置，包含 TLS 证书等
spec:
    host: cafe.example.com
    tls:
        secret: cafe-secret
    routes:
## 各个不同的子服务项目组通过路由指向其各自的 VirtualServerRoute
    - path: /tea
        route: tea/tea
    - path: /coffee
        route: coffee/coffee
```

coffee 项目组的 VirtualServerRoute 配置如下：

```
apiVersion: Kubernetes.nginx.org/v1
kind: VirtualServerRoute
metadata:
    name: coffee
    namespace: coffee
spec:
    host: cafe.example.com
    upstreams:
    - name: coffee
        service: coffee-svc
port: 80
## 采用 subroutes 指向最终 svc
    subroutes:
    - path: /coffee
        action:
            pass: coffee
```

tea 项目组的 VirtualServerRoute 配置如下：

```
apiVersion: Kubernetes.nginx.org/v1
kind: VirtualServerRoute
metadata:
    name: tea
    namespace: tea
spec:
    host: cafe.example.com
    upstreams:
    - name: tea
        service: tea-svc
        port: 80
    subroutes:
    - path: /tea
        action:
            pass: tea
```

从上面的几个例子可以看出，解耦 VirtualServer 和 VirtualServerRoute 组件可以针对不同的组织方式，非常灵活地实现与之匹配的管理方式。VirtualServer 和 VirtualServerRoute 提供的不同 Specification 有助于简化配置业务，使管理人员无须过多了解 NGINX 本身的知识，只需了解相关的 Specification 即可。

19.3　Ingress Controller 的常见部署结构

Ingress Controller 作为 Ingress 具体的数据平面，其本身的形态与运行模式会对部署产生影响。作为 PaaS 下南北流量最重要的入口，在部署 Ingress Controller 时，应充分考虑其本身的特点及其与外部环境的配合情况。一般来说，在结构上存在三种部署模式：PaaS 内部署、PaaS 外部署、内外混合部署。下面我们将分别分析这三种模式。

19.3.1 PaaS 内部署

如图 19-2 所示，在 PaaS 内部署模式下，Ingress Controller 本身以容器的方式直接运行在 PaaS 内部。Ingress Controller 的生命周期与其他业务容器一样，完全接受编排平台的统一管理，可以把 Ingress Controller 理解为一种用于实现特定功能的普通容器。由于 Ingress Controller 以容器的方式运行在平台内，因此需要从以下几个方面考虑会对部署产生影响的因素。

- 以何种方式部署容器，是 Deployment 还是 DaemonSet。
- 是否需要构建专用的入口节点。
- 容器的网络端口的暴露方式与管理方式。
- 是否需要采用多控制器分片。
- 是否需要同步状态。

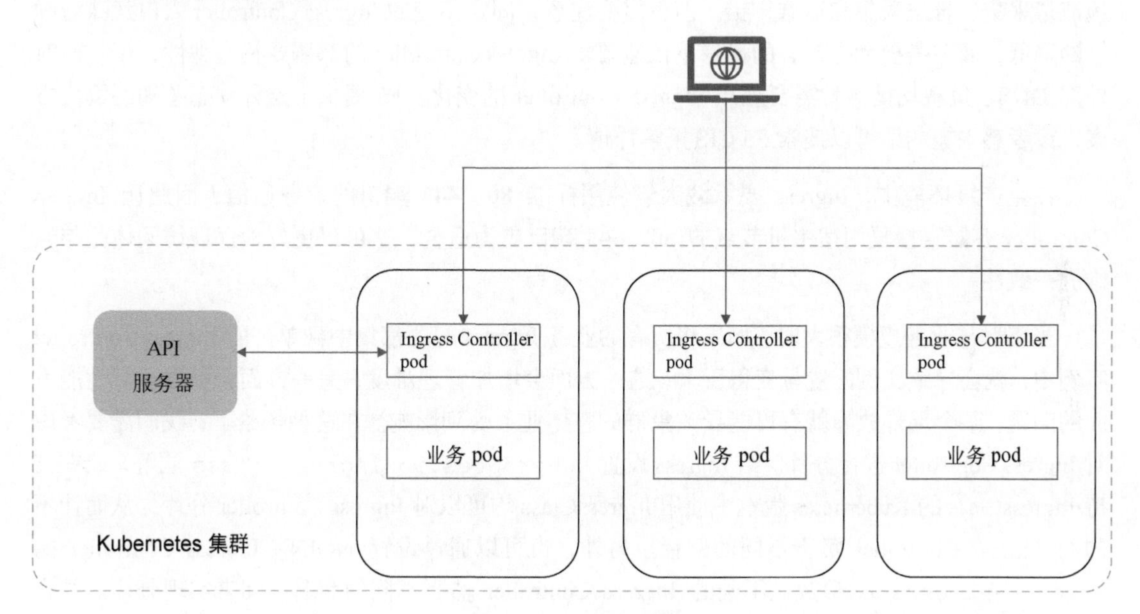

图 19-2 PaaS 内部署

以 Deployment 方式部署时，可依据亲和性等原则将 Ingress Controller pod 部署到指定的节点上，也可由调度器自行决定 pod 的运行分布。在自由调度方式下，pod 运行在哪个节点上具有不确定性，会导致业务访问入口发生变化。如果外部访问采用的是 DNS 解析方式，则 DNS 要能动态智能地感应这个变化，同时 DNS 存在缓存，频繁的入口变动有可能导致业务无法访问。如果采用外层负载均衡器统一入口的方式，就还需要把 Ingress Controller pod 的变化实时同步到负载均衡器中。在采用 Deployment 方式部署时，需要考虑的另一个问题是要避免多个 Ingress Controller pod 运行在同一个节点上。因为如果采用的是主机的 network 模式，就会导致端口冲突。采用

DaemonSet 方式部署比 Deployment 方式要简化很多，调度器默认会确保为每个节点各部署一个 Ingress Controller pod，这就无须考虑 Ingress Controller 自身端口冲突的问题了，但仍需注意不要让 Ingress Controller 和同节点上的业务 pod 暴露的端口发生冲突。

在每个节点上都默认部署一个 Ingress Controller 并不是最优的做法，我们可能更希望把有些节点的资源用在其他业务上，同时有些特殊业务仍需使用宿主机的 80、443 等端口直接暴露，这就依然会导致 Ingress Controller 与同节点上的业务 pod 争抢宿主机的端口，产生冲突。

Kubernetes 从 1.18 版本开始支持将 DameonSet 部署交由标准的默认调度器来调度，这可以让 DaemonSet 部署也支持调度器具有的调度特性，从而综合两种部署方式，实现了在局部节点上的 DaemonSet 部署。将部署的那些专用 Ingress Controller 节点作为统一的入口，可以降低外部环境配合的耦合度，无须外部 DNS、负载均衡器的动态感知，同时流量的路径相对稳定，有助于实施流量采集、日志采集和运维排错。但也需要注意，固定不变的 Ingress Controller 入口意味着弹性的降低，而在需要动态扩容的场景下依然要求 Ingress Controller 的部署要具有弹性，于是这时外部 DNS、负载均衡器就需要感知 Ingress Controller 的变化。F5 提供了这种动态感知的解决方案，读者感兴趣的话可以搜索 F5 CIS 了解详情。

在生产级环境中，Ingress 要承载大量使用标准 80、443 端口的业务通信，因此让 Ingress Controller 容器直接复用宿主机节点的 80、443 端口更为适合，这可以更好地保证访问体验与运维的一致性。

当集群与业务规模很大时，如果将所有的业务 Ingress 配置都集中到单一的 Ingress Controller 实例中，就会导致实例配置量变得巨大，这一方面会增加管理难度，另一方面会引发运行性能方面的问题，某个局部故障就有可能导致集群的整体业务受到影响。在这种场景下，我们需要考虑对 Ingress Controller 进行分片。给 Ingress 设置 `kubernetes.io/ingress.class` 注解，或在支持 IngressClass 的 Kubernetes 版本中使用 IngressClass 均可以对 Ingress Controller 分片，从而让不同的 Ingress Controller 负责不同的配置。另外，也可以通过设置 NGINX Ingress Controller 的 `--watch-namespace` 参数让不同的 Ingress Controller 监听不同的命名空间来实现分片。结合 Ingress Controller 专用节点，可进一步根据业务需求将不同等级或不同访问量的业务分配至不同的 Ingress Controller，从而保证业务的 SLA。

在 PaaS 内部署模式下，集群中会存在多个 Ingress Controller 实例。对于一些功能，如限流需要保证在多个 Ingress Controller 实例中共享限流状态，实现分布式限流。如果无法实现状态共享，每个 Ingress Controller 仅统计自己的流量，那么此时的限流状态就会因 Ingress Controller 数量的变化而产生不一致。关于 Ingress Controller 实例的集群化，请参考本书第 24 章。

19.3.2 PaaS 外部署

当 Ingress Controller 的形态无法以容器的方式运行时，就需要在 PaaS 外部署它，如图 19-3 所示。使用这种方式的组件有 F5 BIG-IP、公有云的 LB 组件等。由于 Ingress Controller 在容器外运行，因此当创建 Ingress 资源的配置内容时，需要有一个方法能够将 Ingress 资源的配置过程转化并写入外部的 Ingress Controller 中。换句话说，这种部署相当于分离了 Ingress Controller 里的数据平面和负责配置转化的控制平面，让其数据平面运行在 PaaS 之外，控制平面则运行在 PaaS 之内。F5 BIG-IP CIS（Container Ingress Service）解决方案就提供了一个 BIGIP Controller 容器，该容器负责监听 API 资源，通过对接 F5 BIG-IP 的配置接口实现对 BIG-IP 的动态配置。AWS 上的 EKS 服务同样提供了类似的 Controller 容器，负责自动化地创建 ELB、ALB。

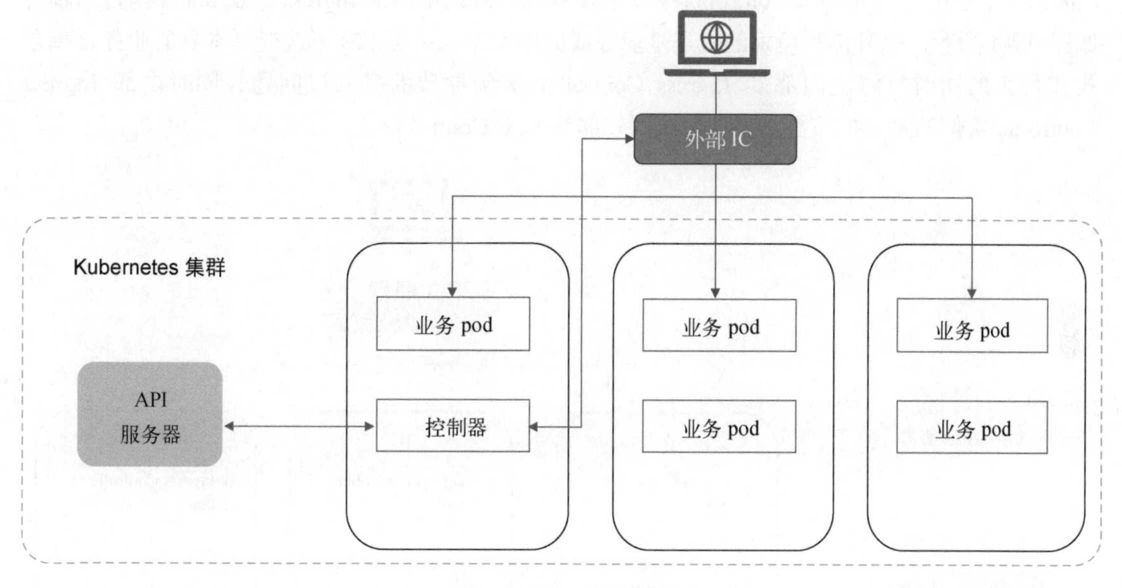

图 19-3 PaaS 外部署

与 PaaS 内部署模式不同，PaaS 外部署模式必须考虑 Ingress Controller 与 PaaS 的网络连通问题，Ingress Controller 如何将报文发送到最终的业务容器？存在两种网络模型：Ingress Controller 在网络上能够与业务 pod 直接通信、Ingress Controller 在网络上只能与节点直接通信。

第一种网络模型需要 PaaS 的网络组件能够支持外部 Ingress Controller 直接与业务 pod 构建二层关系，无论这是普通的二层还是基于 overlay 的二层。第二种网络模型则对 PaaS 本身的网络组件无特别要求，只需要 Ingress Controller 能从外部网络到达节点即可，相对于第一种模型，它需要借助 PaaS 本身的网络组件来满足通信，一般会借助 iptables，性能相对较差。

PaaS 外部署模式天然地屏蔽了 PaaS 内部署时遇到的多节点入口问题，它的业务 pod 的入口可以统一配置在外部控制器上，简化了入口的复杂性。PaaS 外部署的解决方案大部分由传统的应用交付领域的厂商来提供，这类产品往往具有丰富的功能特性，能够满足复杂的企业场景中的需求，且具有较好的稳定性，这可以使企业在将应用从传统环境迁移到 PaaS 环境后依然保持较高的交付质量与水平。

19.3.3　内外混合部署

从对 PaaS 内部署和 PaaS 外部署这两种部署的分析中可以看出，它们各有优缺点，前者的网络结构简单，但在满足企业特性需求方面较弱；后者对网络具有一定的要求，且存在组织关系的协调问题。内外混合部署可以融合这两种方案，同时部署内部 Ingress Controller 和外部 Ingress Controller，使用外部 Ingress Controller 来动态发现和负载均衡内部 Ingress Controller（串行部署），如图 19-4 所示。这种部署模式的优点是业务或应用发布人员可以在不改变其本身的业务发布方式和行为的同时，解决内部多 Ingress Controller 实例导致的多入口问题，同时内部 Ingress Controller 实例的水平扩缩都能自动发布到外部 Ingress Controller 上。

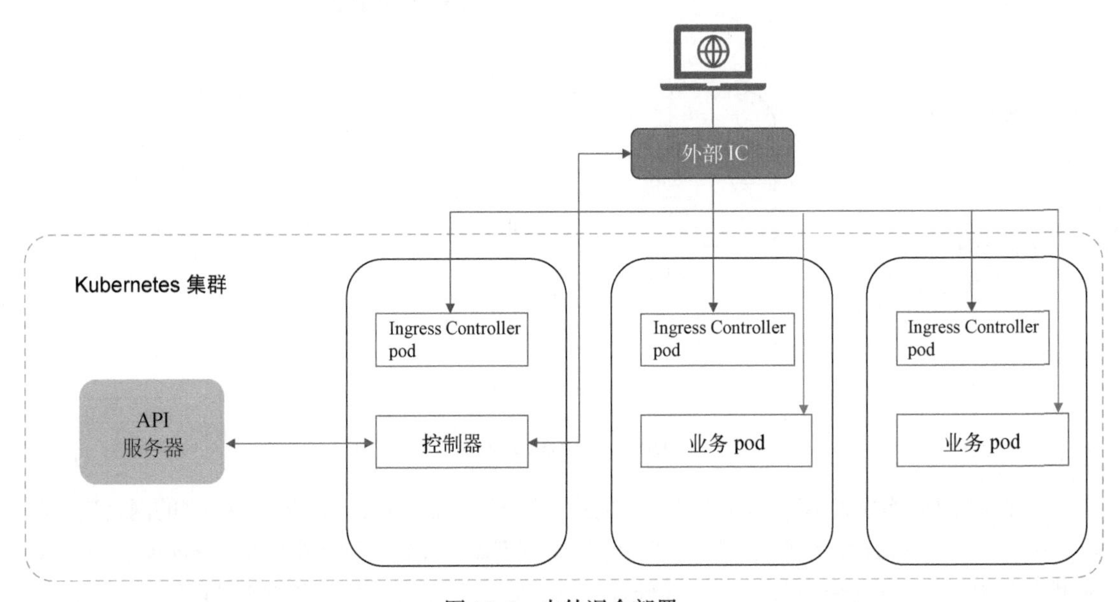

图 19-4　内外混合部署

内外混合部署模式下的内外两种 Ingress Controller 并不是严格的串行部署关系，本质上也不是强耦合关系。当内部 Ingress Controller 在功能上无法满足业务需求时，还可以将业务直接发布到外部 Ingress Controller 上。这种部署模式也能够较好地与企业组织关系相协调，外部 Ingress Controller 可以由非 PaaS 平台人员运维管理，日常的应用发布则由 PaaS 平台人员或应用运维人员发布与管理，管理边界十分清晰。

19.4 总结

Ingress 作为 PaaS 平台的关键业务流量入口，从 CNCF 关于 Ingress Controller 的部署情况调查结果中，可以了解到 NGINX 与 F5 BIG-IP 是主流的 Ingress Controller，因此了解 NGINX 如何扩展和增强 Ingress 资源是非常有必要的。本章中我们为大家介绍了 5 种 Ingress Resource 的扩展原理，并通过相应的示例帮助大家更好地理解每种扩展的用法。ConfigMap 扩展通常用于扩展 NGINX 的全局性配置；Annotation 扩展则一般用于 `server`、`location` 级别的配置；当需要进一步为不同 `location` 块采用不同的配置时，则可以考虑 Mergeable Ingress Resource 或 CRD；Snippets 适合直接嵌入无须逻辑控制的原始 NGINX 配置；对于更加复杂的需求，可以考虑自定义 Annotation 和自定义模板的方式。本章的最后为大家简要介绍了三种常见的 Ingress Controller 部署模式，内外混合部署模型在简化了入口复杂性的同时，保证了应用发布人员的一致性体验，是一种比较理想的部署模型。

第 20 章

微服务与 API 网关

在数字化转型的浪潮下，企业越来越深刻地认识到 IT 技术是支撑业务快速发展的关键基础，如何构建敏捷的文化和团队成了 CIO 们思考越来越多的问题。为了快速占领市场和增强竞争力，企业一方面要求研发人员快速响应业务开发的需求并上线产品，另一方面要求 IT 架构能够快速、灵活、安全地与上下游生态对接，以实现更全面的能力。基于这两方面原因，近年来微服务、API 技术被人们广泛提及。本章将介绍微服务及其发展历史、API 网关和典型的 API 网关部署模式。

20.1　微服务

微服务是近些年兴起的一种软件架构风格，相对于传统的大型单体应用而言，它能够更好地满足企业敏捷开发，以及适应业务快速迭代、持续交付的需求。

在传统的大型应用中，实现多种功能的代码全部耦合在一起，尽管可能已经采用结构化的方式降低了内部功能之间的耦合性，但最终还是要把实现它们的代码编译成一个单体程序来运行。这意味着每一次功能开发都需要在整体代码的基础上进行，开发人员无法更好地执行单元测试。测试人员也不得不在每个版本上都执行完整的测试，以确保新代码不会影响其他模块的功能，这大大增加了测试复杂度。同样，运维人员每次都上线完整的程序也会存在极大的风险。就如《凤凰项目》一书中所说：随着应用业务代码量的累积，每一次的变更与上线都是噩梦。

微服务较好地解决了这些问题。在微服务架构下，一个应用的各功能模块会被拆分为能够自成一体的独立微服务，每个微服务都是一个独立可运行的单元，实现独立的功能，如身份验证、购物车、消息通知、订单处理等。这些彼此独立的微服务借助 API 等接口构成最终的应用，对外提供服务。在此基础上，可以独立开发新的微服务，并使用其他微服务接口提供的服务，这个新增的微服务同样要对外提供其自身的服务接口。各微服务遵循统一的约束，从而形成可以互相理解的通信接口，并且可以独立做修改或升级，其内部的变化也可以借助接口的向后兼容等特性实现外部服务无感知和兼容，这大大提高了服务的开发与变更效率。

微服务既是一种技术，也是一种组织结构。康威定律告诉我们，企业的组织架构决定了其系统架构的设计方式，通俗点讲就是企业的组织架构如果是一种自上而下的形式，那么其系统架构最终也会形成烟囱式的竖井结构，如图 20-1 所示；如果是一种扁平化的小团队形式，那么其系统架构最终也会形成一个个独立的结构，如图 20-2 所示。

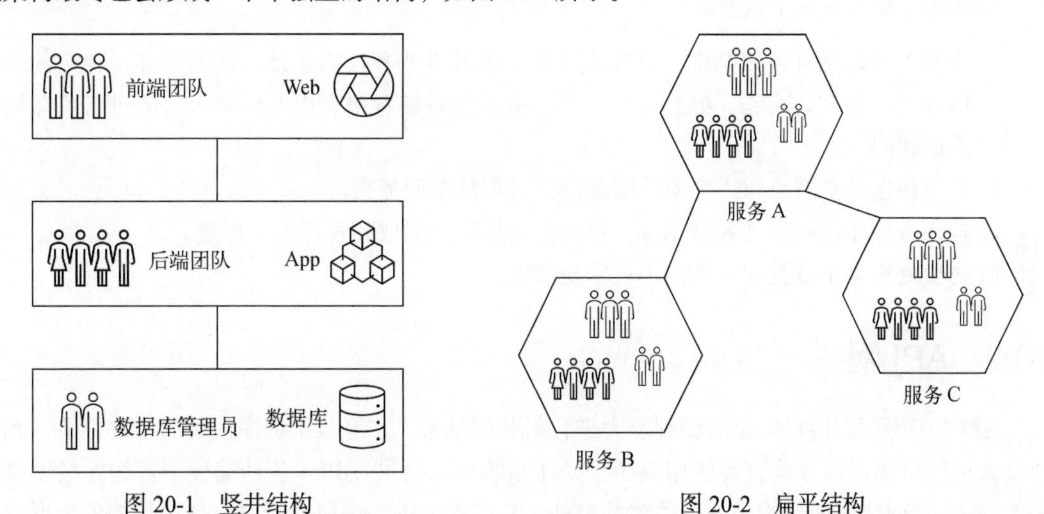

图 20-1　竖井结构　　图 20-2　扁平结构

容器是微服务应用的最佳交付形式。一个单体应用在被拆分为多个微服务后，企业要维护和管理的服务的数量开始变得巨大，如果仍然采用传统的虚拟机管理方式，就意味着运维人员需要维护繁多的应用运行环境，这将极大地抵消微服务带来的好处，因此需要根据不可变基础设施的思想，以容器的形式来快速统一应用的交付行为，并实现在不同环境下统一部署应用。

微服务的产生对应用程序的开发而言是一个里程碑式的事件，但任何一种技术都有两面性，微服务也不例外，也有其不可忽视的缺点。企业需要结合自身业务、团队文化、技术储备等多种因素来分析自己是否适合采用微服务架构，如果一味地追求技术的先进性，反而可能适得其反。下面我们快速总结一下微服务的优缺点。

微服务的优点有如下这些。

- 开发人员可以自由地独立部署和开发微服务。
- 微服务一般规模较小且较为自治，基于微服务的方法可缩短开发周期，不同团队可以同时开发不同的微服务。
- 微服务可以部署在容器上，从而减少跨环境产生的开销，并实现可移植性。
- 微服务更容易与 CI/CD 工具集成，因此开发人员可以采用现代的 DevOps 方法提升开发效率。
- 易于扩展，在微服务开发模式下一般以追求无状态性为特征。

- 微服务更易于构建、测试和维护。
- 允许开发人员采用最适合的技术和开发语言。
- 提供更好的故障隔离，当某一个微服务发生故障时，其他微服务可继续运行。

微服务的缺点有如下这些。

- 微服务会增加开发复杂度，开发人员除了要开发业务代码之外，还必须开发相应的非功能代码，如实现容错、处理网络延迟、处理各种编程语言以及跨多个服务进行负载均衡等的代码。
- 由于微服务具有分布式性质，因此测试过程烦琐而复杂。
- 应用程序中微服务的数量越多，就越会增加有效集成和管理的工作量。
- 需要处理多个数据库，增加了技术复杂度。

20.2 API 网关

API（应用程序接口）是对编程能力进行封装的结果，它屏蔽了程序内部的实现细节，允许开发人员按照约定的方式直接使用程序。操作系统可以提供 API，各种编程语言的标准库属于 API，API 是现代应用架构中一个关键的组件。从广义上讲，任何对资源组件进行抽象后形成的规范化合约都叫作 API。数据中心的各种网络服务提供 API 接口，这是产品根据自身能力抽象出的产品 API；在服务化开发模式下，各个模块要提供 API 来实现服务间的调用；在微服务架构下，单元服务对外暴露的标准方式是 API。利用 API 对资源调用进行抽象，不仅能提高使用者的效率，还能减少外部需求的复杂变化对开发者造成的干扰。越来越多的企业将 API 作为独立的产品来管理，组建独立的包含 API 产品经理、API 架构师、API 开发者和 API 布道师的 API 产品团队，构建 API 的理念从单纯的项目思想转变为了产品思想，他们不断吸取 API 使用者的意见来改进和迭代 API 产品，将 API 转化为能够为企业带来商业价值的数字经济。这正是所谓的 API 经济，如 Netflix 就有 50% 的收入来自 API。

本节中我们重点讨论与微服务紧密相关的 API。正如 20.1 节所说，每个微服务都会独立地提供服务给其他微服务，这里微服务就是以 API 的形式对外暴露其服务接口，接口会对微服务的调用方法、参数等信息进行约定，调用者只要遵循约定即可实现对微服务的调用。

然而在很多企业中，并不只是存在微服务。出于历史原因，这些企业中往往存在多种粒度的应用，有单体应用、虽经过服务化改造但单个应用依然较大的应用、微服务形态应用，这些应用采用的接口协议、自身 API 暴露的能力和契约规范都不尽相同。如果企业在数字化转型进程中需要面向外部开放这些应用的能力，就需要构建 API 调和层，通过它实现内部所有 API 的对外统一暴露和控制，屏蔽这些 API 之间的差异。API 调和层包含 API 网关和 API 管理两方面。在本章中，我们仅关注 API 网关，API 管理的部分请参考第 27 章。

API 网关更注重数据平面的处理能力，这是它与 API 管理最大的差异。API 网关一般具有以下能力。

- **安全防护**。API 网关应充分考量安全方面的处理手段，这包含 DDoS 防御、XML/JSON 等内容的防护、协议安全、认证、授权、SSL 加解密等。API 网关可以采取纵深防御模型来构建 API 的安全体系，其中第一层防御聚焦于高性能的 SSL 加解密、复杂的认证、协议安全，这层可以采用高性能的软件或硬件解决方案；第二层防御则更加关注 API 的资源对象授权和更加细粒度的 URL 资源控制等。当然，我们也可以直接在 API 网关上实现相应的安全防护，如 NGINX 推出的 NGINX App Protect（NAP）产品就是可以直接用于 NGINX API 网关的安全产品。
- **流量控制**。流量控制表现在对连接数量或请求数量的控制上，旨在避免突发请求造成 API 网关服务能力的下降或不可用。控制对象包含 API 的并发请求数、单位时间内被调用的次数、连接限制能力、TCP 队列能力和 TCP 连接复用能力等。同时，API 网关要具备在极端情况下对 API 进行主动熔断和降级的能力，以保证应用整体不受局部 API 失效的影响。
- **访问控制**。访问控制一方面是控制请求参数，如校验 XML 或 JSON Schema、对请求 URI 中的参数进行细粒度控制，确保有害请求无法对业务系统产生影响。从本质上讲，这类似于 WAF 产品提供的保护能力。另一方面是路由策略，API 网关是诸多 API 资源的统一入口，因此需要更加灵活的控制访问路由的能力，能够基于请求 URL、参数、请求头等不同维度的信息实现丰富的路由策略。
- **监控跟踪**。监控跟踪指实时监控 API 的数据，包括请求数、调用方式、响应时间、失败率等，并通过集中、高性能地采集这些数据，实现可视化报表以及基于智能学习等方式建立访问行为、基线数据。良好的 API 监控跟踪能够帮助企业更好地了解 API 的运营状态，为业务决策提供数据支持。在安全方面，监控跟踪能够帮助企业发现 API 滥用等不良行为。
- **高可用**。API 网关本身应该具备高可用性，能够避免局部实例或服务器故障对业务造成影响。在有新网关加入时能够做到慢启动，确保在网关可以提供业务支撑能力后再接入请求；而在发生变更或下线时，API 网关应该做到优雅下线，避免已经存在的请求被强行中断。
- **高性能/高弹性**。API 网关本身应该具备横向扩容和纵向扩容的能力，以保证无论是有状态网关还是无状态网关都能拥有最佳的扩容方式。一般来说，API 网关都以集群的形态部署，并在前端通过负载均衡类设备提供水平扩展的能力。

上面几点几乎都在反向代理/负载均衡类软件产品的基本功能范围之内，因此业界有很多基于 NGINX 实现的 API 网关类产品。用户既可以基于开源 NGINX 自行构建 API 网关，也可以使用 NGINX 公司提供的专业 API 管理产品实现统一的 API 管理。这里我们更关注基于开源 NGINX 构建 API 网关的能力，会通过一些典型的实现 API 功能的场景介绍配置 NGINX 的过程。下面是一个典型的配置案例，里面加入了注释以帮助大家理解。

```
http {
    types {
        ...# 省略其他类型的定义
        application/json json;
    }
    map_hash_bucket_size 512;
    underscores_in_headers on;
    default_type application/octet-stream;
    # 定义日志格式，引入不同 API 入口的标记、API 资源名称标记、API 所属环境标记。这些标记可用于
      在日志中区分这些 API 资源对象，以方便日志记录、追溯或者通过日志来分析不同 API 的访问统计、
      访问行为等
    log_format main '$remote_addr - "$api_client_name" [$time_local] "$request"
        $status $body_bytes_sent "$http_referer" "$http_user_agent"
        "$http_x_forwarded_for" $apimgmt_environment $apimgmt_definition
        $apimgmt_entry_point "$apimgmt_environment_name"
        "$apimgmt_definition_name" $jwt_claim_sub';
    access_log /var/log/nginx/access.log main;
    sendfile on;
    keepalive_timeout 65;
    # 通过 map 命令为不同 HTTP 请求中的主机头赋不同的变量值，供上述 log-format 指令调用
    map $host $api_client_name {
        default -;
    }
    map $host $apimgmt_entry_point {
        default -;
    }
    map $host $apimgmt_environment {
        default -;
    }
    map $host $apimgmt_environment_name {
        default -;
    }
    map $host $apimgmt_definition {
        default -;
    }
    map $host $apimgmt_definition_name {
        default -;
    }
    # 定义 API 控制，这里可以引入多种控制条件。本例中如果 HTTP 请求头里存在 access 头且值为 deny，
      则赋值为 0，否则赋值为 1
    map $http_access $passes_conditional_policy_4 {
        default 1;
        deny 0;
    }
    # API 后端资源，不同资源可以去往不同的 upstream
    upstream api-upstream {
        zone api-upstream 256k;
        server 192.168.214.130:80;
```

```
}
upstream mock-api-upstream {
    zone mock-api-upstream 256k;
    server 192.168.214.130:8080;
}
server {
    listen 80;
    server_name api.gw.demo;
    # 一个网关上可能存在多个不同的 IP:Port 入口
    # 此变量可以帮助识别此 API 是从哪个入口进入的
    set $apimgmt_entry_point 1;
    # 此 rewrite 有多个作用
    # 根据实际应用需要将外部访问的 API URL 转换为内部真实的 URI，可以对外隐藏真实 URL
    # 解耦外部访问 URL 与内部 URL 的对应关系，比如可以在内部变更资源对象而外部无须改变访问
      地址。例如合并外部用户访问的版本，将对/v1/api,/v2/api 的访问都转化为/stable/api
    # 可以根据实际情况灵活使用
    rewrite '^/plus2api/(.*)$' /api/$1;
    # 以下用于截取 HTTP 错误码响应，并自定义返回的错误信息
    location @400 {
        return 400 '{"status":400,"message":"Bad Request"}\n';
    }
    location @403 {
        return 403 '{"status":403,"message":"Forbidden"}\n';
    }
    location @404 {
        return 404 '{"status":404,"message":"Not Found"}\n';
    }
    location @405 {
        return 405 '{"status":405,"message":"Method Not Allowed"}\n';
    }
    location @406 {
        return 406 '{"status":406,"message":"Not Acceptable"}\n';
    }
    location @407 {
        return 407 '{"status":407,"message":"Proxy Authentication Required"}\n';
    }
    location @408 {
        return 408 '{"status":408,"message":"Request Timeout"}\n';
        # 省略更多错误的定义
    }
}
# 以下用于截取 http 错误码响应，并指定错误 page，错误 page 的内容由上面的 location 定义

error_page 400 = @400;
error_page 401 = @401;
error_page 402 = @402;
error_page 403 = @403;
error_page 404 = @404;
error_page 405 = @405;
error_page 406 = @406;
error_page 407 = @407;
error_page 408 = @408;

# 真实的 API 资源对象
```

```
location /api/5/nginx {
    # 设置一些变量，用于标记此API资源
    set $apimgmt_environment 1;
    set $apimgmt_definition 1;
    # 如果$passes_conditional_policy_4为0则禁止访问
    # 该值来自上面的map变量映射的查找
    # 当返回403错误状态时，NGINX截取错误响应并返回自定义的错误信息
      {"status":403,"message":"Forbidden"}
    if ($passes_conditional_policy_4 = 0) {
        return 403;
    }
    # 设置upstream的信息，用于后续内部/_demo_1处理时候将请求转发到真实的upstream。
      不同的前端URL可能需要路由到不同的upstream上，因此需要将变量设置在这里，而不是
      /_demo_1中
    set $upstream mock-api-upstream;
    set $upstream_protocol http;
    # 这里的rewrite主要为了解耦化，通过跳转到内部一个其他URL /_demo_1，这样不同的API
      资源对象如果拥有相同的属性和特性则可以把这些配置合并到/_d无须o_1下而无须为每一个
      URL资源都定义重复的内容，简化配置
    rewrite '^(.*)$' /_demo_1$1 last;
}
location = /api/3/nginx {
    # 类似/api/5/nginx，可表述另一个API资源
    # 设置不同的识别变量
    set $apimgmt_environment 2;
    set $apimgmt_definition 2;
    # 设置不同的upstream
    set $upstream api-upstream;
    set $upstream_protocol http;
    rewrite '^(.*)$' /_demo_1$1 last;
}
location / {
    return 404;
}
# 内部跳转的内部URL，这里的/_test_3作为示例，没有URL跳转此内部URL
# 可以对比/_demo_1来看，设置不同的API特征变量信息，也可以设置不同的其他proxy类控制
location /_test_3 {
    internal;
    set $apimgmt_definition_name 'F1 API';
    set $apimgmt_environment_name test;
    proxy_intercept_errors on;
    rewrite '^/_test_3/(.*)$' /$1 break;
    proxy_set_header Host $host;
    proxy_set_header X-Forwarded-For $remote_addr;
    proxy_pass $upstream_protocol://$upstream;
}
# /api/5或者/api/3都被跳转到这里
location /_demo_1 {
    internal;
    # 设置日志标记，用于识别内部跳转，帮助排错
    set $apimgmt_definition_name plus2api-demo;
    set $apimgmt_environment_name demo;
    # 截取http响应错误码，实现自定义error响应
    proxy_intercept_errors on;
    # 将访问的URL还原为真实的URL
```

```
        rewrite '^/_demo_1/(.*)$' /$1 break;
        # 代理等任意控制指令
        proxy_set_header Host $host;
        proxy_set_header X-Forwarded-For $remote_addr;
        proxy_pass $upstream_protocol://$upstream;
    }
    default_type application/json;
}
```

下面发起一些访问来测试上述配置内容：

```
curl http://api.gw.demo/plus2api/5/nginx 返回
{"version":"5"}

curl http://api.gw.demo /plus2api/3/nginx 返回一个不同的响应
{"version":"3"}

curl http://api.gw.demo/plus2api/2/nginx 访问一个未定义的资源，返回定制的 JSON 错误信息
{"status":404,"message":"Not Found"}

curl -H "Access: deny" http://api.gw.demo/plus2api/5/nginx 请求中带有 Access: deny，会被拒绝访问
{"status":403,"message":"Forbidden"}
```

在这个案例中，我们基于 NGINX 实现了 API 网关的基本功能，主要目的是向大家介绍把 NGINX 作为 API 网关配置时的一些技巧和思路。在实际使用时，还需要添加其他能力，才能构成完整的 API 网关，如对 API 网关的限流配置可以参考第 28 章，访问认证可以参考第 25 章，安全与访问控制可以参考第 17 章。

20.3　典型的 API 网关部署模式

在常规服务器或虚拟机环境下，API 网关通常以一组服务器的形式部署在资源服务器前面，形式上与负载均衡类/反向代理类产品的部署类似，我们一般称之为 Edge 网关。

在容器化环境下，可以以容器的形式部署 API 网关，而且在每个微服务前均能部署，我们称这种部署模式为微网关。

PaaS 下的 API 网关则可以通过 Ingress Controller 部署。

在每个业务 pod 里，也可以使用边车（Sidecar）模式部署 API 网关。我们一般在服务网格（service mesh）产品上实现这种模式。

1. Edge 网关

Edge 网关是 API 网关最为典型的部署模式，其结构如图 20-3 所示。在这种模式下，API 请求被发送到 API 网关上，API 网关负责处理与 API 代理、路由、安全、策略等相关的所有工作，并将最终的后端资源服务器的响应内容返回客户端，这与一般的反向代理模式没有差异。

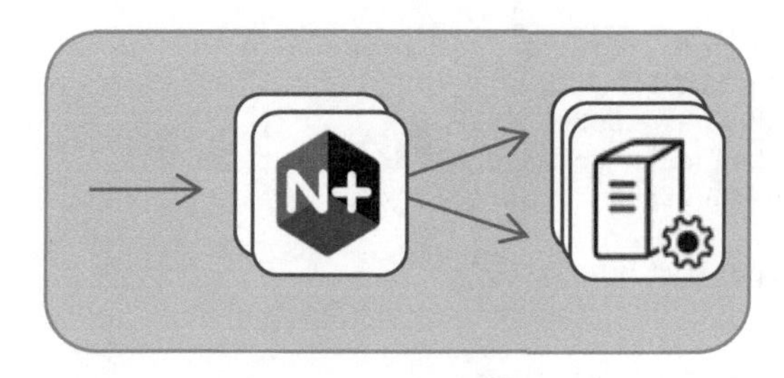

图 20-3　Edge 网关

2. 微网关

微网关有两种部署模式：Hub 模式和每 Service 模式，其结构分别如图 20-4 和图 20-5 所示。

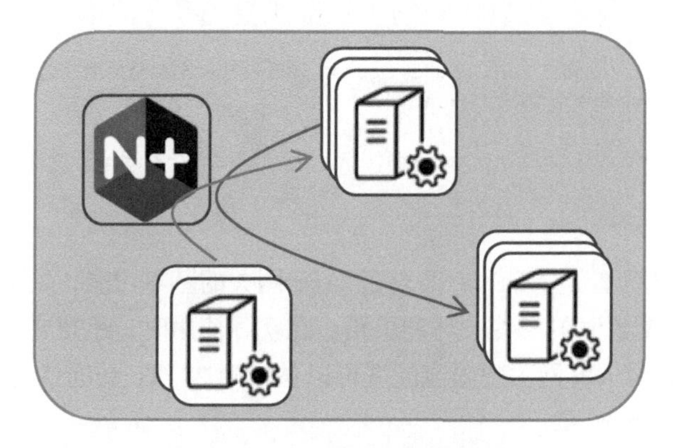

图 20-4　Hub 模式下的微网关

在 Hub 模式下，所有微服务之间的通信都复用同一组 API 网关，这时的 API 网关需要对所有微服务的 API 相当了解，因此管理复杂度较高。这种中心化的部署方式需要有专门的角色来统一管理所有微服务的 API，因此只适用于微服务较少的场景。

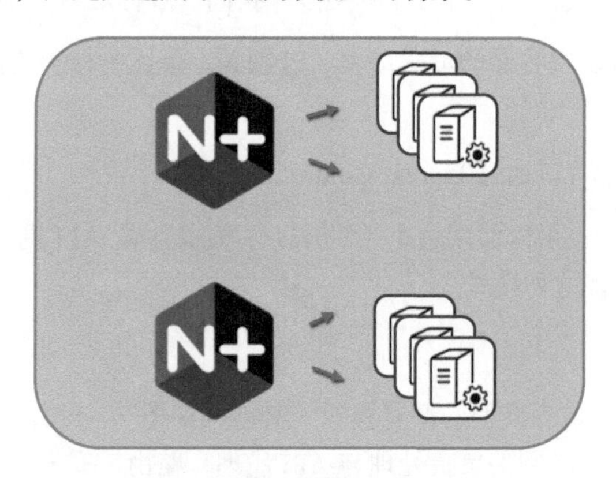

图 20-5　每 Service 模式下的微网关

在每 Service 模式下，会为每个微服务分别部署一套独立的 API 网关，这样不同的微服务就可以独立管理自己的 API 网关了。另外，每个微服务的 API 网关都需要配置和控制哪些微服务可以访问本 API 资源，因此在 API 资源规模较大的场景下使用这种模式依然具有较高的复杂性。

总体来说，微网关模式的管理复杂度较高，企业需要再开发一个管理整体 API 资源的平台来统一配置和管理资源对象，以降低日常运维成本。

3. PaaS 下的 API 网关

Ingress Controller 本来是用于处理 Kubernetes 中 Ingress 数据平面的组件，但 API 网关本身就是一种特殊的 Ingress，因此当 Kubernetes 中的业务 API 需要对外发布时，就可以借助 Ingress Controller，这需要对已有的 Kubernetes Ingress 资源对象进行扩展以实现更多的 API 网关能力。NGINX 通过结合 `Annotation` 扩展、`ConfigMap` 扩展、`CRD` 等方式来扩展配置，使得用户能更容易地进行配置。PaaS 下的 API 网关如图 20-6 所示

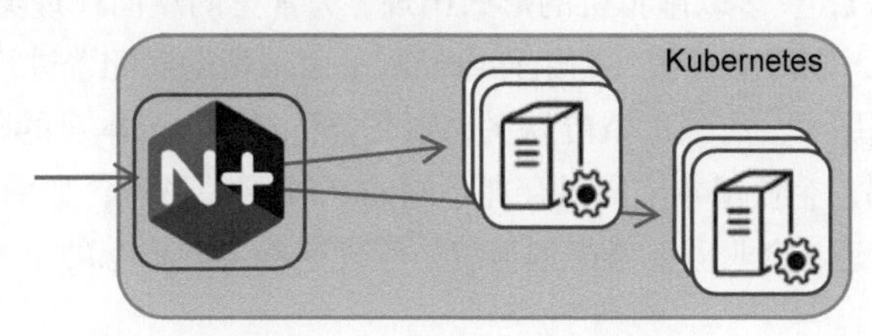

图 20-6 PaaS 下的 API 网关

4. 边车网关

当业务 pod 中的边车只负责入向流量的时候，便构成了一种简单的 Per pod 模式的边车网关，如图 20-7 所示。这种模式下的边车与标准的服务网格模式有所不同，网关仅代理入向请求，并不会主动控制出向请求，因而无须复杂的底层数据劫持，只需将对应的 API 资源发布在边车 NGINX 上，服务端口存活在 NGINX 容器上，NGINX 以 127.0.0.1 的方式与 API 资源容器通信。

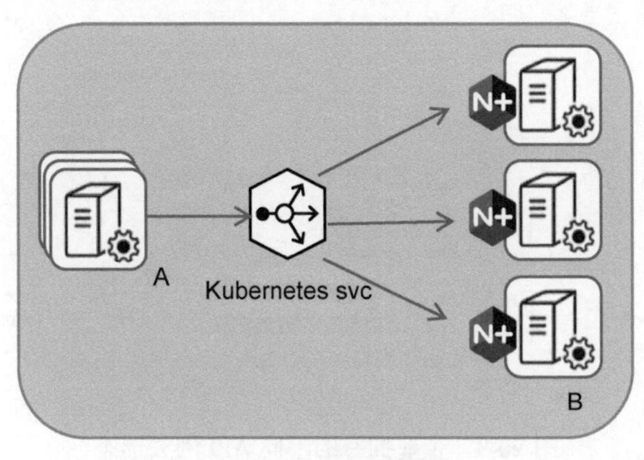

图 20-7 Per pod 网关

而当边车同时管控进出流量时，如图 20-8 所示，一般需要依赖于服务网格模式进行承载，服务网格通过控制平面统一下发管理策略，边车执行具体的策略控制 API 资源的进出访问、双向 TLS、限流、熔断、身份认证等。

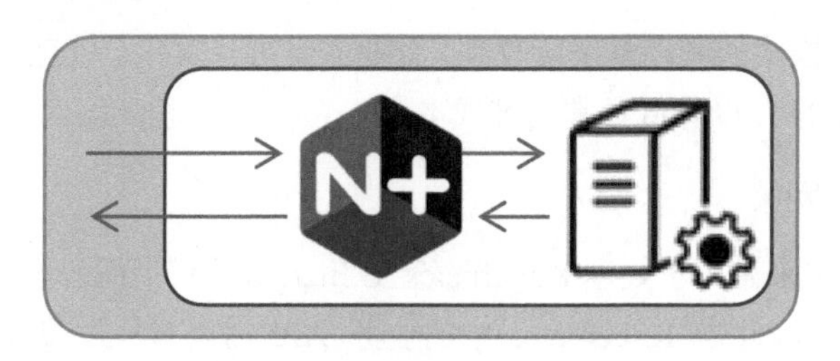

图 20-8　服务网格模式

可以看出 API 网关可以有多种形态和部署形式，不同形式下 API 的配置与实现有所差异。比如常见的 Edge 型 API，更多以虚拟机的形式出现，为常见的反向代理类功能配置。而 Ingress Controller 或边车形式，则需要有额外的组件或控制平面来帮助对配置进行抽象以适应不同的上层管理。在云上如果采用了公有云的 API 网关，则又会受到公有云本身的限制。通常情况下，由于应用部署形态的不同，企业基本上同时存在不同的 API 网关形态，如图 20-9 所示。为构建简化的、一致性的 API 管理，企业需要考虑如何统一管理这些不同形态的 API 网关，如何降低维护技术难度及成本开销。

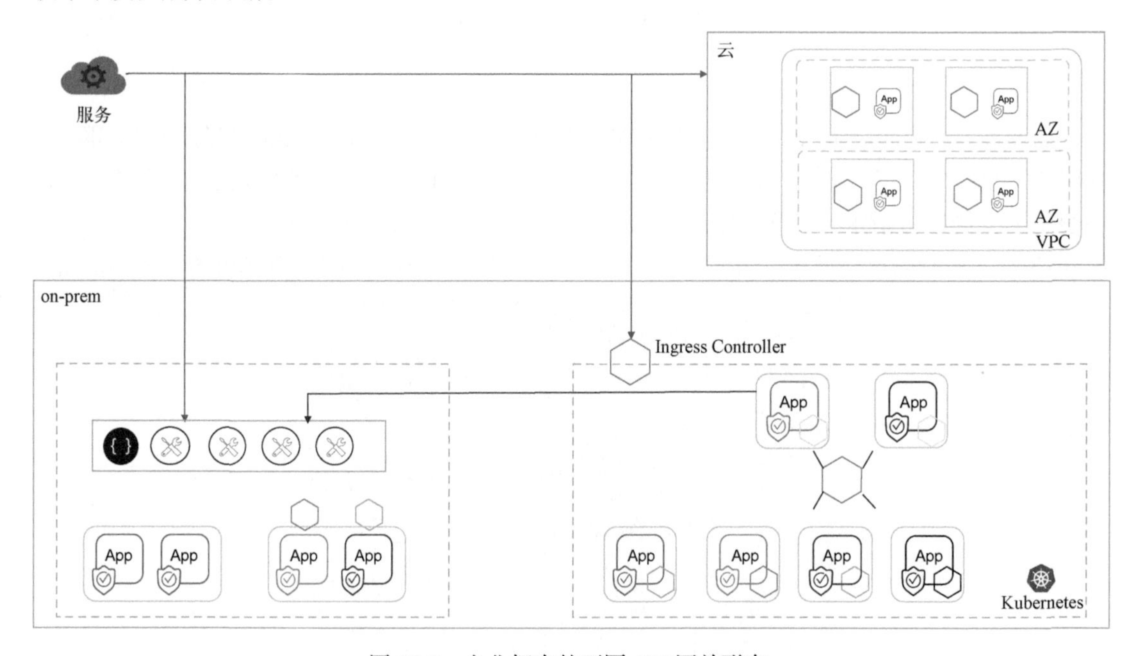

图 20-9　企业拥有的不同 API 网关形态

当企业拥有不同的 API 网关形态时，就需要一个统一的控制平面。该平面具备南北向两种接口能力，南向接口对接不同的 API 网关形态，北向接口抽象为统一的业务资源 API 形态。这使得企业以统一的业务视角来看待 API 资源而不关注其底层形态，从而降低开发和维护成本，实现一致性的 API 管理。NGINX Controller 就是这样的控制平面，它可以接入常见的以反向代理或 ADC 为核心的 Edge 型 API 网关，也可以接入 Ingress Controller，还可以接入 NGINX 服务网格产品实现边车模式的 API 网关。对上则呈现统一的 API 资源管理视图，不同的业务线人员可以以业务视角看待并管理 API，无须关注底层形态，从而简化了企业 API 管理（注：该能力正随着 NGINX Controller 版本的迭代而逐步纳入），如图 20-10 所示。

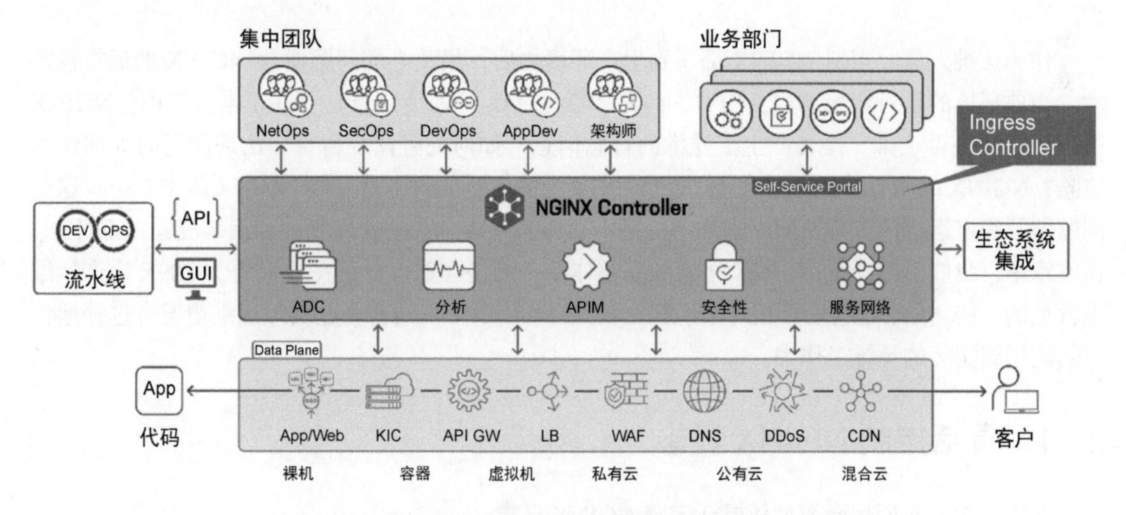

图 20-10　NGINX Controller 统一管理企业不同形态的 API

20.4　本章小结

业务变化的频率越来越高，这要求企业的应用开发也能足够敏捷，微服务架构应运而生。本章介绍了微服务架构的特点以及优缺点。微服务能够有效地支撑敏捷开发，然而将单体应用拆分为多个微服务是一个复杂的过程，企业需要根据自己对业务的理解，正确设置服务边界，避免过度拆分微服务而导致复杂性增加。API 常常是微服务接口的通信形式，通过约束规范使得不同的微服务能够更好地通信。通过本章的学习，相信你已经了解如何配置 NGINX 实现常见的 API 网关功能，以及 NGINX 作为 API 网关的不同部署模式。在实践中，我们需要根据具体的场景选择不同的模式或同时使用不同的模式组合。

第 21 章

运维管理场景

作为运维人员，当把 NGINX 部署到生产环境之后，最关心的问题便是 NGINX 的运行稳定性。当前环境的运行情况如何？CPU、内存、磁盘 I/O 等的使用量是否在正常阈值内，NGINX 进程运行得是否正常？是否产生了异常的日志信息？如何配置监控告警？出现问题时如何快速应急？NGINX 的配置基线是否合理，是否存在安全隐患？如何平滑升级 NGINX 版本？……这些问题涉及稳定运行的方方面面。运维本身是一套体系，跟企业的管理制度和运维流程密不可分。在本章中，我们不会介绍 NGINX 运维的完整体系，而是会重点介绍在日常的 NGINX 生产运维中常见的一些场景。这些场景相对来说都比较独立，读者可以结合企业实际运维情况有选择地将它们应用到实际的运维工作中。

21.1 灵活定制 NGINX 日志

在本节中，我们将介绍如何灵活定制 NGINX 日志。

21.1.1 两种类型的 NGINX 日志

同其他常用的系统软件一样，NGINX 给我们提供了两种类型的日志：`error_log` 和 `access_log`，它们能够方便我们了解 NGINX 的运行状态和访问情况。`error_log` 用于记录 NGINX 的所有运行状态信息，信息的详细程度取决于用户配置的 `level` 参数，即日志级别。`access_log` 用于记录访问 NGINX 的流量细节，这取决于 `log_format` 指令的配置。

从定制化角度讲，对于 `error_log` 而言，配置的日志级别越低，产生的日志内容就越丰富，占用的本地或者远端存储空间也会越大，同时频繁的磁盘 I/O 操作或网络 I/O 操作会影响 NGINX 的性能。一般而言，我们在测试环境中会配置 debug 级别，以便快速定位和解决问题。而在生产环境中，我们会配置 info 及以上级别，比如在业务刚上线时，配置 info 级别；待熟悉 NGINX 流量情况以及业务稳定之后，再将级别配置优化到 warn。NGINX 的 `error_log` 配置级别如图 21-1 所示。

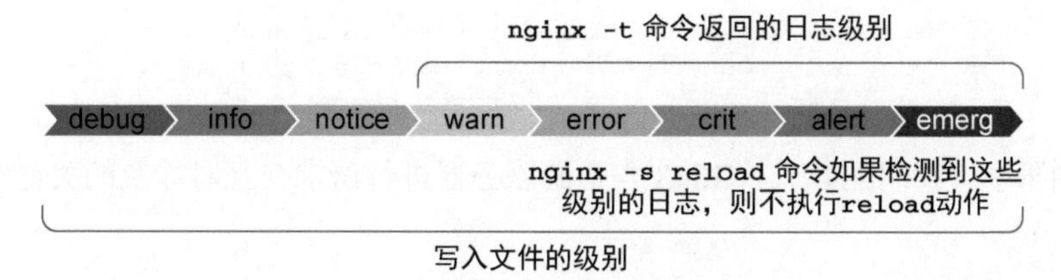

图 21-1 error_log 的配置级别

与 error_log 不同的是，access_log 的可定制化程度很高。NGINX 默认会提供一个叫作 combined 的日志格式：

```
'$remote_addr - $remote_user [$time_local] ' '"$request" $status $body_bytes_sent '
    '"$http_referer" "$http_user_agent"';
```

生成的真实 access_log 示例如下：

```
10.1.10.1 - - [18/Feb/2020:17:20:26 +0800] "GET / HTTP/1.1" 200 612 "-" "Mozilla/5.0
(Macintosh; Intel Mac OS X 10_13_6) AppleWebKit/537.36 (KHTML, like Gecko)
Chrome/80.0.3987.106 Safari/537.36"
```

其中包含客户端 IP（$remote_addr）、用户名（$remote_user）、时间（[$time_local]）、完整请求行（$request）、响应状态码（$status）、响应体大小（$body_bytes_sent）、referer 字段（$http_referer）以及客户端类型（$http_user_agent）等信息，空值会以“-”字符呈现。这些内容都是 NGINX 预定义的变量。如果想了解更多的 NGINX 预定义变量，那么可以参考 http://nginx.org/en/docs/varindex.html。在 access_log 中，除了可以配置 NGINX 预定义的变量外，还可以通过 log_format 指令配置自定义的变量。

21.1.2 利用 access_log 监控应用性能

默认的日志格式比较简单，打印的内容不够丰富，并不能完全满足我们日常的运维需求。对此，刚刚也提到了，我们可以配置自定义的变量来解决。举个简单例子，NGINX 在处理请求的过程中，会把关键的时间信息以变量的形式保存下来供用户使用。我们可以利用这些信息，构建上游服务器的应用性能监控图表：

```
log_format apm ' "$time_local" client=$remote_addr '
               'method=$request_method request="$request" '
               'request_length=$request_length '
               'status=$status bytes_sent=$bytes_sent '
               'body_bytes_sent=$body_bytes_sent '
               'referer=$http_referer '
               'user_agent="$http_user_agent" '
               'upstream_addr=$upstream_addr '
               'upstream_status=$upstream_status '
               'request_time=$request_time '
```

```
                    'upstream_response_time=$upstream_response_time '
                    'upstream_connect_time=$upstream_connect_time '
                    'upstream_header_time=$upstream_header_time';
```

在这个例子中，我们配置了 NGINX 与上游服务器进行请求交互时涉及的关键时间变量，下面介绍其中几个。

- **$request_time**：NGINX 处理某个请求花费的时间，指 NGINX 从读取到某个请求的第一个字节，到把响应内容的最后一个字节发送给客户端所花费的时间。
- **$upstream_response_time**：指 NGINX 从跟上游服务器开始建立连接到接收完响应内容的最后一个字节所花费的时间。
- **$upstream_connect_time**：NGINX 跟上游服务器建立连接所花费的时间。
- **$upstream_header_time**：指 NGINX 从跟上游服务器开始建立连接到接收到响应头第一个字节所花费的时间。

对于这些关键的时间信息，我们可以利用日志平台进行处理，实现可视化展示，比如 NGINX 跟上游服务器建立连接的平均时间与上游服务器的响应时间曲线图，如图 21-2 所示。

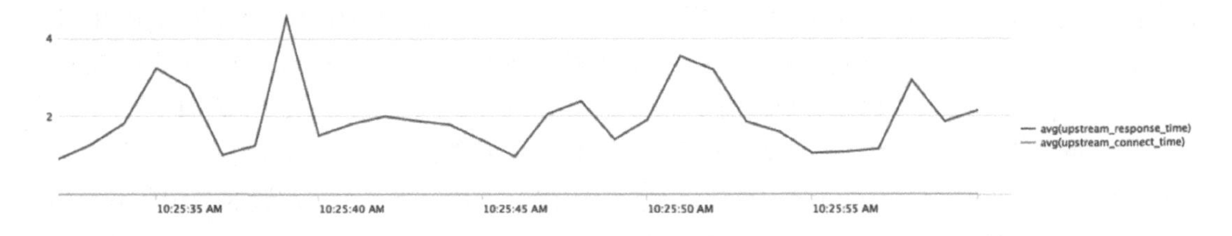

图 21-2　实例化展示时间信息的示例

我们还可以针对不同的 URL 来构建请求处理的时间曲线，以便有针对性地进行优化，如图 21-3 所示。

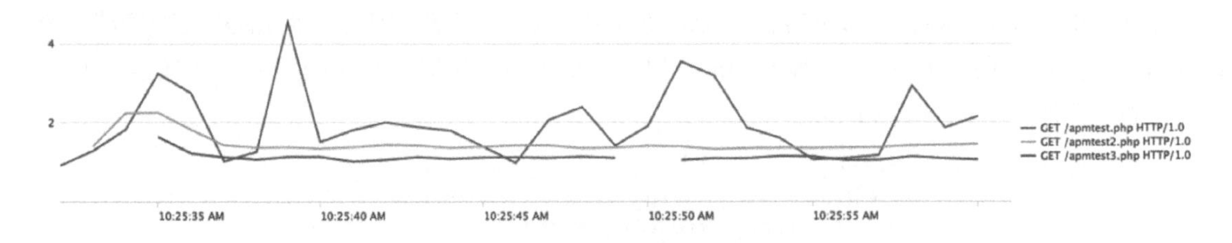

图 21-3　不同请求处理的时间曲线图

这些关键的时间信息，对于定位问题也相当有帮助。当用户抱怨访问速度较慢时，只要简单地对比数据，我们就能确认耗时较多的环节是处在 NGINX 侧还是上游服务器侧，是处在网络层还是应用层，从而做进一步的定位处理。

21.1.3　NGINX 日志的本地保存管理

当我们把日志以文件形式保存在本地的时候，需要考量磁盘开销。以 access_log 为例，每条 access_log 的大小取决于我们配置的日志内容有多少，有个经验值可以帮助我们进行简单评估：1 万个请求产生的日志大概会占用 1 MB 大小的磁盘空间。那么如果 NGINX 每天处理 1 亿个请求，就需要占用 10 GB 大小的磁盘空间。如果日志文件较大，那么保存、传输、查看起来都会十分不便。同时不做额外处理的话，也容易导致本地磁盘空间不足。因此我们需要对 NGINX 产生的日志文件进行切割或归档处理。

logrotate 程序是一个常用的 Linux 日志文件管理工具。用来把旧的日志文件删除，并创建新的日志文件，这个过程叫作“转储”。我们既可以根据日志文件的大小，也可以根据一定周期（比如一定天数）来转储。在 /etc/logrotate.d/ 目录下，创造一个 NGINX 配置文件：

```
/var/log/nginx/*.log {                                              # 配置需处理的 log 路径
    daily                                                           # 处理周期
    missingok
    rotate 52                                                       # 回滚周期
    compress                                                        # 配置文件压缩
    delaycompress
    notifempty
    create 640 nginx adm
    sharedscripts
    postrotate                                                      # 文件切割时的执行脚本
        if [ -f /var/run/nginx.pid ]; then
            # NGINX reopen 一个日志文件
            kill -USR1 `cat /var/run/nginx.pid`
        fi
    endscript
}
```

部署了以上 logrotate 配置后，每天 logrotate 都会对 NGINX 的日志进行一次归档，然后进行压缩并保存。由于我们配置的回滚周期是 52 天，那么第 53 天的日志会覆盖第 1 天的日志，确保本地保存的日志文件不会无限增长。对于回滚周期的参数设置，也需要结合每天生成的日志量以及磁盘空间来整体评估。效果如图 21-4 所示。

```
[[root@rp1 nginx]# ls
 access.log                  error.log
 access.log-20191216.gz      error.log-20191216.gz
 access.log-20191217.gz      error.log-20191217.gz
 access.log-20191218.gz      error.log-20191218.gz
 access.log-20200105.gz      error.log-20200105.gz
 access.log-20200117.gz      error.log-20200117.gz
 access.log-20200118.gz      error.log-20200118.gz
 access.log-20200119.gz      error.log-20200119.gz
 access.log-20200205.gz      error.log-20200120.gz
 access.log-20200206.gz      error.log-20200205.gz
 access.log-20200207.gz      error.log-20200206.gz
 access.log-20200213.gz      error.log-20200213.gz
 access.log-20200214.gz      error.log-20200214.gz
```

图 21-4　配置 logrotate 后的效果

21.1.4 NGINX 日志的集中管理

当生产上需要维护的 NGINX 实例数量较多的时候，把 NGINX 的日志保存到本地就不太方便进行管理了。我们可以将每个 NGINX 实例产生的日志以 syslog 的形式发送到统一的日志平台，在统一的日志平台上实现集中的 NGINX 日志管理：

```
access_log syslog:server=10.1.10.151:514,facility=local7,tag=nginx,severity=info
    combined;
```

NGINX 的 access_log 可以组装为 JSON 格式，这样可以很方便地与 ELK 这类主流日志平台进行整合，无须外部管道进行二次解析处理。比如，当我们配置了一个名为 log_json 的 JSON 日志格式：

```
log_format log_json '{ "timestamp": "$time_local", '
    '"remote_addr": "$remote_addr", '
    '"referer": "$http_referer", '
    '"request": "$request", '
    '"status": $status, '
    '"bytes": $body_bytes_sent, '
    '"agent": "$http_user_agent", '
    '"x_forwarded": "$http_x_forwarded_for", '
    '"upstream_addr": "$upstream_addr",'
    '"upstream_host": "$upstream_http_host",'
    '"upstream_status": "$upstream_status",'
    '"request_time": "$request_time",'
    '"upstream_response_time": "$upstream_response_time",'
    '"upstream_connect_time": "$upstream_connect_time",'
    '"upstream_header_time": "$upstream_header_time" '
    ' }';
```

将上述 log_json 应用到 access_log 指令上，以 syslog 的方式发送到 Logstash 上。其中 10.1.10.151 为本例中 Logstash 的 IP 地址：

```
access_log syslog:server=10.1.10.151:514,facility=local7,tag=nginx,severity=info
    log_json;
```

在 Logstash 配置文件的 filter 配置块上，无须配置复杂的解析处理逻辑，因为 Logstash 获取到的 NGINX 日志已经是 JSON 格式了：

```
input {
    syslog {
        type => "system-syslog"
        port => 514
    }
}
filter {
    json {
        source => "message"
        remove_field => "message"
```

```
    }
}
output {
    elasticsearch {
        hosts => ["10.1.10.151:9200"]
        index => "system-syslog-%{+YYYY.MM}"
    }
    stdout { codec => rubydebug}
}
```

这时候在 Kibana 的界面上，我们可以看到 NGINX 的 `access_log` 数据已经以 JSON 格式存储到了 Elasticsearch 中，如图 21-5 所示。下一步我们就可以快速地定制想要的视图进行展示分析了。

Table JSON


```
{
  "_index": "system-syslog-2020.05",
  "_type": "_doc",
  "_id": "bcOz5HEBzl0EYxXIsvdJ",
  "_version": 1,
  "_score": null,
  "_source": {
    "bytes": 494,
    "host": "10.1.10.146",
    "@timestamp": "2020-05-05T11:58:34.000Z",
    "x_forwarded": "-",
    "status": 502,
    "remote_addr": "10.1.10.144",
    "facility": 23,
    "@version": "1",
    "severity": 6,
    "request": "GET / HTTP/1.1",
    "program": "nginx",
    "upstream_header_time": "-",
    "upstream_connect_time": "-",
    "referer": "-",
    "facility_label": "local7",
    "upstream_status": "502",
    "priority": 190,
    "upstream_addr": "reloaddemo_webserver",
    "request_time": "0.000",
    "severity_label": "Informational",
    "type": "system-syslog",
    "upstream_response_time": "0.000",
    "timestamp": "05/May/2020:19:58:34 +0800",
    "logsource": "rp1",
    "agent": "-",
    "upstream_host": "-"
  },
  "fields": {
    "@timestamp": [
      "2020-05-05T11:58:34.000Z"
    ]
  },
  "sort": [
    1588679914000
  ]
}
```


图 21-5 Elasticsearch 中的 `access_log` 数据

21.2 巧用 NGINX 请求镜像

在企业的应用开发、测试、生产运维中，我们经常会遇到诸如以下一些场景需求。

- 测试环境验证没有问题，但一上生产就出问题。模拟的业务流量跟真实生产流量始终还是有较大差别，能否把生产流量复制一份引导到测试环境进行测试验证呢？
- 想要发起压力测试，但苦于资源不够，没办法发起想要的压力规模，能否简单地实现流量放大呢？
- 需要验证两种不同软件版本的性能表现，有没有办法发起一次请求流量就能够同时验证两种软件，而不需要重复发起请求流量呢？
- 新增部署安全检测设备，希望以最简单的方式实现流量的旁路检测但又不希望改变整体应用架构和数据流。

如果你有类似以上这种跟请求复制、流量放大相关或者类似的场景需求，就可以考虑利用 NGINX 的请求镜像功能了。

21.2.1 通过镜像实现请求复制

ngx_http_mirror_module 模块给我们提供了请求镜像的能力。当原请求匹配上镜像配置后，NGINX 会内部生成一个子请求并将其发送到目标服务器。目标服务器返回的响应会被 NGINX 直接丢弃，而不会返回给客户端，从而避免干扰原请求的响应。一个最基本的镜像配置如下：

```
upstream backend {
    server 1.1.1.1:80;
}
upstream mirror_backend {
    server 2.2.2.2:80;
}
server {
    listen 80;
    location / {
        mirror /mirror;  # 访问该 location 的请求被复制到/mirror 下进行处理
        proxy_pass http://backend;          # 原请求的反向代理配置
    }
    location = /mirror {                    # 配置镜像的请求
        # 明确该路径仅处理内部请求，在本例中需要确保无访问/mirror 路径的外部请求，否则会返回 404
        internal;
        # 配置镜像请求反向代理到目标上游服务器
        proxy_pass http://mirror_backend$request_uri;
    }
}
```

默认情况下，POST 请求也会被镜像。但在诸如将生产流量复制到测试环境进行测试验证场景下，可能不希望 POST 请求也被复制到测试环境，避免用户的敏感数据泄露。这时候我们可以配置过滤请求类型：

```
server {
    listen 80;
    ...
    location = /mirror {
        if ($request_method != GET) {# 判断请求方法，不是 GET 则直接返回 403
            return 403;
        }
        internal;
        proxy_pass http://test_backend$request_uri;
    }
}
```

当我们需要对比验证原上游服务器与镜像的目标服务器在处理相同请求的效果时，很自然会想到在 NGINX 上配置日志：在原 location 下配置一个日志记录，在镜像路径下配置另外一个日志记录。通过工具对比两个日志文件，就能得到两者处理相同请求的不同效果了。需要注意的是，NGINX 默认不记录 subrequest 的日志，需要手工打开：

```
server {
    listen 80;
    log_subrequest on;                          # 开启 subrequest 的日志记录
    location / {
        mirror /mirror;
        access_log  /var/log/nginx/access.log log_json;
        proxy_pass http://backend;
    }
    location = /mirror {
        internal;
        # 配置镜像请求的 access_log
        access_log  /var/log/nginx/mirror_access.log log_json;
        proxy_pass http://test_backend$request_uri;
    }
}
```

21.2.2 通过镜像实现流量放大

前面我们介绍的镜像配置，都是原请求与镜像请求按照 1 比 1 进行复制的。当我们需要流量放大时，又该如何处理呢？实际上非常简单，只需要多配置几条 mirror 指令即可：

```
server {
    listen 80;
    ...
    location / {
        # 配置三条 mirror 指令，实现原请求与镜像请求按照 1：3 进行复制
        mirror /mirror;
        mirror /mirror;
        mirror /mirror;
```

```
        proxy_pass http://backend;
    }
    ...
}
```

那么，是不是说我们可以放大任意倍数的流量呢？实际上并不是。因为从 NGINX 的内部事件驱动的处理机制来说，所有的事件都会放到事件队列当中按先后顺序逐一进行处理，如图 21-6 所示。

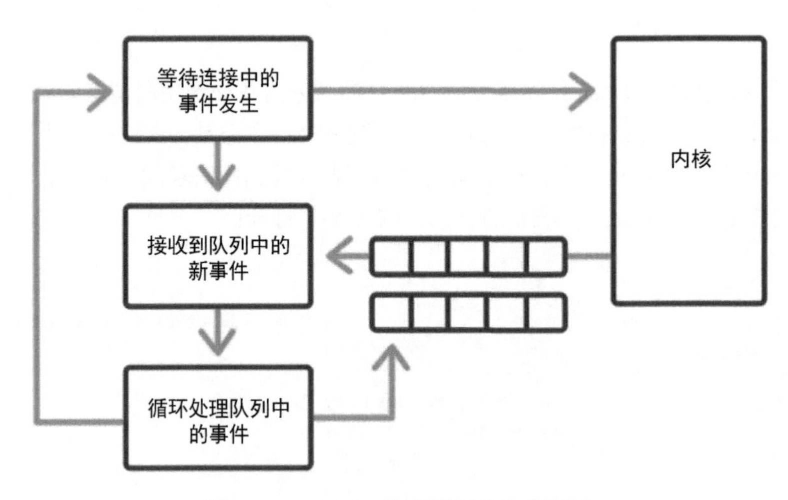

图 21-6　NGINX 的事件驱动处理机制

当我们配置了 1 倍镜像后，可以简单认为镜像请求在整个处理过程中需要处理的事件数和原请求是一样的，换句话说 NGINX 需要处理 2 倍的事件数，这对于 NGINX 的处理性能以及请求响应延迟是有一定影响的。在 NGINX 本身 CPU 使用率比较高的情况下，需要慎重配置镜像功能。在生产上配置镜像之前，除了评估 CPU 使用率的提升以及正常请求的响应延迟增加之外，还需要评估 NGINX 的各种超时时间设置，因为一旦 NGINX 的 CPU 使用率达到 100%，不能及时处理队列中的事件时，就有可能导致队列中后续的事件处理超时，造成 NGINX 重置大量连接的情况发生。

21.2.3　镜像请求与原请求的关联关系

镜像请求和原请求在处理过程中是否有什么关联关系呢？如果镜像的目标服务器异常，迟迟没有返回响应，原请求也会被暂停处理而不返回响应给客户端吗？在网上有很多这类说法：镜像出来的子请求跟原请求有关联关系，只有当所有镜像的请求处理完成，原请求才会响应给客户端。一方面，从 NGINX 镜像的设计角度来说，镜像的设计初衷肯定是希望镜像的请求处理不会影响到原请求，两者应该解耦。另一方面，如果两者在处理过程中还有等待关系，那也和 NGINX 的异步非阻塞设计理念不一致。我们设计了一个场景并抓包来进行验证：

```
upstream mirrordemo_server {
    server 10.1.10.148:80;
}
upstream mirrordemo_mirror_server1 {
    server 10.1.10.149:80;
}
upstream mirrordemo_mirror_server2 {
    server 10.1.10.150:80;
}
server {
    listen 80;
    server_name  mirrordemo;
    location / {
        mirror /mirror1;
        mirror /mirror2;
        proxy_pass http://mirrordemo_server;
        ...
    }
    location /mirror1 {
        internal;
        proxy_pass http://mirrordemo_mirror_server1$request_uri;
        ...
    }
    location /mirror2 {
        internal;
        proxy_pass http://mirrordemo_mirror_server2$request_uri;
        ...
    }
}
```

我们构建了一个将请求镜像给两台服务器的场景，分别是 10.1.10.149 以及 10.1.10.150。NGINX 的 IP 为 10.1.10.146，处理原请求的上游服务器 IP 地址为 10.1.10.148。在测试中发起请求的客户端为 10.1.10.1。在没有做其他任何调整的情况下，我们进行了抓包验证，结果如图 21-7 所示。如果仅仅从这张图来分析，很容易得出初步结论：确实是 NGINX 在收到上游服务器 10.1.10.148 的响应后，并没有第一时间返回给客户端，而是等收到两个镜像请求的响应后，才最后返回给客户端。但我们在 10.1.10.150 这台服务器的网卡上配置了 0.5s 的延迟，再进行了测试，如图 21-8 及图 21-9 所示。

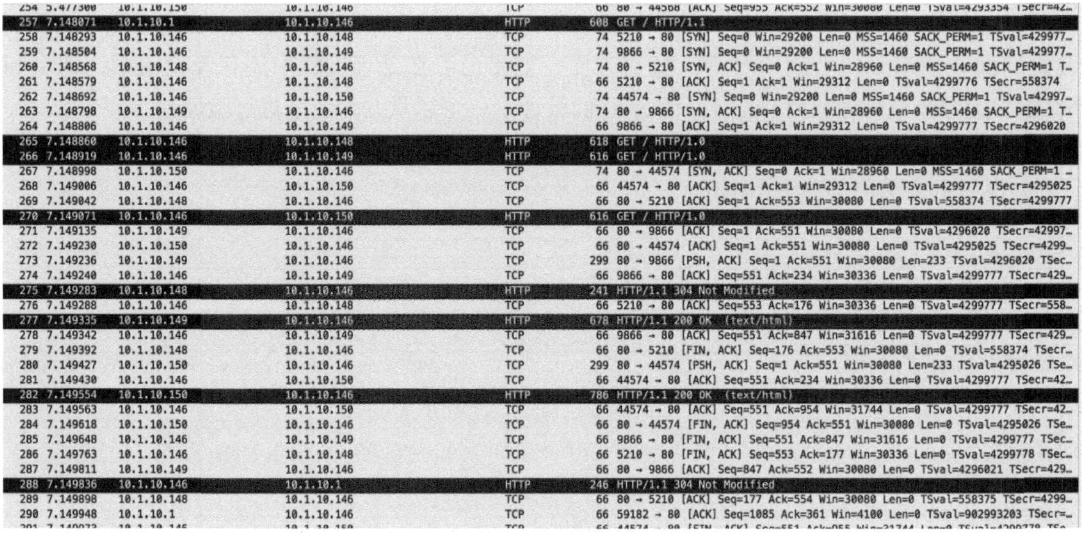

```
254 5.477300  10.1.10.150  10.1.10.146  TCP   66 80 → 44568 [ACK] Seq=955 Ack=552 Win=30080 Len=0 TSval=4293354 TSecr=42…
257 7.148071  10.1.10.1    10.1.10.146  HTTP  608 GET / HTTP/1.1
258 7.148293  10.1.10.146  10.1.10.148  TCP   74 5210 → 80 [SYN] Seq=0 Win=29200 Len=0 MSS=1460 SACK_PERM=1 TSval=429977…
259 7.148504  10.1.10.146  10.1.10.149  TCP   74 9866 → 80 [SYN] Seq=0 Win=29200 Len=0 MSS=1460 SACK_PERM=1 TSval=429977…
260 7.148568  10.1.10.148  10.1.10.146  TCP   74 80 → 5210 [SYN, ACK] Seq=0 Ack=1 Win=28960 Len=0 MSS=1460 SACK_PERM=1 T…
261 7.148579  10.1.10.146  10.1.10.148  TCP   66 5210 → 80 [ACK] Seq=1 Ack=1 Win=29312 Len=0 TSval=4299776 TSecr=558374
262 7.148692  10.1.10.146  10.1.10.150  TCP   74 44574 → 80 [SYN] Seq=0 Win=29200 Len=0 MSS=1460 SACK_PERM=1 TSval=42997…
263 7.148798  10.1.10.149  10.1.10.146  TCP   74 80 → 9866 [SYN, ACK] Seq=0 Ack=1 Win=28960 Len=0 MSS=1460 SACK_PERM=1 T…
264 7.148806  10.1.10.146  10.1.10.149  TCP   66 9866 → 80 [ACK] Seq=1 Ack=1 Win=29312 Len=0 TSval=4299777 TSecr=4296020
265 7.148860  10.1.10.146  10.1.10.148  HTTP  618 GET / HTTP/1.0
266 7.148919  10.1.10.146  10.1.10.149  HTTP  616 GET / HTTP/1.0
267 7.148998  10.1.10.150  10.1.10.146  TCP   74 80 → 44574 [SYN, ACK] Seq=0 Ack=1 Win=28960 Len=0 MSS=1460 SACK_PERM=1 …
268 7.149006  10.1.10.146  10.1.10.150  TCP   66 44574 → 80 [ACK] Seq=1 Ack=1 Win=29312 Len=0 TSval=4299777 TSecr=4295025
269 7.149042  10.1.10.148  10.1.10.146  TCP   66 80 → 5210 [ACK] Seq=1 Ack=553 Win=30080 Len=0 TSval=558374 TSecr=4299777
270 7.149071  10.1.10.146  10.1.10.150  HTTP  616 GET / HTTP/1.0
271 7.149135  10.1.10.149  10.1.10.146  TCP   66 80 → 9866 [ACK] Seq=1 Ack=551 Win=30080 Len=0 TSval=4296020 TSecr=42997…
272 7.149230  10.1.10.150  10.1.10.146  TCP   66 80 → 44574 [ACK] Seq=1 Ack=551 Win=30080 Len=0 TSval=4295025 TSecr=4299…
273 7.149236  10.1.10.149  10.1.10.146  TCP   299 80 → 9866 [PSH, ACK] Seq=1 Ack=551 Win=30080 Len=233 TSval=4296020 TSec…
274 7.149240  10.1.10.146  10.1.10.149  TCP   66 9866 → 80 [ACK] Seq=551 Ack=234 Win=30336 Len=0 TSval=4299777 TSecr=429…
275 7.149283  10.1.10.148  10.1.10.146  HTTP  241 HTTP/1.1 304 Not Modified
276 7.149288  10.1.10.146  10.1.10.148  TCP   66 5210 → 80 [ACK] Seq=553 Ack=176 Win=30336 Len=0 TSval=4299777 TSecr=558…
277 7.149335  10.1.10.149  10.1.10.146  HTTP  678 HTTP/1.1 200 OK  (text/html)
278 7.149342  10.1.10.146  10.1.10.149  TCP   66 9866 → 80 [ACK] Seq=551 Ack=847 Win=31616 Len=0 TSval=4299777 TSecr=429…
279 7.149392  10.1.10.148  10.1.10.146  TCP   66 80 → 5210 [FIN, ACK] Seq=176 Ack=553 Win=30080 Len=0 TSval=558374 TSecr…
280 7.149427  10.1.10.150  10.1.10.146  TCP   299 80 → 44574 [PSH, ACK] Seq=1 Ack=551 Win=30080 Len=233 TSval=4295026 TSe…
281 7.149430  10.1.10.146  10.1.10.150  TCP   66 44574 → 80 [ACK] Seq=551 Ack=234 Win=30336 Len=0 TSval=4299777 TSecr=42…
282 7.149554  10.1.10.150  10.1.10.146  HTTP  786 HTTP/1.1 200 OK  (text/html)
283 7.149563  10.1.10.146  10.1.10.150  TCP   66 44574 → 80 [ACK] Seq=551 Ack=954 Win=31744 Len=0 TSval=4299777 TSecr=42…
284 7.149618  10.1.10.150  10.1.10.146  TCP   66 80 → 44574 [FIN, ACK] Seq=954 Ack=551 Win=30080 Len=0 TSval=4295026 TSe…
285 7.149648  10.1.10.146  10.1.10.149  TCP   66 9866 → 80 [FIN, ACK] Seq=551 Ack=847 Win=31616 Len=0 TSval=4299777 TSec…
286 7.149763  10.1.10.146  10.1.10.148  TCP   66 5210 → 80 [FIN, ACK] Seq=553 Ack=177 Win=30336 Len=0 TSval=4299778 TSec…
287 7.149811  10.1.10.149  10.1.10.146  TCP   66 80 → 9866 [ACK] Seq=847 Ack=552 Win=30080 Len=0 TSval=4296021 TSecr=429…
288 7.149836  10.1.10.146  10.1.10.1    HTTP  246 HTTP/1.1 304 Not Modified
289 7.149898  10.1.10.148  10.1.10.146  TCP   66 80 → 5210 [ACK] Seq=177 Ack=554 Win=30080 Len=0 TSval=558375 TSecr=4299…
290 7.149948  10.1.10.1    10.1.10.146  TCP   66 59182 → 80 [ACK] Seq=1085 Ack=361 Win=4100 Len=0 TSval=902993203 TSecr=…
```

图 21-7 容易让人迷惑的镜像抓包图

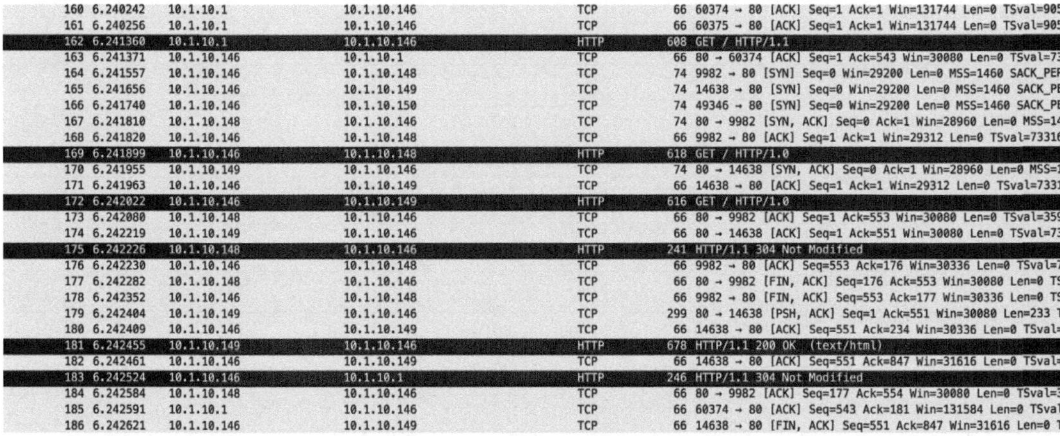

```
160 6.240242  10.1.10.1    10.1.10.146  TCP   66 60374 → 80 [ACK] Seq=1 Ack=1 Win=131744 Len=0 TSval=90599
161 6.240256  10.1.10.1    10.1.10.146  TCP   66 60375 → 80 [ACK] Seq=1 Ack=1 Win=131744 Len=0 TSval=90599
162 6.241360  10.1.10.1    10.1.10.146  HTTP  608 GET / HTTP/1.1
163 6.241371  10.1.10.146  10.1.10.1    TCP   66 80 → 60374 [ACK] Seq=1 Ack=543 Win=30080 Len=0 TSval=7331
164 6.241557  10.1.10.146  10.1.10.148  TCP   74 9982 → 80 [SYN] Seq=0 Win=29200 Len=0 MSS=1460 SACK_PERM=
165 6.241656  10.1.10.146  10.1.10.149  TCP   74 14638 → 80 [SYN] Seq=0 Win=29200 Len=0 MSS=1460 SACK_PERM
166 6.241740  10.1.10.146  10.1.10.150  TCP   74 49346 → 80 [SYN] Seq=0 Win=29200 Len=0 MSS=1460 SACK_PERM
167 6.241810  10.1.10.148  10.1.10.146  TCP   74 80 → 9982 [SYN, ACK] Seq=0 Ack=1 Win=28960 Len=0 MSS=1460
168 6.241820  10.1.10.146  10.1.10.148  TCP   66 9982 → 80 [ACK] Seq=1 Ack=1 Win=29312 Len=0 TSval=7331610
169 6.241899  10.1.10.146  10.1.10.148  HTTP  618 GET / HTTP/1.0
170 6.241955  10.1.10.149  10.1.10.146  TCP   74 80 → 14638 [SYN, ACK] Seq=0 Ack=1 Win=28960 Len=0 MSS=146
171 6.241963  10.1.10.146  10.1.10.149  TCP   66 14638 → 80 [ACK] Seq=1 Ack=1 Win=29312 Len=0 TSval=733161
172 6.242022  10.1.10.146  10.1.10.149  HTTP  616 GET / HTTP/1.0
173 6.242080  10.1.10.148  10.1.10.146  TCP   66 80 → 9982 [ACK] Seq=1 Ack=553 Win=30080 Len=0 TSval=35902
174 6.242219  10.1.10.149  10.1.10.146  TCP   66 80 → 14638 [ACK] Seq=1 Ack=551 Win=30080 Len=0 TSval=7327
175 6.242226  10.1.10.148  10.1.10.146  HTTP  241 HTTP/1.1 304 Not Modified
176 6.242230  10.1.10.146  10.1.10.148  TCP   66 9982 → 80 [ACK] Seq=553 Ack=176 Win=30336 Len=0 TSval=733
177 6.242282  10.1.10.148  10.1.10.146  TCP   66 80 → 9982 [FIN, ACK] Seq=176 Ack=553 Win=30080 Len=0 TSva
178 6.242352  10.1.10.146  10.1.10.148  TCP   66 9982 → 80 [FIN, ACK] Seq=553 Ack=177 Win=30336 Len=0 TSva
179 6.242404  10.1.10.149  10.1.10.146  TCP   299 80 → 14638 [PSH, ACK] Seq=1 Ack=551 Win=30080 Len=233 TSv
180 6.242409  10.1.10.146  10.1.10.149  TCP   66 14638 → 80 [ACK] Seq=551 Ack=234 Win=30336 Len=0 TSval=73
181 6.242455  10.1.10.149  10.1.10.146  HTTP  678 HTTP/1.1 200 OK  (text/html)
182 6.242461  10.1.10.146  10.1.10.149  TCP   66 14638 → 80 [ACK] Seq=551 Ack=847 Win=31616 Len=0 TSval=73
183 6.242524  10.1.10.146  10.1.10.1    HTTP  246 HTTP/1.1 304 Not Modified
184 6.242584  10.1.10.148  10.1.10.146  TCP   66 80 → 9982 [ACK] Seq=177 Ack=554 Win=30080 Len=0 TSval=359
185 6.242591  10.1.10.1    10.1.10.146  TCP   66 60374 → 80 [ACK] Seq=543 Ack=181 Win=131584 Len=0 TSval=9
186 6.242621  10.1.10.146  10.1.10.149  TCP   66 14638 → 80 [FIN, ACK] Seq=551 Ack=847 Win=31616 Len=0 TSv
```

图 21-8 还原真相的镜像抓包图

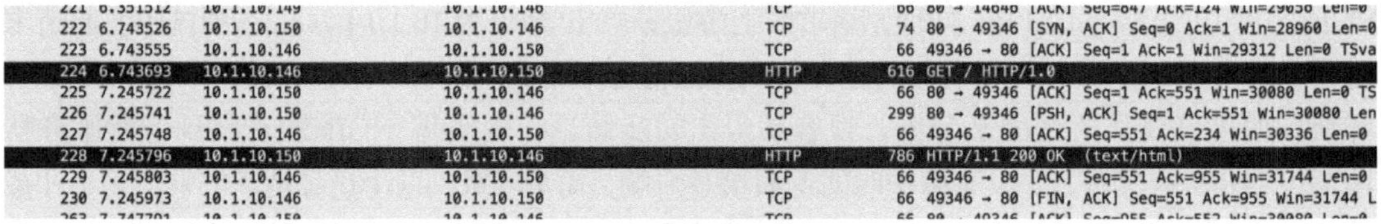

```
222 6.743526  10.1.10.150  10.1.10.146  TCP   74 80 → 49346 [SYN, ACK] Seq=0 Ack=1 Win=28960 Len=0
223 6.743555  10.1.10.146  10.1.10.150  TCP   66 49346 → 80 [ACK] Seq=1 Ack=1 Win=29312 Len=0 TSva
224 6.743693  10.1.10.146  10.1.10.150  HTTP  616 GET / HTTP/1.0
225 7.245722  10.1.10.150  10.1.10.146  TCP   66 80 → 49346 [ACK] Seq=1 Ack=551 Win=30080 Len=0 TS
226 7.245741  10.1.10.150  10.1.10.146  TCP   299 80 → 49346 [PSH, ACK] Seq=1 Ack=551 Win=30080 Len
227 7.245748  10.1.10.146  10.1.10.150  TCP   66 49346 → 80 [ACK] Seq=551 Ack=234 Win=30336 Len=0
228 7.245796  10.1.10.150  10.1.10.146  HTTP  786 HTTP/1.1 200 OK  (text/html)
229 7.245803  10.1.10.146  10.1.10.150  TCP   66 49346 → 80 [ACK] Seq=551 Ack=955 Win=31744 Len=0
230 7.245973  10.1.10.146  10.1.10.150  TCP   66 49346 → 80 [FIN, ACK] Seq=551 Ack=955 Win=31744 L
```

图 21-9 0.5s 延迟后的请求和响应

从上面两张图可以看出，NGINX 并没有等待 10.1.10.150 的响应，而是正常返回响应给客户端。实际上，由于 10.1.10.150 的网卡配置了 0.5s 延迟，NGINX 与它建立好连接的时间就延迟了 0.5s。NGINX 在第 183 号包，即 6.242524s 时刻就发送响应给客户端，而在第 224 号包，即 6.743693s 时刻才把镜像请求转发给了 10.1.10.150，并且在这之后 0.5s 才收到它的响应。从这个测试案例可以看出，镜像请求与原请求在实际处理过程中并没有关联关系，完全符合 NGINX 的异步非阻塞设计思想。

21.2.4 通过镜像简化集群管理

NGINX 镜像不仅可以实现请求复制和流量放大，还可以实现集群管理。比如，可以在 NGINX 上专门配置远程管理用的 URL 路径，在这个路径下使用 NGINX JavaScript 或者 Lua 脚本来实现特定管理功能，比如修改 NGINX 执行逻辑、调整变量值等。然后通过访问该管理 URL 来实现远程管理 NGINX 实例。在 NGINX 实例数量不多的情况下，这类操作能简单实现远程管理。但 NGINX 实例数量达到一定规模的时候，逐个单台管理的方式就会大大增加运维成本，此时可以通过 NGINX 的快速实现集群远程管理的批量需求，实现逻辑如图 21-10 所示。

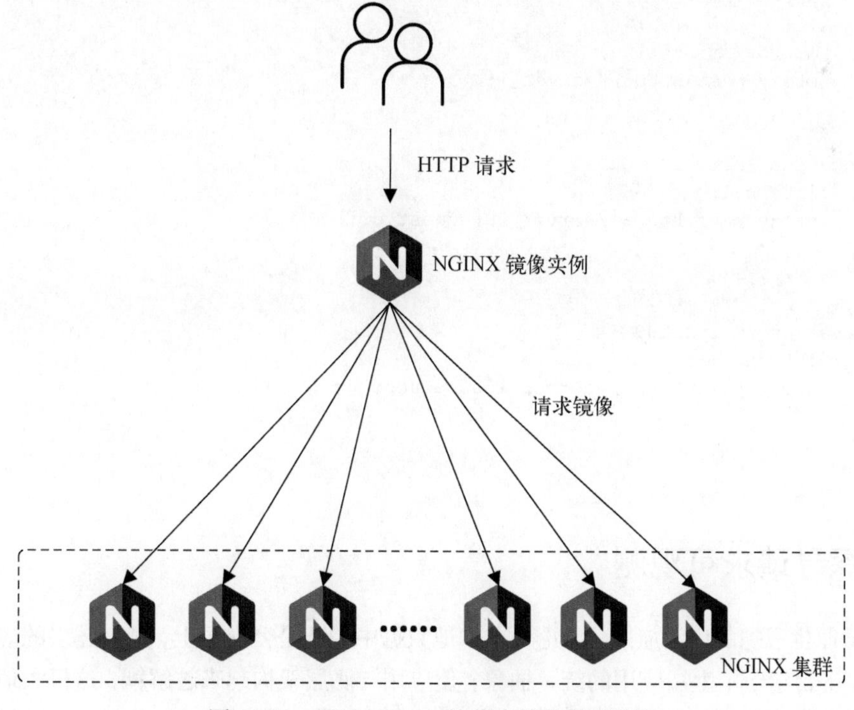

图 21-10 通过 NGINX 镜像来简化集群管理

在 NGINX 集群之外，部署一个专门用于镜像的 NGINX 实例。该实例不处理实际业务请求，仅处理控制平面请求。在这个 NGINX 实例上，配置镜像的目标对象是每个 NGINX 集群实例，即这台 NGINX 会将接收到的每个请求都复制一份并转发给每个 NGINX 集群实例。当我们需要远程控制整个 NGINX 集群的时候，只需要发送一个 HTTP 请求到这台 NGINX 镜像实例上，该实例再将请求复制并转发给所有 NGINX 集群实例。依托这个 NGINX 镜像实例，我们只需要一个管理请求，就实现了整个集群的管理控制，大大降低了运维成本。配置可参考如下：

```
upstream server_1 {
    server 10.1.1.1:80;
}
upstream server_2 {
    server 10.1.1.2:80;
}
    ...
upstream server_100 {
    server 10.1.1.100:80;
}
server {
    listen 80;
    location / {
        # 请求反向代理到第一台服务器，并镜像到所有其他服务器
        mirror /mirror2;
        ...
        mirror /mirror100;
        proxy_pass http://server_1;
        ...
    }
    location /mirror2 {
        internal;
        proxy_pass http://server_2$request_uri;
        ...
    }
    ...
    location /mirror100 {
        internal;
        proxy_pass http://server_100$request_uri;
        ...
    }
}
```

21.3 探寻请求可观测

随着云原生思想的广泛应用，无论是在本地数据中心还是公有云上，越来越多的应用以容器形式运行，平台给予了上层应用的统一抽象，使应用与底层架构越来越解耦，这极大地挑战了传统的从基础架构底层进行监控和运维的方式。应用生命周期不再是一成不变的 IP，访问路径也变得动态，这时很难去回答如下这样的问题。

- ❑ 请求通过了哪些服务？
- ❑ 每个微服务在处理请求时做了什么？
- ❑ 如果请求很慢，瓶颈在哪里？
- ❑ 如果请求失败，错误发生在哪里？
- ❑ 请求的执行与系统的正常行为有何不同？

可观测正是为了解决这样的问题而提出的。根据维基百科的定义，可观测是衡量从外部输出推断系统内部运行状态的程度。这说明可观测的数据来自运行系统的内部，通过某种技术或手段将这些数据输出到外部系统中，外部系统分析这些数据来对运行状态加以判断并回答发生了什么以及为什么的问题。可观测性一词本身起源于控制理论，属于动态工程和机械系统中的数学领域部分。在 IT 领域，如图 21-11 所示，2013 年该词出现于 Twitter 的技术博客；2017 年 Peter Bourgon 首次在其文章中提出了 logging、tracing、metrics 模型，该可观测模型被认为是现代应用可观测的核心；进入 2020 年后，可观测领域进行了进一步深入的讨论，认为仅仅采集上述三种数据并不足以实现真正意义上的可观测。由于现代应用数量庞大、内部服务调用关系复杂，因此仅仅依靠人类大脑进行分析并不足以洞察上述三种数据之间的关系，无法从中推断和预估系统内部运行的问题。因此，业界提出了以数据驱动的可观测，该理论的核心是人类大脑仅对系统所给出的关键信号做出反应，外部系统应对获取的应用运行状态数据进行加工分析并给出信号。

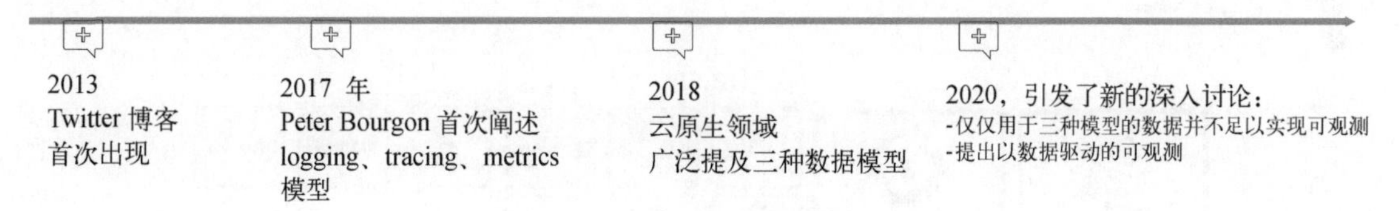
2013
Twitter 博客
首次出现
2017 年
Peter Bourgon 首次阐述
logging、tracing、metrics
模型
2018
云原生领域
广泛提及三种数据模型
2020，引发了新的深入讨论：
-仅仅用于三种模型的数据并不足以实现可观测
-提出以数据驱动的可观测

图 21-11 可观测概念发展时间线

CNCF 云原生全景图（如图 21-12 所示）将可观测作为独立的一部分进行展现，足以说明可观测在现代应用中的重要性，很多传统的 APM、日志监控类企业也都纷纷在可观测领域加大投入，推出更加符合云原生思想的可观测解决方案。从开源角度看，metrics 采集方面最主要的产品是 Prometheus，通过主动拉取应用的 metrics 数据并以时序方式进行存储；Fluentd 则是一款跨平台的日志采集工具，可以对接容器、虚拟机等多种平台环境，日志后端的存储可以对接 Elasticsearch 等多种平台软件；OpenTracing 也是 CNCF 主推的链路跟踪开源框架，典型的代表是 Jaeger、Zipkin。

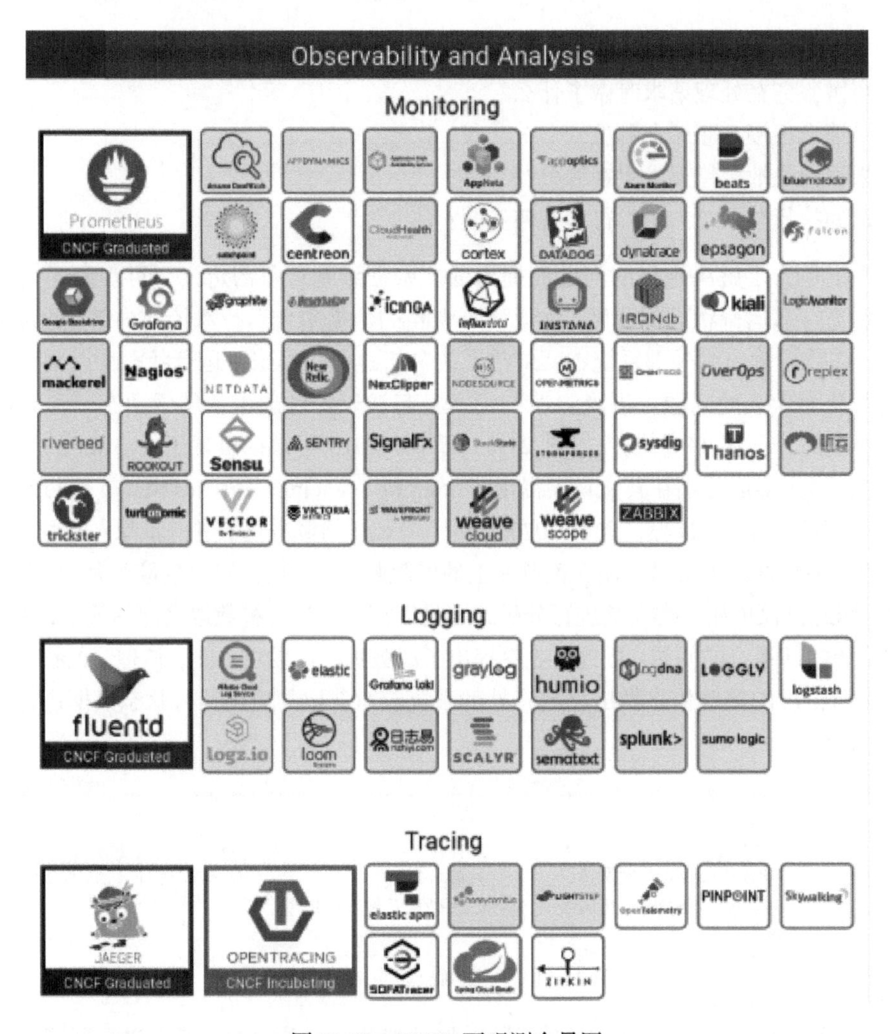

图 21-12　CNCF 可观测全景图

NGINX 作为典型的反向代理软件，一般位于数据路径的关键位置，比如传统应用的前端、API 网关或者 PaaS 的 Ingress 入口乃至 sidecar，是进行可观测的理想位置。在 NGINX 产品线中有两种方式进行可观测，一种是商业产品提供的分析模块，一种是结合开源软件实现的方法。

21.3.1　商业方案

NGINX Controller 是 NGINX 公司提供的一款集中管理 NGINX 实例的控制，包含了 ADC 管理模块、API 管理模块、分析模块和安全模块。NGINX Controller 分析模块提供了面向应用（业务）的以及面向运维的两种角色，如图 21-13 所示。

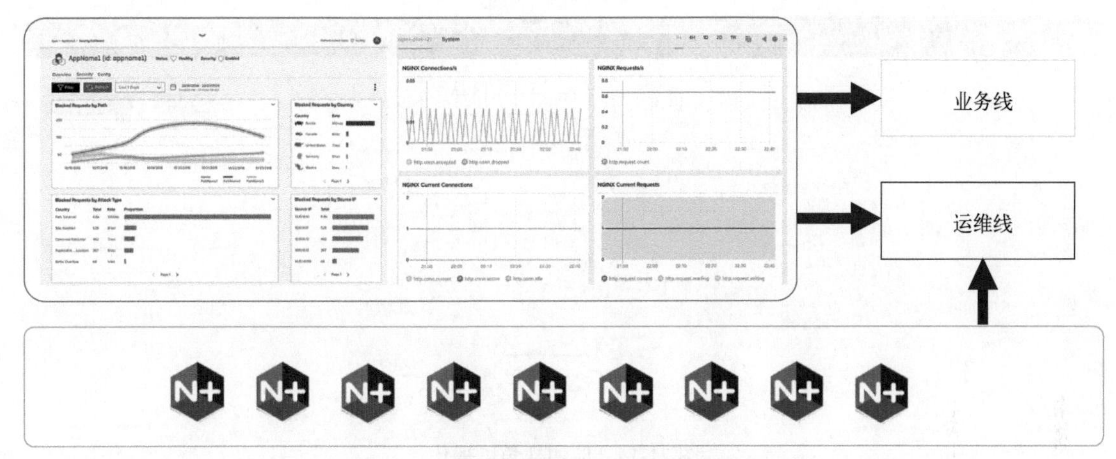

图 21-13 为不同角色人员提供不同的可视视角

图 21-14 展现了运维人员基于实例视角观察和分析每个实例的性能（例如 CPU、内存、存储 IO 等）、实例上的应用性能（例如请求速率、延迟、错误率）。

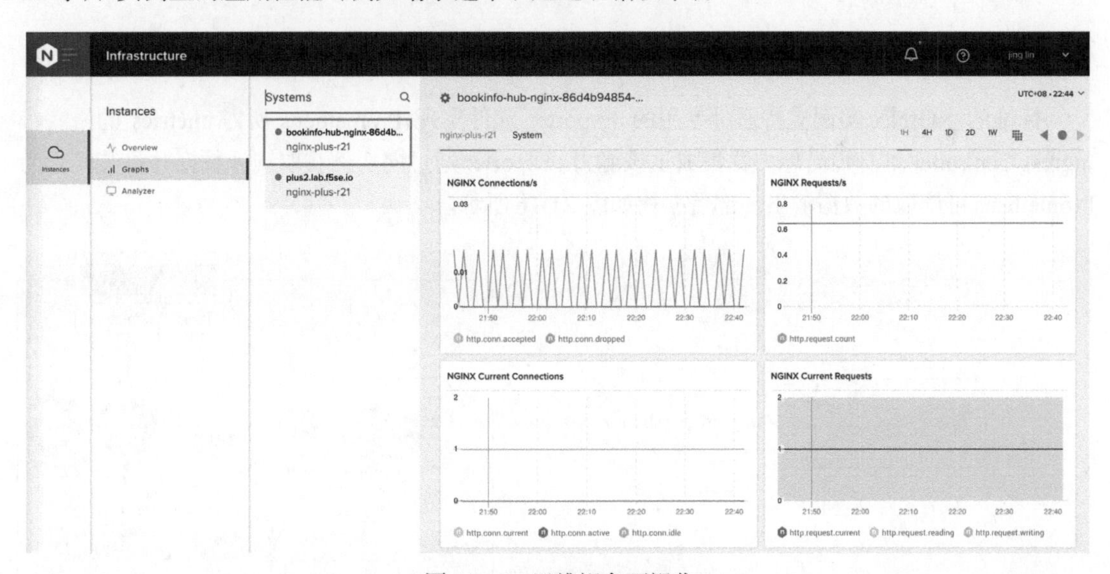

图 21-14 运维视角可视化

图 21-15 显示了业务线人员可以从应用的视角进行可视化。一个应用可以包含多个子服务或 API，业务人员既可以从整体应用角度来观察应用的运行状态，也可以从不同的子服务视角/API 分别查看各个子服务的运行统计。这样的设计方式能够很好地满足业务线人员从不同维度观测应用。

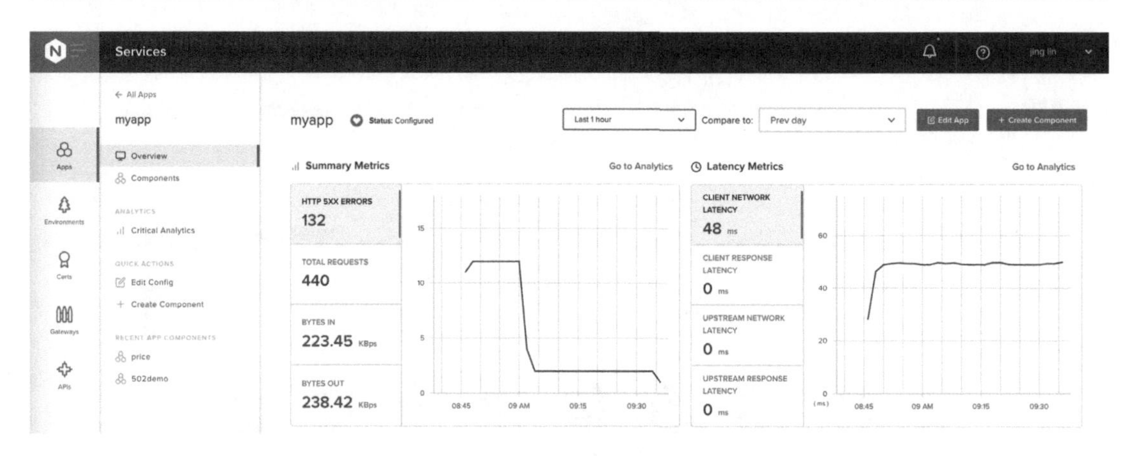

图 21-15　应用视角可视化

需要注意的是，NGINX Controller 主要关注的是可观测中的 metrics。对于完全的日志、跟踪，则需要额外的解决方案来支持。

21.3.2　开源方案

标准的 NGINX 实例支持通过专用的 Exporter 软件实现 Prometheus 所需 metrics 的暴露，Ingress Controller 本身则已经内置集成了该能力。Exporter 通过向实例获取统计数据并将其转化为 Prometheus 可读取的数据输出。部署架构如图 21-16 所示。

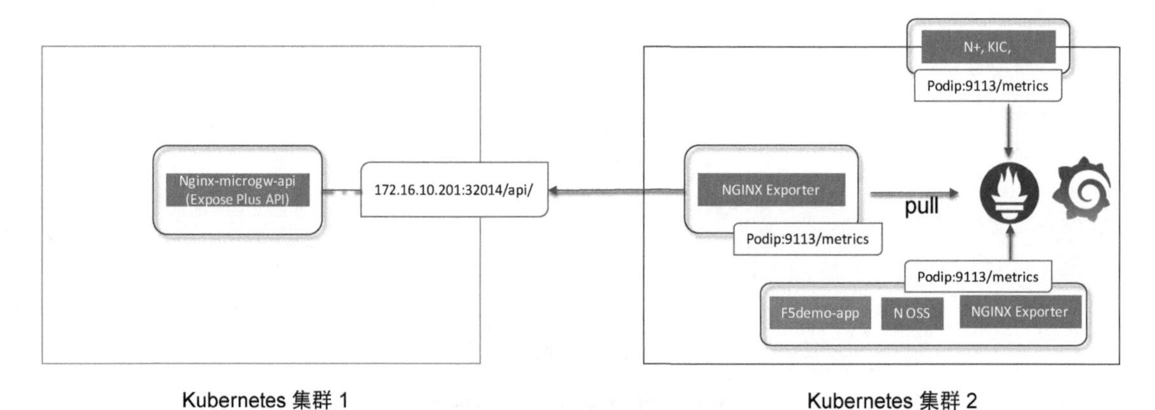

图 21-16　NGINX Exporter

在采集以上数据到 Prometheus 后，则可以通过 Grafana 这样的可视化软件进行数据的可视化展现，图 21-17 展现了开源 NGINX 的简单 Grafana 视图。

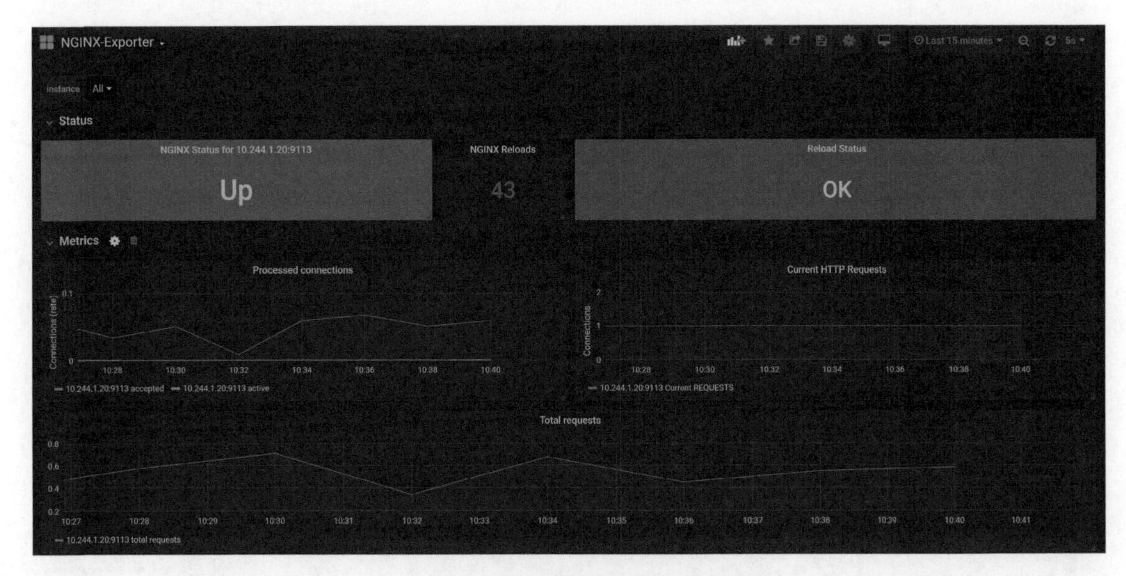

图 21-17　开源 NGINX 简单可视化视图

开源版本的 metrics 输出由于开源版本提供的数据类型较少，因此可展现的内容较少，商业版本则可以展现更多数据，详细差异可参考：https://github.com/nginxinc/nginx-prometheus-exporter。

在 logging 方面，可以通过标准的 `syslog` 采集日志，如果是在容器化环境下可以通过节点 agent 采集或者容器 sidecar 采集。节点采集方式下，图 21-18 所示，通过在宿主机节点安装采集节点 agent，该 agent 能够读取各个容器重定向在宿主机上的日志文件。如果应用容器本身未将日志重定向到宿主机，那么可以在应用容器中部署一个边车容器，该边车容器就是日志采集 agent，如图 21-19 所示，该 agent 读取同 pod 下的应用日志文件并将其发送到日志中心。

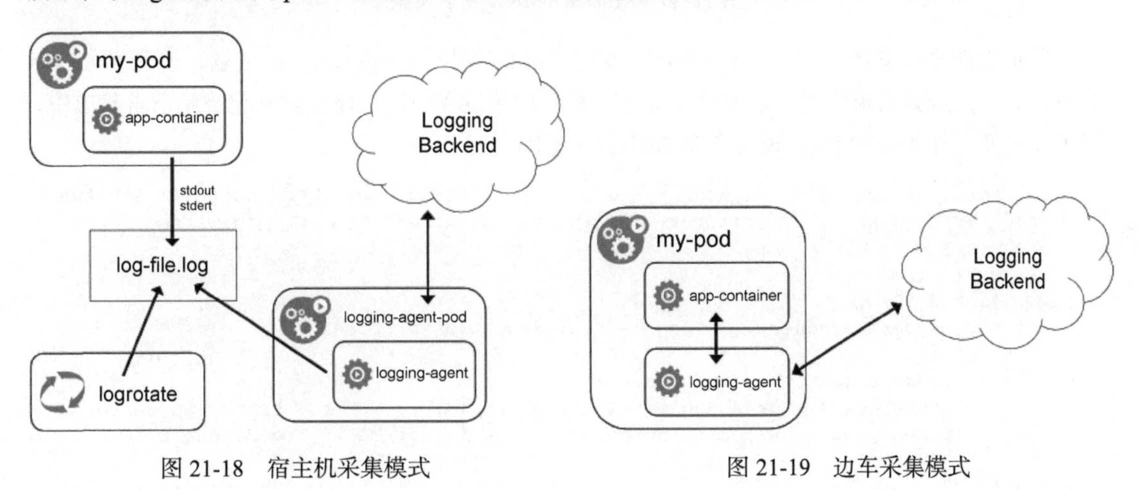

图 21-18　宿主机采集模式　　　　图 21-19　边车采集模式

通过将日志对接到不同的日志中心后，结合相关可视化工具即可做出丰富的展现，如图 21-20 展现的是一个快速定义的 Kibana dashboard。

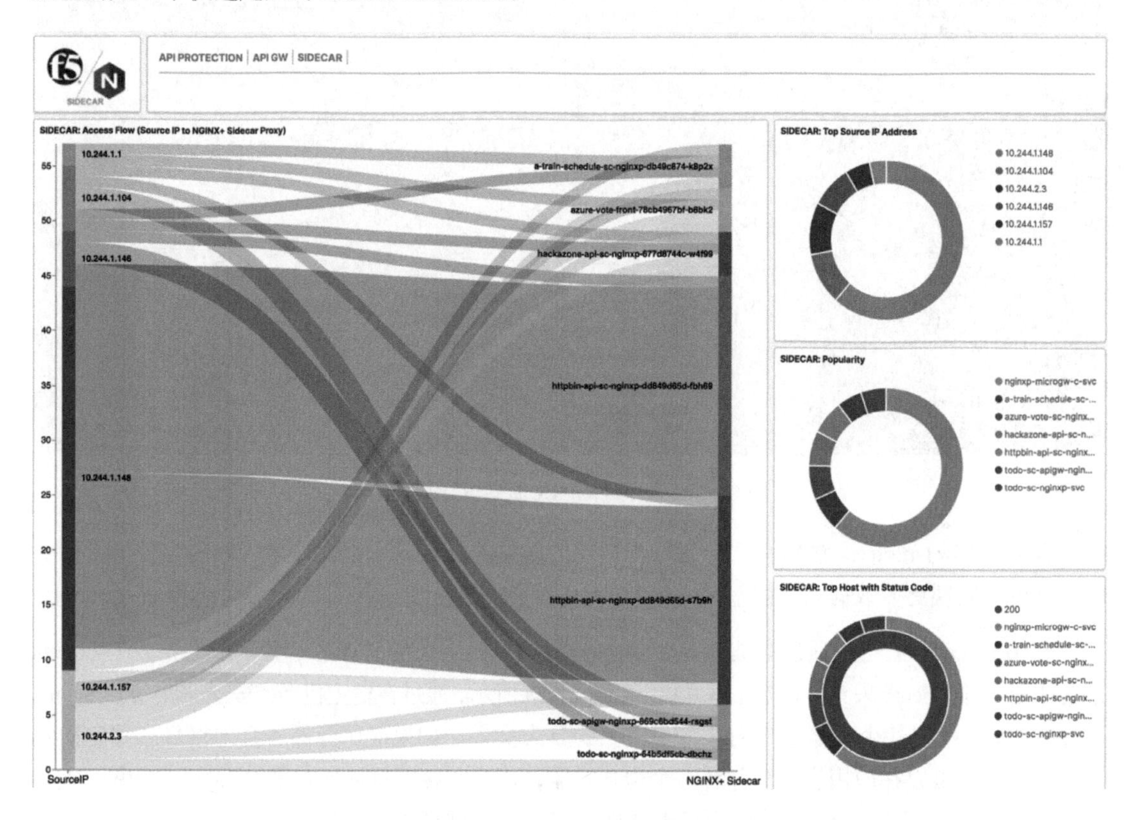

图 21-20　Kibana NGINX 展示大盘

在追踪能力的支持上，一方面 NGINX 支持自动化产生 `$request_id` 变量，该变量可以作为 HTTP 头传送到后端应用，如果后端应用在整个调用过程中透传该变量并记录到请求日志中，就可以该变量作为关键 ID 实现整个交易路径的追踪：

```
log_format trace '$remote_addr - $remote_user [$time_local] "$request" ''$status
$body_bytes_sent "$http_referer" "$http_user_agent" ' '"$http_x_forwarded_for"
$request_id';
server {
    listen 80;
    add_header X-Request-ID $request_id; # Return to client
    location / {
        proxy_pass http://app_server;
        proxy_set_header X-Request-ID $request_id;        # Pass to app server
        access_log /var/log/nginx/access_trace.log trace; # Log $request_id
    }
}
```

另一方面，NGINX 支持 OpenTracing 框架类的追踪产品如 Jaeger、Zipkin、LightStep 等，在 NGINX 需动态挂载 OpenTracing 模块并配置不同的追踪插件后即可实现与对应产品的对接：

```
# Load the OpenTracing dynamic module.
load_module modules/ngx_http_opentracing_module.so;

http {
    # Load a vendor tracer
    opentracing_load_tracer /usr/local/lib/libjaegertracing_plugin.so /etc/
        jaeger-nginx-config.json;

    # or
    # opentracing_load_tracer /usr/local/lib/liblightstep_tracer_plugin.so
      /path/to/config;
    # or
    # opentracing_load_tracer /usr/local/lib/libzipkin_opentracing_plugin.so
      /path/to/config;
    # or
    # opentracing_load_tracer /usr/local/lib/libdd_opentracing_plugin.so /path/
      to/config;

    # Enable tracing for all requests.
    opentracing on;

    # Optionally, set additional tags.
    opentracing_tag http_user_agent $http_user_agent;

    upstream backend {
        server app-service:9001;
    }

    location ~ {
        # The operation name used for spans defaults to the name of the location
        # block, but you can use this directive to customize it.
        opentracing_operation_name $uri;

        # Propagate the active span context upstream, so that the trace can be
        # continued by the backend.
        # See http://opentracing.io/documentation/pages/api/cross-process-tracing.html
        opentracing_propagate_context;
        proxy_pass http://backend;
    }
}
```

在上述配置中可通过 `opentracing_tag` 指令设置附加的 tag 信息，通过 `opentracing_propagate_context` 指令可以帮助传播 span 信息给后端从而实现追踪信息的传播。

21.4　高效优化 NGINX 性能

本节中，我们将介绍如何高效地优化 NGINX 的性能。

21.4.1　NGINX 的架构设计概述

基于异步非阻塞、事件驱动的架构设计，NGINX 获得了相比传统服务器软件更加优秀的性能表现。传统服务器软件通过一个进程或线程来处理连接和请求，采用的是阻塞模型。当进程或线程被阻塞时，由操作系统调度将 CPU 资源交给其他进程。换句话说，是通过操作系统的调度来实现处理并发，如图 21-21 所示。当并发数达到一定规模的时候，大量资源将被浪费在 CPU 上下文的频繁切换上，无法获得良好的性能表现，即所谓的 C10K 问题。当并发到 1 万规模的时候，这种架构设计无论如何提升硬件资源都无法再获得性能提升。

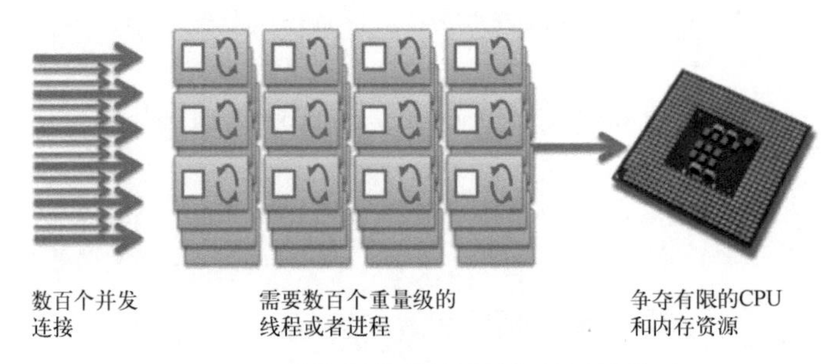

图 21-21　传统服务器软件的架构设计模型

NGINX 从设计之初就是为了解决 C10K 问题，采用了异步非阻塞的架构设计。如图 21-22 所示：一个 worker 进程负责并发处理多条连接和请求，在内部引入了事件驱动的机制，将一个请求的处理过程拆分成多个事件来处理。所有事件放入到事件队列中按顺序进行处理。进程处理完 A 请求的某个事件后（比如发送了请求到上游服务器），它不会像传统服务器那样进入阻塞状态（比如等待上游服务器返回响应），它会接着处理 B 请求的事件。当接收到上游服务器响应返回后，会通过异步回调的方式通知 worker 进程继续处理。进程会把它作为一个新事件添加到事件队列末尾。从微观上，worker 进程不断地根据事件队列处理每个请求的不同事件，每个事件的处理仅消耗极短的时间。同时官方建议一个 worker 进程数量与 CPU 核数保持一致，相当于一个 worker 进程独占一个 CPU 核，基本不存在 CPU 上下文频繁切换问题。因此，宏观上 NGINX 拥有了非常好的性能表现。

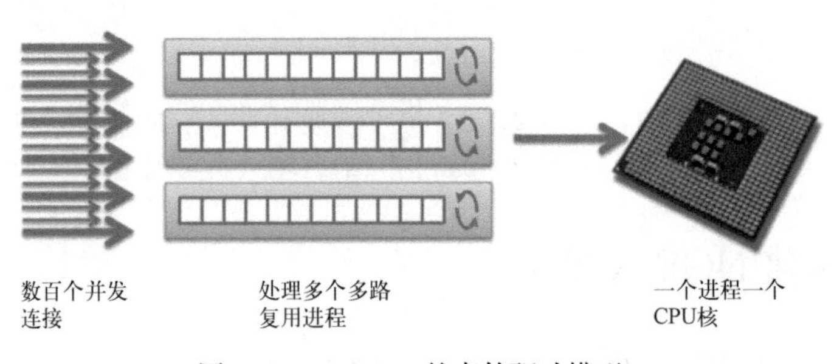

图 21-22　NGINX 的事件驱动模型

由于 NGINX 可以部署到众多不同类型的操作系统上（甚至还支持 Windows），不同操作系统还有较大差异，因此 NGINX 官方提供的初始 conf 配置文件，并没有性能优化相关配置，而把性能调优的主导权交给了用户。但我们也发现很多用户并未对 NGINX 进行针对性的性能调优就部署到了生产，造成资源浪费，这确实是件很可惜的事情。另一方面，NGINX 的性能调优涉及 NGINX 的内部原理机制以及 Linux 内核原理，门槛相对较高。很多用户对于开启某些优化项后会遇到什么潜在隐患把握不足，不敢轻易尝试。再一方面，若想要把 NGINX 的性能调整到 100%最优状态，我们需要花费大量时间和精力去做方方面面的适配。如果我们能够仅花费 20%的努力，就获得 80%的效果，相比花费 120%的努力，获得 100%的效果，对于绝大多数用户来说，显然前者更加有吸引力。这也是我们编写本节的初衷：把握 NGINX 的性能要点，用最小的成本，提升 NGINX 的性能，同时了解优化配置的潜在弊端，有能力去解决潜在问题。

21.4.2 NGINX 性能调优方法论

对于现代计算机架构下的软件来说，其运行基本上离不开 CPU、内存、磁盘、网络以及操作系统等重要环节，对这些核心环节的每一项有针对性地进行优化，自然就能够获得性能的提升。NGINX 也不例外，我们整理了 NGINX 性能优化的方法论，如图 21-23 所示。

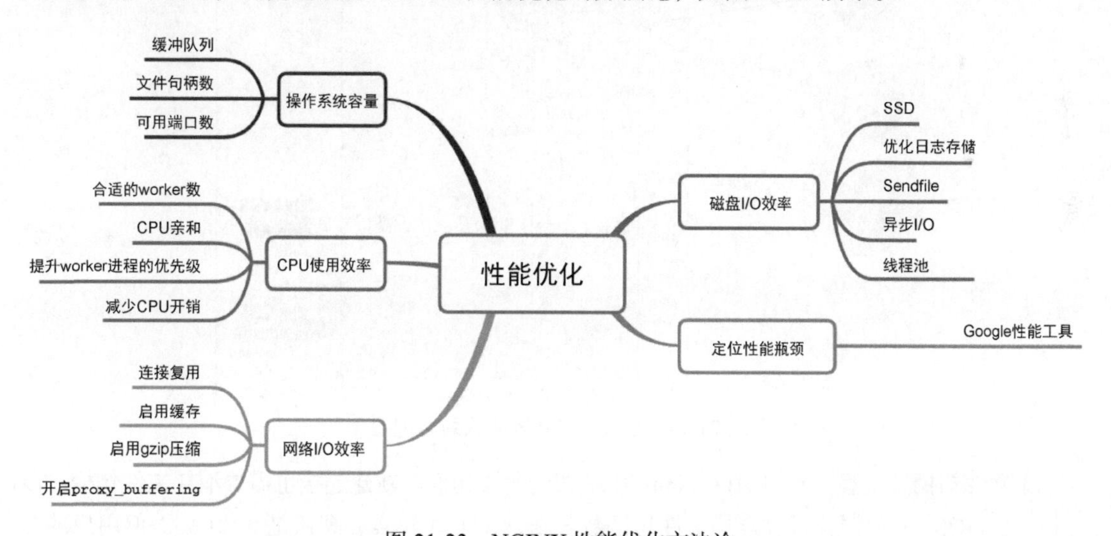

图 21-23 NGINX 性能优化方法论

在 NGINX 的性能优化上，我们可以从操作系统容量、CPU 使用效率、网络 I/O 效率以及磁盘 I/O 效率等方面来做文章。由于 NGINX 本身在程序设计上对内存的使用已经做到了精益求精，在性能优化上该项“性价比”太低，就没有涵盖进来。另外，根据 NGINX 生产实际业务情况，定位 NGINX 存在的性能瓶颈，明确代码层面哪个环节的资源开销最多，也有助于我们针对性能进行优化。接下来我们将针对每一项进行详细介绍。

- **别让操作系统限制了 NGINX 的性能**

Linux 操作系统的性能优化是另外一个议题，如果详细展开来说，会是厚厚的一本书。这里我们重点强调操作系统上的内核参数默认设置，有些初始配置的数值较小需要进行调整，避免限制了 NGINX 的性能，举例如下。

- **缓冲队列的设置**。Linux 操作系统内核中存在与 TCP 连接相关的队列，包括 SYN 队列、ACCEPT 队列。当 TCP 连接建立成功，NGINX 会调用 `accept` 方法获取套接字信息。具体关系如图 21-24 所示。如果 SYN 队列设置较小，一旦遇到大并发连接新建的时候，会导致 SYN 包被丢弃，客户端重传 SYN 包。而如果 ACCEPT 队列长度不足，当 NGINX 运行繁忙无法及时从队列中获取连接的时候，则会导致队列溢出，连接无法获得及时处理。以 CentOS 7.6 为例，相关内核参数值并不高。`max_syn_backlog` 默认为 `128`；`net.core.somaxconn` 默认为 `128`；`net.core.netdev_max_backlog` 默认为 `1000`。这几个参数可以适当调大，避免 NGINX 一时繁忙造成业务丢失。

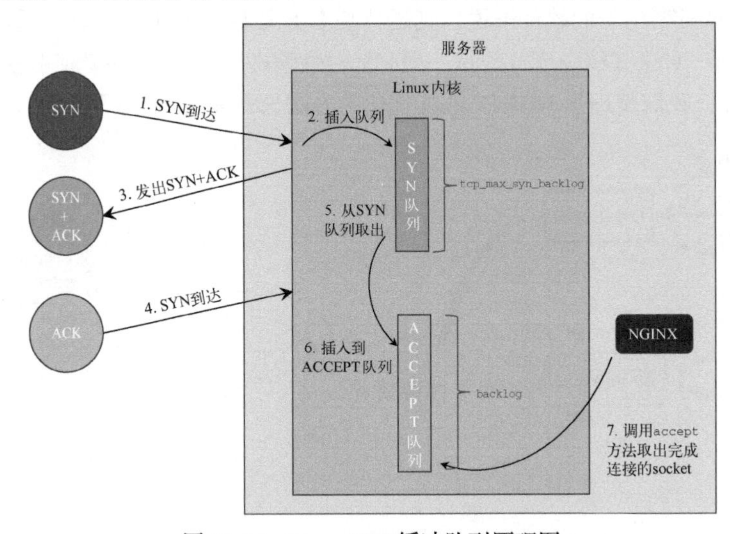

图 21-24 Linux TCP 缓冲队列原理图

- **文件句柄数设置**。我们知道 Linux 中一切资源皆句柄。新建连接也需要消耗文件句柄。以 CentOS 7.6 为例，系统全局文件句柄数 `sys.fs.file-max` 默认是 `379012`，但用户的全局文件句柄数 `nofile` 默认仅有 1024，明显偏小，需要调整。
- **可用端口数设置**。以 CentOS 7.6 为例，可供分配的端口资源由 `net.ipv4.ip_local_port_range` 控制，默认范围从 32 768 到 65 535，仅有三万多个。在大多数场景下，三万多个已经足够。但当 NGINX 的 upstream 只有一个服务器的情况下，比如 NGINX 的上游服务器 IP 配置的是负载均衡的地址，NGINX 能够与上游服务器建立连接的并发数量受限于可供分配的端口资源，此时我们可以优化配置为比如从 1025 到 65 535 来提升并发连接的能力。

- **提升 CPU 使用效率**

CPU 的使用效率，直接关系到软件的性能。对于 NGINX 来说，我们可以通过以下几种方式进行优化。

- **配置合适的 worker 进程数**。配置的 worker 进程数过多，会造成 worker 之间抢占 CPU 资源，引起 CPU 上下文频繁切换，浪费 CPU 资源。配置的 worker 进程数过少，导致 CPU 部分核空闲，更加浪费 CPU 资源。官方建议 worker 进程数与 CPU 核数保持一致，以发挥最大的性能表现。
- **设置 CPU 亲和**。即每个 worker 进程绑定一个 CPU 核，当 worker 进程被唤醒进入工作状态的时候，始终由同一个 CPU 核处理，这可以提升 CPU 缓存的命中率。
- **提升 worker 进程的优先级**。我们知道 CPU 资源是按照时间片进行分配的，当 CPU 空闲时，操作系统会优先分配给高优先级的进程。因此可以通过提升 worker 进程的优先级来更多地抢占 CPU 资源。
- **减少 NGINX 运行本身的 CPU 开销**。通过减少 NGINX 运行过程中部分行为本身的 CPU 开销来提升 NGINX 的性能。
  - **通过锁来解决惊群问题**。在 Linux 内核 3.9 版本之前，当连接新建成功之后，socket 监听器会通知所有 worker 进程，每个 worker 进程都会执行接受调用抢占这个连接。但仅有一个 worker 进程接受成功，其他 worker 进程接受失败返回，造成无谓的 CPU 开销，这就是所谓的惊群问题，如图 21-25 所示。NGINX 提供了 `accept_mutex` 指令（即通过共享锁的机制）来解决惊群问题。worker 进程在接受连接之前，需要先抢锁，只有抢到锁的进程才能够接受连接。

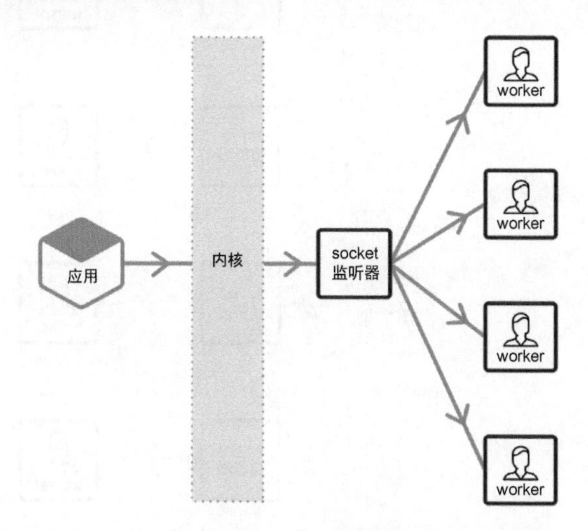

图 21-25 NGINX 的惊群问题

- **提升每次接受连接的数量**。默认情况下，worker 进程每次接受连接，仅会接受队列中的一条连接。队列中存在 100 个连接，则需要 worker 进程接受 100 次。NGINX 提供了 `multi_accept` 指令使得 worker 进程每次接受连接的时候，一次性接受队列中的所有连接。这种优化在大量新建连接场景下，对 NGINX 的 CPU 开销会有较大优化。但启用 `multi_accept` 可能会带来多个 worker 进程之间工作负载不均衡的问题。举个例子来说，T+1 时刻第一个 worker 进程接受 100 条连接，T+2 时刻第二个 worker 进程仅接受 2 条连接。尽管 NGINX 在代码级设计了多个 worker 进程间最终的工作负载均衡机制，但启用 `multi_accept` 可能导致在短时间内某个 worker 进程工作负载重，而其他 worker 进程空闲的情况。
- **启用内核级负载均衡**。在 Linux 内核 3.9 版本及之后，新增了 socket 的 SO_REUSEPORT 选项，允许部署多个 socket 监听器监听相同的 IP 和端口组合，如图 21-26 所示。当 NGINX 上通过 `reuseport` 指令开启 socket 的 SO_REUSEPORT 选项后，会部署和 worker 进程数一样多的 socket 监听器。每个监听器和一个 worker 进程形成一对一的关系。对于新建的连接，内核会负载均衡给不同的 socket 监听器，再由 socket 监听器通知对应的 worker 进程来接受连接。这种方式减少了多个 worker 进程在抢夺新连接时的资源开销，提升了性能。本质上是内核对新建连接在多个 worker 中实现负载均衡，同时也解决了 NGINX 原本的惊群问题，启用 SO_REUSEPORT 选项之后，默认会关闭 `accept_mutex`。当然 SO_REUSEPORT 选项也并非完全没有弊端，当重新加载配置的时候，NGINX 会 RST 掉当前连接，不再跟之前一样是个无损操作。

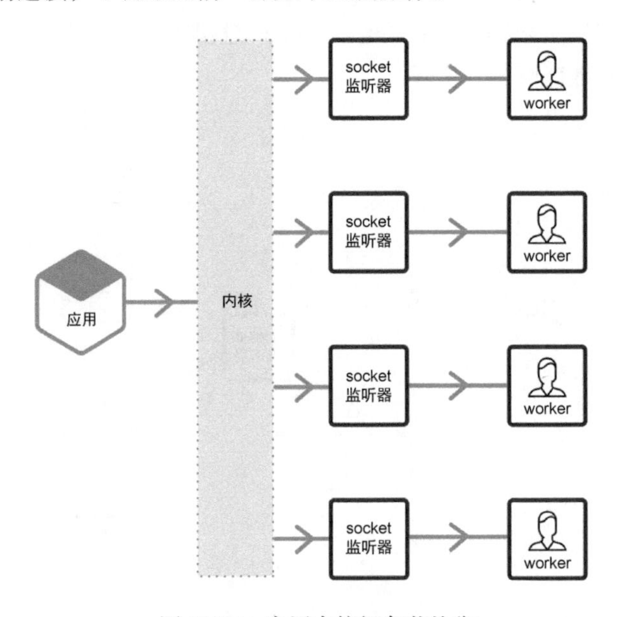

图 21-26 启用内核级负载均衡

- **降低网络 I/O 开销**

在典型的 HTTP 反向代理场景下，NGINX 需要维护与客户端的连接，接收客户端发起的请求，然后与上游服务器建立连接，发送请求。最后接收上游服务器的响应，并返回给客户端。在这个过程中，存在大量的网络 I/O 操作，比如建立连接、释放连接、接收请求、转发请求、接收响应、转发响应。频繁的网络 I/O 操作非常影响 NGINX 的性能表现。除了物理层面配置多端口聚合来提升网络 I/O 容量避免吞吐成为瓶颈之外，我们还可以通过降低网络 I/O 开销的方式来提升 NGINX 性能，具体如下。

- **连接复用**。默认情况下，NGINX 会根据每个请求与上游服务器建立连接，处理完该请求后，再释放连接，NGINX 与上游服务器会有大量的建立连接、排除连接操作。我们知道 TCP 三次握手四次挥手都需要消耗 CPU 资源。启用连接复用，意味着 NGINX 与上游服务器仅需要维持很少数量的长连接来处理请求，从而减少了大量的建立连接、排除连接操作，对NGINX的性能提升显著，如图21-27所示。但需要留意的是，NGINX与上游服务器启用连接复用后，同一个连接上承载的是不同客户端的请求，需要上游服务器实施一定改造适配，比如从请求的XFF字段获取客户端IP地址，而不是从连接的源IP获取。如果 NGINX 的上游服务器配置的是负载均衡器，比如 F5 LTM 的 VS，并且 F5 LTM 上配置了 cookie会话保持，当NGINX启用连接复用后，则会导致原本的cookie会话保持机制失效。这是因为 F5 LTM 的 cookie 会话保持默认行为是基于连接的第一个请求的 cookie 信息进行会话保持，该连接后续请求会直接保持到同一台服务器。NGINX 连接复用后，相当于请求和连接形成错配，而F5 LTM默认的cookie会话保持行为并未适配这种错配行为，于是从连接的第二个请求起，后续所有请求的会话保持都不生效，需要调整F5 LTM 的 cookie 会话保持机制为基于每个请求的 cookie 会话保持来适配。

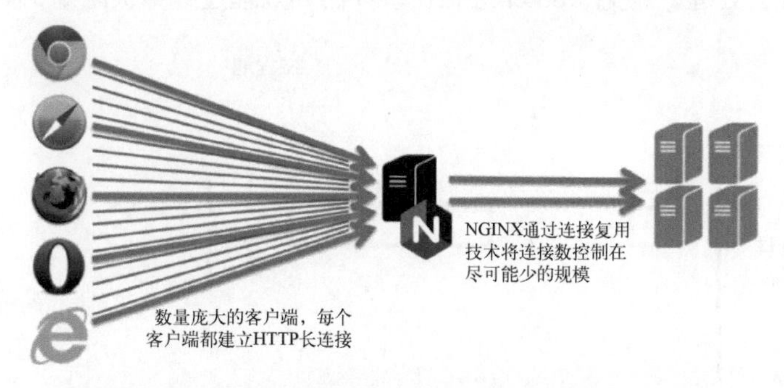
NGINX通过连接复用
技术将连接数控制在
尽可能少的规模
数量庞大的客户端，每个
客户端都建立HTTP长连接

图 21-27 NGINX 启用连接复用来降低网络 I/O 开销

- **启用缓存**。NGINX 上启用缓存功能之后，对于命中缓存的请求会直接根据本地保存的缓存内容返回给客户端，而无须转发到上游服务器进行处理，直接降低了后端的网络 I/O 开销，提升了性能。更多关于缓存的内容，可参考第 13 章。

- **启用 gzip 压缩。** 如果 NGINX 的性能瓶颈在网络吞吐，可以启用 gzip 压缩来减少响应报文的数据传输量。但由于 gzip 压缩会额外增加 CPU 开销，因此就需要平衡 gzip 的压缩级别，从而达到性能优化的目的。

- **提升磁盘 I/O 使用效率**

磁盘 I/O 实际上是制约软件性能表现的一大核心因素，主要在于磁盘本身的 IOPS 能力有上限，因此需要尽可能规避频繁的磁盘 I/O 读写，避免磁盘成为整体性能的瓶颈。主要有以下一些优化手段。

- **提升 IOPS 容量。** 将传统硬盘更换成 IOPS 容量更高的 SSD 盘，是从磁盘角度提升 NGINX 性能的最直接有效的方法。
- **优化 access 和 error 日志的写入方式。** 默认情况下，每生成一条日志信息，就会有一次磁盘写入操作。可以通过配置缓存的方式来减少日志生成时的磁盘 I/O 开销。当然也可以通过将日志以 `syslog` 的方式直接吐到第三方日志平台而不进行本地文件保存的方式来优化磁盘 I/O，但 `syslog` 方式增加了网络 I/O 开销，需要结合实际情况从性能角度进行平衡。
- **减少临时文件的生成。** 比如开启 `proxy_buffering` 后，需要谨慎设置 `proxy_buffer` 的大小，减少临时文件的生成，增加磁盘 I/O 读写。
- **启用异步 I/O 和线程池。** 由于磁盘读写操作延迟较大，有可能成为一个阻塞操作，因此需要尽可能通过操作系统提供的读写文件异步操作接口来将磁盘读写非阻塞化。FreeBSD 提供了很好的异步 I/O 接口，但 Linux 在这方面还不算完美。于是 NGINX 提供了线程池的方式来解决这个问题。本质上相当于在 worker 进程之外，把可能阻塞的操作交给线程池去处理，避免 worker 进程在事件循环处理过程中被阻塞，如图 21-28 所示。

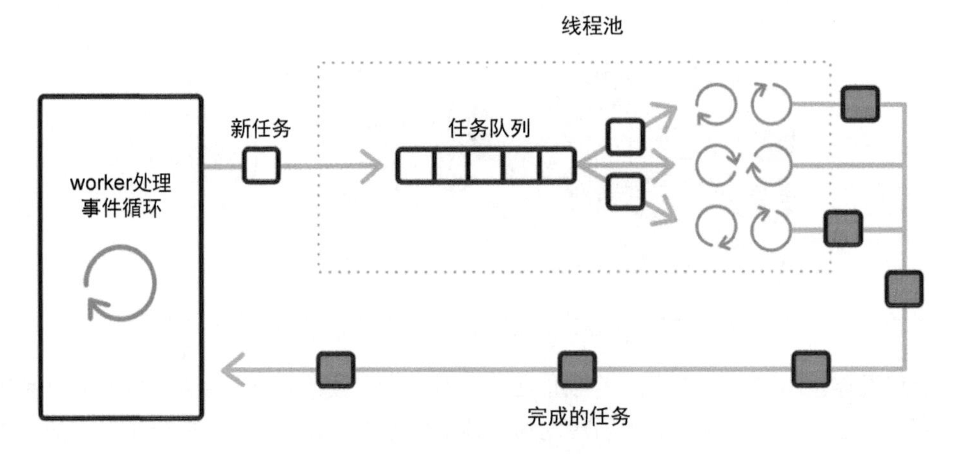

图 21-28 NGINX 线程池处理机制

- **定位性能瓶颈**

`ngx_google_perftools_module` 模块允许我们利用 Google 的性能分析工具 gperftools 对 worker 进程的执行过程进行概要分析，充分了解在实际生产场景中，NGINX 在具体哪个环节、哪个函数占用了较多资源开销，能够以量化的视角展示，如图 21-29 所示。利用 gperftools 生成的图表，我们可以了解 NGINX 当前的性能瓶颈在哪里，然后再有针对性地进行性能调优，做到有理有据。关于 gperftools 的使用方法，可详见 https://github.com/gperftools/gperftools。

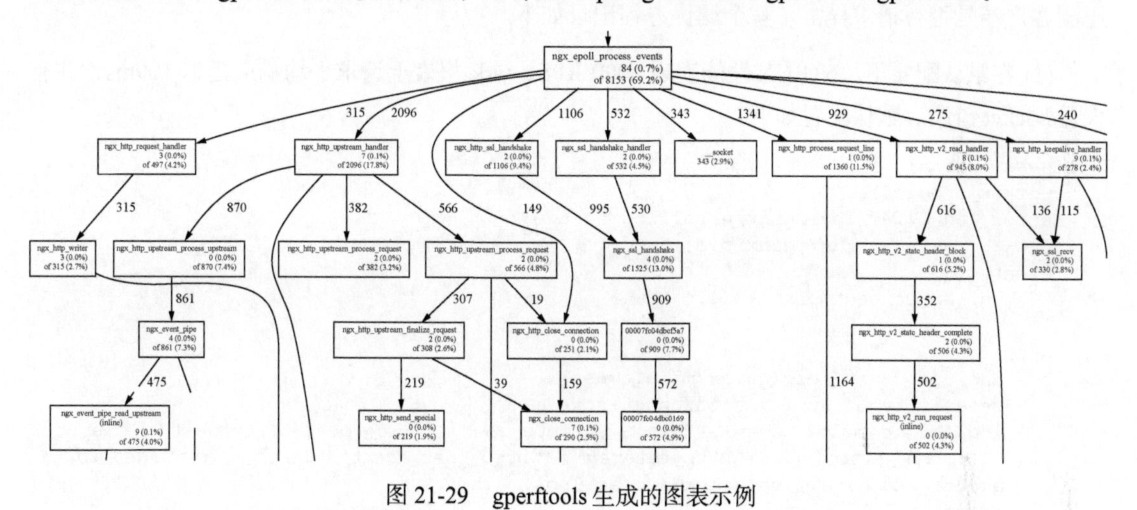

图 21-29 gperftools 生成的图表示例

21.4.3 NGINX 性能调优实践

结合上面介绍的性能调优的方法论，我们搭建了三台 2C4G 虚拟机环境进行了性能调优的演示实践，整体架构如图 21-30 所示。

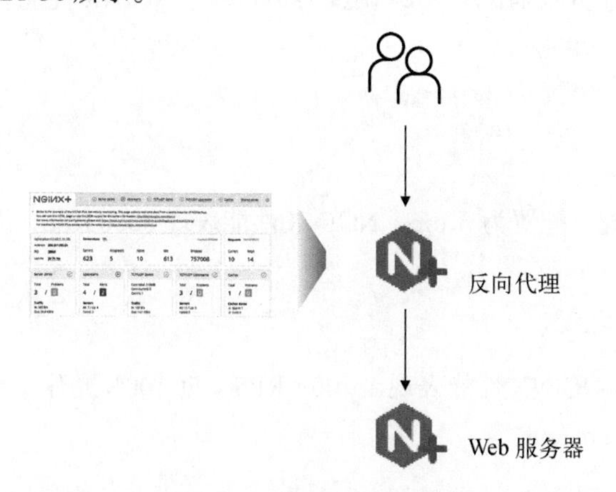

图 21-30 性能调优案例架构图

在客户端，我们部署了 wrk 软件作为压测工具，已实测可以打出 4.5 万 RPS 的能力。每个请求都是发起 HTTP GET NGINX 的欢迎页面。中间的这台部署了 NGINX Plus 作为反向代理，也是我们性能调优的对象。第三台也部署一台 NGINX Plus 作为上游服务器，并且做了初步优化，能够支撑 2.5 万以上的 RPS 能力。我们初步优化了 Linux 的内核参数，确保操作系统不会成为 NGINX 的性能瓶颈。接着我们从初始的 NGINX conf 配置文件开始，逐步进行优化。在整个调优过程中，通过 NGINX Plus 的 Dashboard 实时查看 NGINX 的性能表现，通过 wrk 的 reports 了解压测客户端是否有请求异常。整个调优过程记录如下。

(1) **在默认配置下**，NGINX 性能表现 6000 RPS，wrk 报表上请求平均响应延迟 109ms，并有大量 socket 错误。默认配置如下：

```
user  nginx;
worker_processes  1;
error_log  /var/log/nginx/error.log notice;
pid        /var/run/nginx.pid;
events {
    worker_connections  1024;
}
http {
    include       /etc/nginx/mime.types;
    default_type  application/octet-stream;
    log_format main '$remote_addr - $remote_user [$time_local] "$request" ' '$status
        $body_bytes_sent "$http_referer" '"$http_user_agent" "$http_x_forwarded_for"';
    access_log  /var/log/nginx/access.log  main;
    sendfile        on;
    #tcp_nopush     on;
    keepalive_timeout  65;
    #gzip  on;
    include /etc/nginx/conf.d/*.conf;
}
```

(2) **优化 worker 连接数限制**，从 1024 调整为 100000。NGINX 性能表现 6000 RPS，wrk 报表上 socket 错误数量减少一半左右。

```
events {
    worker_connections  100000;
}
```

(3) **优化 worker 数量**，配置为 `auto`。NGINX 性能表现 8000 RPS，近 30%提升；wrk 报表上 socket 错误仅剩少量。

```
worker_processes  auto;
```

(4) **配置连接复用**，NGINX 性能表现 15 000 RPS，近 100%提升。wrk 报表上 socket 错误数量再次减少，仅剩少量 timeout。

```
upstream webserver {
    server 10.1.10.145:80;
```

```
    keepalive 128;
}
server {
    listen 80 default;
    server_name  localhost;
    location / {
        proxy_pass http://webserver;
        proxy_http_version 1.1;
        proxy_set_header Connection "";
    }
}
```

(5) **配置 CPU 亲和及 worker 优先级**，NGINX 性能表现 16 000 RPS，近 5%提升。wrk 报表上 socket 错误也还有少量 timeout。

```
worker_processes  2;
worker_cpu_affinity 0101 1010;
worker_priority -20;
```

(6) **配置日志缓存**。NGINX 性能表现 18 000 RPS，近 10%提升。但 wrk 报表上 sockets errors timeout 数量显著增加。

```
access_log  /var/log/nginx/access.log  main buffer=1m;
```

(7) **配置缓存**。NGINX 性能表现 27 000 RPS，近 50%提升。wrk 报表上基本没有 socket 错误。请求平均响应延迟下降到 66ms，同时 CPU 使用率从近 100%下降到 80%。但网络吞吐成了瓶颈。

```
proxy_cache_path /tmp/cache keys_zone=mycache:10m inactive=60m;
server {
    ...
    location / {
        ...
        proxy_cache_key $host$server_port$request_uri;
        proxy_cache_valid 200 304 1h;
        proxy_cache mycache;
    }
}
```

(8) **开启 gzip 压缩优化网络吞吐**。NGINX 性能表现 29 000 RPS，5%性能提升，网络吞吐下降了 30%。但 wrk 报表上 sockets errors timeout 显著增加。请求平均响应延迟增加到了 255ms。CPU 一直是 100%。

```
http {
    ...
    gzip on;
    gzip_min_length  500;
    gzip_buffers     4 256k;
    gzip_http_version 1.1;
    gzip_comp_level 1;
    gzip_types     text/plain application/javascript application/x-javascript
        text/javascript text/css application/xml application/xml+rss;
```

```
    gzip_vary on;
    gzip_proxied   expired no-cache no-store private auth;
    gzip_disable   "MSIE [1-6]\.";
    ...
}
```

(9) **优化 CPU 资源开销**，开启 `multi_accept`。NGINX 性能表现 30 000 RPS，近 5%性能提升。但请求平均响应延迟下降到了 29ms，并且 wrk 报表上没有任何一个 socket 错误。每个连接和请求都得到了快速的处理。

```
events {
    multi_accept on;
    ...
}
```

稍微总结下，我们通过简单的 9 步配置，RPS 从原本 6000 提升到了 30 000，获得了 5 倍的提升。同时请求的平均响应时间从 109ms 下降到了 29ms，并且没有任何报错，很好地实现了我们想要的性能优化提升效果。

实际上，NGINX 的性能优化手段远不止我们在这节所描述的方法。由于 NGINX 的使用场景丰富，不同的场景下会有针对该场景的针对性优化措施，无法在短短篇幅中一一覆盖，比如 SSL 场景下可以通过 session 复用等措施来提升 SSL 性能。建议读者掌握优化思路后结合实际场景活学活用。

21.5　快速定位 NGINX 问题

当 NGINX 部署到生产环境之后，或多或少都会遇到问题。可能是服务器故障导致业务无法访问，也可能是上游服务器异常导致 NGINX 返回报错，还可能是 conf 配置不规范或者不完整导致部分业务访问造成并非预期行为。如何快速定位跟 NGINX 相关的问题，避免生产问题扩大化，是每个 NGINX 运维人员都需要掌握的能力。

21.5.1　确保 NGINX 节点运行正常

作为最基本的验证点，我们可以从以下几个方面着手。

- 检查节点是否可以远程管理访问，网络是否正常。如果节点死机，则重启节点。
- 检查节点的性能指标，包括 CPU、内存、I/O 等指标在阈值范围内。如果超出阈值，则进行扩容操作，避免对业务造成影响。
- 检查 NGINX 的服务是否正常。如果 NGINX 已经被注册为系统服务，可以通过 `systemctl status nginx` 来判断 NGINX 服务的运行状态。

```
● nginx.service - NGINX Plus - high performance web server
   Loaded: loaded (/usr/lib/systemd/system/nginx.service; disabled; vendor preset:
disabled)
   Active: inactive (dead)
     Docs: https://www.nginx.com/resources/
```

当然，NGINX 的启停不仅可以通过 systemctl 的方式，也可通过执行 /usr/sbin/nginx 可执行文件的方式。另外，我们可以通过 ps -ef | grep nginx 命令查看 NGINX 的进程运行状态：

```
root      7628      1  0 10:48 ?        00:00:00 nginx: master process /usr/sbin/nginx
nginx     7629   7628  0 10:48 ?        00:00:00 nginx: worker process
root      7635   7612  0 10:52 pts/0    00:00:00 grep --color=auto nginx
```

还有一种检查 NGINX 服务是否正常的有效方式是通过 curl 访问 NGINX 的某个预设路径，比如我们配置 /nginx_status 路径来应用 NGINX 的 stub_status 指令。如果访问这个路径成功，则表示 NGINX 服务正常。

```
$ curl -i http://127.0.0.1/nginx_status
HTTP/1.1 200 OK
Server: nginx/1.19.1
Date: Thu, 06 Jan 2021 07:45:43 GMT
Content-Type: text/plain
Content-Length: 97
Connection: keep-alive

Active connections: 1
server accepts handled requests
3 3 3
Reading: 0 Writing: 1 Waiting: 0
```

最后，我们还可以检查 NGINX 的服务所对应的配置是不是最新配置。由于 NGINX 配置的更新通常是配置文件就地覆盖的做法，通过文件名不能区分是否已更新为最新配置。例如在热加载机制中，当加载最新配置出现异常时，NGINX 会回退到旧配置。这个过程虽然会产生异常告警信息，但一旦运维人员忽视了告警信息，NGINX 会被误认为配置更新成功，服务正常。我们可以通过 nginx -t 来检查最新配置是否正常：

```
nginx: the configuration file /etc/nginx/nginx.conf syntax is ok
nginx: configuration file /etc/nginx/nginx.conf test is successful
```

NGINX 配置语法异常时会提示如下信息，其中包含了明确的行号信息：

```
"worker_connections" directive is not allowed here in /etc/nginx/nginx.conf:15
    nginx: configuration file /etc/nginx/nginx.conf test failed
```

最后，对 NGINX 服务的检查还可以通过 ps -ef | grep nginx 命令查看 NGINX 进程运行信息表中 worker 进程的启动时间，并用它比对最新配置的下发时间，确保当前为最新配置。

21.5.2 检查 NGINX 的日志信息

通过 NGINX 的 log 信息特别是 error_log 信息，我们可以快速定位 NGINX 运行异常产生的告警。通过识别不同的告警日志，可以让我们判断下一步需要采取什么应急措施。以下是我们汇总整理的 error_log 常见告警类型。

- 类型 1：upstream/client timed out。
- 类型 2：connect() failed。
- 类型 3：no live upstream。
- 类型 4：upstream/client prematurely closed connection。
- 类型 5：104: Connection reset by peer。
- 类型 6：client intended to send too large body。
- 类型 7：upstream sent invalid HTTP header。
- 类型 8：SSL handshake mistake。
- 类型 9：其他。

不同类型的告警，其产生的原因和解决办法不同，如表 21-1 所示。

表 21-1 NGINX 常见的错误告警信息、产生原因及解决办法

类型	详细错误日志	原 因	解决办法
1	upstream timed out (110: Connection timed out) while connecting to upstream	NGINX 与 upstream 建立 TCP 连接超时，默认连接建立超时为 200ms	排查 upstream 是否能在 200ms 内正常建立 TCP 连接，排查上游服务器网络连通情况
1	upstream timed out (110: Connection timed out) while reading response header from upstream	NGINX 从 upstream 读取响应超时，默认的读超时为 20s，读超时不是整体读的时间超时，而是指两次读操作之间的超时，整体读耗时有可能超过 20s	排查 upstream 响应请求能力是否异常
1	client timed out (110: Connection timed out) while SSL handshaking	NGINX 与客户端建立 SSL 连接时，客户端超时	排查报错的流量占比，如果较高可适当调高相应的超时时间参数
1	client timed out (110: Connection timed out) while waiting for request	NGINX 与客户端建立 TCP 连接后，等待客户端发送请求的过程中，客户端发生超时	排查报错的流量占比，如果占比较高可适当调高相应的超时时间参数
2	connect() failed (104: Connection reset by peer) while connecting to upstream	NGINX 与 upstream 建立 TCP 连接时被终止连接	排查 upstream 是否能正常建立 TCP 连接
2	connect() failed (111: Connection refused) while connecting to upstream	NGINX 与 upstream 建立 TCP 连接时被拒绝	排查 upstream 是否能正常建立 TCP 连接
2	(111: Connection refused) while sending request to upstream	NGINX 和 upstream 连接成功后发送请求时，若遇到上游服务器死机或者不响应，会收到该错误	排查 upstream 服务器的状态

（续）

类型	详细错误日志	原　因	解决办法
3	no live upstreams while connecting to upstream	NGINX向upstream转发请求时发现upstream全都为死机状态	排查 NGINX 的 upstream 的健康状态
4	upstream prematurely closed connection	NGINX在与upstream建立完TCP连接之后，试图发送请求或者读取响应时，连接被 upstream 强制关闭	排查 upstream 程序是否异常，是否能正常处理 HTTP 请求
4	Client prematurely close connection (104: Connection reset by peer) while sending to client	NGINX在与客户端成功建立TCP连接之后，试图发送响应给客户端时，连接被客户端强制关闭	一般是正常现象，比如客户端异常关闭。排查该异常的流量占比
5	recv() failed (104: Connection reset by peer) while reading response header from upstream	NGINX从upstream读取响应时连接被对方终止连接	排查upstream应用TCP连接状态是否异常
5	peer closed connection in SSL handshake (104: Connection reset by peer) while SSL handshaking	NGINX与客户端在进行SSL连接握手过程中，客户端终止了连接	一般是正常现象，比如客户端异常关闭。排查该异常的流量占比
5	writev() failed (104: Connection reset by peer) while sending to client	NGINX 在生成响应返回客户端时连接被对方终止连接	一般是正常现象，比如客户端异常关闭。排查该异常的流量占比
6	client intended to send too large body	客户端试图发送过大的请求体，NGINX 默认最大允许的大小为 1m，超过此大小，客户端会收到 http 413 错误码	调整请求客户端的请求体大小；调大相关域名的 NGINX 配置：client_max_body_size
7	upstream sent invalid header while reading response header from upstream	NGINX 不能正常解析从 upstream 返回的响应头	排查 upstream 应用配置
8	SSL_do_handshake() failed	SSL 握手失败	排查 NGINX SSL 相关配置，及证书的有效性。
8	could not add new SSL session to the session cache while SSL handshaking	ssl_session_cache 配置参数过小不满足需求	增大 ssl_session_cache 配置参数
8	ngx_slab_alloc() failed: no memory in SSL session shared cache	ssl_session_cache 配置参数过小不满足需求	增大 ssl_session_cache 配置参数
9	client closed keepalive connection	客户端正常关闭与 NGINX 的连接	正常现象，如不希望见到此类告警，调整 error log 到 notice 或更高级别
9	socket() failed (24: Too many open files) while connecting to upstream	系统句柄限制配置较低	提升操作系统句柄数值配置
9	512 worker_connections are not enough while connecting to upstream	NGINX worker 进程支持的并发连接数参数配置较低	增加worker进程支持的并发连接数参数值

如果在 log 文件中的信息尚不足以定位问题，那么我们可以调低 error_log 的配置级别，设置成 debug 级别输出更详细的日志信息。

```
server {
    error_log /var/logs/nginx/error.log debug;
    ...
}
```

如果我们是在定位 rewrite 规则，我们可以启用 `rewrite_log` 指令，这样处理的输出结果会体现在 `error_log` 中。

```
server {
    error_log /var/logs/nginx/error.log notice;
    rewrite_log on;
    ...
}
```

由于 debug log 产生的日志量巨大，不便于我们对于日志的分析。我们可以通过配置条件对 debug log 进行过滤，比如只针对具体的客户端：

```
events {
    debug_connection 10.1.1.1;
}
```

或者我们还可以为指定 `location` 路径配置 debug 级别日志：

```
server {
    error_log /var/logs/nginx/error.log notice;
    rewrite_log on;
    location /broken-stuff {
        error_log /var/logs/nginx/broken-stuff-error.log debug;
    }
    ...
}
```

21.5.3 规范配置，减少问题

NGINX 的配置十分灵活，并且存在大量默认配置，在很多场景下，稍不留意，就容易掉进“坑”里。通过熟悉 NGINX 的行为，规范配置，可以避开常见的坑，从而减少 NGINX 使用过程中出现问题的概率。

下面我们将详细介绍一些 NGINX 常见的坑。

- **反向代理默认往 upstream 转发 HTTP/1.0**

当 NGINX 配置 `proxy_pass` 后，如果没有进行额外配置，客户端与 NGINX 之间的通信协议可以是 HTTP/3、HTTP/2 或者 HTTP/1.1，不管是以上哪种协议，NGINX 默认都会通过 HTTP/1.0 往上游服务器转发请求。当我们希望 NGINX 与上游服务器之间复用连接时，却发现复用连接配置 keepalive 并不生效，主要原因是 HTTP/1.0 不支持连接复用，因此需要配置 NGINX 与上游服务器通信的协议为 HTTP/1.1。

```
upstream myserver {
    server 10.1.10.149:80;
    server 10.1.10.150:80;
    keepalive 128;
}
server {
    location / {
        proxy_pass http://myserver;
        proxy_http_version 1.1;            # 配置 http version 为 1.1
        proxy_set_header Connection "";
    }
    ...
}
```

- **gzip 默认只压缩 HTTP/1.1，不压缩 HTTP/1.0**

我们经常会遇到在 WEB 节点（NGINX）前部署 SLB 节点（NGINX）之后，发现来自 WEB 节点的响应并未进行 gzip 压缩。主要的原因是 SLB 节点配置反向代理之后，往 WEB 节点转发的请求是 HTTP/1.0 协议。WEB 节点对 HTTP/1.0 协议的请求，默认不对响应做 gzip 压缩。如图 21-31 所示。可以通过 `gzip_http_version` 指令手工配置对 HTTP/1.0 请求的响应做 gzip 压缩。当然也可以在 SLB 节点上配置 proxy_http_version 1.1 来解决这个问题。

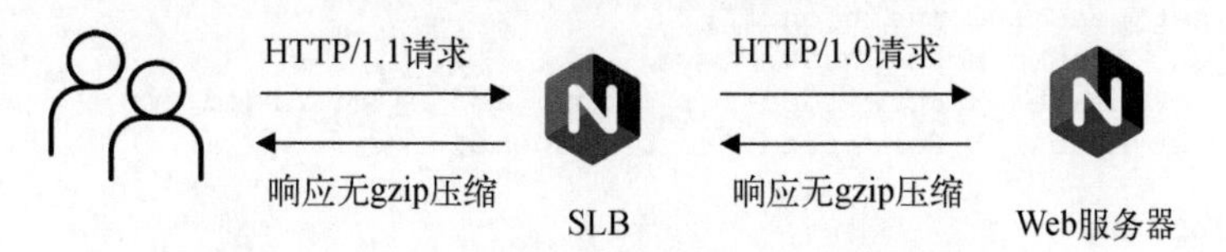

图 21-31 gzip 默认不压缩 HTTP/1.0 的请求响应

- **指令上下文继承误区**

通常情况下，在下一级的上下文中如果没有配置对应指令，那么会继承上一级的配置。但是少部分指令会有特殊的行为。比如在多个 location 的场景下，我们会把对 header 处理的共同行为放到上一级的上下文配置上，以便简化配置：

```
server {
    # 共同配置放到 server 上下文中，而不是 location 上下文来简化配置
    proxy_http_version 1.1;
    proxy_set_header Connection "";
    proxy_set_header Host $host;
    proxy_set_header X-Forwarded-For $proxy_add_x_forwarded_for;
    proxy_set_header X-Forwarded-Proto $scheme;

    location /ab {
        proxy_pass http://myserver_ab;
    }
    location /cd {
        proxy_pass http://myserver_cd;
        proxy_set_header X-Real-IP $remote_addr; # 这样的配置存在问题
```

```
    }
    location /ef {
        proxy_pass http://myserver_ef;
    }
    ...
}
```

如以上代码所示，当我们针对 location /cd 对应服务实施变更，增加一个字段传递特殊数据，比如X-Real-IP字段来传递 $remote_addr 信息。这时候很多人第一反应就是在location /cd下添加 proxy_set_header X-Real-IP $remote_addr; 这种做法是存在问题的。在当前上下文无 proxy_set_header 配置的情况下，会继承上一级上下文的 proxy_set_header 配置，也就是3个location都会继承server上下文的4个proxy_set_header指令以及proxy_http_version指令。但是当/cd路径下配置了一条proxy_set_header X-Real-IP $remote_addr;指令后，/cd 路径就不再继承 server 上下文的其他 proxy_set_header 指令了，因此我们需要把所有 proxy_set_header 的配置作为一个整体在location /cd中重新配置：

```
server {
    # 共同配置放到server上下文中，而不是location上下文来简化配置
    proxy_http_version 1.1;
    proxy_set_header Connection "";
    proxy_set_header Host $host;
    proxy_set_header X-Forwarded-For $proxy_add_x_forwarded_for;
    proxy_set_header X-Forwarded-Proto $scheme;

    location /ab {
        proxy_pass http://myserver_ab;
    }
    location /cd {
        proxy_pass http://myserver_cd;
        # 所有proxy_set_header作为一个整体进行配置
        proxy_set_header Connection "";
        proxy_set_header Host $host;
        proxy_set_header X-Forwarded-For $proxy_add_x_forwarded_for;
        proxy_set_header X-Forwarded-Proto $scheme;
        proxy_set_header X-Real-IP $remote_addr;

    }
    location /ef {
        proxy_pass http://myserver_ef;
    }
    ...
}
```

与proxy_set_header指令具有同样继承逻辑的指令还包括add_header、add_trailer、proxy_ssl_conf_command等。

更多NGINX配置当中可能遇到的坑以及常见错误，可以参考官方文档Pitfalls and Common Mistakes。

21.6 在线实施 NGINX 热升级

反向代理类产品作为重要的基础架构软件，往往部署在关键业务的前端。在生产级环境下，需要保持业务的连续性，因此能热升级是一项非常重要的能力。NGINX 在设计过程中考虑到了该场景，能够很好的支持热升级，并保证业务的连续性。本小节我们就来了解一下如何执行热升级，并关注其中需要注意的问题。

21.6.1 热升级原理及其状态过程

NGINX 的热升级过程本质是利用新版本的二进制文件启动新的 master 和 worker 进程，然后退出旧的 master 与 worker 进程。但为了保证连接处理的持续性，NGINX 采取了一个较为复杂的升级过程。图 21-32 展现了整个热升级过程的步骤与状态。

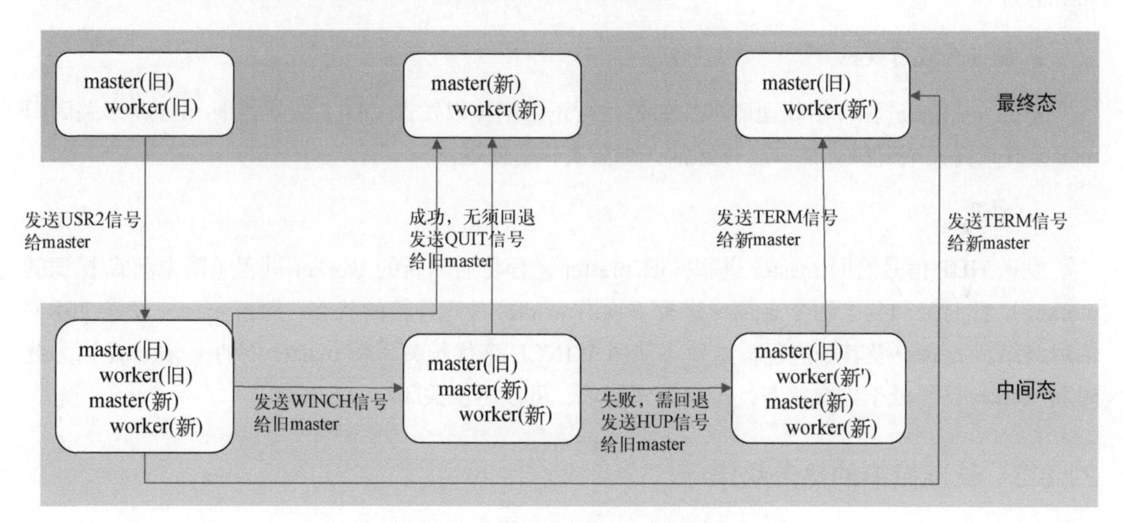

图 21-32 NGINX 热升级过程及状态

- ***准备工作***

在开始执行升级前，需要获得新的 NGINX 二进制可执行文件。这可以是新的版本或者为了增加某个新的模块而重新编译的版本。需要注意的是，新的二进制可执行文件相关的配置目录、log 目录等指向必须和旧二进制文件保持一致，否则会导致升级失败。如果是在待升级机器上执行新的编译，切记在编译后不要执行 `make install`，仅执行 `make` 命令即可。编译后，新的二进制文件存在于<源码目录>/objs 下。

- ***复制并触发升级***

将新二进制文件复制覆盖旧二进制文件。注意，需要使用 `cp` 命令的`-f` 强制复制参数。替换完毕后，实际上系统正在运行的 NGINX 依旧是旧 NGINX。此时发送 USR2 信号给当前的 master 进程。master 进程收到该信号后，将 fork 一个新 master 进程并在此新 master 下启动新 worker 进程。这里的新 master 进程实际上依然是旧 master 进程的子进程。由于新进程是 fork 出来的，因此其共享旧进程的监听端口。此时新旧 worker 进程均能够处理请求。系统还会自动地将旧的 nginx.pid 文件备份为 nginx.pid.oldbin 以便回退时候使用。

- **使新 worker 进程处理连接**

向旧 master 进程发送 WINCH 信号，优雅的关闭旧 worker 进程，此时旧的 worker 进程不再接收新的连接请求，而是处理完当前保有的连接后退出。此时系统将留下旧 master 进程以及新 master 与新 worker 进程。如果此时不考虑回退，则可以直接发送 QUIT 信号给旧 master 直接关闭所有旧进程，只是这样做就不能再回退了；如果此时想进行强制回退，可以发送 TERM 信号给新 master。

- **验证升级有效性**

新的 worker 进程开始处理请求，如果运行正常则可以发送 QUIT 信号给旧 master 来关闭旧 master 并最终完成升级。如果运行异常，则需要执行回退。

- **回退**

发送 HUP 信号给旧 master 进程，旧 master 进程将启动新的 worker 进程（图中新'所标识的 worker）。此时又回到了两个 master 进程下均由 worker 处理连接的状态。向新 master 发送 TERM 信号终结新 master 及其子进程，这里不使用 WINCH 来优雅关闭新 master 下的 worker 是因为此时新 worker 已经处于异常状态，没有处理请求，可以尽快关闭。

21.6.2 长连接下的热升级演示

上节为大家简要阐述了热升级过程。其过程与状态是一个理想化的状态。如果当前 NGINX 正在处理一个始终处于活跃状态的连接，其热升级过程会怎样？本小节即以这样的一个场景来为大家演示新版本的热升级过程。

首先向大家介绍一下测试环境。

- **客户端**：连接到 NGINX 监听的 TCP 5555 端口，并持续发送数据。
- **NGINX**：配置 L4 反向代理。监听 5555 端口，并将连接代理到 upstream 的 6666 端口。NIGNX 的二进制文件位于 /usr/sbin/ 下。
- **服务器**：持续监听 TCP 6666 并接收 NGINX 发送过来的数据。

在热升级过程中，持续在 NGINX 上执行抓包，观察连接状态。如果连接被断开，客户端也可以观察到发包命令退出。

NGINX 的配置如下：

```
pid         /var/run/nginx.pid;
# 注意在测试环境中，nginx 的 pid 文件位于/var/run/下
stream {
upstream stream_backend {
    server 172.16.100.243:6666;
}
server {
    listen 5555;
    proxy_pass stream_backend;
}
}
```

(1) **检查升级前的版本**。通过以下命令检查并确认旧版本：

```
[root@proxy ~]# nginx -V
nginx version: nginx/1.17.6

[root@proxy plusimage]# curl 127.0.0.1/404
<html>
<body>
<hr><center>nginx/1.17.6</center>
</body>
</html>
```

(2) **复制新版本二进制文件**。检查复制后的文件版本：

```
[root@proxy image]# cp -f nginx-new /usr/sbin/nginx
cp: overwrite '/usr/sbin/nginx'? y

[root@proxy image]# nginx -V
nginx version: nginx/1.17.9
# 可以看到二进制文件已被替换为 1.17.9 版本
```

(3) **检查此时的进程输出**。此时只有原始的 master 与 worker 进程：

```
[root@proxy image]# ps -ef | grep nginx
root        1846       1  0 17:02 ?        00:00:00 nginx: master process
/usr/sbin/nginx -c /etc/nginx/nginx.conf
nginx       1847    1846  0 17:02 ?        00:00:00 nginx: worker process
nginx       1848    1846  0 17:02 ?        00:00:00 nginx: worker process
```

(4) **发送 USR2 信号给原始（旧）master 进程**。开始触发热升级。可以看到新的 master 进程（1904）已经被 fork 出来，并产生了对应的新 worker 进程：

```
[root@proxy image]# kill -USR2 1846

[root@proxy image]# ps -ef | grep nginx
root        1846       1  0 17:02 ?        00:00:00 nginx: master process /usr/sbin/
nginx -c /etc/nginx/nginx.conf
```

```
nginx       1847   1846  0 17:02 ?        00:00:00 nginx: worker process
nginx       1848   1846  0 17:02 ?        00:00:00 nginx: worker process
root        1904   1846  0 17:09 ?        00:00:00 nginx: master process
/usr/sbin/nginx -c /etc/nginx/nginx.conf
nginx       1905   1904  0 17:09 ?        00:00:00 nginx: worker process
nginx       1906   1904  0 17:09 ?        00:00:00 nginx: worker process
```

这个时候新旧 worker 进程都能提供服务：

```
[root@proxy image]# curl 127.0.0.1/404
<hr><center>nginx/1.17.6</center>

[root@proxy plusimage]# curl 127.0.0.1/404
<hr><center>nginx/1.17.9</center>
```

(5) **关闭旧 worker 进程，仅让新 worker 进程提供服务**。此时依然保留旧 master 进程以便回退。

```
[root@proxy image]# kill -WINCH 1846

[root@proxy image]# ps -ef | grep nginx
root        1846      1  0 17:02 ?        00:00:00 nginx: master process /usr/sbin/
nginx -c /etc/nginx/nginx.conf
nginx       1848   1846  0 17:02 ?        00:00:00 nginx: worker process is shutting
down
root        1904   1846  0 17:09 ?        00:00:00 nginx: master process /usr/sbin/
nginx -c /etc/nginx/nginx.conf
nginx       1905   1904  0 17:09 ?        00:00:00 nginx: worker process
nginx       1906   1904  0 17:09 ?        00:00:00 nginx: worker process
# 可以看到旧 master 下依然有一个 worker 进程处于正在关闭但并未关闭状态。这是因为该 worker 一直在
  处理活动的长连接。

# 此时观察 tcpdump 抓包，显示客户端使用原始的 36688 源端口在通信：
17:20:25.463241 IP 172.16.20.165.36688 > 172.16.20.185.5555: Flags [P.]
```

(6) **假设此时发现新的版本存在问题，需要回退**。向旧 master 进程发送 HUP 信号以启动旧 master 下的新 worker 进程。

```
[root@proxy image]# kill -HUP 1846

[root@proxy image]# ps -ef | grep nginx
root        1846      1  0 17:02 ?        00:00:00 nginx: master process
/usr/sbin/nginx -c /etc/nginx/nginx.conf
nginx       1848   1846  0 17:02 ?        00:00:00 nginx: worker process is
shutting down
root        1904   1846  0 17:09 ?        00:00:00 nginx: master process
/usr/sbin/nginx -c /etc/nginx/nginx.conf
nginx       1905   1904  0 17:09 ?        00:00:00 nginx: worker process
nginx       1906   1904  0 17:09 ?        00:00:00 nginx: worker process
nginx       1993   1846  0 17:23 ?        00:00:00 nginx: worker process
nginx       1994   1846  0 17:23 ?        00:00:00 nginx: worker process
```

可以看到 1846 旧 master 下又新启动了 1993 和 1994 两个 worker 进程。而一直在处理活动连接的 1848 进程依然存在。

(7) 关闭新 master 及其 worker 进程，完成回退。在旧 master 重新启动 worker 后，意味着可以关闭新 master 及其所有 worker 进程。

```
[root@proxy image]# kill -TERM 1904

[root@proxy image]# ps -ef | grep nginx
    root        1846       1  0 17:02 ?        00:00:00 nginx: master process
/usr/sbin/nginx -c /etc/nginx/nginx.conf
    nginx       1848    1846  0 17:02 ?        00:00:00 nginx: worker process
is shutting down
    nginx       1993    1846  0 17:23 ?        00:00:00 nginx: worker process
    nginx       1994    1846  0 17:23 ?        00:00:00 nginx: worker process
```

最终回退的效果是 NGINX 保留了最早的处理活动连接的 worker 进程，并重新启动了新的 worker 进程。

(8) 假设上述升级过程无须回退。我们需要保留步骤(5)的状态直到旧 worker 进程处理完毕长连接，然后发送 TERM 信号给旧 master 进程。

可以看出，如果存在很多的长连接活动，则很可能所有旧 worker 进程都会迟迟不退出。这并不是问题，我们只需要耐心等待连接被处理完毕。而如果业务容许强制退出，可以发送 TERM 信号来强制退出。我们也可以配置 `worker_shutdown_timeout` 超时指令来让 worker 强行退出。`worker_shutdown_timeout` 指令所设置的时间是指 master 接收到优雅退出信号后保留 worker 的最长时间，如果超过了该时间，则 master 强制退出所有 worker 进程。

21.7 轻松实现 NGINX 的 CI/CD

持续集成（continuous integration，CI）和持续交付（continuous delivery，CD）是全生命周期中管理应用的一套最佳实践方法论，与微服务、容器、Kubernetes 等新技术一起，帮助企业转型实现 DevOps。基于轻量和敏捷的设计，NGINX 天然具备轻松实现 CI/CD 的能力，或者说可以轻松地和企业的 CI/CD 平台相整合。

21.7.1 标准的 CI/CD 流程

企业的持续集成、持续交付其实是一系列实践的组合，包括：

- 使用 Jenkins 或类似编排工具用于持续集成
- 使用 Git 或类似工具进行灵活的源码管理
- 使用容器用于开发、测试和生产
- 使用容器编排系统比如 Kubernetes 用于开发、测试和生产
- 应用架构往微服务转型，使用微服务的方式开发和部署

- 使用 NGINX 作为反向代理和 Web 服务器
- 使用 Ansible/Chef/Puppet 等自动化部署工具
- 使用 maven 或类似的项目构建和管理工具
- 使用 Selenium 或类似的自动化测试工具
- 在其他实践的基础上，使用敏捷的方法来管理软件开发

对于不同的社区，不同的组织来说，CI/CD 的总体流程有所不同，但是都需具备 CI/CD 的精髓：

- 简化——减少流程中的步骤数量，使每个步骤都尽可能简单
- 自动化——流程的每个部分都尽可能实现自动化，减少人工的介入
- 标准化——无论软件如何变化，每次都是相同的步骤

图 21-33 显示了 CI/CD 的标准流程。

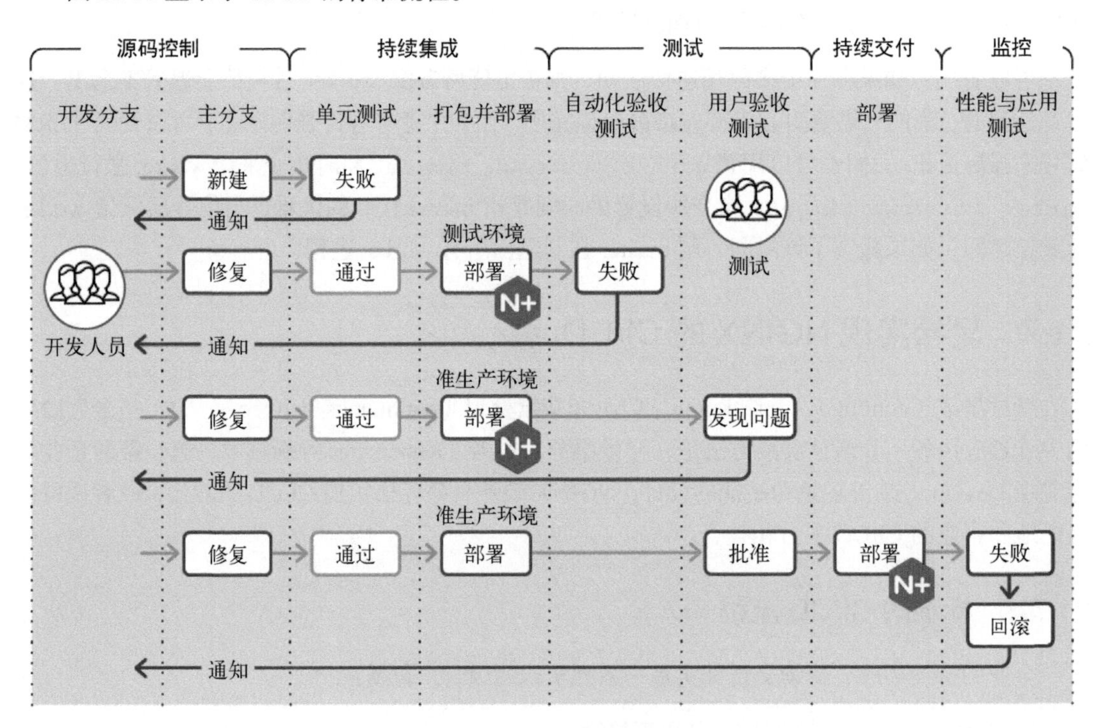

图 21-33　CI/CD 的标准流程

该过程分为五个阶段。

- **源码控制**。当开发人员完成功能实现或者源码更新提交代码后，代码会被合并至“主”分支。这个阶段通常依托于源码管理工具来实现。

- **持续集成**。当开发人员提交代码之后，会触发进入这个阶段。在这个阶段会通过自动构建工具来对代码进行编译，进行单元测试。如果单元测试通过，则进行打包和初始部署到 QA 环境。如果单元测试失败，会通知开发人员跟进处理。
- **测试**。测试阶段包含自动化验收测试和用户验收测试。前者通常是通过自动化测试工具来实现的，如果测试通过，则会部署到 UAT 环境进行适应性测试。如果测试不通过，则会通知开发人员跟进处理。在用户验收测试环节，通常是人工介入，针对功能需求点逐一进行测试。发现问题，通知开发人员跟进处理。用户验收测试环节不是自动的，因此是否属于真正的 CI/CD 流程存在争议。如果测试通过，则软件将进入准备部署状态。
- **持续交付**。自动化部署到下一个环境，或者通过内部审批流程后自动部署到生产环境。有些软件版本还需要进行压力测试，衡量应用性能情况，就需要部署到压力测试环境完成通过后再部署到生产。
- **监控**。在生产环境针对性能和用户体验进行实时监控，一旦发现新版本存在无法修复的问题可以快速回滚到之前的稳定版本。当然在实际生产上，通常做法是通过灰度发布的方式来规避新版本风险。

21.7.2 通过 Jenkins 和 Ansible 自动部署 NGINX

了解了 CI/CD 的标准流程之后，接下来我们介绍一种快速实现 NGINX 的 CI/CD 的方法，通过 Jenkins 和 Ansible 来实现 NGINX 的自动部署。如图 21-34 所示。

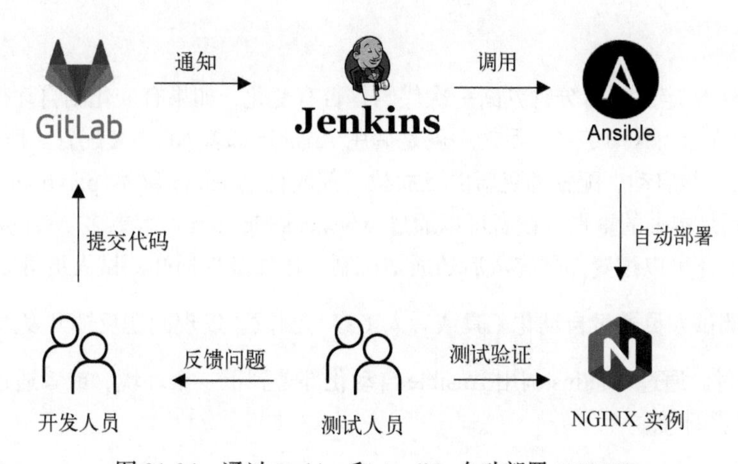

图 21-34 通过 Jenkins 和 Ansible 自动部署 NGINX

整个流程如下。

(1) **源码控制。**部署 GitLab 作为源码管理工具来管理 NGINX 的配置文件或者 Web 服务器场景下的静态资源文件。开发人员根据开发周期，完成开发后提交代码到 GitLab 上。可以在 GitLab 上配置添加 Jenkins 的 webhook，这样一旦项目提交代码到 GitLab 上，GitLab 就可以通过 webhook 机制通知 Jenkins。当然也可以在 Jenkins 上配置周期性判断代码是否有变化来触发自动执行流水线。

(2) **持续集成。**部署 Jenkins 作为持续集成编排工具。在 Jenkins 上设置流水线，一旦触发流水线执行，Jenkins 调用 Ansible 来自动部署 NGINX 代码到对应的实例上。Jenkins 流水线的逻辑代码示例如下：

```
pipeline {
    // 任务执行在具有 ansible 标签的 agent 上
    agent {label "ansible"}
    environment {
        // 设置 Ansible 不检查 HOST_KEY
       ANSIBLE_HOST_KEY_CHECKING = false
    }
    triggers {
        pollSCM('H/1 * * * *')
    }
    stages{
        stage("deploy nginx"){
            steps{
                // 调用 Ansible 部署 NGINX 配置
                sh "ansible-playbook -i env-conf/dev deploy/playbook.yaml"
            }
        }
    }
}
```

其中，pollSCM 定义了每分钟判断一次代码是否有变化，如果有变化则自动执行流水线。流水线的所有阶段在 stages 中定义。示例中就是调用 Ansible 部署 NGINX 配置。所有的部署逻辑，包括 NGINX 的安装启动、配置的更新以及加载，都放在 Ansible 脚本 playbook.yaml 中。关于 Ansible 的配置不是本书的重点，读者可以通过 www.ansible.com 了解更多 Ansible 配置细节。当然，在 Jenkins 上还可以配置部署完成后的通知机制，比如邮件通知测试人员可以开展测试。

(3) **测试。**测试人员通过自动化工具或者人工参与测试。发现问题反馈开发人员跟进处理。

(4) **持续交付。**通过 Jenkins 调用 Ansible 自动化部署到下一个环境，或者通过内部审批流程后自动部署到生产环境。

以上只是介绍了通过 Jenkins 以及 GitLab、Ansible 快速实现 NGINX CI/CD 的一种实现。在企业内部，可能 CI/CD 所采用的工具不同，但原理类似，读者可以参考引入。

21.8 本章小结

在本章中，我们详细介绍了在NGINX生产运维中经常会遇到的场景：通过定制 `log_format` 来灵活定制NGINX日志，构建了一个最简单的应用性能监控图表，并介绍了如何进行日志本地保存管理以及远程传输；通过实现请求可观测来构建 NGINX 的应用可视化能力；通过 `mirror` 指令快速实现将生产流量引导到测试环境进行验证；介绍了NGINX优化的方法论，用最小的投入高效地对NGINX进行性能优化达到满意的效果；介绍了如何通过确保NGINX节点运行正常、如何检查 NGINX 的日志信息以及规范配置来快速定位 NGINX 的问题并且规避常见的坑。介绍了如何在线实现 NGINX 版本热升级以及快速实现 NGINX 的 CI/CD。每个场景相对来说都比较独立，读者可以结合企业实际运维情况有选择地应用到实际的运维工作中去。

商业软件篇

- 第 22 章　NGINX 公司及产品
- 第 23 章　商业模块与指令增强
- 第 24 章　集群与管理
- 第 25 章　访问认证
- 第 26 章　服务发现
- 第 27 章　API 管理
- 第 28 章　动态流量控制
- 第 29 章　多环境部署与云中弹性伸缩
- 第 30 章　与 F5 BIG-IP 集成

第 22 章

NGINX 公司及产品

在第 1 章中，我们了解了开源 NGINX 的背景与发展。一个开源产品的巨大成功，往往也需要一个强有力的商业支撑，同时企业用户的需求也会有超出开源本身的诉求，NGINX 公司便是在这样的背景与愿景下产生的。本章我们将为读者简要介绍 NGINX 公司所提供的产品与解决方案，以期读者在开源之外能够更多地了解 NGINX。

22.1　公司介绍

2011 年 4 月 12 日，在人类首位宇航员加加林进入太空的 50 周年纪念日，NGINX 特地挑选了在这一天发布开源 NGINX 的里程碑版本 1.0.0，在同一年的 7 月，Igor Sysoev 与 Maxim Konovalov 共同成立了 NGINX 公司。成立商业公司的初衷是继续开发和维护开源 NGINX 发行版，并通过 NGINX Plus 产品向在生产环境中使用 NGINX 的客户提供商业订阅和专业服务。

2011 年 10 月，NGINX 获得 A 轮 300 万美元投资，投资方有 BV 资本、Runa 资本以及 Michael Dell 的 MSD 资本。首先对外提供了商业支持服务，著名的 Netflix 公司成为第一个商业支持客户。

2013 年 8 月，正式发布 NGINX Plus，即 NGINX 商业版。

2013 年 10 月，获得 B 轮 1000 万美元投资。

2014 年 12 月，获得 B1 轮 2000 万美元投资。

2017 年，发布了 NGINX Controller、Unit、NGINX WAF 三款产品。

2018 年 6 月，获得由高盛（Goldman Sachs）领投的 C 轮 4300 万美元投资。产品方向是帮助企业加速应用现代化和数字化转型方面。

2019 年 5 月，被著名的应用交付领导厂商 F5 公司以 6.7 亿美元现金收购。

收购合并完成后，F5 公司为 NGINX 业务单元投入了更多的研发资源，加速产品开发并确保开源 NGINX 持续发展。F5 收购 NGINX 之前，NGINX 公司在中国未设有公司或代表处，收购之后 F5 中国公司负责 NGINX 在中国的销售与服务，这使得 NGINX 客户能够在中国本土获得企业级的服务与支持。

22.2 产品介绍

NGINX 的产品从架构属性上总体分为两个层面：控制平面产品与数据平面产品。控制平面产品主要包含 NGINX Controller 与 Amplify，数据平面产品主要包含 NGINX Plus、NGINX App Protect 和 NGINX Unit。如图 22-1 所示，解决方案所涵盖的领域主要包含：

- ❑ 负载均衡/反向代理
- ❑ API 管理/网关
- ❑ 服务网格
- ❑ Web 服务器
- ❑ Web 应用防火墙
- ❑ Kubernetes Ingress Controller
- ❑ 多语言新型动态应用服务器

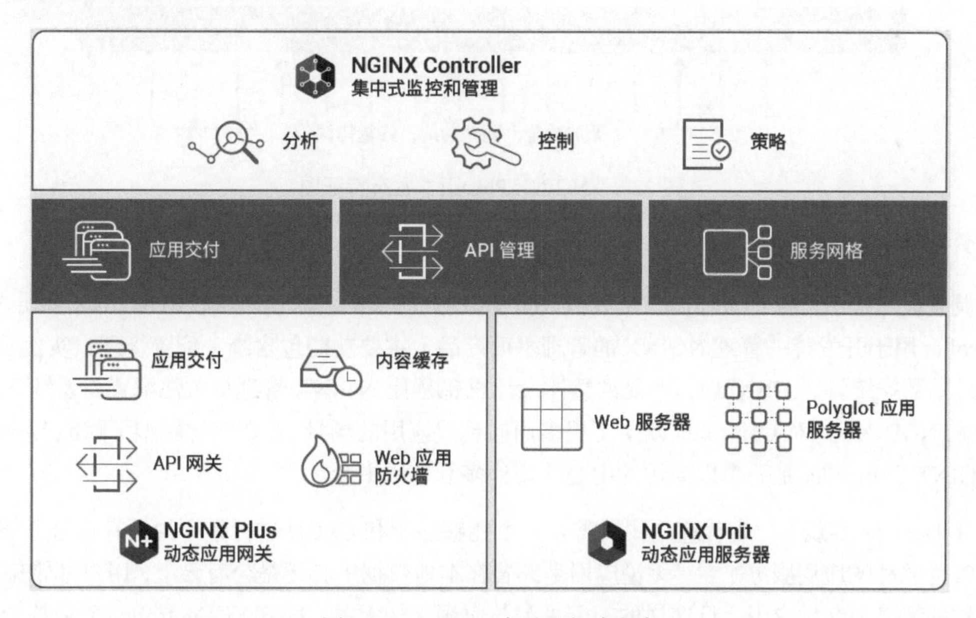

图 22-1 NGINX 产品及解决方案

1. NGINX Plus

NGINX Plus 是 NGINX 公司产品的数据平面核心，通过在 NGINX 开源主线版本的基础上增加/增强诸多功能以满足更加复杂的企业场景需求。二进制发行版本简化了企业软件安装和维护的成本，避免源码编译导致的环境依赖问题，确保所有生产级部署均使用经过严格测试的统一发行版本。

与开源产品不同，NGINX Plus 需要客户首先购买订阅许可后方可安装和使用，本身无须编译，直接通过操作系统的包管理工具来安装，额外模块可通过动态模块的方式实现扩展，同样通过系统的包管理工具来安装。图 22-2 显示了商业版本与开源版本之间的关系，Plus 具有独立的版本发布与周期，版本号格式为 Rx Py，例如 R21、R22 和 R18 P1（R18 的补丁更新版 1），需要注意的是每一个版本所基于的开源版本号并不相同。开源主线版本的功能是 Plus 版本的子集。

关于 NGINX Plus 具体增强功能的细节，我们将在第 23 章中详细阐述。

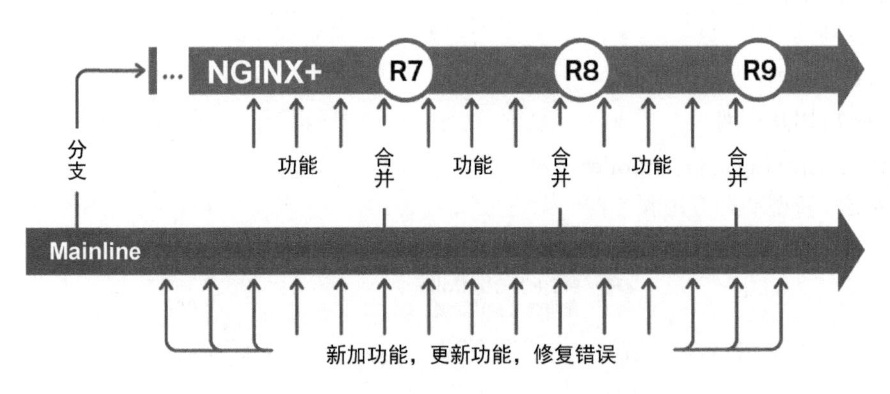

图 22-2　NGINX Plus 版本发布特征图

2. NGINX Controller

调查显示统一可视化管理需求是诸多 NGINX 用户的共同需求。在 F5 收购 NGINX 公司之前，Controller 用于开发统一管理 NGINX 的管理平面产品，主要功能包含统一配置管理、实例管理、实例性能数据统计、API 管理，产品的整体设计思想是让 NGINX 管理员关注配置与系统管理。F5 收购 NGINX 后，对 Controller 赋予了更多面向现代应用的场景、在数字化转型下赋能 DevOps，新 NGINX Controller 是一个以应用为中心的现代多云应用平台。

在 DevOps 实践下，现代应用团队需要一个能够易于和 CI/CD 进行整合的具有自服务能力、以 API 为驱动的应用服务平台。无论应用是部署在本地数据中心还是公有云上，用户都希望能够以一致的策略来交付应用，且这样的一个平台与应用架构无关。NGINX Controller 正是基于这样的思想和设计原则来构建的，能够完全符合现代应用的需求。

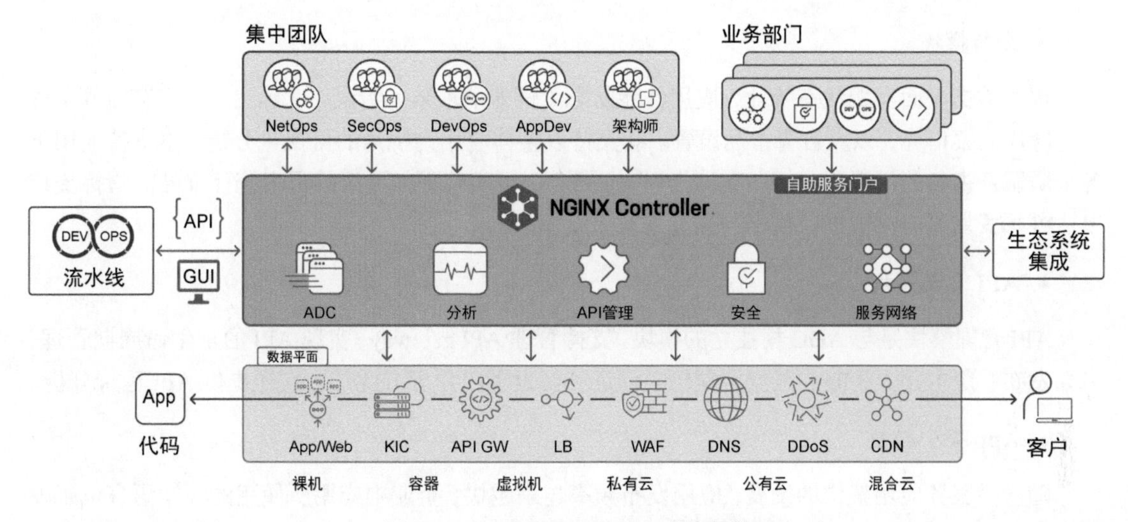

图 22-3 NGINX Controller 功能架构

从图 22-3 中可以看出，Controller 包含了多个模块组件，分别是 ADC 管理、分析、API 管理、安全和服务网格。产品在整体设计上，不再完全关注 NGINX 实例的运维与管理视角，而是完全从应用角度入手，通过抽象上层应用配置组件来解耦与数据平面的关系。在这样一个设计思想下，无论是网络运维人员、应用运维人员、应用开发人员、系统架构师还是 DevOps 或安全人员，都可以获得自己的管理视角，不同角色可以通过 RBAC 实现细粒度的角色权限控制。

- **ADC 管理模块**

企业中往往部署着大量 NGINX 实例，在有的企业里，这些 NGINX 构建成了一个专门的功能平台，由专门的团队进行运维，通过该平台为组织内的不同业务部门提供服务能力。当维护这样一个大型 NGINX 平台时，需要有一个统一管理平台来降低运维的复杂性，同时，作为一个能力平台，这个统一管理平台还需要能够满足不同业务线自服务的需求。Controller 的 ADC 模块即这样一款产品，通过对配置对象进行抽象，以应用为视角组织配置对象关系，通过 API 维护应用的发布、策略、修改、删除等。使用者无须了解 NGINX 本身领域知识。平台运维人员可以以更低的成本交付服务给不同的业务部门，实现更优的自服务。

在有的企业里，这些 NGINX 可能由开发团队或者项目组独自管理，分散的 NGINX 实例缺乏统一的管理与运行规范，混乱的版本、错误的配置都容易导致不安全因素发生，损害应用的运行。因此对于企业来说，统一管理 NGINX 实例是一件非常必要的工作。不从应用视角来看，只从系统运维的角度看，NGINX Controller 也可以有效帮助企业构建统一的 NGINX 运维平台，降低运维成本。

- **分析模块**

提供数据平面实例状态统计、应用性能状态（例如请求数、错误率、延迟、首字节时间）等黄金应用洞察指标，以及告警指标设置。既支持以整体应用为视角的可视化分析，也支持应用下各个微服务视角的可视化分析。支持指标 tag 聚合，可实现更加灵活的报表统计维度。指标支持以 API 形式暴露时序数据，便于与企业现有系统集成。

- **API 管理模块**

API 管理模块是与 ADC 相独立的模块，支持管理 API gateway，实现 API 的全生命周期管理，诸如发布、版本化、策略、限流、配额、认证、开发者门户等。此外，它还提供 API 运行分析。

- **App 安全模块**

随着微服务应用架构的发展，应用发布频率越来越快，企业中应用所使用的开发语言也越发多样，如何平衡敏捷的业务与应用安全之间的矛盾是 DevSecOps 所关注的。传统的以假设应用不太发生变化，以及固定式的安全策略无法满足现代应用的安全需求，同时传统的远离应用的部署无法解决基于容器微服务模式所导致可攻击界面扩大带来的问题，这需要一种更加接近应用部署、能够融入 DevSecOps 体系的轻量级安全解决方案。NGINX App Protect 就是这样一款产品，它能够多样性地部署在边界、pod 等位置对应用进行保护。这种分布式的部署意味着需要一个控制平面对所有保护单元进行统一的策略下发、安全事件洞察等，NGINX Controller 中的 App 安全管理模块就是 NGINX App Protect 的控制平面。

3. NGINX App Protect

随着云原生开发思想的普及，越来越多的企业借助云计算与容器编排平台实现应用的快速开发与发布，一方面在微服务架构下引入了诸多开源组件或框架导致漏洞风险增加，另一方面 DevOps 追求的快速迭代与发布，在很大程度上削弱了应用安全管理，DevSecOps（详见图 22-4）让步于业务，受限于工具，较难真正落地。数字化转型中，为了提高用户体验，很多企业将业务流程暴露给消费者，这更加容易导致敏感数据泄露。在以 API 为优先的现代应用架构中，企业会大量采用 API，但不能很好地保证 API 安全，如何更好地适应多云环境下的 API 防护也是企业的一大挑战。

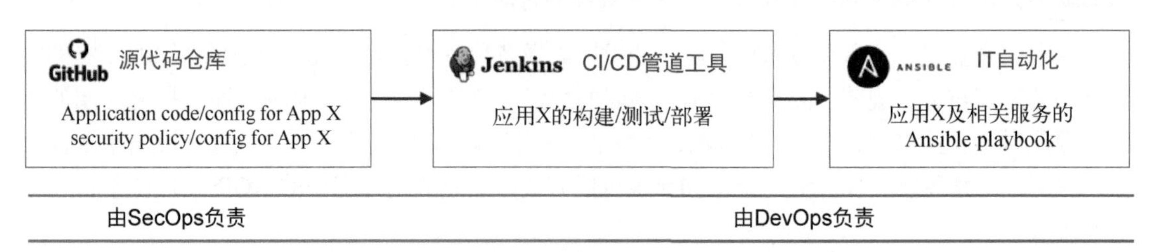

图 22-4　DevSecOps

NGINX App Protect 产品就是为了解决上述问题，基于 F5 在专业应用安全防护领域的经验与知识，通过与 NGINX 的结合解决了云原生环境下的应用安全防护，它以 Security as Code 的思想来设计，面向 DevSecOps，使用声明式的策略，保证在开发阶段更好地融入应用安全策略并施加测试。在防护策略上，以高精准的 signature 以及基于 AI 的行为分析提供低误报防护，降低安全策略维护难度。在形态上可以以虚拟机、容器、边车（sidecar）来运行，确保可以在混合云环境下做出一致的安全策略交付与管理。

4. Ingress Controller

NGINX 公司提供基于开源版本 NGINX 以及商业版本 NGINX Plus 的两种 Ingress Controller，可以运行在 Kubernetes 或 OpenShift 等平台中。关于 Ingress Controller 的详细内容，请参考第 21 章。

5. NGINX Unit

企业在向现代应用架构与微服务化演进过程中，服务数量将变得越来越多，同时为了更好地实现功能，企业开始尝试多种语言开发，这使得开发人员不得不维护多种语言的应用服务器环境，甚至还要维护同一语言不同版本的开发环境，构建如此之多的环境对开发人员特别是测试人员带来了巨大的压力。作为运维团队，在追求用户体验的当下，0 停机维护越来越重要，我们不希望经常给用户发送停机维护的通告，而是希望维护在用户无感知的情况下完成，而如果更新失败，也希望能够无损地回退，因此如果应用服务器本身的配置能够通过 API 接口免重启维护，则将为运维人员带来极大的便利。

Unit 就是这样一款开源多语言应用服务器，在一个应用服务器内同时支持多种语言开发的程序运行，还可支持同一语言的不同版本，开发人员可在一个服务器（容器）环境内实现不同语言的应用共存与开发，极大降低了构建不同开发环境的成本。应用服务器本身的配置可通过 Restful API 接口实现维护、切换无须重新加载配置，保证了业务连续性。

Unit 支持 PHP、Python、Go、Perl、Ruby、Java、Node.js 等语言，且这些语言程序通过隔离的方式实现彼此安全的独立运行。

Unit 内置了经重新设计的反向代理能力，这使得它天然具有类似边车的功能。相比 NGINX，Unit 提供了更加灵活的 7 层路由能力，可以更加灵活地控制应用服务的访问，实现版本或语言环境的切换等，而这一切都只需通过 API 操作来实现，无须重启服务器。其整体结构如图 22-5 所示。

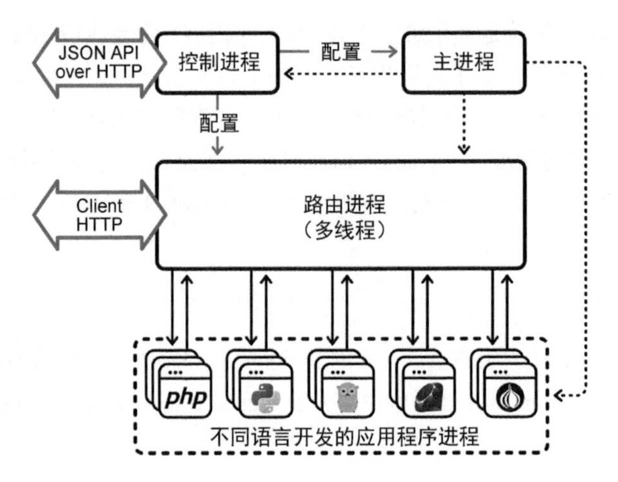

图 22-5　Unit 整体架构

6. NGINX 服务网格

NGINX 服务网格（后面简称 NSM）是以 NGINX Plus 为数据平面打造的免费服务网格产品，如图 22-6 所示。它提供比 Istio 更加稳定和简洁的服务网格解决方案，实现微服务 pod 之间的注入速率调整、服务限制、蓝绿部署、金丝雀发布、断路器等流量管控能力；内置了 Prometheus、Zipkin 实现流量观测与跟踪；在安全方面提供了服务身份、mTLS、证书生命周期管理、ACL 等能力。通过统一的控制平面实现了 Ingress Controller 与 sidecar 的统一策略管理，在 Ingress Controller 上同时集成了上述 App Protect 能力实现入口的应用安全。

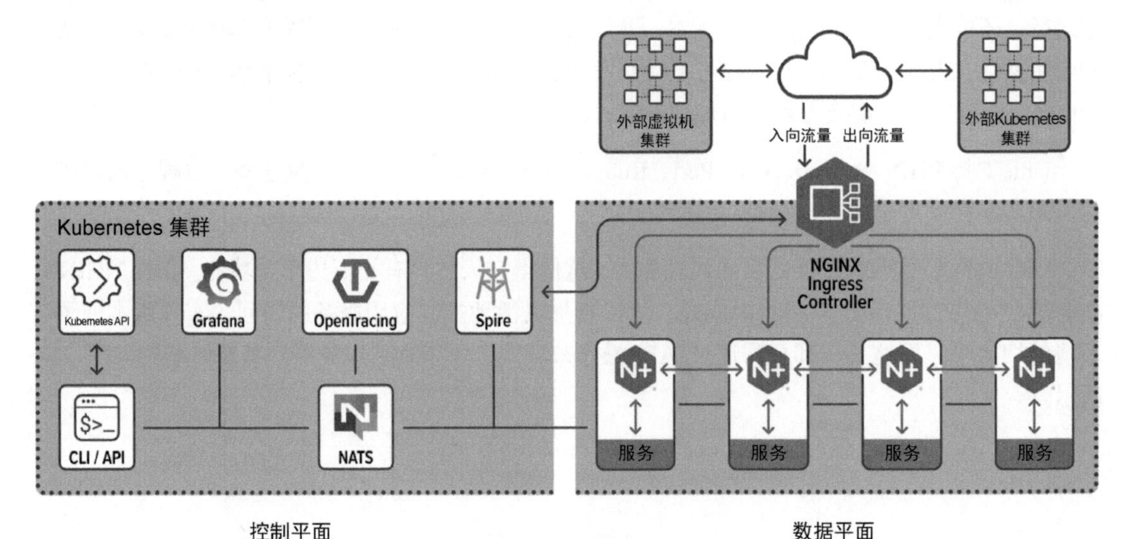

图 22-6　NSM 架构

NSM 实现了 Istio 大部分能力，同时由于数据平面采用了最为稳定且拥有大量使用人群的 NGINX，这极大地降低了用户部署和使用服务网格的门槛以及学习成本，在实际使用中的运维与排错成本也较低，相对于 Enovy 来说，公司中更容易储备具有 NGINX 技术能力的人才。

7. Amplify

Amplify 是一款托管的 SaaS 服务，用于监控和分析 NGINX、NGINX Plus 的配置与运行状态，并可以监控底层操作系统性能、应用服务器组件，例如 PHP-FPM 等。它通过对日志以及 Metrics 的收集，提供增强的可视化仪表，帮助洞察和分析 NGINX 及相关应用的运行行为，并可设置报警指标阈值，帮助快速获取问题。

Amplify 同时支持对被管理的 NGINX、NGINX Plus 配置进行静态分析，指出可能的配置错误或影响安全的配置，证书是否过期等。图 22-7 展现了其基本界面。

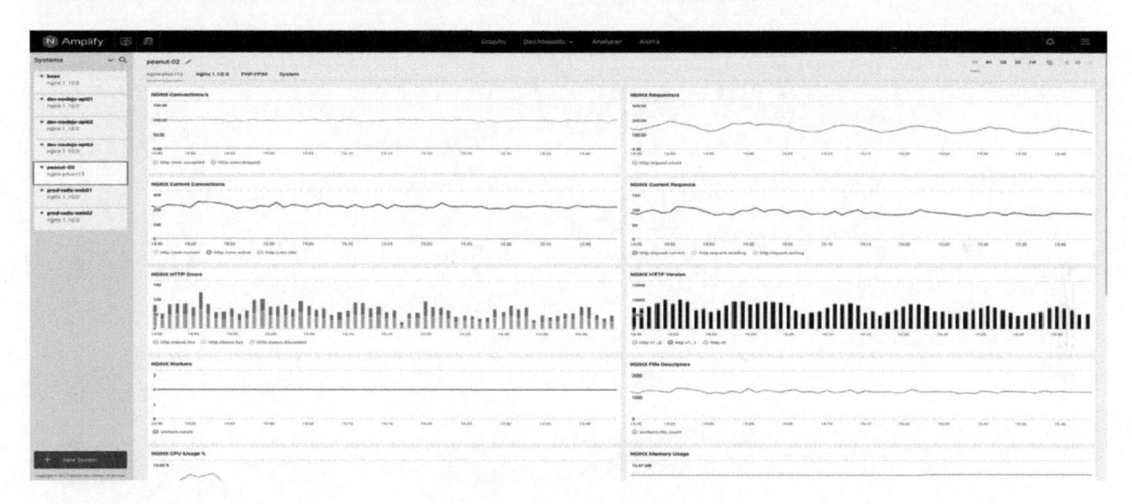

图 22-7 Amplify 界面

与 NGINX Controller 不同，首先它是一种 SaaS 服务，目前托管在 AWS 上；其次 Amplify 关注对运行指标与事件的监控，而 Controller 则是一款可以在任意环境下部署的统一管理平面产品。

22.3 NGINX 未来发展

NGINX 作为一款极具稳定性的 Web 服务器与反向代理软件，被大量企业用在生产环境中，全球超过 4 亿的网站运行着 NGINX。在如此巨大的用户量下，保证产品代码质量与稳定性是 NGINX 的重中之重。在 F5 收购 NGINX 之后，将会结合 F5 在应用交付领域的领导者经验，充分发挥 NGINX 轻量、高性能、适应性强的特点，打造更加符合云原生应用场景下的产品。NGINX App Protect 是两者结合的第一款产品，引领应用安全新方向。NGINX Controller 将进一步发挥其统一控制平面的能力，统一管理App Protect、服务网格、Ingress Controller、API-M等，避免现代应用环境下不断膨胀的管理工具给用户带来的巨大运维成本的提升，帮助用户免于云厂商锁定，构建更加有利于企业多云应用策略。随着时间的推进，将会有更多的产品和方案推出。

22.4 本章小结

本章主要为读者概要性地介绍了NGINX公司的发展历史及重要的产品，主要目的是让大家对NGINX公司及产品能有一个快速的了解以及感性认识。为了避免过度发散，并且一些产品本身还在快速发展与迭代，因此我们没有讲述每个产品具体安装方法和用法。对于重点的产品（如NGINX Plus、Ingress Controller、API管理），请参考第26章、第21章、第30章。

第 23 章

商业模块与指令增强

在第 22 章中，我们了解了 NGINX 公司以及相关的产品，从中可以看出 NGINX Plus 是最核心的商业化产品，通过对开源版本的功能增强，Plus 版本提供了更多符合企业场景需求的功能与特性。Plus 版本的增强表现在三个大类上，一是商业模块，二是商业指令，三是指令增强。在本章中，将为读者分别介绍这三类增强，通过本章的学习，你将能够了解到完整的 Plus 增强功能，并知晓这些增强所带来的场景与意义。需要注意的是，随着产品的不断发展，这些增强功能也会被不断地增加或更新，因此以下内容是基于本书写作时的增强功能。同时，在本章中我们只会关注模块与指令的增强。关于 dashboard、商业化版本集群与管理的内容，请参考第 24 章。

23.1 商业模块

NGINX Plus 提供了共计 12 个独立的商业模块，这些商业模块是作为内置功能直接提供的，无须额外编译与动态加载，购买商业化版本的客户可以直接使用这些模块所提供的指令。这里介绍其中最重要的 10 个模块。

1. API 模块（`ngx_http_api_module`）

API 模块使得 NGINX 具备 RESTful 接口的能力，当启用 API 功能后，用户可以通过 API 实现配置变更、统计查询与重置、状态查询。要启用 API 接口，首先应在配置文件中指明 API 的 `location`。为了保证 API 的安全，相应配置里还可以启用验证或者限制 API 访问来源等安全措施，例如如下配置：

```
server {
    listen 127.0.0.1;
    location /api {
        api write=on;
        allow 127.0.0.1;
        deny all;
    }
}
```

在上述配置里，`write=on` 指明了 API 可读可写，如果只是查询 API，这里则可以将其设置为 off。allow 与 deny 指令控制只容许本地访问 API。在这样配置后，API 的端点路径即为 http://your-domain/api/6 或 http://your-domain/api/5，6 或者 5 表示的是 API 的版本，高版本 API 都会向前兼容低版本 API，这样可以保证版本升级后旧版本 API 的调用依然可以正常工作。在 /usr/share/nginx/html 目录下的 swagger-ui 中，提供了 API 的图形化界面，通过配置相关 location 并使用 /usr/share/nginx/html 作为 root 目录后，可通过类似 http://your-domain/swagger-ui 的 URL 来访问。

下面我们简要介绍 API 不同端点的作用。关于 API 的具体使用与细节，还请读者阅读 http://nginx.org/en/docs/http/ngx_http_api_module.html 内容。

- /：根端点，返回当前支持的所有端点列表。
- /nginx：返回 NGINX 的版本号、地址、配置的最后加载时间、进程 ID、配置加载次数。
- /processes：返回异常终止和重新产生的子进程的状态。
- /connections：返回客户端连接数统计。
- /slabs：返回所有 slab 的状态，/slabs/{slabZoneName}则返回某个具体 slab 的状态。
- /resovlers：返回所有 resolver zone 的状态，/resolvers/{resolverZoneName}则返回某一个具体 resolver zone 的状态。
- /ssl：返回 SSL 统计信息。
- /http/requests：返回 HTTP 请求统计信息。
- /http/server_zones/：返回所有 HTTP server zone 的统计信息。
- /http/server_zones/{httpServerZoneName}：返回某个具体 HTTP server zone 的统计信息。
- /http/location_zones/：返回所有 location zone 的统计信息。同样，其后接具体的 location zone 名称，则返回具体 zone 的桩体。
- /http/caches/：返回缓存状态。
- /http/limit_conns/：返回 HTTP limit_conn zone 状态，例如拒绝多少连接等。
- /http/limit_reqs/：返回 HTTP limit_req zone 的桩体，例如请求数限制等。
- /http/keyvals/：返回 key-value 对的 zone，后接具体的 zone 名称可以显示具体 zone 内的 key-value。此端点除了支持 GET 操作外，还支持 POST 与 PATCH 操作来改变 key-value 的内容。
- /http/upstreams：返回所有 HTTP 的 upstream 组，后接具体的 upstream 组名称则查看具体的 upstream 状态，包含 server IP、权重、响应状态码统计、收发字节数以及健康检查以及其他 upstream 组内相关的设置。此端点支持 POST、PATCH 操作来动态改变 upstream 里的配置。
- /stream/：和 /http/ 下的各个端点类似，但是它显示的是与 stream 相关的内容。
- /stream/zone_sync：当 NGINX 多个实例之间构成同步组时，显示节点的同步状态。

2. KV 内存数据存储模块-HTTP（**ngx_http_keyval_module**）

该模块提供在内存中存储、查询键值对的能力，同时也提供持久化到本地的存储能力，该模块分为 HTTP 和 Stream 两种，分别对应 `http` 和 `stream` 配置上下文。模块涉及两个指令，均在 `http` 上下文中配置。键值对的创建、更新既可以通过 API 进行，也可以通过 NJS 来操作。

`keyval_zone` 设置一个共享存储空间，用于存储键值对，并提供持久化到本地的配置。zone 的类型可以分为字符串查找型、IP 地址查找型和前缀查找型。

`keyval` 指令则用于在 keyval zone 中根据键查找具体的值，并将查找到的值赋值给指定的变量。参考配置如下：

```
http {
    keyval_zone zone=one:32k state=/var/lib/nginx/state/one.keyval;
    keyval $arg_text $text zone=one;
    ...
    server {
        ...
        location / {
            return 200 $text;
        }
        location /api {
            api write=on;
        }
    }
}
```

上述配置中，创建一个叫 `one` 的 `zone`，并持久化存储到本地文件（`/var/lib/nginx/state/one.keyval`）。在查找时，根据请求 `url` 中的 `text` 参数的值来查找，如果找到，则赋值给 `$text` 变量并将其返回给客户端。

`keyval` 是 NGINX Plus 中非常重要的一个增强能力，它提供了在运行中改变变量赋值、配置逻辑的方式，当需要进行动态存储、查找、逻辑处理时非常有用，比如通过实现针对不同的客户端触发不同的逻辑开关，从而实现对不同的客户端产生不同的处理行为等。`keyval` 的操作本身可以通过 API 进行，这使得这样的行为与逻辑控制能够更加融入自动化工具体系里实现更多简便的操作。充分发挥 `keyval` 的能力，可以帮助实现很多精巧的功能。

3. 主动健康检查模块-HTTP（**ngx_http_upstream_hc_module**）

主动健康检查模块，用于配置主动性健康检查，该模块分为 HTTP 和 Stream 两种，分别对应 `http` 和 `stream` 配置上下文。启用主动健康检查模块，首先应在 `upstream` 中配置共享 zone，并在 `location` 下定义具体的 `health_check` 指令，健康检查将自动应用于 `proxy_pass` 指令所引用的 `upstream`。当在多个 `location` 下配置 `health_check` 且都引用相同的 `upstream` 时，任意一个 `health_check` 探测失败都会标记该 server 不可用。探测支持定义探测的间隔、失败次数、成功次数、每次探测的随机延迟时间等多种方式（以避免同一时间同时发起大量探测）、探测的URI以及端口等。

健康检查同时支持对返回的响应内容、状态码进行匹配，当存在多个匹配条件时，只有全部匹配成功才会认为server状态是可用的。

探测的实际动作是由一个worker进程来完成的。

4. JWT认证模块（ngx_http_auth_jwt_module）

JWT是一种非常适合用在API上的认证方式，简单轻量，无须为此付出很大的认证开销。当客户端通过某种方式传递token上来后，通过该模块对token进行认证。认证的方式既支持本地静态JWK文件，也支持使用外部的JWK URI从而使用动态JWK。

如果认证成功，可以通过auth_jwt_header_set指令将JWT汇总的相关claim赋值给自定义header从而将其传递给后端应用，也可以通过auth_jwt_claim_set指令将claim赋值给变量。如果验证不成功，则返回401错误。

5. session log聚合模块（ngx_http_session_log_module）

普通的access log针对每一个访问请求记录日志，有时候我们希望减少这样的日志记录，比如希望同一个用户的会话在一段时间内只记录一条日志，这时候就可以使用session log模块，它通过对访问请求采用某种特征计算MD5，如果特征值相同，就理解为是可以合并的日志，在指定的超时时间内只记录一条日志到session.log文件里。

session_log_format用于配置日志格式，类似于access_log。

session_log_zone指令指定session log的存放路径、格式引用、超时时间、用于临时存储的共享zone以及如何将不同的请求识别为可合并日志记录。

session_log用于启用session log功能，并指定zone名称。

session log的日志内容记录使用的变量值取自第一条日志，但$body_bytes_sent是所有被合并请求的总和。

6. Adobe HDS媒体服务模块（ngx_http_f4f_module）

用于对Adobe HTTP Dynamic Streaming（HDS）的支持，它支持客户端发送请求流媒体文件的具体frag号来请求具体的流媒体片段，NGINX在接收到相关请求后通过xx-seg1.f4x索引文件找到对应xx-seg1.f4f文件并将其返回给客户端。

7. HLS 流媒体服务模块（ngx_http_hls_module）

该模块用于对苹果专有的 HTTP Live Streaming（HLS）流媒体协议的支持，它支持 MP4 和 MOV 媒体文件格式。视频需要以 H.264 编码，音频支持 AAC 和 MP3 编码。

在服务端，一个视频文件被分割为很多的 ts 小文件，并通过 m3u8 文件来索引这些 ts 小文件，客户端通过请求 m3u8 文件，并在请求的 URI 中附加相关的扩展参数，例如 start、end、offset 和 len 等参数来指定想播放的 ts 小文件。hls 模块在 m3u8 中根据参数查找对应的 ts 文件并返回客户端。

8. KV 内存数据存储模块-Stream（ngx_stream_keyval_module）

与 ngx_http_keyval_module 类似，但只是用于 stream 配置上下文。

9. 主动健康检查模块-Stream（ngx_stream_upstream_hc_module）

与 ngx_http_upstream_hc_module 类似，但用于 stream 配置上下文，因此不支持定义探测的 URI，默认情况下使用 TCP 协议发送探测字符串，也可以通过指定 udp 参数来改变探测协议。可定义 match 实现对返回内容的字符串匹配，支持正则表达式。

10. 集群同步模块（ngx_stream_zone_sync_module）

对于形成集群的多个 NGINX 实例，需要对各个实例上的共享内存 zone 中的数据进行同步以实现整体状态的一致性，因此需要对这些 zone 进行同步，当前支持对 sticky learn 会话保持、http_limit_req 限流状态，以及 keyval 进行同步。

在具体使用上，首先通过本模块提供的 zone_sync_* 相关指令配置节点间的通信控制，如连接重试或超时、peer 节点配置与发现，然后在上述支持同步的功能里启用相关的 sync 参数即可。模块具体支持手工静态定义同步组成员，也支持通过域名方式动态发现同步组成员，集群间通信同步信息可通过 SSL 进行加密传输。

23.2 商业指令

商业指令增强是指在已有的开源 NGINX 功能模块中增加额外的指令，在开源版本中使用商业指令会报无法识别的指令类错误。商业指令主要集中在通用网关协议模块（CGI）、upstream 模块以及 http proxy 模块。

- **ngx_http_upstream_module**

此模块下包含以下商业指令。

- state：用于保存动态配置的 upstream 信息，重新加载配置或重启时会读取该文件。

state 指令所关联的配置文件不应该被手工修改，且该指令不能与 server 指令一起使用。

- ntlm：用于提供代理 NTLM 验证请求到后端，此指令需要在 NGINX 与上游服务器之间启用 keep-alive。
- least_time：一种负载均衡算法，请求将会被发送最小的平均响应时间以及拥有最小活动连接的 server（考虑权重因子）。如果多个 server 的响应时间相同，则采取加权轮询（WRR）算法分配。该指令支持以读取完整响应或仅响应头来计算响应时间。
- resolver：注意这里的 resolver 指的是 upstream 上下文里的指令（从 1.17.5 引入的商业版本指令）。在一些场景下，不同的 upstream 组里的 server 所用的域名可能需要由不同的 DNS 来解析，在 upstream 里支持 resolver 设定增加了这方面的灵活性。该指令默认同时解析 A 与 AAAA，如果环境不存在 IPv6，则可以使用 ipv6=off 关闭。valid 参数提供了用于覆盖 DNS 响应中 TTL 的能力，在缓存有效期内，并不再次解析。resolver 在 http、server 和 location 上下文中也可以配置，但属于免费指令。
- resolver timeout：resolver 姊妹指令，用于控制等待解析应答的最大时间。
- sticky：会话保持指令，支持 cookie、route、learn 三种方式。
  - cookie：通过在响应中设置一个自定义的 cookie，cookie 值为被选择 server 的 IP 与端口的 MD5 值的十六进制。如果对应的 server 设置了 route 参数，则 cookie 值为 route 参数指定的值。如果指定 expires 参数，则 cookie 为存储型 cookie，否则为会话级 cookie。支持设定 cookie 的属性，例如 domain、httponly 和 path。

```
upstream backend {
    server backend1.example.com;
    server backend2.example.com;    sticky cookie srv_id expires=1h
    domain=.example.com path=/;
}
```

  - route：通过将请求中的某个特征值与 server 指令的 route 参数值进行比对，从而让拥有相同特征值的请求会话保持到相同的后端 server 上。这个特征可以从请求中的相关变量里获得，比如 cookie、header、url 等。如果 server 的 route 参数没有配置，那么请求中的特征值必须为某个 server 与 port 的 MD5 值的十六进制形式。

```
map $cookie_jsessionid $route_cookie {
    ~.+\.(?P<route>\w+)$ $route;
}
map $request_uri $route_uri {
    ~jsessionid=.+\.(?P<route>\w+)$ $route;
}
upstream backend {
    server backend1.example.com route=a;
    server backend2.example.com route=b;
    sticky route $route_cookie $route_uri;
}
```

在上述配置中，通过提取 jsessionid 这个 cookie 值中最后“.”后的值作为 sticky route 的值。该值如果为 a，则选择 backend1；若值为 b，则选择 backend2。如果不存在 jsessionid 这个 cookie，则使用 url 中的 jessionid 参数，同样取最后“.”后的值作为 sticky route 的值。如果两个值都不存在，则按正常负载均衡处理。

■ learn：NGINX 通过学习后端服务器响应中的某个特征值（这个特征值要能够在后续的请求中被携带，一般为某个 cookie），将学习到的特征值与 server 的映射关系存储在共享内存中。NGINX 对后续的请求检查该特征值，如果查到，则将请求发往对应的 server，否则做正常负载均衡处理。

```
upstream backend {
    server backend1.example.com:8080;
    server backend2.example.com:8081;
    sticky learn
        create=$upstream_cookie_examplecookie
        lookup=$cookie_examplecookie
        timeout=300s
        zone=client_sessions:1m;
}
```

上述配置中，要求服务器在 response 中设置名为 examplecookie 的 cookie。条目默认在内存中存储 10 分钟，具体可通过 timeout 参数控制。sync 参数用于在集群中同步共享内存。

- **ngx_stream_upstream_module**

在 stream 的 upstream 模块中增强了以下指令，与 ngx_http_upstream_module 中同名指令意义相同，这里不再赘述。

- ❑ state
- ❑ resolver
- ❑ resolver_timeout
- ❑ least_time

- **ngx_http_fastcgi_module、ngx_http_scgi_module、ngx_http_uwsgi_module 和 ngx_http_proxy_module**

这几个模块均只是增加了 cache purge 的指令，用于在 NGINX 执行缓存服务场景下清理缓存使用。

- **ngx_http_mp4_module**

增加了 mp4_limit_rate 控制响应的传输速率（基于平均比特率乘以指定的因子）。

增加了 mp4_limit_rate_after，提供播放多久后开始进行 mp4_limit_rate 动作。

- **ngx_stream_proxy_module**

增加了 proxy_session_drop 指令，用于当 server 被删除、停用和健康检查认为不可用或者域名对应的 IP 发生变化后，控制是否终止当前的连接。

23.3 指令增强

指令增强是指在已有的开源指令上增加了商业版本专有的参数或可选配置项。

- **ngx_http_core_module**

resolver 指令增加了一个 status_zone 参数，用于统计 DNS 解析。

server_token 指令容许在设置的 string 里使用变量，以达到更好的隐藏服务器版本，提高安全性。

- **ngx_http_fastcgi_module、ngx_http_scgi_module、ngx_http_uwsgi_module 和 ngx_http_proxy_module**

这几个模块均在对应的*_cache_path 指令中（*代表模块名称，例如 FastCGI 和 uWSGI 等）增加了是否真的删除磁盘上缓存的开关参数 purger，默认为关闭，如果打开，那么当 *_cache_purge 指令所指定的缓存清除发生时，所匹配的缓存将真的被从磁盘上删除。同时还提供了 purger_file、purger_threshold 和 purger_sleep 以控制具体的删除行为。

- **ngx_http_limit_conn_module 和 ngx_stream_limit_conn_module**

limit_conn_zone 指令所产生的共享内存数据的状态信息可以通过 API 来获取或者重置，本身并未提供额外商业参数。

- **ngx_http_limit_req_module**

limit_req_zone 指令所产生的共享内存数据的状态信息可以通过 API 来获取或者重置，本身同时提供了 sync 参数以在集群内共享限流状态信息。

- **ngx_http_upstream_module**

server 指令增加了以下增强参数。

- **resolve**：可以主动性地监视域名对应的 IP 变化，无须重启或重新加载配置。需要和 resolver 指令一起配合。
- **route**：与 sticky 会话配合使用。

- ❑ **service**：解析 DNS SRV 记录。
- ❑ **slow_start**：实现温和启动，缓慢发送连接到刚恢复的服务器。该参数不能和 hash、ip_hash、random 负载均衡算法一起使用。
- ❑ **drain**：该模式下的 server，仅当前活动连接可以继续服务，不会新分连接到此服务上，实现温和下线。
- ❑ **zone**：该指令容许在商业化版本下使用 API 动态配置 upstream。

- **ngx_mail_core_module 和 ngx_stream_core_module**

resolver 指令增加了一个 status_zone 参数，用于统计 DNS 解析。

- **ngx_stream_upstream_module**

server 指令增加了以下增强参数。

- ❑ **resolve**：可以主动性地监视域名对应的 IP 变化，无须重启或重新加载配置。需要和 resolver 指令一起配合。
- ❑ **service**：解析 DNS SRV 记录。
- ❑ **slow_start**：实现温和启动，缓慢发送连接到刚恢复的服务器。该参数不能与 hash、ip_hash、random 负载均衡算法一起使用。
- ❑ **zone**：该指令容许在商业化版本下使用 API 动态配置 upstream。

23.4 本章小结

本章为读者介绍了 NGINX Plus 所提供的商业模块、商业指令，以及对开源指令的参数增强，比如主动动态发现域名解析的变化，无须重新加载配置或等待超时；主动健康检查提供了比被动健康检查更好的可用性检查机制；温和上线和下线的能力提升了服务连续性；API、keyval 模块提供了更加强大的自动化配置与逻辑控制，实现更多免配置重新加载的能力。会话保持以及更多的负载算法进一步提高了服务的稳定性。可以看出，NGINX Plus 这些增强的功能能够进一步提高企业服务的稳定性与连续性，提升了用户体验。

第 24 章

集群与管理

尽管单机 NGINX 具备高性能的特性，但在应用架构设计上，考虑高可用、高并发的场景，一般会采用集群的方式来部署 NGINX。在不同场景下，NGINX 可以有不同的部署模式。在实际的企业生产中，往往部署了很多套 NGINX 集群，可能有些集群单独支撑某个核心应用，有些集群合并支撑部分应用。但无论如何，集群数量增加就涉及简化管理的问题。本章将详细介绍 NGINX 集群及其管理方式。

24.1　部署模式

NGINX 从技术上来说通常有以下几种部署模式。

- **主备模式**。部署两台 NGINX，每台 NGINX 配置大规格硬件资源，比如 64 核 CPU 以及 256GB 内存，实现百万级的 RPS 能力。然后通过 keepalived 技术将两台 NGINX 组成主备模式，如图 24-1 所示。当主机故障的时候，备机会自动接管业务。主备模式还可以通过配置多个 VRRP 实例优化成双主模式。主备模式在部分中小企业使用得较多，比如部署在互联网入口或者企业内部做反向代理，其运维管理也比较简单。主要备模式的缺点在于只有一台 NGINX 提供服务，缺乏弹性扩展的能力，当业务增长的时候较为被动。

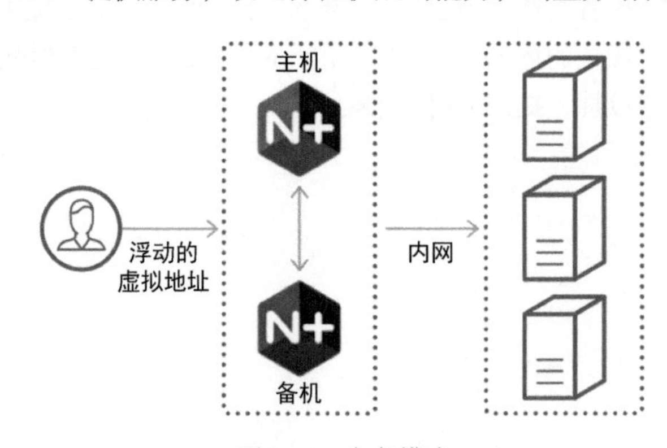

图 24-1　主备模式

- **等价路由模式**。多台高性能NGINX服务器配置相同的IP地址，同时启用OSPF或者BGP路由协议，与交换机或路由器建立等价路由邻居关系。客户端的请求数据包由交换机根据散列算法负载分摊到这些NGINX服务器上，如图24-2所示。这些NGINX服务器与网络设备一起构成了一个集群，提供对外服务的能力。相比第一种模式，这种模式可以灵活地增加NGINX服务器数量，具备了一定的弹性扩展能力，可应对流量的增长。在大多数企业内部，网络和NGINX由不同团队负责，所以运维上存在多部门配合的问题，因此这种部署方式的适用面相对较窄。

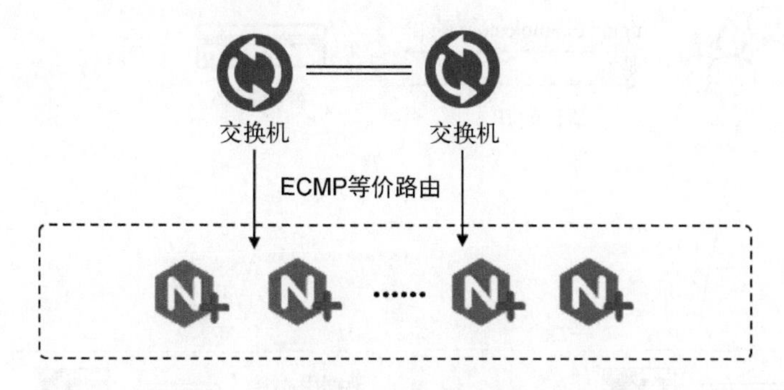

图24-2　等价路由模式

- **集群模式**。这是适用面最广的模式，即多台NGINX服务器以一组资源池的方式，通过外层的负载均衡（比如F5 LTM或者LVS）对外暴露服务IP和端口供客户端访问。每台NGINX各自独立提供服务，通过前端负载均衡设备来实现集群的请求负载均衡、健康检查/故障隔离、弹性扩展，如图24-3所示。这种部署架构也是我们通常所说的四七层拆分架构。如不考虑前端负载均衡的性能瓶颈，那么集群的整体性能通常随着NGINX部署数量的增加呈线性增长。实际部署中，NGINX可以是物理机部署，也可以是虚拟机部署，还可以以容器方式部署（Ingress Controller场景），形式灵活，可根据企业的具体需求进行选择。

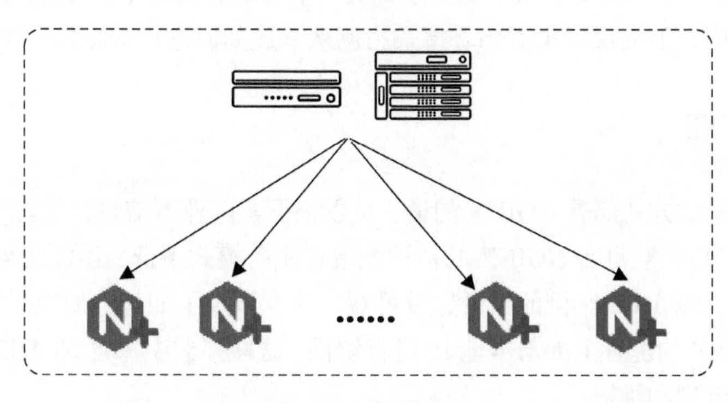

图24-3　集群模式

- **智能 DNS + 集群模式**。目前很多企业构建了多个数据中心来提升数据中心级的高可用性。NGINX 集群通常会在多个数据中心进行部署，然后通过智能 DNS 域名的方式提供给用户访问，如图 24-4 所示。当用户进行 DNS 解析时，智能 DNS 系统会根据就近原则，返回一个最优的访问地址给客户端。当数据中心级别发生故障时，智能 DNS 系统会自动解析可用的站点给客户端。这种部署方式极大地提升了应用的高可用性，并优化了用户访问体验，同时也方便运维人员根据需求灵活地进行流量的调度。

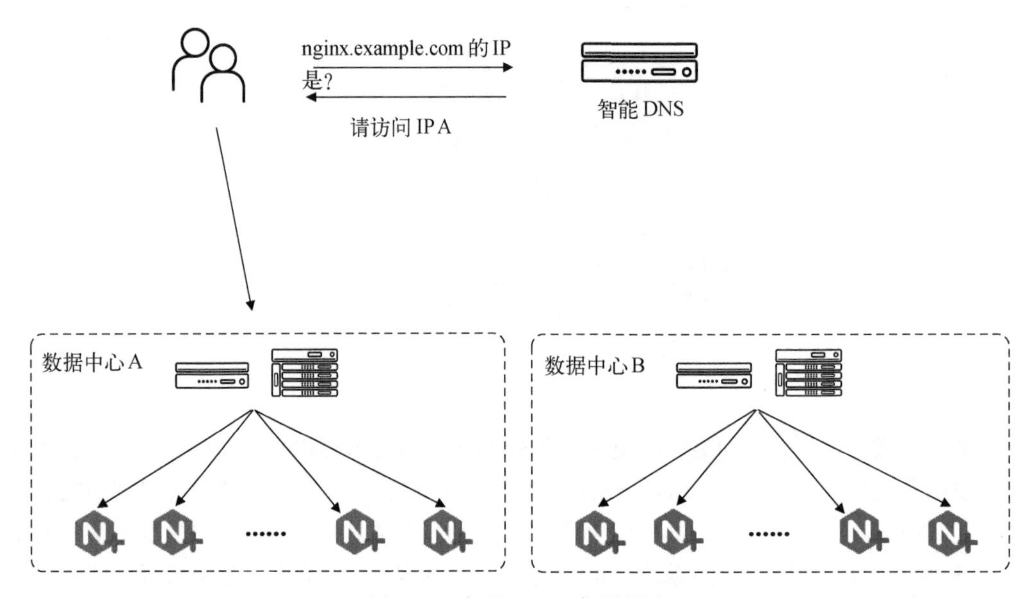

图 24-4 智能 DNS+集群模式

在上面常用的几种部署模式下，不管是主备模式、等价路由模式，还是集群部署模式，这些 NGINX 节点本身的配置都是相同的。仅在主备模式下，主备两个节点的 keepalive 网络配置有所不同。另外，目前比较主流的部署模式是集群部署，集群部署的常用管理方式也适用于其他部署模式。为了简化说明，下面仅以集群部署模式为例来阐述如何进行 NGINX 的管理。

24.2 集群管理

通常来说，以集群方式部署 NGINX 的话，可以根据实际业务流量灵活配置 NGINX 的数量。为了提升资源使用率，一般每台 NGINX 的资源配置比主备模式下低，比如 2C/4GB 或者 4C/8GB，因此在集群模式下，NGINX 实例的数量比较可观。这就涉及了如何方便地对集群进行管理。通常的做法是在 NGINX 的配置上面与本地 IP 进行解耦，这样集群中每台 NGINX 的 conf 配置文件都是相同的，方便管理和维护。

24.2.1 部署配置

对于一套 NGINX 集群来说，我们实际上只需要维护和管理一份 NGINX conf 配置文件。可以结合自动化运维工具来进行配置的自动化部署，比如 Jenkins 或者 Ansible 这类工具。这部分内容可以参阅“应用场景篇”中的 21.7 节。

NGINX 官方给我们提供了一个叫作 `nginx-sync.sh` 的实现集群间配置同步的脚本，可以方便我们以最简单的方式来管理 NGINX 集群，如图 24-5 所示。

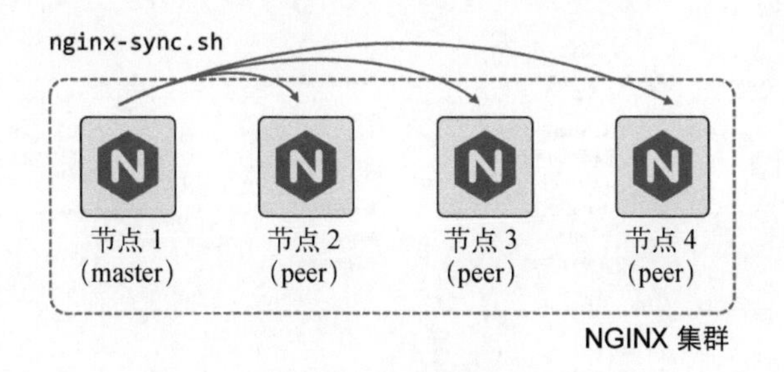

图 24-5 NGINX 集群配置同步方式

具体操作过程如下。

(1) 我们在集群中选取某台 NGINX 服务器作为 master 节点，其他作为 peer 节点。然后在 master 节点上安装和部署 `nginx-sync` 安装包，同时在各 peer 节点上配置 master 节点有通过 ssh 访问的 root 权限。

(2) 配置 master 节点上的 /etc/nginx-sync.conf，设置 peer 节点的 IP 或域名、conf 部署路径以及不希望同步的本地文件名称等：

```
NODES="node2.com node3.com node4.com"
CONFPATHS="/etc/nginx/nginx.conf /etc/nginx/conf.d"
EXCLUDE="default.conf"
```

(3) 当我们调整好 master 上的 NGINX 配置之后，执行 nginx-sync.sh 脚本。该脚本会自动实现将 master 节点上的配置同步到各 peer 节点上，并重新加载 peer 节点使得配置即时生效。

实际上 nginx-sync.sh 脚本还提供了一系列的安全校验机制，举例如下。

- 在处理之前验证本地系统是否满足前置条件的要求。
- 通过`(nginx -t)`指令验证 master 节点上的配置是否存在问题，如存在问题则退出。
- 在 peer 节点上会自动创建配置的备份。
- 使用 rsync 将 master 节点的配置推送到 peer 节点，同时重新加载 peer 节点。有任何步骤发生报错，都会进行回退操作。

24.2.2 日常监控

NGINX Plus 提供了 100 多种实时运行数据指标，通过 API 的方式暴露接口，同时提供了一个原生的 Dashboard 进行展现，方便我们日常的运维管理，如图 24-6 所示。

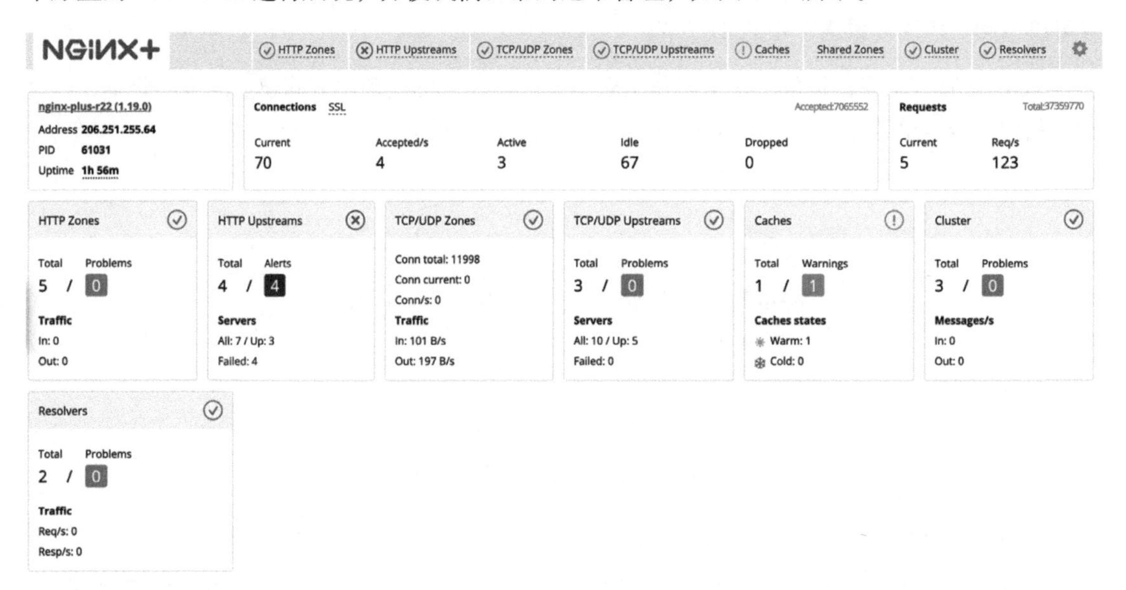

图 24-6 NGINX Plus Dashboard 全景图

Dashboard 页面通过 JavaScript 脚本编写，以固定频率通过 API 方式去 NGINX Plus 获取数据，并进行实时展示。NGINX Plus 的 API 能力，我们将在下节中介绍。默认情况下，Dashboard 需要进行配置才能开启。

```
http {
    ...
    server {
        listen 8080; # 配置专门的端口用于管理
        # ...
        location = /dashboard.html {
            root   /usr/share/nginx/html;
        }
    }
}
```

我们需要在对应的 `server` 或者 `location` 代码块中配置 `status_zone` 指令，这样 Dashboard 才能够采集到相应的运行数据并展示。值得注意的是，Dashboard 会根据 NGINX 配置的功能项展示对应数据，如果没有配置相应功能，则数据不会展示出来。比如，如果 NGINX 并未配置缓存功能，那么 Dashboard 上不会展示缓存相关的内容。

24.2.3 API 能力

NGINX Plus 内置了 REST API 接口，方便我们日常的运维管理。我们可以实时查询 NGINX 的运行参数指标，还可以在无须重新加载 NGINX 的情况下通过 API 灵活调整 NGINX Plus 的 Upstream 成员的配置以及 KV 配置。有了 API 能力，可以很轻松地实现集中管控平台的对接，可以很方便地融入到企业的 DevOps 流程中。我们需要进行配置以开启 NGINX Plus 的 API 接口：

```
http {
    ...
    server {
        listen 8080; # 配置专门的端口用于管理
        # ...
        location /api {
            limit_except GET {
                auth_basic "NGINX Plus API";
                auth_basic_user_file /path/to/passwd/file;
            }
            api   write=on;        # 开启 API 的写操作
            allow 192.168.1.0/24;   # 配置 API 接口的访问控制
            deny  all;
        }
        # ...
        location /swagger-ui {      # 该路径查看详细的 API 信息
            root   /usr/share/nginx/html;
        }
    }
}
```

截至目前，NGINX Plus 提供的 API 能力如表 24-1 所示，可以满足绝大多数运维场景的需求，并且还在不断丰富中。

表 24-1 NGINX Plus API 的能力汇总

方　法	对　象
查询	NGINX 运行实例状态
	NGINX 进程状态
	客户端连接统计信息
	共享内存状态
	Resolver zone 状态
	SSL 统计
	HTTP 请求统计
	HTTP Server zone 状态
	HTTP Location zone 状态
	HTTP 连接限制/请求限制/状态

（续）

方　法	对　象
查询	HTTP keyval 状态
	HTTP upstream 状态
	Stream server zone 状态
	Stream 连接限制状态
	Stream keyval 状态
	Stream upstream 状态
	节点 zone sync 状态
删除	重置任何对象的统计 HTTP/Stream keyval HTTP/Stream upstream 成员
增、改	HTTP/Stream keyval HTTP/Stream upstream 成员

配置并启用 API 后，我们可以通过访问 http://NGINXIP:8080/swagger-ui/ 来获取更详细的 API 使用方法和说明。

24.2.4　集群状态同步

NGINX Plus 还给我们提供了集群运行状态同步的能力，这通过 zone_sync 模块来实现。由于 NGINX 里面也把运行时状态放在共享内存中，所以这也叫运行时状态集群同步技术。目前能够实现以下状态在集群间的同步：

- sticky learn session 会话信息（R15 版本引入）
- requests limiting 限流信息（R16 版本引入）
- key-value storage， KV 数据（R16 版本引入）

预计 zone_sync 在后续版本中将会支持越来越多的状态信息同步。

换句话说，我们可以通过 API 的方式，根据需求去调整某个 NGINX 节点的运行状态，这个运行状态数据会在集群中的所有 NGINX Plus 节点间自动同步，相当于我们只需要管理一个 NGINX 节点，就管理了整个 NGINX 集群，极大地方便了我们的日常管理。

首先，我们需要在集群中每个 NGINX 节点上配置 zone_sync，建立起集群的同步能力。具体配置如下：

```
stream {
    resolver 10.0.0.53 valid=20s;    # 配置 DNS resolver 地址
    server {
```

```
        zone_sync;  # 开启 zone sync
        # 配置集群节点信息。为了实现集群中所有 NGINX 节点配置的一致性，可以把本机 NGINX 信息也
          加入配置。在 zone_sync 初始化时，除了跟集群中其他节点建立连接外，NGINX 还会跟本机先
          建立连接，接着会感知到这一行为并非必要，随后中断跟本机的连接
        zone_sync_server nginx-node1.example.com:9000 resolve;
        zone_sync_server nginx-node2.example.com:9000 resolve;
        zone_sync_server nginx-node3.example.com:9000 resolve;
        zone_sync_buffers  256 4k;                 # 配置 sync 队列输出 buffer
        zone_sync_connect_retry_interval 1s;   # 配置节点之间连接 retry 间隔
        zone_sync_connect_timeout 5s;           # 配置连接超时
        zone_sync_interval 1s;                  # 配置同步周期
        zone_sync_timeout 300s;                 # 配置节点之间长连接空闲超时
        status_zone zone_sync;                  # 配置 zone_sync 数据采集
    }
}
```

配置好 zone_sync 集群之后，我们可以在 sticky 指令、limit_req_zone 指令以及 keyval_zone 指令后面配置 sync 参数来实现对应的运行状态信息的集群实时同步。

- **配置 sticky 会话信息的集群实时同步**

在集群部署模式下，同一个客户端发起的多条连接，有可能被负载到不同的 NGINX 节点上进行处理。每个 NGINX 节点会按照各自的 sticky 会话信息，对请求做会话保持。在这个场景下，有可能出现同一个客户端的不同请求被 NGINX 集群反向代理到不同的上游服务器成员进行处理。即单个 NGINX 节点都是会话保持的，但是 NGINX 集群的会话保持失效。对于有状态的服务，则会造成用户强制退出、业务访问异常等非预期行为。sticky 会话信息的集群同步能够解决这个问题。

```
upstream my_backend {
    zone my_backend 64k;
    server backends.example.com resolve;
    sticky learn zone=sessions:1m create=$upstream_cookie_session lookup=$cookie_
        session sync;
}
```

- **限流状态的实时同步能实现集群维度的限流**

在集群部署模式下，同一个客户端发起的请求有可能被负载到不同的 NGINX 节点上，并且不是均匀负载到每个 NGINX 节点上。因此，在 NGINX 上配置针对每个客户端 IP 的限流措施，从集群的维度来看，效果会大打折扣，会出现限流不准确或者无法限制住某个客户端的情况。同时，一旦 NGINX 集群的节点数量发生变化，还需要同步调整限流的数值，运维和管理十分麻烦。限流状态的集群实时同步能够实现集群维度的统一限流。群集中每个 NGINX 节点会定期同步当前限流数据给其他节点，使得整个集群最终达到预期的限流效果。

```
limit_req_zone $remote_addr zone=req:1M rate=100r/s sync;
server {
    listen 80;
```

```
    location / {
        limit_req zone=req;
        proxy_pass http://my_backend;
    }
}
```

这里配置了限制请求速率 100 r/s，即整个集群对于单个客户端 IP 的限流值是 100。换句话说，假设集群有 3 台 NGINX，在某一个时刻，A 节点对某客户端 IP 的处理速率是 30 r/s，B 节点为 30 r/s，则 C 节点为 40 r/s。三个节点加起来最大为 100 r/s。当集群增减节点数量时，也不需要调整限流的数值，因为这个数值是集群维度的配置。

- **keyval 数据的集群同步**

通过 NGINX Plus 的内置 KV 模块，我们可以通过 KV 来实现需要动态调整的策略，并通过 API 对 KV 进行配置来实现 NGINX 策略的动态更新。KV 数据的集群同步功能，使得我们只需要通过 API 管理一台 NGINX 就管理了整个集群，极大地简化了运维。下面是一个黑名单访问控制的简单案例：

```
keyval_zone zone=blacklist:1M sync;
keyval $remote_addr $flag zone=blacklist;
server {
    ...
    location / {
        if ($flag) {
            return 403;
        }
        proxy_pass http://my_backend;
    }
}
```

我们可以通过 API 去配置 KV 的值，将某个 IP（比如 10.0.0.1）加入黑名单中：

```
curl -iX POST -d '{"10.0.0.1":"1"}' \ http://nginxip:8080/api/3/http/keyvals/blacklist
```

这台 NGINX 接收到 API 请求后，会把{"10.0.0.1":"1"}写入到 KV 中，同时实时同步给集群中的其他 NGINX 节点。这时候无论是哪台 NGINX 处理 10.0.0.1 发送的请求，都会返回 403 的结果。

24.3　本章小结

本章首先介绍了 NGINX 几种常见的生产部署模式及其优缺点。接着，针对主流的集群部署模式，介绍了配置同步、Dashboard、API 以及集群运行状态同步这四种方法，它们都可以简化日常的运维管理。读者也可以根据实际情况将部分集群管理方法运用到其他生产部署模式上。

第25章

访问认证

在第17章中，我们描述了开源NGINX结合OAuth代理实现了OAuth认证。在本章中，我们首先详细介绍了JWT认证的原理与机制，然后具体阐述NGINX Plus如何实现JWT验证，最后介绍如何利用NJS以及JWT实现OIDC认证。

25.1　JWT认证与NGINX Plus

相比开源版本，NGINX Plus增加了JWT认证模块。JWT是一种轻量级认证方式，广泛用于单点登录和API验证当中。由于其token中自包含了诸多信息，系统还可以利用token中的信息对访问者进行控制。

25.1.1　JWT基础

JWT（JSON Web Token，RFC 7519）是一种在客户端和应用之间进行身份交换与认证的机制。客户端成功通过某种校验方式（比如通过用户名和密码登录后）后，会颁发一个令牌（token），这个令牌会被客户端存储。客户端后续向应用请求资源时都携带该令牌，应用服务器检查该令牌的有效性、内容声明，并根据这些内容声明的信息来决定处理逻辑，比如识别用户身份、权限等。

JWT的内容如下所示：

```
eyJhbGciOiJIUzI1NiIsInR5cCI6IkpXVCJ9.eyJzdWIiOiIxMjM0NTY3ODkwIiwibmFtZSI6IkpvaG4gR
G9lIiwiaWF0IjoxNTE2MjM5MDIyfQ.SflKxwRJSMeKKF2QT4fwpMeJf36POk6yJV_adQssw5c
```

该内容被点（.）分为了三个段落，第一段是 `HEADER`，第二段是 `PAYLOAD`，第三段是内容的签名。内容是被Base64URL编码的，解码后的内容如图25-1所示。

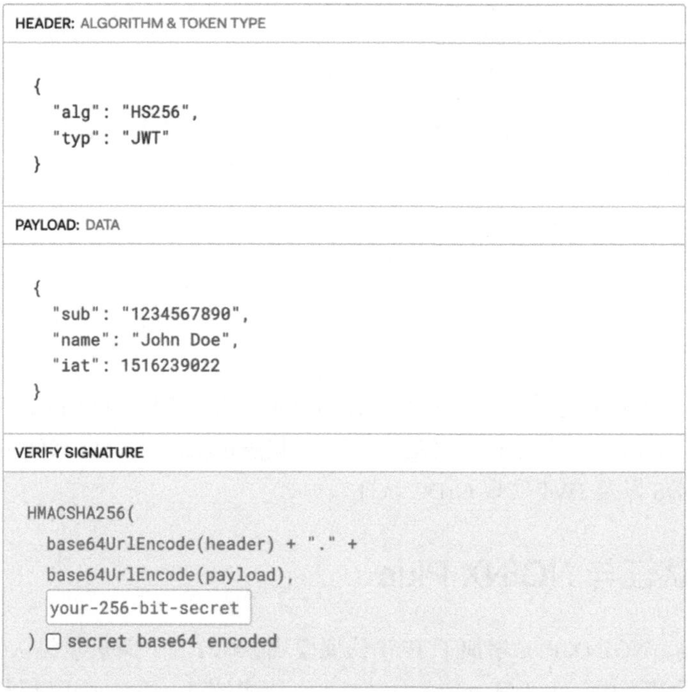

HEADER: ALGORITHM & TOKEN TYPE

```
{
  "alg": "HS256",
  "typ": "JWT"
}
```

PAYLOAD: DATA

```
{
  "sub": "1234567890",
  "name": "John Doe",
  "iat": 1516239022
}
```

VERIFY SIGNATURE

```
HMACSHA256(
  base64UrlEncode(header) + "." +
  base64UrlEncode(payload),
  your-256-bit-secret
) ☐ secret base64 encoded
```

图 25-1　解码后的 JWT 内容

这样一个包含签名的 JWT 实际上也叫 JWS（JSON Web Signature，RFC 7515）。JWT 一般都具体表现为签名的（JWS）或加密的（JWE）。一个比较特殊的实现是 unsecured JWT，这种 JWT 在其 `HEADER` 的 `alg` 字段中将其值设置为 `none`，也就是说这种 JWT 的签名部分是空的。

在 `HEADER` 中，JWT 本身只定义了 `cty`（内容类型）与 `typ`（类型）两个字段，其他字段都依靠 JWS 或 JWE 来做扩展。当存在 `cty` 字段时，一般表示这是一种嵌套的 JWT。

`PAYLOAD` 的每个字段名都叫作 claim，每个 claim 对应一个 `value`，RFC 7519 中定义了 7 个 claim，详见表 25-1。当然，我们也可以自定义其他字段。

表 25-1　RFC 7519 定义的 7 个 claim

claim	描　述
`iss`	issuer，签发人，这个令牌的签发者。可选项
`sub`	subject，主题，表达这个令牌的主题等。可选项
`aud`	audience，JWT 签发的服务器创建的一个可选字段，用来指明该令牌使用的意图是什么，比如用于 app.nginx.com 应用，那么当客户端出示此令牌给某个应用后，该应用应该检查 `aud`，看它是不是用于自己的，比如 app2.nginx.com 就可以拒绝这个令牌，因为它不是用于自己的。这些实现完全取决于应用怎么处理

（续）

claim	描 述
exp	expire，超时时间戳
nbf	not before，在此时间之前此令牌不合法
iat	issued at，令牌签发时间
jti	JWT ID，此令牌的 ID 号

签名部分的内容是对 `base64UrlEncode(header) + "." +base64UrlEncode(payload)+ secret key` 按照 `HEADER` 中 `alg` 的算法执行签名。`secret key` 不是必需的，如果存在，则意味着应用服务器要部署对应的 key，否则无法验证签名。

25.1.2 NGINX Plus JWT 模块介绍及实践

NGINX JWT 认证模块是 NGINX Plus 版本特有的功能，支持 JWS 形式的 JWT。截至本书编写时，该模块支持以下算法：

- HS256、HS384 和 HS512；
- RS256、RS384 和 RS512；
- ES256、ES384 和 ES512；
- EdDSA（Ed25519 和 Ed448 签名）。

JWT 模块支持如下指令。

- **auth_jwt**

该指令的格式为 `auth_jwt string [token=$variable] | off`，用于启用 JWT 认证，字符串用于描述所使用域范围，可以为任意字符串或某个变量。`token` 参数用于指定从请求的什么地方获取该令牌，如果不指定，则从 HTTP 头的 Authorization 头获取（遵从 RFC 6750）。如果指定 `off`，则关闭该上下文中的 JWT 认证（不会继承父上下文中的 JWT 配置）。

- **auth_jwt_claim_set**

用于将 JWT 中 `claim` 字段的值赋给一个自定义的变量，其格式如 `auth_jwt_claim_set $name name`。该指令只能用在 `http` 上下文中。

- **auth_jwt_header_set**

将 JWT 中 HEADER 字段的值赋给一个自定义变量。

- **auth_jwt_key_file**

指定用于签名认证的 key 文件，这是静态文件指定方式。

- **auth_jwt_key_request**

获取一个动态的 key 文件，NGINX 将通过子请求方式获取该文件。

接下来，我们通过一个配置实例来理解 JWT 模块配置方法。

首先定义一个简单的 `location "/jwtcoffee"`，对这个 `location` 启用 JWT 认证，并指明对应的 key 文件。这里我们使用 HS512 算法，对应的 key 文件如下：

```
{"keys":
    [{
        "k":"bmdpbngxMjM",
        "kty":"oct"
    }]
}
```

NGINX 配置如下：

```
location /jwtcoffee {
    auth_jwt "coffee";
    auth_jwt_key_file jwtcoffee.key;
    error_log /var/log/nginx/error_jwtcoffee.log debug;
    root /usr/share/nginx/html;
}
```

然后使用 `curl` 命令不带令牌进行访问，可以看到 NGINX 返回了 401 状态码：

```
[root@plus1 nginx]# curl -I http://127.0.0.1/jwtcoffee/
HTTP/1.1 401 Unauthorized
Server: nginx/1.17.9
Date: Mon, 21 Sep 2020 05:00:45 GMT
Content-Type: text/html
Content-Length: 179
Connection: keep-alive
WWW-Authenticate: Bearer realm="coffee"
```

接着，我们使用 `curl` 命令携带合法的令牌再次访问，可以看到返回了期望的内容：

```
[root@plus1 nginx]# curl -iH "Authorization: Bearer
eyJhbGciOiJIUzUxMiIsInR5cCI6IkpXVCJ9.eyJleHAiOjI2ODkyNDg2NTEsIm5hbWUiOiJib2JieSBka
WdpdGFsIiwic3ViIjoiY3VzZXIiLCJnbmFtZSI6IndoZWVsIiwiZ3VpZCI6IjEwIiwiZnVsbE5hbWUiOiJ
ib2JieSBkaWdpdGFsIiwidW5hbWUiOiJiZGlnaXRhbCIsInVpZCI6IjIyMiIsInN1ZG8iOnRydWUsImRlc
HQiOiJJVCIsInVybCI6Imh0dHA6Ly93d3cuZXhhbXBsZS5jb20ifQ.Eley6Pyk9Ij4exLszRMhP6N8UhOO
kh92sfdB8m-1a7YhzFIRwreg-U81-X_mF4La3AL-we3owgH4Ls4oYNPM0w"
http://127.0.0.1/jwtcoffee/
HTTP/1.1 200 OK
Server: nginx/1.17.9
Date: Mon, 21 Sep 2020 05:02:17 GMT
Content-Type: text/html
Content-Length: 18
Last-Modified: Mon, 21 Sep 2020 04:04:07 GMT
Connection: keep-alive
ETag: "5f682637-12"
```

```
Accept-Ranges: bytes

this is jwtcoffee
```

最后，我们使用一个不合法的令牌（过期的令牌）再次访问，可以看到访问被拒绝：

```
[root@plus1 nginx]# curl -iH "Authorization: Bearer
eyJhbGciOiJIUzUxMiIsInR5cCI6IkpXVCJ9.eyJleHAiOjE0OTAxMDMwNTEsIm5hbWUiOiJDcmVhdGUgT
mV3IFVzZXIiLCJzdWIiOiJjdXNlciIsImduYW1lIjoid2hlZWwiLCJndWlkIjoiMTAiLCJmdWxsTmFtZSI
6IkpvaG4gRG9lIiwidW5hbWUiOiJqZG9lIiwidWlkIjoiMjIyIiwic3VkbyI6dHJ1ZSwiZGVwdCI6IklUI
iwidXJsIjoiaHR0cDovL3d3dy5leGFtcGxlLmNvbSJ9.Py6F7Hq5OFtxUV6Fvn6lLmKcs_PZ8-oj6NjhcP
jE_Tngk5YnoJ4Zlyc5ErbpLyI3WDV2R5-gJTEbanf9SrhAVA" http://127.0.0.1/jwtcoffee/
HTTP/1.1 401 Unauthorized
Server: nginx/1.17.9
Date: Mon, 21 Sep 2020 05:04:41 GMT
Content-Type: text/html
Content-Length: 179
Connection: keep-alive
WWW-Authenticate: Bearer realm="coffee",error="invalid_token"

<html>
<head><title>401 Authorization Required</title></head>
<body>
<center><h1>401 Authorization Required</h1></center>
<hr><center>nginx/1.17.9</center>
</body>
</html>
```

上述使用的是静态 key 配置文件方式，还可以使用 URI 获取 key 这种动态配置方式，具体请参考以下 OIDC 内容。

25.2 OIDC 认证

第 17 章中介绍的 OAuth，其本质是一个框架，主要用于授权方面的控制，而 OIDC（OpenID Connect）则主要是用于身份认证，ODIC 是建立在 OAuth 之上的，它使用了一个附加的 ID token（是一个 JWT）来进行身份认证，被广泛用于应用身份认证。

25.2.1 OIDC 认证流程

如上所述，OIDC 的认证流程与 OAuth 较为类似，主要差别在于在获取授权码之后，OIDC 会去获取 ID token，其整个流程如下。

(1) 收到未登录的用户请求或登录但 ID token 过期的请求时，NGINX 要向客户端返回一个 302，这个 302 location 中是构造 IdP 的验证 URL。

(2) 用户开始在 IdP 上登录，IdP 返回一个 302 跳转，location 是预先设置的 NGINX 上的一个回调接口，并附着授权码。

(3) NGINX 收到该请求，提取授权码，通过 NJS 模块产生子请求向 IdP 发起请求获取 `access_code` 以及 ID token。

(4) NGINX 收到 IdP 的返回后，提取 ID token，执行有效性验证，如果验证通过，存取到本地和内存 KV 中。KV 中用此次请求的 `request_id` 作为 key，将 ID token 整个存储在对应的 value 里。

(5) NGINX 发起 302 跳转给客户端，这里设置一个 cookie 等于上面的 `request_id`，并发送给客户端。

(6) 客户端发起一个带着 `cookie=request_id` 的请求到 NGINX 上，NGINX 根据该 cookie 提取 KV 里对应的值，也就是提取到了 ID token，利用 JWT 模块执行校验，校验成功则通过，并将 ID token 里的 claim 作为 header 送给后端应用。

可以看出这个过程需要 NJS 模块编写 JavaScript 来实现子请求操作，使用 JWT 模块执行 token 认证，还需要 keyval 模块存储相关 token 内容。关于 NJS，请参考本书“NJS 开发篇”，keyval 相关的内容可参考第 28 章。

25.2.2　基于 okta 的 OIDC 配置实践

okta 是一个 SaaS 服务提供商，提供诸如 OAuth、OIDC 认证接入服务。下面我们就结合 okta 的 OIDC 服务来实现上述过程，测试环境与第 17 章类似，但使用 NGINX Plus，被保护的后端应用同样在此 NGINX 通过本地的 8080 端口来模拟表示。请通过配置中的解释并结合 3.1 节描述的工作过程来理解：

```
# 模拟的本地被保护应用，在 location /ngplusoidc 中被调用
upstream my_backend {
    zone my_backend 64k;
    server 127.0.0.1:8080;
}

# Custom log format to include the 'sub' claim in the REMOTE_USER field
log_format main_jwt '$remote_addr - $jwt_claim_sub &#91;$time_local] "$request" $status '
                    '$body_bytes_sent "$http_referer" "$http_user_agent"
                    "$http_x_forwarded_for"';

# 引用 JavaScript 文件，该文件的具体功能主要是根据条件控制发起子请求
# njs 文件的具体内容请参考 https://github.com/nginxinc/nginx-openid-connect/blob/R20/
  openid_connect.js
# 如在实际使用中，请注意该 git 仓库的分支号，采用与你的版本对应的分支内容
js_include conf.d/openid_connect.js;
js_set $requestid_hash hashRequestId;
auth_jwt_claim_set $jwt_audience aud; # In case aud is an array
```

```
keyval_zone zone=opaque_sessions:1M state=conf.d/opaque_sessions.json timeout=1h;
# CHANGE timeout to JWT/exp validity period
keyval_zone zone=refresh_tokens:1M  state=conf.d/refresh_tokens.json  timeout=8h;
# CHANGE timeout to refresh validity period

keyval $cookie_auth_token $session_jwt zone=opaque_sessions;  # Exchange cookie for JWT
keyval $cookie_auth_token $refresh_token zone=refresh_tokens; # Exchange cookie for
refresh token
keyval $request_id $new_session zone=opaque_sessions; # For initial session creation
keyval $request_id $new_refresh zone=refresh_tokens;  # "

map $refresh_token $no_refresh {
    "" 1;  # Before login
    "-" 1; # After logout
    default 0;
}

# JWK Set will be fetched from $oidc_jwks_uri and cached here - ensure writable by nginx user
# 提取并缓存JWK文件以加快认证速度，在okta中，JWK文件可以通过对应的URI动态提取
proxy_cache_path /var/cache/nginx/jwk levels=1 keys_zone=jwk:64k max_size=1m;

# The frontend server - reverse proxy with OpenID Connect authentication
#
server {
    # 认证控制流程所在的配置文件，具体内容在下一段代码中
    include conf.d/openid_connect.server_conf; # Authorization code flow and Relying
                                                 Party processing

    # OpenID Connect Provider (IdP) configuration
    resolver 114.114.114.114; # For DNS lookup of IdP endpoints;
    subrequest_output_buffer_size 32k; # To fit a complete tokenset response

    # 配置相关验证端点，这些URL可以在https://dev-yourid.okta.com/oauth2/default/
      .well-known/oauth-authorization-server 中找到
    set $oidc_jwt_keyfile    "https://dev-yourid.okta.com/oauth2/default/v1/keys";
    # URL when using 'auth_jwt_key_request'
    set $oidc_logout_redirect "/_logout"; # Where to send browser after requesting
        /logout location
    set $oidc_authz_endpoint  "https://dev-yourid.okta.com/oauth2/default/v1/authorize";
    set $oidc_token_endpoint  "https://dev-yourid.okta.com/oauth2/default/v1/token";
    # client id及密钥，在okta登录后的portal中可以找到
    set $oidc_client          "0oabpppkfsdfsdfsafsdfsdf1PnvdB4x6";
    set $oidc_client_secret   "pfjqNlOVsfsdfsdfsdfsfsdfdsfdsfp_FBGONZasTAkAxXG";
    set $oidc_hmac_key        "myf5"; # This should be unique for every NGINX
                                        instance/cluster

    listen 80; # Use SSL/TLS in production
    server_name ngplusoidc.cnadn.net;
    # 真实业务的入口，访问此URL将会进行JWT认证
    location /ngplusoidc {
        # This site is protected with OpenID Connect
        # 请求进来会做JWT认证，这里使用okta的 jwks的URI来动态获取JWK来做认证
```

```
        auth_jwt "" token=$session_jwt;
        #auth_jwt_key_file $oidc_jwt_keyfile; # Enable when using filename
        auth_jwt_key_request /_jwks_uri; # Enable when using URL

        # Absent/invalid OpenID Connect token will (re)start auth process
          (including refresh)
        # 认证没通过，就会返回401，从而触发去获取ID token或者刷新ID token
        error_page 401 = @oidc_auth;

        # Successfully authenticated users are proxied to the backend,
        # with 'sub' claim passed as HTTP header
        proxy_set_header sub $jwt_claim_sub;
        proxy_set_header email $jwt_claim_email;
        proxy_set_header name $jwt_claim_name;

        proxy_pass http://my_backend; # The backend site/app

        access_log /var/log/nginx/access.log main_jwt;
    }
}
```

上述配置中引述的conf.d/openid_connect.server_conf配置如下：

```
location @oidc_auth {
    if ($no_refresh) {
        # No refresh token so redirect this request to the OpenID Connect
          identity provider login
        # page for this server{} using authorization code flow (nonce sent
          to IdP is hash of $request_id)
        add_header Set-Cookie "auth_nonce=$request_id; Path=/; HttpOnly;";
        # Random value
        add_header Set-Cookie "auth_redir=$request_uri; Path=/; HttpOnly;";
        # So we know where to come back to

        # This URL should work for most OpenID Connect providers.
        # Adjust the scope or state values as required (offline_access enables
          refresh tokens)
        return 302 "$oidc_authz_endpoint?response_type=code&amp;scope=openid+
            profile+email+offline_access&amp;client_id=$oidc_client&amp;state=0&amp;
            redirect_uri=$scheme://$host:$server_port$redir_location&amp;nonce=
            $requestid_hash";
    }

    # We have a refresh token so perform refresh operation
    js_content oidcRefreshRequest;

    # Catch errors from oidcRefreshRequest()
    # 500 = token validation error, 502 = error from IdP, 504 = IdP timeout
    error_page 500 502 504 @oidc_error;

    access_log /var/log/nginx/oidc_auth.log main;
    error_log  /var/log/nginx/oidc_error.log debug;
}
```

```
location = /_jwks_uri {
    internal;
    proxy_cache jwk;                              # Cache the JWK Set recieved from IdP
    proxy_cache_valid 200 12h;                    # How long to consider keys "fresh"
    proxy_cache_use_stale error timeout updating; # Use old JWK Set if cannot reach IdP
    proxy_ignore_headers Cache-Control Expires Set-Cookie; # Does not influence caching
    proxy_method GET;                             # In case client request was non-GET
    proxy_pass $oidc_jwt_keyfile;                 # Expecting to find a URI here
}

set $redir_location "/_codexch";
location = /_codexch {
    # okta需要的回调接口
    # This is where the IdP will send the authorization code after user login
    # JavaScript function to obtain JWT and issue cookie
    js_content oidcCodeExchange;
    # 在对客户端的响应中增加cookie
    add_header Set-Cookie "auth_token=$request_id; Path=/; HttpOnly;";

    # Catch errors from oidcCodeExchange()
    # 500 = token validation error, 502 = error from IdP, 504 = IdP timeout
    error_page 500 502 504 @oidc_error;

    access_log /var/log/nginx/oidc_auth.log main_jwt;
    error_log  /var/log/nginx/oidc_error.log debug;
}

location = /_token {
    # This location is called by oidcCodeExchange(). We use the proxy_ directives
    # to construct the OpenID Connect token request, as per:
    # http://openid.net/specs/openid-connect-core-1_0.html#TokenRequest
    internal;
    gunzip on; # Decompress if necessary

    proxy_set_header  Content-Type "application/x-www-form-urlencoded";
    proxy_method      POST;
    proxy_set_body    "grant_type=authorization_code&amp;code=$arg_code&amp;
    client_id=$oidc_client&amp;client_secret=$oidc_client_secret&amp;redirect_uri=
        $scheme://$host:$server_port$redir_location";
    proxy_pass        $oidc_token_endpoint;

    error_log  /var/log/nginx/oidc_error.log debug;
}

location = /_refresh {
    # This location is called by oidcRefreshRequest(). We use the proxy_ directives
    # to construct the OpenID Connect token request, as per:
    # https://openid.net/specs/openid-connect-core-1_0.html#RefreshingAccessToken
      internal;
    gunzip on; # Decompress if necessary

    proxy_set_header  Content-Type "application/x-www-form-urlencoded";
```

```
    proxy_method       POST;
    proxy_set_body     "grant_type=refresh_token&amp;refresh_token=$arg_token&amp;
        client_id=$oidc_client&amp;client_secret=$oidc_client_secret";
    proxy_pass         $oidc_token_endpoint;

    error_log  /var/log/nginx/oidc_error.log debug;
}

location = /_id_token_validation {
    # This location is called by oidcCodeExchange() and oidcRefreshRequest(). We use
    # the auth_jwt_module to validate the OpenID Connect token response, as per:
    # https://openid.net/specs/openid-connect-core-1_0.html#IDTokenValidation
      internal;
    auth_jwt "" token=$arg_token;
    js_content validateIdToken;

    ## 如果验证通信过程中返回 500 类错误，则自定义 error 返回信息
    error_page 500 502 504 @oidc_error;
    error_log  /var/log/nginx/oidc_error.log debug;
}


### 如果应用退出，清理 token，下次继续认证
location = /logout {
    set $session_jwt -;    # Clear tokens from keyval, set to - to indicate logout,
    set $refresh_token -; #  and so that the new value is propagated by zone_sync.
    add_header Set-Cookie "auth_token=; Path=/; HttpOnly;"; # Send empty cookie
    add_header Set-Cookie "auth_redir=; Path=/; HttpOnly;"; # Erase original cookie
    return 302 $oidc_logout_redirect;
}

location = /_logout {
    # This location is the default value of $oidc_logout_redirect (in case it wasn't
      configured)
    default_type text/plain;
    return 200 "Logged out\n";
}

location @oidc_error {
    # This location is called when oidcCodeExchange() or oidcRefreshRequest() returns
      an error
    default_type text/plain;
    return 500 "NGINX / OpenID Connect login failure\n";
}
```

理解完上述配置后，来看一下实际的操作过程。

首先访问 /ngplusoidc，这将触发认证过程，可以看到被跳转到了 okta。由于从未登录过 okta，所以 okta 执行了多次跳转，并最终显示登录界面给用户（详见图 25-2）。

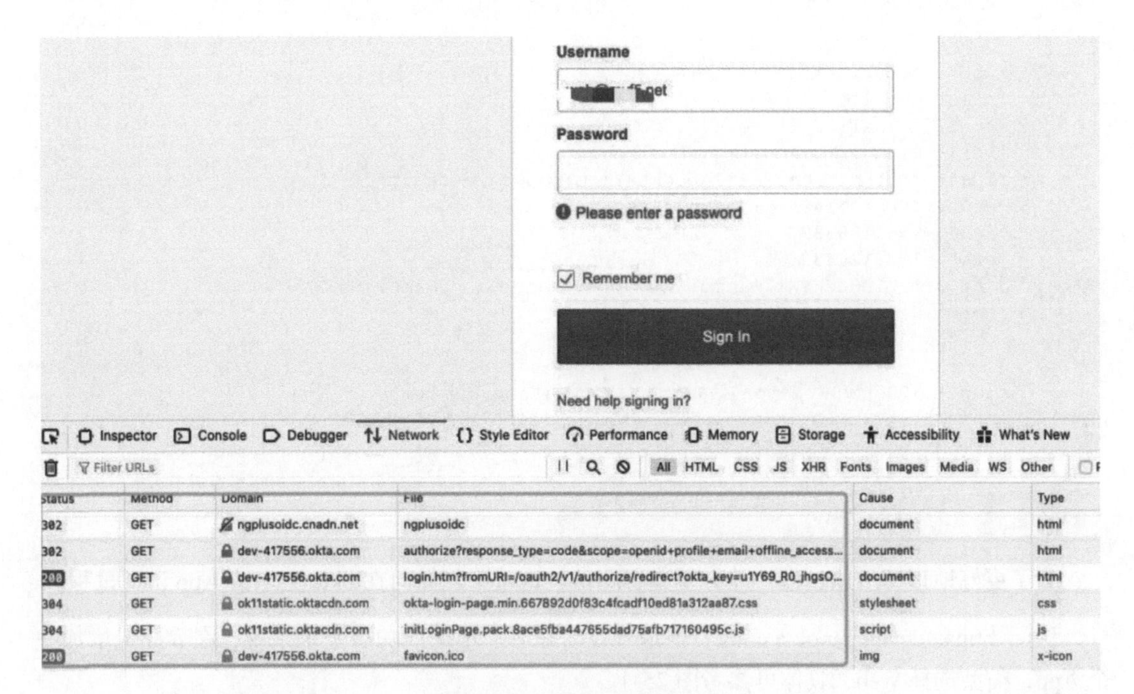

图 25-2　访问 /ngplusoidc

输入 okta 的用户名和密码后，NGINX 最终将获得返回的 ID token，并将其中的信息提取并传送给后端应用，后端应用显示这些信息（实际中可以利用这些信息进行资源控制等，这里仅是演示），如图 25-3 所示。

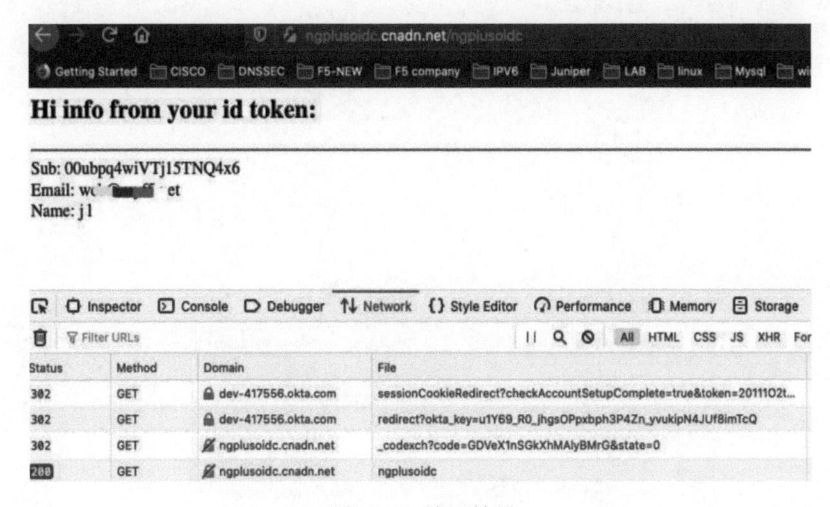

图 25-3　认证结果

实际返回的 JWT 内容类似如下：

```
{
    "sub": "00ubp*********j15TNQ4x6",
    "name": "j l",
    "email": "mail@myf5.net",
    "ver": 1,
    "iss": "https://dev-4****6.okta.com/oauth2/default",
    "aud": "0oab****&amp;*&amp;*&amp;nvdB4x6",
    "iat": 1589120839,
    "exp": 1589124439,
    "jti": "ID.b8CCESWi7*&amp; (……*…… () &amp;&amp;&amp;jYsFHNw",
    "amr": &#91;
        "pwd"
    ],
    "idp": "00obpq (*&amp; (*&amp; (&amp; (&amp;dth4x6",
    "nonce": "YXMFwQ*&amp;% (*%…… (*…… (…… (*……5LfMmW-nbMQ8",
    "preferred_username": "mail@myf5.net",
    "auth_time": 1589120833,
    "at_hash": "CL3qMZhb1EBXN5kJ3Wigew"
}
```

为了更好地理解上述过程，并方便读者测试，这里附加如何在 okta 上申请 App 认证过程。

访问 https://developer.okta.com/，申请开发者账号。申请成功后登录系统，在界面上增加一个 App，类型选择 Web，具体可参考图 25-4。

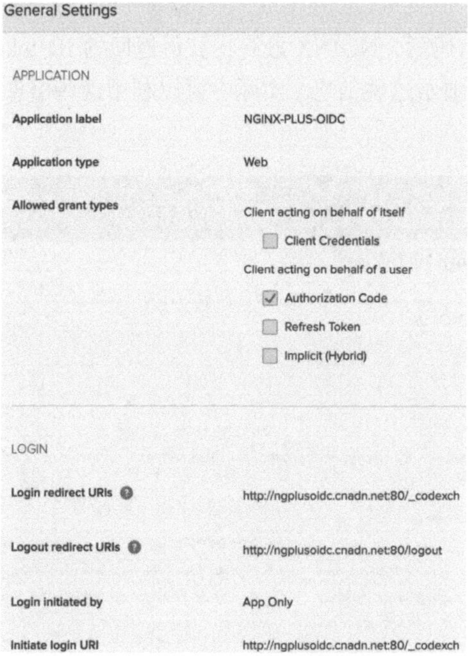

General Settings

APPLICATION

Application label　NGINX-PLUS-OIDC

Application type　Web

Allowed grant types　Client acting on behalf of itself
- [ ] Client Credentials

Client acting on behalf of a user
- [x] Authorization Code
- [ ] Refresh Token
- [ ] Implicit (Hybrid)

LOGIN

Login redirect URIs　http://ngplusoidc.cnadn.net:80/_codexch

Logout redirect URIs　http://ngplusoidc.cnadn.net:80/logout

Login initiated by　App Only

Initiate login URI　http://ngplusoidc.cnadn.net:80/_codexch

图 25-4　okta 申请信息填写参考

25.3 本章小结

在本章中，我们首先介绍了 JWT 的基本原理、内容格式，以及 NGINX Plus 的 JWT 认证模块的使用方法。此外，还采用 NGINX Plus 实现了 OIDC 的认证过程，其中利用了 NJS 的子请求特性和简便的编程能力，快速扩展实现了 NGINX 作为 client 角色在整个授权码通信模型中的工作。最后，通过 JWT 模块实现对获取的 ID token 进行认证，使用 keyval 模块以及缓存功能来存储和加速 ID token 的处理。这是一个典型的充分利用 Plus 多种能力的综合性场景，读者朋友如有兴趣不妨实际动手练习一下。若需 NGINX Plus 的试用版，可以通过 nginx.com 申请获得。

第 26 章

服务发现

微服务架构是当前现代应用所推崇的应用架构，它能够实现业务的快速上线、灰度发布、CI/CD 等特性，并且可以轻松地扩展服务实例数量。对于一个多实例的服务来说，当服务实例发生动态变化的时候，我们需要一个负载均衡器来向客户端屏蔽变化或者以某种方式来将变化快速通知它的调用方，比如通过服务注册中心。这称为服务发现。比如在 Kubernetes 场景下，服务的变化就涉及 pod 数量、IP 地址、服务端口信息等的变化，需要在 Ingress Controller 上动态感知并实时配置，通常做法是通过一个 daemon 进程和 Kubernetes API Server 进行联动，监听 Kubernetes 服务变化，并实时生成最新的 NGINX 配置并重新加载使其生效，具体详见第 19 章。当然，NGINX 还提供了其他方式来实现服务发现，包括 NGINX Plus 的 API 能力、DNS resolver，以及与 Consul、etcd、ZooKeeper 等服务注册中心对接的能力，与 confd 配置管理工具集成的能力。在本章中，我们将详细介绍 NGINX 服务发现的解决方案。

26.1 使用 API 配置上游服务器

NGINX Plus 给我们提供了 RESTful API 接口，可用于动态实时配置 `upstream` 而无须重载配置。NGINX Plus RESTful API 支持对 `upstream` 的 HTTP 方法有如下这些。

- GET：展示 upstream 或单独服务器的信息。
- POST：添加服务器到 `upstream` 上。
- PATCH：修改指定服务器的参数配置。
- DELETE：从 `upstream` 中删除指定的服务器。

比如添加一个新的服务器到名叫 `appservers` 的 `upstream` 中，我们可以通过如下 `curl` 指令来实现：

```
curl -X POST -d '{ \
    "server": "10.0.0.1:8089", \
    "weight": 4, \
    "max_conns": 0, \
```

```
    "max_fails": 0, \
    "fail_timeout": "10s", \
    "slow_start": "10s", \
    "backup": false, \
    "down": false \}' -s 'http://127.0.0.1/api/6/http/upstreams/appservers/servers'
```

这个 URI 指定了目标 NGINX Plus 的 hostname 或者是 IP 信息（本例中为 `127.0.0.1`）、API 的路径、API 版本（version 6）、`upstream` 的名称 `appservers`，同时 `POST` 的 `body` 上以 JSON 格式定义了 `server` 的配置参数，包括 IP 地址、服务端口、健康检查等参数。

如果我们希望删除 `appservers upstream` 中一个 ID 为 0 的服务器，可以通过：

```
curl -X DELETE -s 'http://127.0.0.1/api/6/http/upstreams/appservers/servers/0'
```

更多关于 NGINX Plus API 的能力，可参考：https://demo.nginx.com/swagger-ui/。默认情况下，NGINX Plus 并未启用 API 能力，需要配置开启：

```
server {
    location /api {
        limit_except GET {          # 设置 API 访问的 HTTP 认证
            auth_basic "NGINX Plus API";
            auth_basic_user_file /path/to/passwd/file;
        }
        api write=on;               # 设置 API 访问的读写权限
        allow 127.0.0.1;            # 设置 API 访问的允许访问源地址
        deny  all;
    }
}
```

NGINX Plus 的 API 操作，默认情况下并不会以配置文件的形式保持到 NGINX 本地，仅保存在 NGINX Plus 的共享内存当中，一旦 NGINX 发生故障或者重新加载配置，会导致 `upstream` 的当前配置丢失。NGINX Plus 同时给我们提供了 `state` 指令来实现持久化保存：

```
http {
    # ...
    upstream appservers {
        zone appservers 64k;
        # 持久化文件保存路径
        state /var/lib/nginx/state/appservers.conf;
    }
}
```

当我们通过 API 添加 10.0.0.1:8089 服务器到 `appservers upstream` 中后，我们可以看到 /var/lib/nginx/state/appservers.conf 文件下新增了一条配置：

```
server 10.0.0.1:8089 weight=4 max_fails=0 slow_start=10s;
```

依托 NGINX Plus 通过 API 配置 `upstream` 的能力，我们可以在应用服务节点启动的时候，把服务节点的 IP、端口等信息，通过节点启动脚本以 API 形式写入到 NGINX Plus 的 `upstream` 中。

当然，不同的服务可以提前规划好对应的 upstream 名称。通过将 NGINX 作为反向代理，将 NGINX 固定的 IP 地址（或者 DNS 域名）发布给服务调用方去访问，从而实现服务注册和服务发现。

26.2 通过 DNS 实现服务发现

DNS 是如今很多应用实现服务发现的一种简便方式。一方面，DNS 记录包含生存时间（TTL），当过期时客户端会主动向 DNS 服务器查询更新。通过控制 TTL，可以使得客户端以指定的频率更新记录。另一方面，一个 DNS 域名可以配置多条 A/4A 记录或者 SRV 记录来记录服务实例地址信息。当服务实例发生变化的时候，可以通过 API 的方式动态修改 DNS 的配置，目前绝大多数主流的 DNS 都支持 API 配置。比如 Kubernetes 平台中每个服务都会默认在 Kubernetes 的 DNS 组件中注册一个域名供服务调用。在本节中，我们将详细阐述在 NGINX 中使用 DNS 作为服务发现的几种方法。

26.2.1 在 proxy_pass 指令中使用域名

在 NGINX 中，定义上游服务器最简单的方法是将服务 DNS 域名作为 proxy_pass 指令的参数：

```
server {
    location / {
        proxy_pass http://backends.example.com:8080;
    }
}
```

当启动或者重新加载配置的时候，NGINX 会从操作系统配置文件 /etc/resolv.conf 中选择 DNS 服务器地址，并向 DNS 服务器发起解析 backends.example.com。如果 DNS 服务返回域名对应的 IP 地址超过 1 个，即多个 IP 的时候，NGINX 会使用默认的轮询算法进行负载均衡。这是执行服务发现最简单的方法，但是存在以下缺点。

- 如果域名无法解析，则 NGINX 无法启动或重新加载配置。
- NGINX 会缓存 DNS 记录，直到下次重新启动或重新加载配置时，都会忽略记录的 TTL 值。
- 我们不能指定其他负载均衡算法，也不能配置针对服务的健康检查。

通过配置 resolver 以及使用变量在 proxy_pass 指令中指定域名的方式，可以间接实现 NGINX 在 TTL 过期时重新解析该域名，规避上面所说的第二个缺点：

```
resolver 10.0.0.2 valid=10s;# 指定 DNS 服务器 IP 以及 DNS 记录过期失效时间
server {
    location / {
        set $backend_servers backends.example.com;  # 变量配置域名
        proxy_pass http://$backend_servers:8080;
    }
}
```

26.2.2 在 upstream 中使用域名

与使用 IP 地址、端口标识服务器信息的方式有所不同，我们可以使用域名作为 server 指令的参数：

```
resolver 10.0.0.2 valid=10s;

upstream backends {
    zone backends 64k;
    least_conn;
    # 配置 resolve 参数，当 DNS 记录到期时重新解析域名
    server backends.example.com:8080 resolve;
}
server {
    location / {
        proxy_pass http://backends;
    }
}
```

在上面这段代码中，NGINX Plus 会每隔 10s 向 DNS 服务器 10.0.0.2 查询 backends.example.com 的记录。不管解析结果如何，NGINX Plus 都不会出现无法启动或者无法重新加载配置的情况，解析异常时客户端会看到标准的 502 错误页面。同时可以留意到我们配置了 least_conn 的负载均衡算法。换句话说，该方法改进了 26.2.1 节中存在的所有问题。但我们也可以留意到，这种方式需要服务方预配好端口信息。对于无法提前得到服务端口信息的场景，则不适用。

26.2.3 使用 SRV 记录类型

在动态分配服务端口号的微服务场景中，我们无法通过 26.2.2 节的方法来实现服务发现，主要在于 A/4A 记录返回的是 IP 地址信息，不包含端口信息。在端口号动态分配的场景下，我们可以采用 SRV 记录。SRV 记录是 DNS 服务器支持的一种资源记录的类型，它记录了域名对应的服务信息。SRV 记录由服务名称、与服务进行通信的协议和域名的三元组定义。查询名称服务器时，我们必须提供所有这三元组。如下是 nslookup 的 SRV 查询示例：

```
$ nslookup -query=SRV _http._tcp.backends.example.com 10.0.0.2
    Server: 10.0.0.2
    Address: 10.0.0.2#53

    _http._tcp.backends.example.com service = 0 2 8090 backend-0.example.com.
    _http._tcp.backends.example.com service = 0 1 8091 backend-1.example.com.
    _http._tcp.backends.example.com service = 10 1 8092 backend-2.example.com.
```

下面我们以第一条记录来进行分析。

- _http._tcp 是 SRV 记录的名称和协议，在 NGINX Plus 配置中我们需要指 server 指令中 service 参数的值为该值。

- 0 表示服务器的优先级，值越低，优先级越高。NGINX Plus 会将优先级最高的服务器指定为主服务器，其他为备服务器。
- 2 表示权重。NGINX Plus 会将服务器权重设置为该值。
- 8090 表示端口号。
- backend-0.example.com 表示该服务器的主机名。NGINX Plus 会解析该名称，并将对应 IP 添加到 upstream 中。如果解析到多条记录，则添加多个服务器。

通过 SRV 记录，可以实现灵活的微服务场景。同一个微服务，可以配置实例间采用不用的端口、不同的优先级以及权重。NGINX Plus 的配置上，相比 26.2.2 节的方法，仅修改了针对 SRV 的解析配置：

```
resolver 10.0.0.2 valid=10s;

upstream backends {
    zone backends 64k;
    least_conn;
    # 使用 SRV 记录
    server backends.example.com service=_http._tcp resolve;
}
server {
    location / {
        proxy_pass http://backends;
    }
}
```

在 NGINX Plus 的 dashboard 中，我们可以看到 backends 解析到了对应的 server 成员，这些 server 成员具有不同的优先级、权重、IP 以及端口信息，如图 26-1 所示。

backends

Server			Requests	
Name	DT	W	Total	Req/s
10.0.0.11:8091	0ms	1	14	0
10.0.0.10:8090	0ms	2	28	0
b 10.0.0.12:8092	0ms	1	0	0

图 26-1　通过 SRV 实现服务发现

26.3　集成 Consul/etcd/ZooKeeper

Consul、etcd、ZooKeeper 等这类 KV 存储或者服务注册类开源软件，已经被广泛应用在基础架构领域中，用于服务配置和服务注册。我们可以将 NGINX 集成这类开源软件，使用它们作为注册中心。服务地址被注册到它们以后，NGINX 通过它们提供的接口进行查询来实现服务发现。由于原理差别不大，以下仅以 Consul 为例进行说明。

Consul 由 HashiCorp 公司开发，它提供了健康检查、KV 存储，以及支持多数据中心的能力。同时 Consul 提供了 DNS 以及 HTTP 接口进行外部查询。

26.3.1 使用 Consul API 实现服务发现

由于 Consul 和 NGINX Plus 都支持 API，当服务注册到 Consul 后，我们可以配置 Consul 事件监听来触发执行一个外部脚本，该脚本使用 Consul 服务 API 循环遍历获取 Consul 中注册的所有服务信息，然后再通过 NGINX Plus 的 API 写入到 `upstream` 中。整个架构如图 26-2 所示。

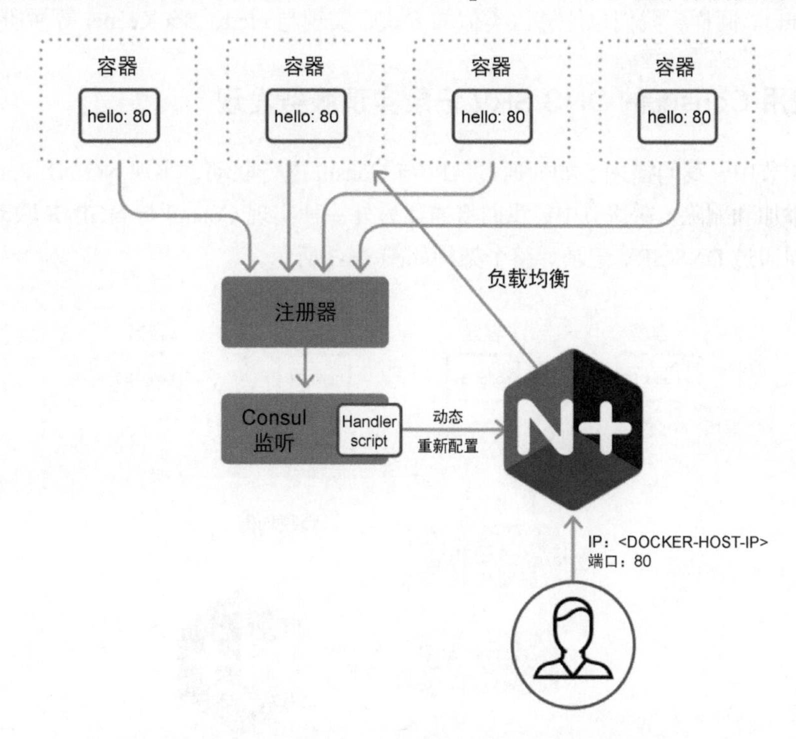

图 26-2 使用 Consul API 实现 NGINX Plus 服务发现

整个架构各组件的情况如下。

- hello：模拟后端真实服务。
- **注册器**：负责向 Consul 注册服务。注册器监视真实服务容器的状态变化，比如启停、扩缩容，并在服务更改状态时更新 Consul。

- Consul：实现服务注册和服务发现。
- script：动态触发执行，更新 NGINX Plus upstream 成员。
- NGINX Plus：接收客户端请求，反向代理到上游服务器。

在这个架构中，最核心的组件是这个外部脚本。我们首先配置 Consul 监听，当每次有注册服务更新的时候，外部脚本就会被调用。这个 bash 脚本首先会通过 API 获取 NGINX Plus upstream 中的所有服务器列表，然后通过 Consul services API 循环遍历获取所有注册到 Consul 的容器信息。再通过比对得出不在 NGINX Plus 当前服务器列表中的数据，最后通过 NGINX Plus 的动态配置 API 把对应服务器信息添加到 NGINX Plus upstream 中。当然，它也会删除已经不在 Consul 注册列表中的服务器配置，确保 NGINX Plus 的 upstream 配置与 Consul 中注册的服务配置保持一致。

关于该架构的更多实现细节，请参考 https://github.com/nginxinc/NGINX-Demos/tree/master/consul-api-demo。同样，我们也能够以类似的方式，实现与 etcd、ZooKeeper 等注册中心的对接。

26.3.2　使用 Consul 的 DNS SRV 记录实现服务发现

在 26.3.1 节中，我们描述了如何通过 API 与 Consul 进行联动，实现 NGINX Plus upstream 中成员的动态添加和删除。在这节中，我们将描述另外一种实现 Consul 与 NGINX 联动实现服务发现的方式，即通过 DNS SRV 记录。整个架构如图 26-3 所示。

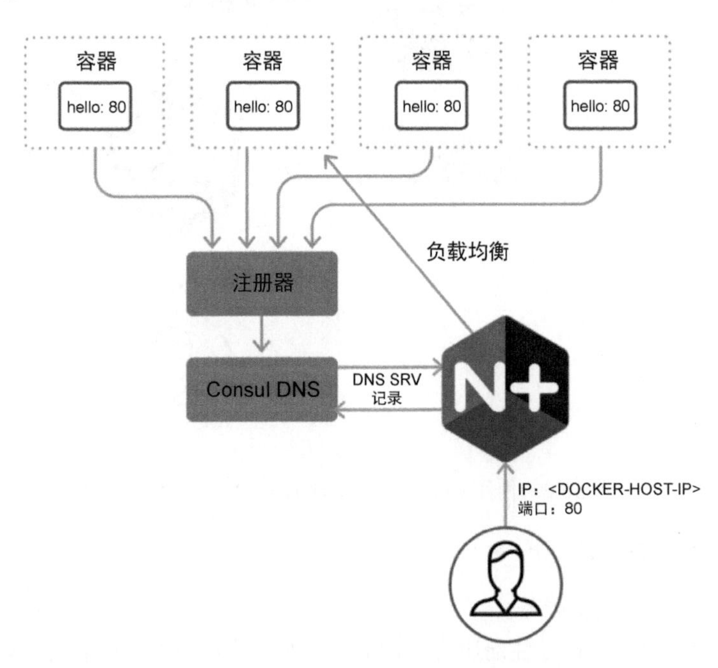

图 26-3　使用 Consul 的 DNS SRV 记录实现服务发现

这个架构实现与 26.3.1 节中描述的方案有所区别的地方在于联动方式不同。26.3.1 节通过 API 以外部脚本的方式动态触发执行实现。在本节中，NGINX Plus 通过 Consul 的 DNS 接口，以 DNS SRV 记录的方式，动态配置 upstream 服务器。当真实服务容器的状态发生变化时，注册器会将对应服务信息注册并更新到 Consul。通过设置容器的环境变量，我们可以修改注册到 Consul 中的服务名称，比如调整为 HTTP。那么当 NGINX Plus 通过使用 `service=http` 参数发送 DNS SRV 记录查询时，Consul 会返回该 HTTP 服务所标识的所有容器的信息（IP 地址、端口、优先级和权重）。NGINX Plus 根据 Consul 返回结果动态调整 `upstream` 配置。

使用 Consul DNS SRV 记录实现服务发现，比 API 的方式更加简洁、高效，不需要额外的脚本来实现，已经被广泛使用在需要频繁改变 upstream 服务器配置的企业中。关于该方法的更多实现细节，请参考 https://github.com/nginxinc/NGINX-Demos/tree/master/consul-dns-srv-demo。

26.4 集成 confd

confd 是一个轻量化的配置管理工具，聚焦于通过拉取 etcd、Consul、ZooKeeper、Redis 等 KV 存储或者注册中心的数据，并渲染应用模板文件来实现配置文件的同步。通过 NGINX 集成 confd，我们也可以实现服务发现的需求。以 etcd 为例，整个集成架构如图 26-4 所示。

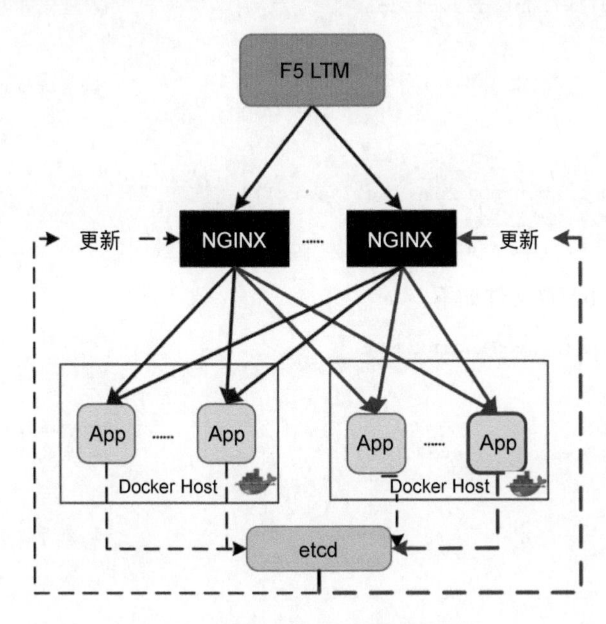

图 26-4 集成 confd 实现服务发现

在本例中，我们部署了一组 NGINX 集群来实现上游服务器的反向代理和负载均衡。上游服务部署在容器环境中，会弹性伸缩，因此就需要在 NGINX 上实现服务发现。在每台 NGINX 上，同机部署 confd，配置 confd 监听 etcd 事件。当容器启动或者删除的时候，会先执行脚本对 etcd 进行更新，修改容器的 IP 和端口等信息。confd 监听到 etcd 事件后，会拉取 etcd 的数据，然后渲染 confd 的模板文件，生成新的配置文件，并覆盖到 NGINX 本地。然后 confd 会执行 NGINX 的 `reload` 命令，使得新配置实时生效。通过这种与 confd 集成的方式，我们实现了 NGINX 的服务发现。

我们首先需要在 etcd 中为不同服务规划不同路径来存储数据，比如 /svc*/subdomain 存储 svc* 的域名，/svc*/upstream/ 存储 svc*的上游服务器信息：

```
etcdctl set /svc1/subdomain svc1
etcdctl set /svc1/upstream/server1 "10.0.1.100:80"
etcdctl set /svc1/upstream/server2 "10.0.1.101:80"
etcdctl set /svc2/subdomain svc2
etcdctl set /svc2/upstream/server1 "10.0.1.102:80"
etcdctl set /svc2/upstream/server2 "10.0.1.103:80"
```

然后我们针对两个 svc 配置 confd 的 toml 文件，其中 svc1 的 confd toml 配置文件如下：

```
# /etc/confd/conf.d/svc1-nginx.toml
[template]
prefix = "/svc1"
src = "nginx.tmpl"                                          # 源模板文件路径
dest = "/etc/nginx/conf.d/svc1.conf"                        # 生成目标文件路径
owner = "nginx"
mode = "0644"
keys = [                                                    # 监听的 etcd Key 路径
  "/subdomain",
  "/upstream",
]
check_cmd = "/usr/sbin/nginx -t -c {{.src}}"
#重新加载 NGINX 使得新配置生效
reload_cmd = "/usr/sbin/service nginx reload"
```

svc2 的 confd toml 配置文件如下：

```
# /etc/confd/conf.d/svc2-nginx.toml
[template]
prefix = "/svc2"
src = "nginx.tmpl"                                          # 源模板文件路径
dest = "/etc/nginx/conf.d/svc2.conf"                        # 生成目标文件路径
owner = "nginx"
mode = "0644"
keys = [                                                    # 监听的 etcd Key 路径
    "/subdomain",
    "/upstream",
]
check_cmd = "/usr/sbin/nginx -t -c {{.src}}"
# 重新加载 NGINX 使得新配置生效
reload_cmd = "/usr/sbin/service nginx reload"
```

两个 svc 的 confd toml 配置文件，除了 prefix 和目标文件路径这两个参数有所区别外，其他配置一模一样。

定义了 confd toml 配置文件后，还需要定义 NGINX 配置模板文件，这里两个 svc 采用了相同的 NGINX 配置模板文件：

```
# /etc/confd/templates/nginx.tmpl
# 通过读取 etcd 的 /svc*/subdomain 路径获取 upstream 名称
upstream {{getv "/subdomain"}} {
    # 遍历 etcd 的 /svc*/upstream/* 获取该 svc 的 upsteram 的所有 server
    {{range getvs "/upstream/*"}}
        server {{.}};
    {{end}}
}

server {
    # 通过读取 etcd 的 /svc*/subdomain 路径获取域名信息
    server_name  {{getv "/subdomain"}}.example.com;
    location / {
        # 获取 upstream 名称
        proxy_pass         http://{{getv "/subdomain"}};
        proxy_redirect      off;
        proxy_set_header  Host               $host;
        proxy_set_header  X-Real-IP          $remote_addr;
        proxy_set_header X-Forwarded-For $proxy_add_x_forwarded_for;
    }
}
```

当 confd 启动或者监听到 etcd 事件后，confd 进程会被唤醒。它会根据 toml 的配置，拉取 etcd 对应路径的信息，然后渲染 nginx.tmpl 文件，并与目标路径下的 NGINX 配置文件进行对比。如果有差异，则覆盖新文件，并重新加载 NGINX。如果没有差异，则进入休眠状态等待唤醒。在本例中，在 /etc/nginx/conf.d/ 路径下，confd 会生成两个 conf 文件，分别为 svc1.conf 以及 svc2.conf。两个 conf 文件除了 `upstream` 名称、`server` 配置、`server_name` 配置、`proxy_pass` 配置有所区别之外，其他完全一样。以下仅展示 svc1.conf 的配置：

```
# 黑体字的内容为从 etcd 拉取并渲染生成的数据
upstream svc1 {
    server 10.0.1.100:80;
    server 10.0.1.101:80;
}

server {
    server_name  svc1.example.com;
    location / {
        proxy_pass         http://svc1;
        proxy_redirect      off;
        proxy_set_header  Host               $host;
        proxy_set_header  X-Real-IP          $remote_addr;
        proxy_set_header X-Forwarded-For $proxy_add_x_forwarded_for;
    }
}
```

confd 集成的方式，不但可以实现 NGINX 服务发现，也能够实现 NGINX conf 的动态配置以及配置的集中管理，广泛运用于很多企业的生产环境中。但 confd 集成的方式，相比 API 以及 DNS SVR 的方式，每次配置调整都需要重新加载 NGINX 配置。在 NGINX 大配置量（比如上万个服务）或者长连接这类场景下，易造成 NGINX 运行不稳定或者业务中断，可以通过适当分拆 NGINX 的配置、降低 confd 刷新周期等方式进行优化。

26.5　本章小结

在本章中，我们首先介绍了服务发现的场景，然后详细介绍了 NGINX Plus 实现服务发现的几种方法以及各种方法的优缺点，包括使用 API 配置上游服务器、使用 DNS 实现服务实现、与 Consul 集成、与 confd 集成等方式。不管是通过 API 对 NGINX Plus 直接进行配置，还是通过与 Consul、etcd、ZooKeeper 等注册中心的对接，还是跟配置管理工具 confd 的集成，NGINX 给我们提供了丰富的服务发现解决方案。各位读者可以结合企业内部应用的实际部署情况，灵活选择合适的服务发现解决方案。

第 27 章

API 管理

在第 20 章中，我们为大家介绍了 API 网关的能力及其常见部署方式。API 网关对 API 流量进行具体的处理管控，是数据平面的能力，而当企业拥有大量的 API 资源需要管理或者需要将 API 作为企业的数字化产品时，就需要具备一套完整的管理平面来管理和运营这些 API 资源和 API 网关。本章中，我们先从 API 形态和范畴、API 部署结构这两个方面来看 API 管理并在最后为大家简要介绍 NGINX API 管理产品。

27.1 从 API 形态和范畴看 API 管理

应用架构中有一个思想叫作 PBC（Packaged Business Capability，封装业务能力），其主要目的是将软件组件封装为一个界限、功能明确的商业服务，例如银行账号服务、购物车服务都属于界限明确的可以独立封装的服务。API 就是这些独立封装服务之间的通信接口及模式，因此在企业中可以以 PBC 的思想来识别企业可复用的 API 服务，将这些 API 服务作为企业的数字资产来管理，设立独立的 API 产品经理来管理 API 路演发展、用户体验、商业化等，然而企业的数字资产发展并不是一蹴而就的，在不断的演进过程中，企业会拥有大量不同粒度的应用服务，例如传统巨石应用，粒度相对较小的小应用以及粒度很细的微应用，这也就造成企业会存在大量不同粒度与形态的 API，这些 API 各自拥有不同的部署特点和管理诉求。下面我们先来回顾一下在第 20 章中出现过的图，如图 27-1 所示。

通过图 27-1 可以看到在数字化进程中，企业的很多核心能力依然可能遗留在传统应用中，这些早期应用可能本身没有 API 接口，也可能本身具备 API 接口但该 API 所用的具体技术不符合外部 API 消费者的诉求，因此需要为这类应用构建独立的 API 网关实现传统应用能力的输出。

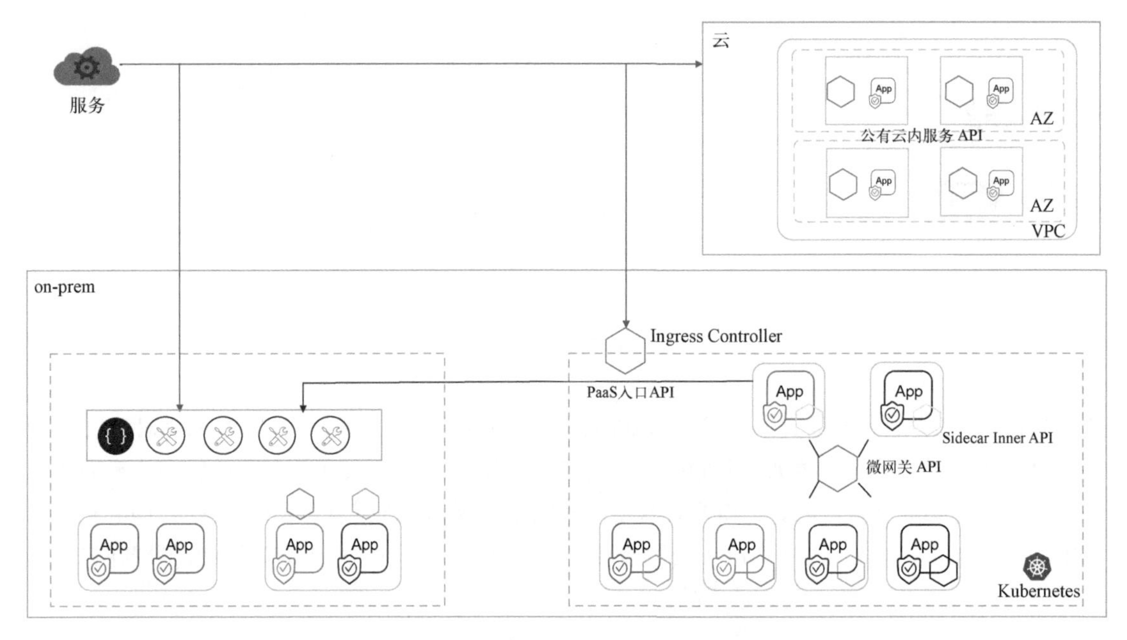

图 27-1　API 形态的多样性

在图 27-1 中，我们还可以看到企业的部分应用可能已经开始走向云原生。我们以 Kubernetes 承载的 PaaS 为例，服务发布需要通过 Ingress Controller 实现业务对外的暴露，因此 Ingress Controller 也是一个重要的 API 入口，而 Ingress Controller 的实现具备其自身的特点，与一般的 API 网关有所不同，因此需要企业能够实现在 Ingress Controller 上的 API 管理能力。在 PaaS 内，还可能会存在两种形态的 API 网关：一种是为不同的微服务构建的网关层，称之为微网关，不同的微服务通过该网关进行通信；另一种则是粒度更细的基于 pod Sidecar 形态的 API，可以看出这类 API 网关都以容器运行，需要与 Kubernetes 整合实现 API 网关相关的流量管理能力，与传统环境下基于虚拟机或裸金属机器构建的 API 网关形态差异性较大。

最后，企业还可能会使用公有云服务。公有云一般自身提供了具有厂商自身特点的 API 网关产品，如果使用公有云自身的 API 网关产品，意味着企业需要付出更多的努力来实现不同环境的 API 统一管理。

如果我们进一步深入，如图 27-2 所示，在企业的敏态服务架构下，企业还会拥有早期的分布式服务架构（DSA）以及微服务架构（MSA），这些架构内同样存在大量的 API 网关，然而 DSA 和 MSA 的 API 网关技术也不尽相同，企业可能在不同的技术发展阶段采用不同的产品来作为 API 网关，提供的 API 接口本身技术也不尽相同，可能有的采用 Restful，有的采用 GraphQL，还有的采用 RPC 等，如何将这些 DSA、MSA 以及云原生架构下的不同 API 统一起来并对外形成整体的服务能力？越来越多的企业开始考虑在企业内部构建统一的通用 API 接入网关，通过构建这样一个平台层实现企业 API 资源的统一管理与企业数字化能力的输出，这样的思想与 Gartner 建议的构建 API Mediation（API 调和）层的思路一致。

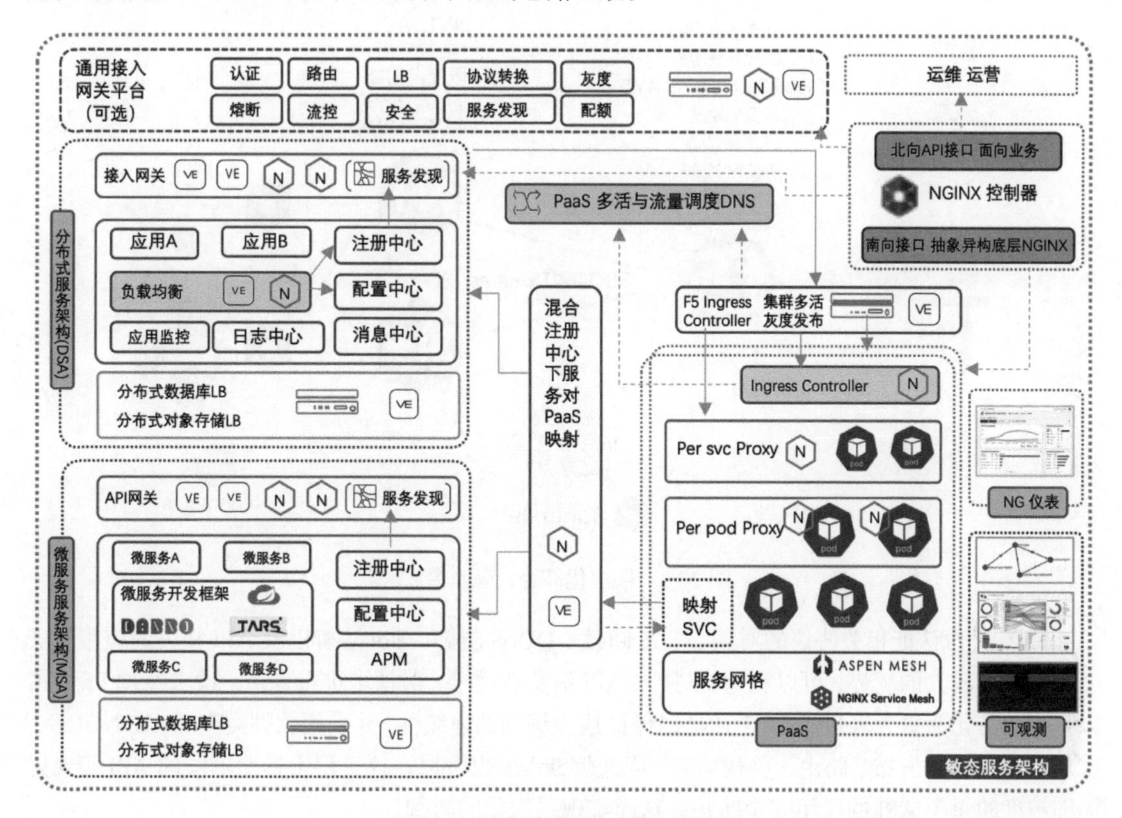

图 27-2　敏态服务下不同形态的 API

从图 27-2 中可以看出，企业要想统一管理这些 DSA、MSA 和容器应用架构的 API 资源，就需要实现与底层网关形态无关的 API 管理方式，以业务视角来看待 API，需要企业通过 API 调和转换或采用统一的技术栈来实现底层 API 网关，并构建一个统一的 API 管理平面，该管理平面南向对接不同形态的 API 网关，北向统一从业务视角输出管理 API，最终实现以统一的方式发布、管理、监控和运营 API。

27.2　从 API 部署结构看 API 管理

API 管理不但需要考虑 API 发布、生命周期、商业化等，还需要考虑 API 的认证鉴权以及如何保护 API 安全，很难有某一种工具或产品能够完全覆盖所有的诉求。因此在架构上应考虑采取解耦化的架构，将不同的工作交付不同层次的工具或产品。例如，API 安全、认证、保护等可以在第一层完成，而第二层 API 网关则具体负责相关的 API 路由、配额、编排、熔断等工作，通过分而治之的方式简化 API 管理的复杂性，如图 27-3 所示。

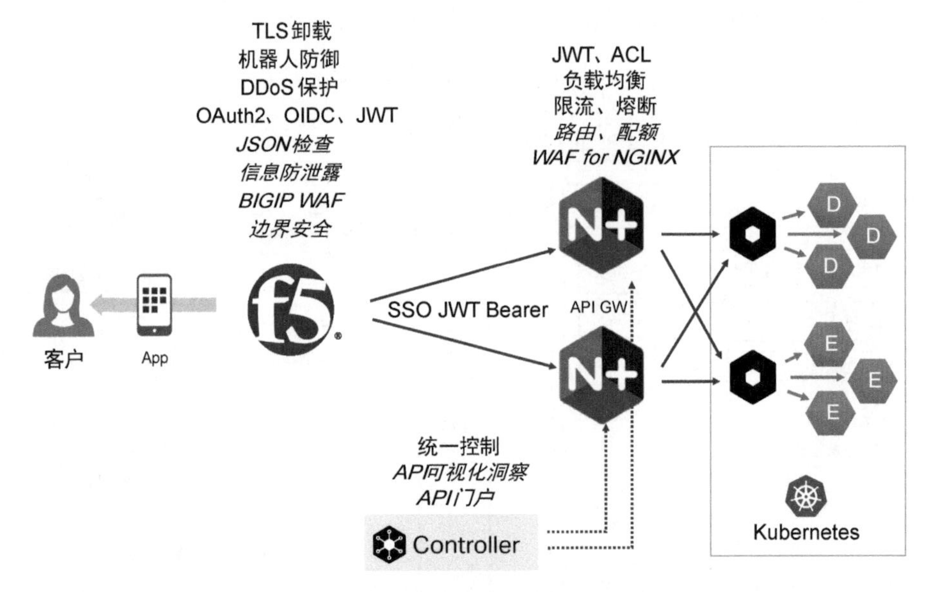

图 27-3 层次化部署，分而治之

F5 在身份认证相关协议的对接、TLS 卸载、DDoS 防御、Bot 防御以及 API 相关的应用层安全方面具有较大的优势，可以利用 F5 接入 API 消费者请求，对请求进行保护。请求经过 F5 后可以将验证转化为更为轻量的 JWT 认证以保证用户识别的连续性，并采用软件类产品（如 NGINX）实现 API 资源的发布、路由、负载均衡、限流熔断等，也可以在这一层上针对不同的 API 实现更加细粒度的每个 API 的应用安全防护，从而实现层次化的防御。

F5 与 API 相关的保护技术不在本书的阐述范围内，下面我们将结合 NGINX Controller 的 API 管理模块来进一步了解 NGINX 的 API 管理能够为我们带来什么样的能力。

27.3 NGINX API 管理产品介绍

NGINX API 管理产品（简称 API-M）的管理平面实际上是 NGINX Controller 中的一个模块，其架构图如图 27-4 所示，NGINX Plus 则是负责具体流量处理的数据平面。

管理平面与数据平面完全解耦，支持诸如虚拟机、容器、本地数据中心、公有云等多种运行形态或环境下的 NGINX Plus（即 API 网关），通过统一的控制平面能够帮助统一管理所有数据平面的 API 网关。控制平面本身提供了基于 GUI 的用户界面以及 RESTful 的 API 接口，所有图形接口可操作的能力均可以通过 API 实现，这使得用户能够更好地将其集成到自身的管理环境中。自身图形化界面除了可以提供 API 的运行监控数据可视外，还可以对接到企业第三方数据平台。

Dev portal 既可以独立部署在某个 NGINX Plus 上，也可以与 API 网关共用，但其服务端配置以及文件是与 API 网关的配置隔离的。

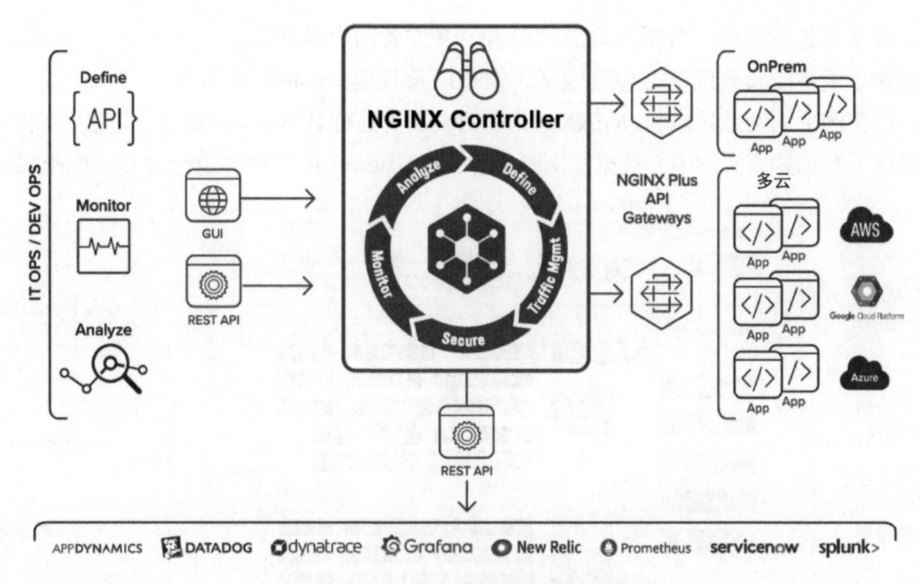

图 27-4 NGINX API 管理整体架构图

1. 总体功能

在具体的 API 管理能力上，可以总结为以下 9 大部分，如图 27-5 所示。由于 NGINX API 管理产品的能力在不断发展中，以下内容均基于 V3.13 版本介绍。

图 27-5 NGINX API-M 总体能力矩阵（基于 V3.13 版本）

2. 组件逻辑

在正式介绍各个功能的配置前，为了便于后续内容的理解，我们首先介绍一下 NGINX API-M

中各个配置组件之间的逻辑关系，如图 27-6 所示。整体上，NGINX API-M 分为运营平面、控制平面、数据实例平面。

- 运营平面包含监控、分析、日志、报警、开发者门户等能力。
- 控制平面主要负责配置，包含定义、发布以及其他具体的配置管理。
- 数据实例平面则是具体的 NGINX Plus 实例，负责处理具体的 API 流量，配置平面的配置会最终下发到这些实例中。数据实例既包含 API Gateway 的实例，也包含 Dev Portal 的实例。

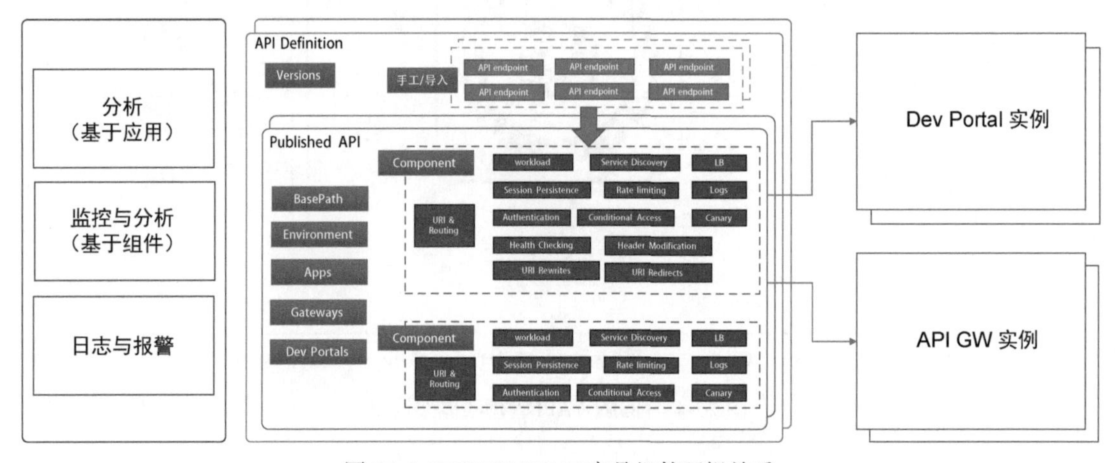

图 27-6　NGINX API-M 产品组件逻辑关系

下面我们就结合一个应用的 API 发布过程来分别介绍各个组件。由于产品功能不断演进，你看到的产品实际界面可能与本书有所不同。在例子中，我们假设需要将某一个应用的多个服务 API 发布出来，并形成 Dev Portal 提供给 API 消费者访问。

3. Environment

环境（Enviroment）是一个逻辑容器组件，用来表达诸如生产、测试或者一个项目等，用于隔离其他不同的组件对象。环境可以包含不同的 App、Gateway、证书等，不同的环境既可以配合角色等来实现权限控制，也可以针对整个环境级别来进行可视化监控与分析。在本例中，我们定义一个叫作 nginxbook 的环境。

4. Gateway

在发布具体的 API 之前，首先需要创建一个 Gateway（如图 27-7 所示）。Gateway 是一组提供相同业务能力的 NGINX Plus 实例的逻辑表达，在配置上就是通过将多个 NGINX Plus 关联到该 Gateway（如图 27-8 所示）。该组件对象还可以实现对实例整体全局的一些配置定义，例如 Gateway 的访问入口的 hostname、容许的 HTTP 方法（如 GET、POST 等）、buffer size、请求 body size，以及 keep-alive 设置等。

Create Gateway
Cancel
Submit
CONFIGURATION
Configuration
Placements
Hostnames
Methods
Advanced
REVIEW
API Spec
Configuration
Name *
Required
ng-book-api-gw
Display Name
Optional
Description
Optional
Tags
Optional
Ex: tag1, tag2, ...
Error Response Format
Optional
NGINX Default
Environment *
Required
nginxbook
+ CREATE NEW

图 27-7 创建一个 Gateway 并将其关联到 nginxbook 环境

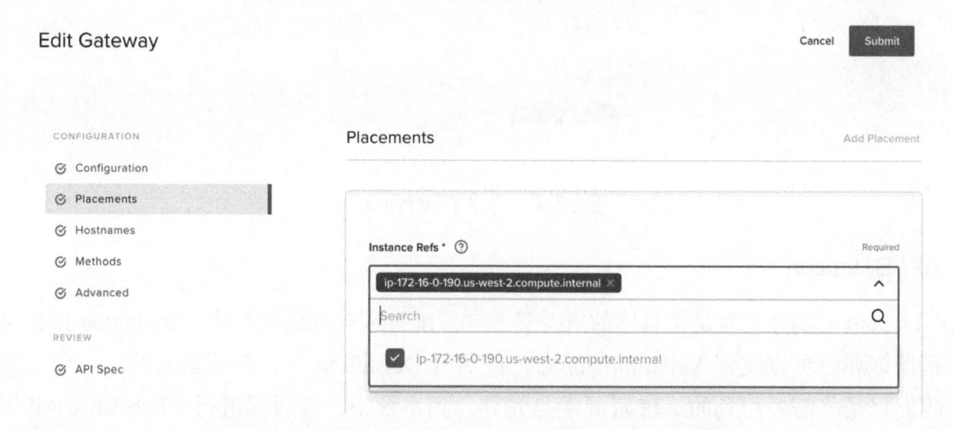

图 27-8 将 Gateway 与一组 NGINX Plus 实例关联

5. App

App 同样是一个逻辑容器，可以用来表达一个具体的应用。一个应用一般会包含很多个 API 资源，因此一个 App 会和一个或多个“Published API”关联。在执行可视化监控或分析时，可以基于 App 维度进行。

6. Dev Portal

创建 Dev Portal 对象时，我们会定义该 Dev Portal 具体由哪个 NGINX Plus 实例来负责发布，以及定义一些 Portal 方面的 logo、字体、色彩等，如图 27-9 所示。

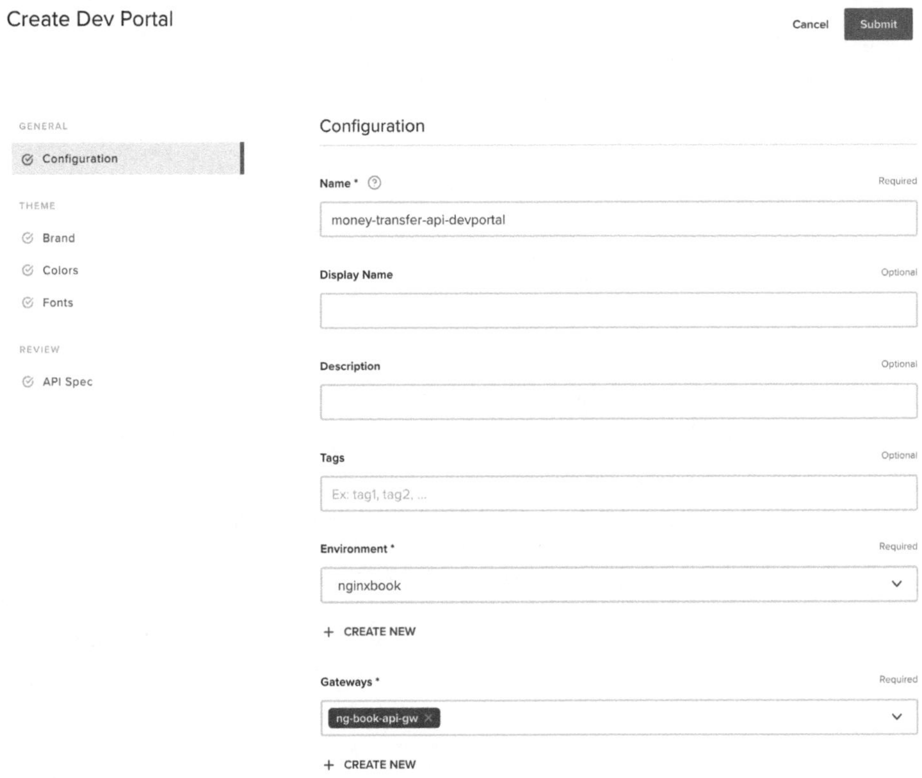

Create Dev Portal
Cancel
Submit
GENERAL
Configuration
THEME
Brand
Colors
Fonts
REVIEW
API Spec
Configuration
Name *
Required
money-transfer-api-devportal
Display Name
Optional
Description
Optional
Tags
Optional
Ex: tag1, tag2, ...
Environment *
Required
nginxbook
CREATE NEW
Gateways *
Required
ng-book-api-gw
CREATE NEW

图 27-9 创建 Dev Portal

7. API Definition

API Definition 实际上就是将具体的 API 资源端点配置或导入到系统中。Definition 具有 Version 属性，借助该属性可以实现 Versioning 能力。在 API Definition 中，并不是真的对一个 API 进行发布，我们只是将需要用到的 API 资源端点先导入到系统中，被后续进行“Published API”配置时调用。

在 API Definition 中，既可以手工配置每一个 API 资源端点，也可以通过 OpenAPI 文件批量导入，本例中导入 OpenAPI 规范的文件。在这里，还可以设置一个开关来控制是否容许将这些 API 资源发布到 API 开发者门户中，如果容许，还需要配置相关的介绍、请求以及相应的样例等，如图 27-10 和图 27-11 所示。

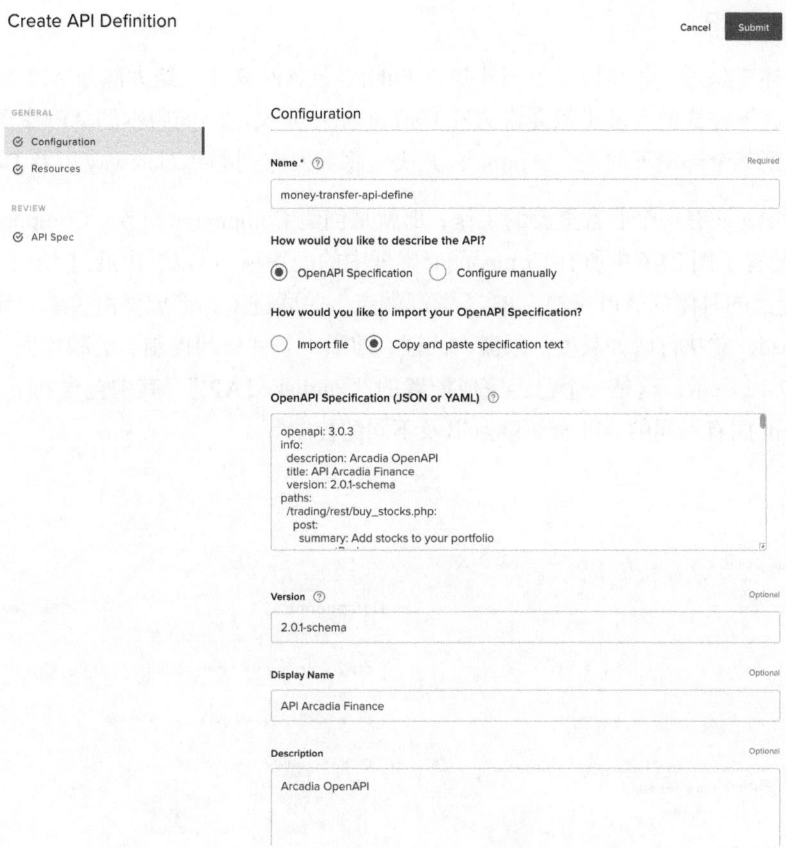

Create API Definition

Cancel Submit

GENERAL
Configuration
Resources
REVIEW
API Spec

Configuration

Name * Required
money-transfer-api-define

How would you like to describe the API?
OpenAPI Specification / Configure manually

How would you like to import your OpenAPI Specification?
Import file / Copy and paste specification text

OpenAPI Specification (JSON or YAML)

```
openapi: 3.0.3
info:
  description: Arcadia OpenAPI
  title: API Arcadia Finance
  version: 2.0.1-schema
paths:
  /trading/rest/buy_stocks.php:
    post:
      summary: Add stocks to your portfolio
```

Version Optional
2.0.1-schema

Display Name Optional
API Arcadia Finance

Description Optional
Arcadia OpenAPI

图 27-10 API Definition 导入或手工配置 API 资源端点

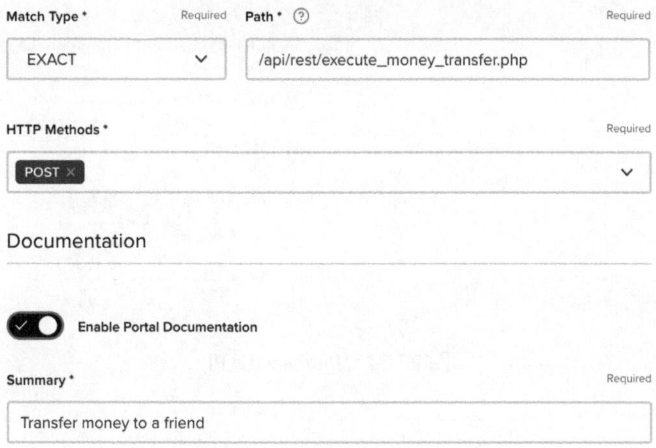

Match Type * Required
EXACT

Path * Required
/api/rest/execute_money_transfer.php

HTTP Methods * Required
POST ×

Documentation

Enable Portal Documentation

Summary * Required
Transfer money to a friend

图 27-11 API Definition 资源对象 Dev Poral 控制

8. Published API

在创建上述对象后，就可以开始正式执行 Published API 操作，绝大部分 API-M 中的相关功能是在这个步骤下完成的。该步骤会将 API Definition 中定义的不同版本的 API 资源进行正式发布，将其关联到某个环境下的某个 App 上，并决定将其发布到哪些 Gateway 以及 Dev Portal 上。

在该步骤中，还有一个非常重要的工作，那就是创建 Component 对象。Component 是一个逻辑容器，其下配置了图 27-6 中所有 Component 虚框中的配置项，可以看出通过 Component 将 API Definition 中定义的具体的 API 资源 URL（资源端点）关联进来，形成路由关系，比如将其路由到哪些 workload，并执行诸如灰度、限流、认证、熔断、条件访问控制、负载均衡、服务发现等功能。如图 27-12 所示，这是一个已经完成配置的“Published API”，其中包含两个 Component，每个 Component 拥有不同的 API 资源端点以及不同的控制等。

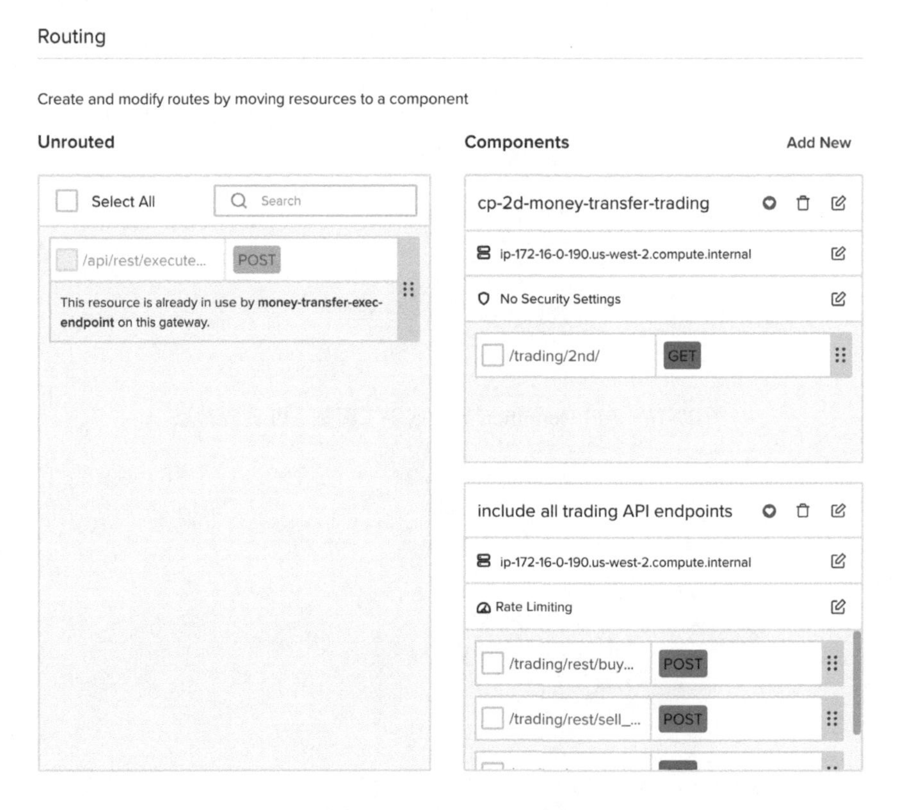

图 27-12　Published API

9. 认证与授权

截至 V3.13 版本，NGINX API-M 支持 JWT 和 API Key 两种认证方式，这通过导入 API Key

列表、提供 JWK 文件或 JWK URL 来实现。该认证是应用在 Component 组件级别上的，因此配置后该 Component 内的所有 API 资源端点都会被授权控制，如图 27-13 和图 27-14 所示。

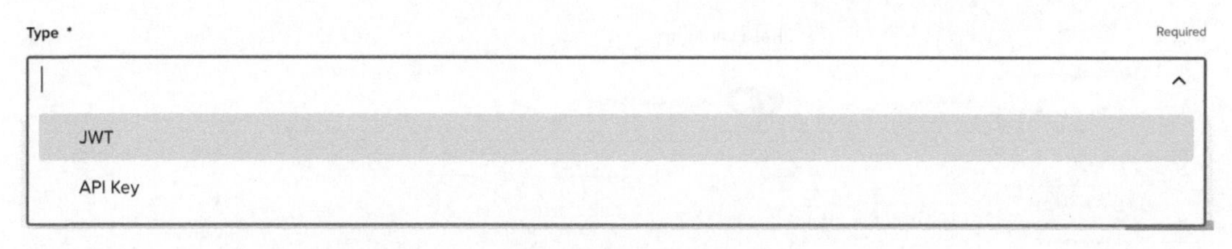

图 27-13　API 认证

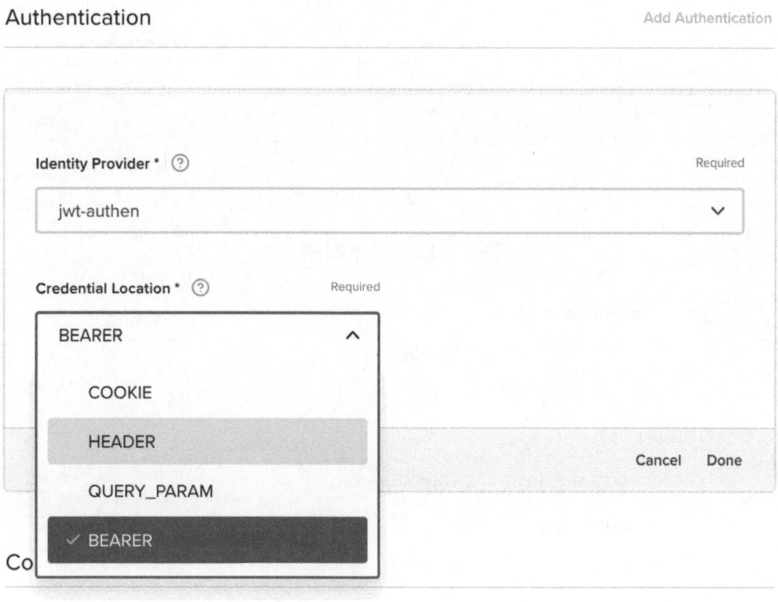

图 27-14　启用 JWT 认证

10. 限流

可以配置基于源 IP、URI、已被验证的客户端、其他 NGINX 里的可用变量等来执行限流，当超过阈值后，可以进行拒绝或延迟操作，如图 27-15 所示。

11. 熔断

可设置在发生多少次错误访问、访问超时后将 workload 进行熔断，防止后续 API 请求继续访问该 workload。我们既可通过控制 API 接口人工进行熔断，也可以通过增加主动健康检查来探测 workload 来及时地进行熔断，如图 27-16、图 27-17 和图 27-18 所示。

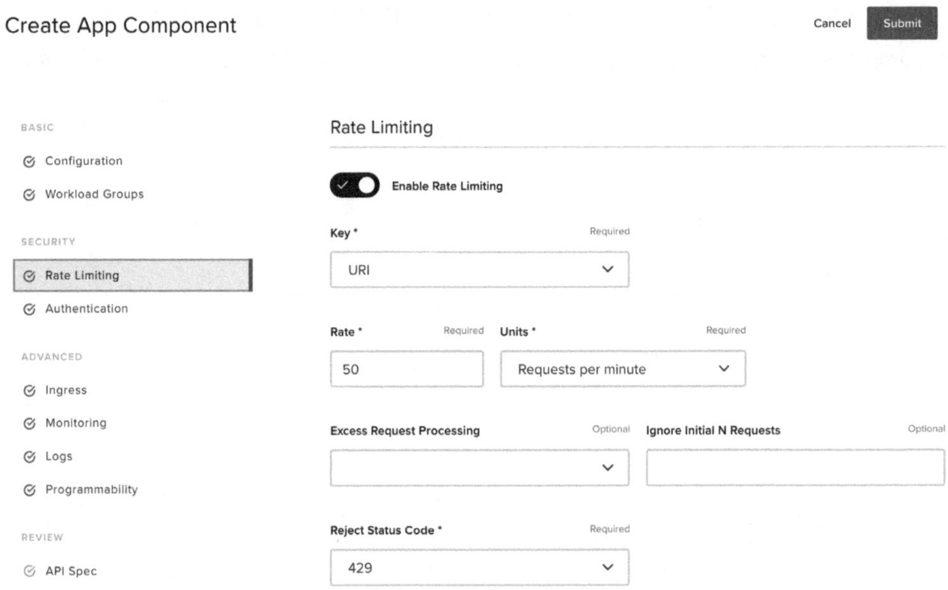

Create App Component
Cancel
Submit
BASIC
Configuration
Workload Groups
SECURITY
Rate Limiting
Authentication
ADVANCED
Ingress
Monitoring
Logs
Programmability
REVIEW
API Spec
Rate Limiting
Enable Rate Limiting
Key * Required
URI
Rate * Required
50
Units * Required
Requests per minute
Excess Request Processing Optional
Ignore Initial N Requests Optional
Reject Status Code * Required
429

图 27-15　速率限制

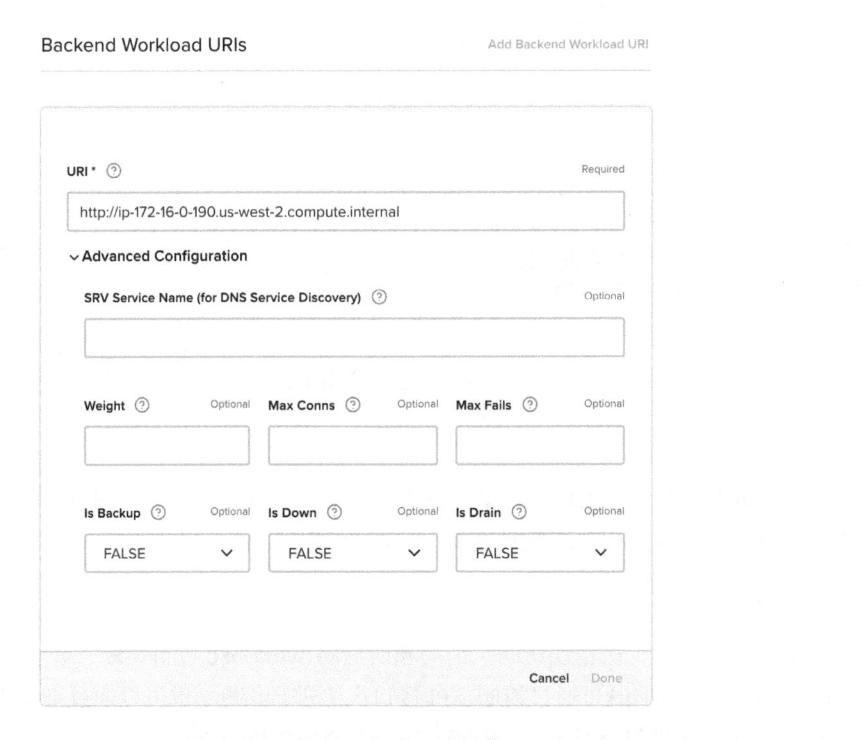

图 27-16　熔断：主动 API 操作

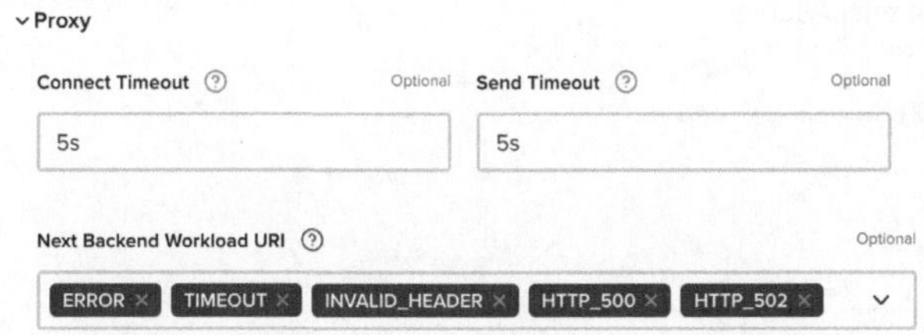

图 27-17 熔断：超时熔断并给予主动错误信息

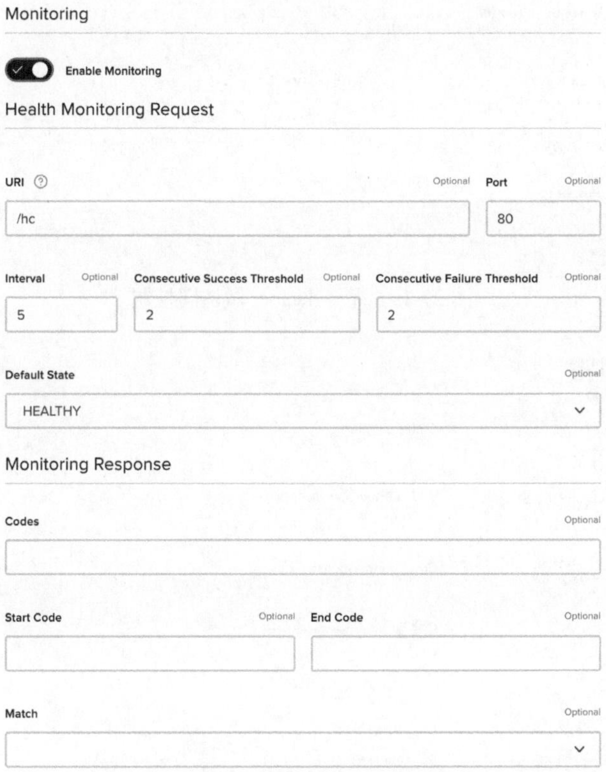

图 27-18 熔断：主动健康检查

12. 灰度

灰度方面，该版本暂时支持基于 weight 的灰度能力，参考图 27-16 所示。此外，也可以通过 versioning 来实现 A/B 发布。

13. 访问控制

我们通过“Conditional Access”配置可以实现基于条件的访问控制，例如基于 HTTP header 或 JWT claim 来控制容许或拒绝某个访问，如图 27-19 和图 27-20 所示。

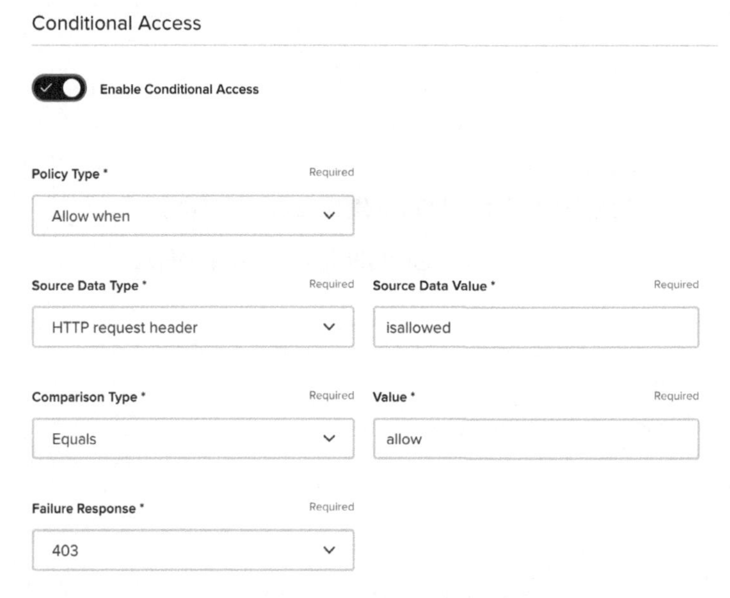

图 27-19　基于 header 做访问控制

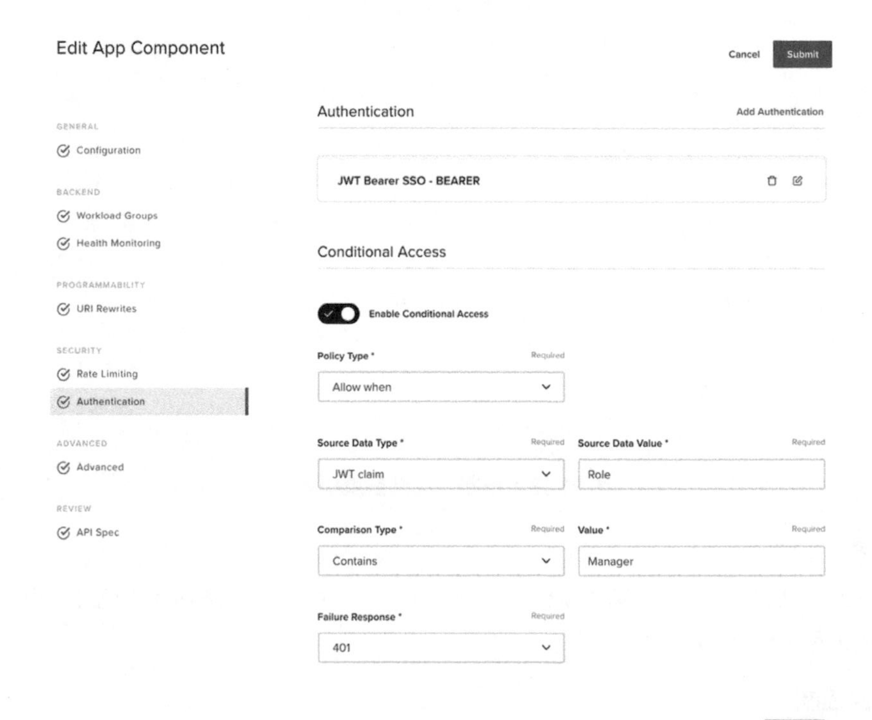

图 27-20　基于 JWT claim 做访问控制

14. 可视化度量

NGINX API-M 产品提供了可视化监控与分析，能够提供失败统计、请求数统计、延迟统计、吞吐统计等多种指标，这些指标可以基于一个 App 或 Component 的维度来展现，App 的维度表达了一个应用整体的 API 服务能力，Component 的维度则表达了一个或多个相关 API 资源的服务能力。一个应用可以分解为多个 Component 来表达，这样的分离方式有助于 API 运营人员从多个维度来评价 API 运营的效果，如图 27-21 和图 27-22 所示。

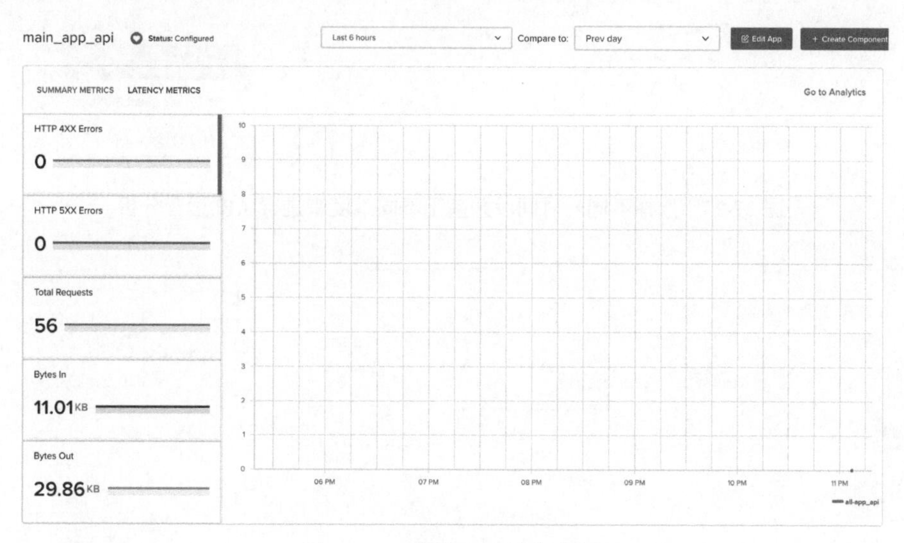

图 27-21 整体 App 维度分析

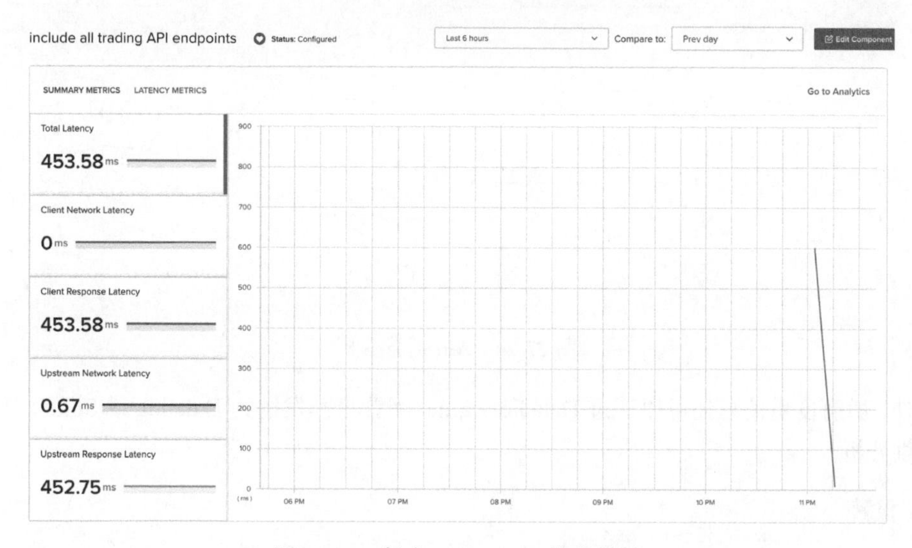

图 27-22 每个 Component 维度分析

除了上述汇总、延迟类图表统计外，产品还提供了运维分析展现。单击图 27-21 或图 27-22 右上角的“Go to Analytics”链接后，会出现类似如下的分析界面，用户可以选择不同维度的度量来与之前某个时间内的数据进行比较分析，如图 27-23 和图 27-24 所示。

图 27-23　选择不同的时间段并基于不同维度来进行 API 运营分析

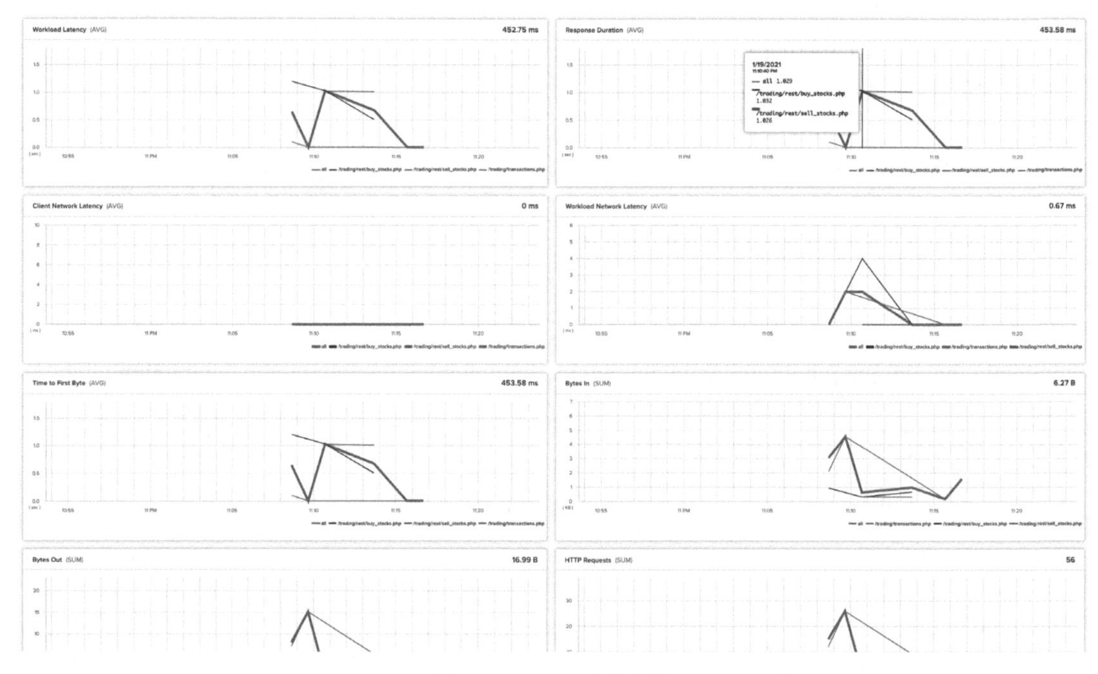

图 27-24　API 运营分析

此外，所有度量信息还可以通过 Data Forwarder 配置将其发送到 Datadog 或 Splunk 等外部系统上以供分析。

15. 报警

控制台界面提供了基于 NGINX 实例维度的多项指标报警阈值定义，如图 27-25 所示。

CREATE NEW ALERT RULE

TRIGGER ALERT WHEN THE METRIC

plus.upstream.response.time

IS above or equal TO THE THRESHOLD OF 0.20 s OVER THE PAST 10m

APPLY RULE TO

i-0d22bf1a3885e54a0 ×

SEND EMAIL TO

admin@nginx.test ×

图 27-25 自定义报警

但是如果希望对更细的 API 粒度进行报警定义，则可以利用控制台本身的控制 API 将系统已经提供的可视化度量时序数据抓取到本地数据平台中执行分析并定义报警。例如，在以下的请求中，表达了请求在某个时间内 prod 环境下 app1 的后端响应数量每 30 分钟的平均值。关于维度、metrics 等更多信息，可以参考 Controller 的在线帮助文档。

```
{
    "queryMetadata": {
        "startTime": "2019-08-07T09:57:36.088757764Z",
        "endTime": "2019-08-07T09:57:36.088757764Z",
        "resolution": "30m"
    },
    "metrics": [
        {
            "name": "plus.upstream.response.count",
            "aggr": "AVG",
            "series": [
                {
                    "dimensions": {
                        "app": "app1",
                        "env": "prod"
                    },
                    "timestamps": [
                        "2019-08-07T09:57:30",
                        "2019-08-07T09:57:35"
                    ],
                    "values": [
                        4.2,
                        4.4
                    ]
                }
            ]
        }
    ],
```

```
    "responseMetadata": {
        "warning": "string"
    }
}
```

16. 开发者门户

当在 API 定义中为某些 API 资源启用了开发者门户后，对应的 API 资源就会被自动发布到 Dev Portal 里。Portal 里包含了 API 资源的版本号、Endpoints 列表、每个 Endpoint 的调用用法、请求及返回内容的 sample 等内容，帮助消费端开发者理解并更容易使用发布的 API，如图 27-26 所示。

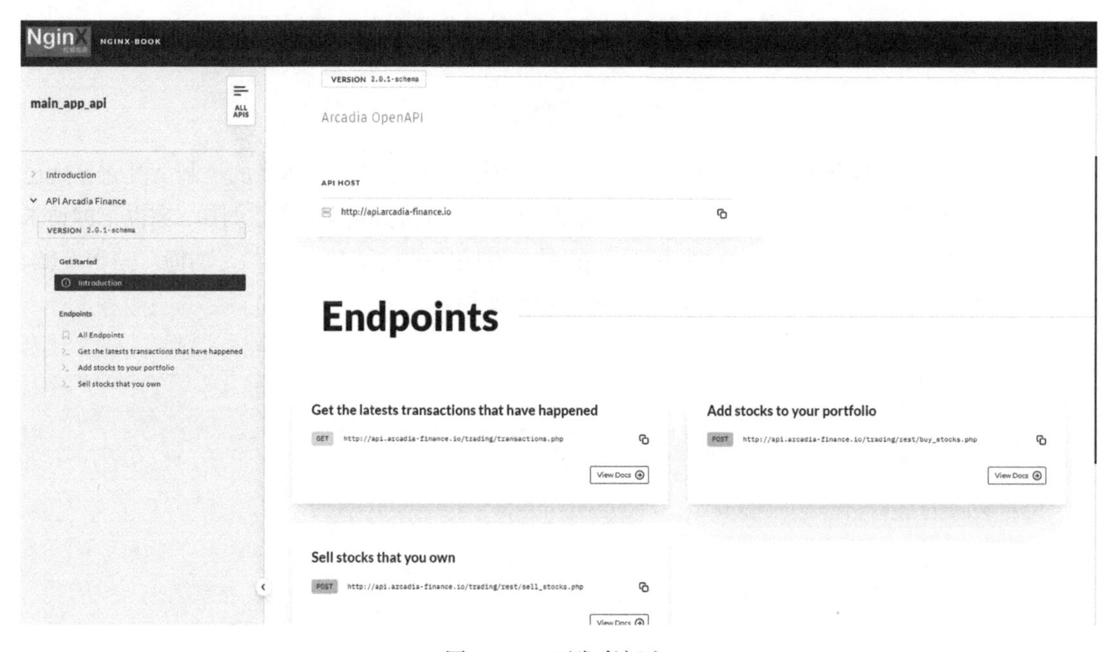

图 27-26　开发者门户

27.4　本章小结

本章中，我们从 API 的形态范畴、部署结构来剖析了 API 管理的关键要素。API 管理能力涵盖范围广，无论从技术角度还是从业务角度，API 管理都是企业技术架构中非常关键的要素，企业应重视相关技术及人才的积累，并结合企业自身特点、行业特点充分评估和规划 API 管理的建设路径。

在本章中，我们还为大家介绍了 NGINX API-M 管理模块产品，分析其现有版本的能力并讲解了配置组件的逻辑关系。由于该产品依然在不断迭代中，因此其功能在未来会更加丰富，读者朋友如果有兴趣可以通过 nginx.com 了解该产品的更新信息。

第 28 章

动态流量控制

动态流量控制本身属于一种功能场景，这里将其归在"商业篇"，是想借助这样一个场景来给大家展现 NGINX Plus 在动态限流场景下具有的能力。因此，我们不会去阐述有多少种方法去实现限流，而是阐述在 Kubernetes 环境下如何更加高效地进行入口的分布式限流。在本章中，我们可以看到 NGINX Plus API、集群、Ingress Controller（以下简称 IC）、keyval、Requests limit、可视化等多个能力的综合应用。

28.1 动态流量控制的意义

随着数字化转型的深入，企业开始大量利用新数字媒体进行营销，同时改变自身的业务流程，将流程更多地开放给消费者，这会带来大量突发性的流量，另一方面企业的应用不会一下子完全实现为极具弹性的架构，特别是当一个服务需要调用一个老旧应用服务时，必须保证业务的可持续性，避免突发性流量导致整体服务不可用。当应用转变为微服务后，每个服务都是一个相对独立的应用，不同的应用可能由不同的项目组采用不同的语言、框架和数据库开发，这会让不同的服务具有不同的服务容量，需要保证当某一个服务不可用时不要影响到整体。因此，在这样的场景下，非常有必要对业务访问进行限流，以保证整体服务的可持续性，避免局部故障传导到全局。这样的一个流量控制应做到限流粒度、速度的动态性调整，并着眼于执行限流的所有实例，而不是单个执行实例，从而实现统一的整体性的限流控制。

28.2 IC 限流的需求和挑战

在 Kubernetes 中，我们会透过 IC 来对外暴露服务，当需要对暴露的服务进行限流时，一方面可以通过 Kubernetes 内部的微网关来实现（比如将 NGINX 部署为 Kubernetes 内的微网关），也可能会通过 sidecar 的方式实现对每个 pod 单元的限流（如使用 Istio 或者 NGINX 服务网格）。

但如果我们是一个比较典型的南北流量，且内部并没有部署微网关或者 sidecar，尽管应用自己可以解决该问题，但是现代基础架构显然需要有更多的能力来减少应用的非功能开发，从而加快应用的开发速度和简化应用代码。以下我们就从NGINX Plus的角度来看如何在IC上实现限流。

IC作为容器平台的入口，在执行具体的限流时，具有以下四大需求。

- **需要简单易用**：当我们需要在 IC 进行服务限流时，由于 IC 的特性，用户往往希望有更加熟悉和简洁的配置方式，而不希望在决定执行限流的时候修改大量的 yaml 配置和重新加载 IC 的配置，因为这可能会导致错误的部署或者性能的降级。
- **需要状态同步**：IC一般都是多实例，构建IC集群则需要集群能够与Kubernetes配合实现对 IC 实例变化的及时感知，动态地管理集群内的 IC 实例。限流控制粒度需以集群层面来管控，这就要求IC能够对状态性数据在集群内同步。限流的执行动作也需要简化，一个API call就可以启动或者关闭整个集群的限流动作，无须对每个IC实例执行API call。
- **需要足够灵活**：IC 上配置的业务一般有两种形态，一是复用同一个域名借助不同的 URI path来路由到后端不同的svc endpoint上，二是使用不同的域名路由不同的svc endpoint，这就使得限流要能够灵活基于这两种不同的维度进行，既可以针对不同的 URI path，也可以针对不同的hostname进行限流。
- **需要直观结果展现**：对整个集群的限流结果，共享信息的同步状态都能有对应的 metrics 输出或者 Dashboard 来展现。

下面我们来结合一个具体的例子来说明。通过技术语言，上述需求可描述为在一个域名下的两个不同path，分别由两个不同的Kubernetes svc提供服务。

- 需要实现对每个不同的 svc 进行请求限制，限制不同客户端的请求速率，并能够实现免配置重载方式来控制是否启动限流。
- 如果有必要，通过免重载方式实现该域名的整体级别服务限制。
- 限流动作能够通过API call实现一键式控制。
- 限流的控制应基于多个IC实例实现全局状态共享，避免不同实例不同的限流统计。
- 集群状态都能通过metrics输出或有dashboard展现。

以下我们通过两个步骤来实现上述功能，首先我们在单个实例上实现基本的限流能力，然后扩展到整个同步组构建集群级限流。

28.3　单实例限流

关于如何进行NGINX IC本身的配置细节，请参考第19章。

尽管IC下的NGINX配置方式与正常的NGINX配置方式有所不同，但归根结底最后的配置是NGINX的配置。所以，先来看一下需求的伪配置：

```
# 在http上下文下设置一个keyval，里面存储键值对，例如JSON格式
##########
{
    "limitper_server": {
        "cafe.example.com": "1"
    },
    "limitreq_uri": {
        "/coffee": "1",
        "/tea": "0"
    }
}
##########
# 上述Key的value通过NGINX Plus的API来控制调整，无须重新加载配置

keyval_zone zone=limitreq_uri:64k type=prefix;
keyval $uri $enablelimit zone=limitreq_uri;
# 根据请求的uri通过前缀匹配的方式来查找，比如/coffee/latte这个请求，
  将会匹配 "/coffee" 从而获取值=1，这个值将会被放入变量$enablelimit中

keyval_zone  zone=limitper_server:64k;
keyval $server_name $enableserverlimit zone=limitper_server;
# 如果$server_name等于cafe.example.com，那么keyval查找的结果就是1，这个1会被放入变量
  $enableserverlimit中

map $enablelimit $limit_key {
    default "";
    1  $binary_remote_addr;
}
## 在上述配置中，变量$enablelimit的值决定 $limit_key的值。例如，如果$enablelimit=1，那么
   $limit_key此时的值是$binary_remote_addr所代表的客户端地址的二进制值；如果$enablelimit
   的值为其他的，则选择default的值，这里为空

map $enableserverlimit $limit_key_servername {
    default "";
    1 $server_name;
}
## 类似以上解释，这里是变量$enableserverlimit的值来决定$limit_key_servername的值

limit_req_zone $limit_key zone=req_zone_10:1m rate=10r/s;
limit_req_zone $limit_key zone=req_zone_20:1m rate=20r/s;
limit_req_zone $limit_key_servername zone=perserver:10m rate=50r/s;
## 利用map获取到的$limit_key或$limit_key_servername来配置不同的limit_req_zone，这里
   根据客户端地址（$binary_remote_addr）配置两个不同的zone，分别对应不同的限制速率
## 针对server_name（$limit_key_servername）的匹配设置一个perserver的zone，限制速率为50RPS
## 注意，这里有个小技巧，如果$limit_key或$limit_key_servername的值为空，那么后面引用该
   limit_req_zone的命令实际上不会生效

location block:

location /coffe {
           limit_req zone=req_zone_10 burst=1 nodelay;
           limit_req zone=perserver nodelay;
# 调用上述zone实现真正的限流，这里配置了两个限流条件。如果这两个条件都生效，那么这里是同时限制，
  既限制访问该URI的客户端速率，又限制该server——name的总速率，如果任意一个有效，则该条生效
```

```
            root /usr/share/nginx/html;
}

location /tea {
            limit_req zone=req_zone_20 burst=5 nodelay;
            limit_req zone=perserver nodelay;
            # 同 coffee 的解释
            root /usr/share/nginx/html;
}
```

从上述的伪配置可以看出，我们只要通过控制 `keyval` 的值，就可以控制不同 `location` 里的 `limit_req` 是否生效，而且可以分开独立控制。

理解了伪配置后，我们就以 Ingress 中经典的 `cafe` 服务为例，部署两个不同的服务 `tea` 和 `coffee` 来看真实的配置。`http` 上下文中有一段配置，`location` 上下文中也有一段配置，这些配置在 NGINX IC 中所提供的 `ConfigMap` 或者 `annotation` 里都没有对应的配置，所以我们需要通过 `ConfigMap` 中的 `http-snippets` 以及 Ingress `annotations` 中的 `location-snippets` 来实现这些配置的注入。

- **http 上下文中的配置注入**

```
[root@k8s-master-v1-16 common]# cat nginx-config-keyval-map.yaml
kind: ConfigMap
apiVersion: v1
metadata:
    name: nginx-config
    namespace: nginx-ingress
data:
    http-snippets: |
        # keyval_zone zone=limitreq_uri:64k type=prefix;
        keyval_zone zone=limitreq_uri:64k;
        keyval $uri $enablelimit zone=limitreq_uri;
        keyval_zone  zone=limitper_server:64k;
        keyval $server_name $enableserverlimit zone=limitper_server;

        map $enablelimit $limit_key {
            default "";
            1  $binary_remote_addr;
        }
        map $enableserverlimit $limit_key_servername {
            default "";
            1 $server_name;
        }
        limit_req_zone $limit_key zone=req_zone_10:1m rate=10r/s;
        limit_req_zone $limit_key zone=req_zone_20:1m rate=20r/s;
        limit_req_zone $limit_key_servername zone=perserver:10m rate=50r/s;
        server {
            listen 9999;
            root /usr/share/nginx/html;
            access_log off;
```

```
            allow 172.16.0.0/16;
            allow 192.168.1.0/24;
            deny all;
            location /api {
                api write=on;
        }
    }
```

上述配置中,通过 NGINX IC 所读取的 nginx-config 这个 ConfigMap 来填入 http-snippets,其中的 data 内容将会被写入 NGINX 的 http 上下文中。

- **location 中的注入**

location 是非全局配置,需要通过 Ingress 的 annotations 来写入。注意以下代码中的 location-snippets:

```
[root@k8s-master-v1-16 complete-example]# cat cafe-ingress-annotation.yaml
apiVersion: extensions/v1beta1
kind: Ingress
metadata:
    name: cafe-ingress
    annotations:
        nginx.org/location-snippets: |
            limit_req zone=req_zone_10 burst=1 nodelay;
            limit_req zone=perserver nodelay;
spec:
    tls:
    - hosts:
        - cafe.example.com
        secretName: cafe-secret
    rules:
    - host: cafe.example.com
        http:
            paths:
            - path: /tea
                backend:
                    serviceName: tea-svc
                    servicePort: 80
            - path: /coffee
                backend:
                    serviceName: coffee-svc
                    servicePort: 80
```

通过 kubectl 创建以上 ConfigMap 以及 Ingress 后,下面就可以测试一下看是否实现了限流的效果。

首先,通过 API 来预置以下 KV,这将对 coffee 服务进行限流而不会对 tea 服务执行限流:

```
{
    "limitper_server": {},
    "limitreq_uri": {
        "/coffee": "1",
```

```
        "/tea": "0"
    }
}
```

发送一些请求到 https://cafe.example.com/coffee，可以看到在测试工具的统计输出中，输出了很多非 200 的错误，这说明限流已经被启动：

```
Server Software:        nginx/1.17.3
Server Hostname:        cafe.example.com
Server Port:            443
SSL/TLS Protocol:       TLSv1.2,ECDHE-RSA-AES256-GCM-SHA384,2048,256
Server Temp Key:        ECDH X25519 253 bits
TLS Server Name:        cafe.example.com

Document Path:          /coffee
Document Length:        158 bytes

Concurrency Level:      100
Time taken for tests:   12.520 seconds
Complete requests:      465
Failed requests:        425
   (Connect: 0, Receive: 0, Length: 425, Exceptions: 0)
Non-2xx responses:      425
```

通过 NGINX Plus 的日志，我们也可以看出针对/coffee 的访问的限制生效了：

```
[root@k8s-master-v1-16 complete-example]# kubectl logs nginx-ingress-794778674c-
    sdqh8 -n nginx-ingress --tail=20
2020/03/15 14:58:26 [error] 54#54: *6506 limiting requests, excess: 1.960 by zone
    "req_zone_10", client: 192.168.1.254, server: cafe.example.com, request: "GET
    /coffee HTTP/1.0", host: "cafe.example.com"
```

另外，限流的信息统计也可以通过 NGINX API 接口来获取。通过命令 `curl -X GET "http://your-nginx-ip/api/6/http/limit_reqs/" -H "accept: application/json"` 即可返回：

```
{
    "passed": 15,
    "delayed": 4,
    "rejected": 0,
    "delayed_dry_run": 1,
    "rejected_dry_run": 2
}
```

而如果访问 https://cafe.example.com/tea，测试客户端的统计显示没有任何非 200 的错误：

```
Document Path:          /tea
Document Length:        153 bytes
Concurrency Level:      100
Time taken for tests:   20.719 seconds
Complete requests:      1000
Failed requests:        0
```

日志也均为正常的访问日志，无限流信息出现：

```
[root@k8s-master-v1-16 complete-example]# kubectl logs nginx-ingress-794778674c-
    sdqh8 -n nginx-ingress --tail=20
192.168.1.254 - - [15/Mar/2020:15:02:51 +0000] "GET /tea HTTP/1.0" 200 153 "-"
"ApacheBench/2.3" "-"
…忽略更多类似日志…
```

在上述整个配置与测试中，如果读者仔细看上述内容，应该已经注意到，Ingress 的 `annotations` 里写的只是 `zone=req_zone_10` 这个 `zone` 指定的速率限制，这实际上会导致不同的 `location` 都配置同样的注入。那么如何实现不同的 `path` 引用不同的 limit zone 呢？这里就需要 NGINX 支持的 Mergeable Ingress。Mergeable Ingress 就是 NGINX 允许在 Kubernetes 里配置一个 master 类型的 Ingress，这个 Ingress 里的内容会和子类型“minion”的 Ingress 来合并。

因此，上述的 cafe-ingress 可以改写成以下配置，在不同的子 Ingress 下配置不同的 `limit_req zone`：

```
[root@k8s-master-v1-16 complete-example]# cat cafe-ingress-mergeable.yaml
apiVersion: extensions/v1beta1
kind: Ingress
metadata:
    name: cafe-ingress-master
    annotations:
        kubernetes.io/ingress.class: "nginx"
        nginx.org/mergeable-ingress-type: "master"
spec:
    tls:
    - hosts:
        - cafe.example.com
        secretName: cafe-secret
    rules:
    - host: cafe.example.com
---
apiVersion: extensions/v1beta1
kind: Ingress
metadata:
    name: cafe-ingress-teasvc-minion
    annotations:
        kubernetes.io/ingress.class: "nginx"
        nginx.org/mergeable-ingress-type: "minion"
        nginx.org/location-snippets: |
            limit_req zone=req_zone_10 burst=1 nodelay;
            limit_req zone=perserver nodelay;
spec:
    rules:
    - host: cafe.example.com
        http:
            paths:
            - path: /tea
                backend:
                    serviceName: tea-svc
```

```
                    servicePort: 80
---
apiVersion: extensions/v1beta1
kind: Ingress
metadata:
    name: cafe-ingress-coffeesvc-minion
    annotations:
        kubernetes.io/ingress.class: "nginx"
        nginx.org/mergeable-ingress-type: "minion"
        nginx.org/location-snippets: |
            limit_req zone=req_zone_20 burst=1 nodelay;
            limit_req zone=perserver nodelay;
spec:
    rules:
    - host: cafe.example.com
        http:
            paths:
            - path: /coffee
                backend:
                    serviceName: coffee-svc
                    servicePort: 80
```

这样 tea 和 coffee 就具有了不同的限流条件。

以下是本次实践的最终配置，仅供参考：

```
location /coffee {

    # location for minion default/cafe-ingress-coffeesvc-minion
    proxy_http_version 1.1;
    limit_req zone=req_zone_20 burst=1 nodelay;
    limit_req zone=perserver nodelay;
    proxy_connect_timeout 60s;
    proxy_read_timeout 60s;
    proxy_send_timeout 60s;
    client_max_body_size 1m;
    proxy_set_header Host $host;
    proxy_set_header X-Real-IP $remote_addr;
    proxy_set_header X-Forwarded-For $proxy_add_x_forwarded_for;
    proxy_set_header X-Forwarded-Host $host;
    proxy_set_header X-Forwarded-Port $server_port;
    proxy_set_header X-Forwarded-Proto $scheme;
    proxy_buffering on;
    proxy_pass http://default-cafe-ingress-coffeesvc-minion-cafe.example.com-coffee-svc-80;
}
location /tea {
    # location for minion default/cafe-ingress-teasvc-minion


    proxy_http_version 1.1;
    limit_req zone=req_zone_10 burst=1 nodelay;
    limit_req zone=perserver nodelay;
    proxy_connect_timeout 60s;
    proxy_read_timeout 60s;
```

```
    proxy_send_timeout 60s;
    client_max_body_size 1m;
    proxy_set_header Host $host;
    proxy_set_header X-Real-IP $remote_addr;
    proxy_set_header X-Forwarded-For $proxy_add_x_forwarded_for;
    proxy_set_header X-Forwarded-Host $host;
    proxy_set_header X-Forwarded-Port $server_port;
    proxy_set_header X-Forwarded-Proto $scheme;
    proxy_buffering on;
    proxy_pass http://default-cafe-ingress-teasvc-minion-cafe.example.com-tea-svc-80;
}
```

28.4 集群级限流

在上一节中，我们首先实现了单实例限流。为了达成最终的目标，我们需要进一步实现集群级限流。下面首先来看还有哪些需求要实现。

- 所有 IC 应能够形成一个集群并共享相关限流状态。
- 限流执行动作仅需一个 API call 而无须向每个 NGINX 实例调用。
- 能实现限流状态的查看与输出。
- 能实现集群状态信息的查看与输出。
- 当 Kubernetes 扩缩 NGINX 的 IC 实例后，IC 集群能自动发现与移除。

为了实现这样的需求，需要使用以下 NGINX Plus 的能力。

- 利用 NGINX Plus 的 zone_sync 模块实现集群配置，并在集群之间同步 limit 限流状态信息以及 keyval。
- 利用 NGINX Plus 的 API 以及 dashboard 统计和观察限流状态及同步状态。
- 利用 Kubernetes 的 headless service，NGINX Plus 集群借助 DNS 域名实现 IC 集群成员的自动发现与维护。

首先来看一个伪配置，看看实现一个 NGINX 集群的最小配置是什么：

```
stream {
    server {
        listen 12345;
        zone_sync;
        zone_sync_server 1.1.1.1:12345;
        zone_sync_server 2.2.2.2:12345;
    }
}
```

可以看出，首先需要在 NGINX 中配置一个 stream 的四层配置，因为 zone sync 是依赖四层来通信的。在 server 配置块中，最重要的就是 zone_sync_server 的配置，这里配置集群中所有实例的 IP 机器监听的端口。

但是，显然上述配置在 Kubernetes 的 IC 环境下很难实践。如果使用的是 DaemonSet 模式来部署 IC，这里的 server 相对固定，不会经常发生变化，可以手工来配置；如果是以 deployment 方式来部署 IC，则这里的 server 就可能会经常随着 deployment 的变化而变化，根据 pod 的网络类型，有可能这里的 IP 会发生经常变化。显然，这需要一个更能与 Kubernetes 兼容的自动化方式。

zone_sync 模块提供了这样的能力，可以将上述配置的 server IP 改为使用域名，因此我们只需要配置相应 Kubernetes 中的一个 headless svc 的域名即可。因为只有使用 headless svc 才可以获得真实的 pod IP，那么上述的配置将变成如下这样：

```
stream {
    resolver 10.96.0.10 valid=5s;
    server {
        listen 12345;
        zone_sync;
        zone_sync_server nginx-ic-svc.nginx-ingress.svc.cluster.local:12345 resolve;
    }
}
```

resolver 配置的是 DNS 的 IP，这里为 Kubernetes 集群内的 DNS svc IP。valid 控制每次 DNS 解析结果缓存多久，为了能保证尽快发现 pod 的变化，这里不宜设置过大。zone_sync_server 后配置的是 IC 的 headless svc 的域名，域名后面的 resolve 参数非常重要，这个参数可以保证无法解析域名的时候配置可以正常启动，同时又能让缓存结束后再次查询域名，从而确保能很快获取到 DNS 解析的变化。

有了上述分析作为基础，下面我们就可以开始正式的配置了。

首先，在 Kubernetes 内发布一个 headless svc：

```
[root@k8s-master-v1-16 deployment]# cat ingress-controller-svc.yaml
kind: Service
apiVersion: v1
metadata:
  namespace: nginx-ingress
  name: nginx-ic-svc
spec:
  selector:
    app: nginx-ingress
  clusterIP: None
  ports:
  - protocol: TCP
    port: 12345
    targetPort: 12345
```

由于我们要用 TCP 12345 进行集群间状态通信，因此在 IC 的 deployment 里也需要暴露容器的 12345 端口。修改 NGINX Plus 的 deployment.yaml 文件，确认配置成功：

```
- image: myf5/nginx-plus-ingress-opentracing:1.6.3
  imagePullPolicy: IfNotPresent
  name: nginx-plus-ingress
  ports:
  - name: ic-cluster-sync
      containerPort: 12345
```

接下来，在 stream 上下文配置中注入 zone_sync 配置。由于配置的命令都是在 stream 段落下，因此在 NGINX Plus 启动所使用的 ConfigMap 里增加 stream-snippets 即可：

```
kind: ConfigMap
apiVersion: v1
metadata:
    name: nginx-config
    namespace: nginx-ingress
data:
    stream-snippets: |
        resolver 10.96.0.10 valid=5s;
        server {
            listen 12345;
            zone_sync;
            zone_sync_server nginx-ic-svc.nginx-ingress.svc.cluster.local:12345 resolve;
        }
```

应用上述 ConfigMap，NGINX Plus 将自动更新配置。查看相关 NGINX Plus 实例的日志，可以确认没有错误信息，此时如果 NGINX 无法解析上述域名，则会在日志中报出错误。如果一切正常，可以看到相关集群间建立连接的日志信息：

```
2020/03/19 14:08:51 [notice] 65#65: resolving discovered new node "10.244.2.69"
2020/03/19 14:08:51 [notice] 65#65: resolving discovered new node "10.244.1.61"
2020/03/19 14:08:51 [notice] 65#65: *59 connected to peer "10.244.2.69", node:
    10.244.2.69
2020/03/19 14:08:51 [notice] 65#65: *59 node is online, node: 10.244.2.69
2020/03/19 14:08:51 [notice] 66#66: *61 accepted client 10.244.2.69, client:
    10.244.2.69, server: 0.0.0.0:12345
2020/03/19 14:08:51 [notice] 65#65: *59 zone "limitreq_uri" done while sending
    snapshots, node: 10.244.2.69
2020/03/19 14:08:51 [notice] 65#65: *59 zone "limitper_server" done while sending
    snapshots, node: 10.244.2.69
```

至此，集群构建工作已经完成。

但是，要实现 KV 以及限制状态的同步，还需要修改 keyval_zone 和 limit_req_zone 的配置，增加让其能在集群中同步的指令 sync：

```
keyval_zone zone=limitreq_uri:64k timeout=2h type=prefix sync;
keyval_zone  zone=limitper_server:64k timeout=2h sync;

limit_req_zone $limit_key zone=req_zone_10:1m rate=10r/s sync;
limit_req_zone $limit_key zone=req_zone_20:1m rate=20r/s sync;
limit_req_zone $limit_key_servername zone=perserver:10m rate=50r/s sync;
```

完成了上述配置后，我们测试一下来验证上述工作。

首先，通过 API 对实例 172.16.10.212 进行一个 keyval 的改变：

```
curl -X POST "http://172.16.10.212:7777/api/6/http/keyvals/limitper_server" -H
    "accept: application/json" -H "Content-Type: application/json" -d
    "{ \"cafe.example.com\": \"1\"}"
```

然后，查询另一个实例 172.16.10.211 是否同步到此更新，从下面的输出可以看出已经执行了同步：

```
curl -X GET "http://172.16.10.211:7777/api/5/stream/zone_sync/" -H "accept:
    application/json"

{
    "zones": {
        "limitreq_uri": {
            "records_total": 0,
            "records_pending": 0
        },
        "limitper_server": {
            "records_total": 1,  <<<已接收到更新
            "records_pending": 0
},
    ...省略其他输出...
    }
}
```

接下来，对 172.16.10.211 上的 IC 发起一些访问激活限流，看限流信息是否可以同步到 172.16.10.212 上。首先，上述的输出内容中 perserver zone 是没有记录的，执行流量测试后，可以看到以下输出中显示已经接收到状态更新：

```
curl -X GET "http://172.16.10.212:7777/api/6/stream/zone_sync/" -H "accept:
    application/json"

{
    "status": {
        "nodes_online": 1,
        "msgs_in": 34,
        "msgs_out": 1,
        "bytes_in": 1434,
        "bytes_out": 68
    },
    "zones": {
        "req_zone_10": {
            "records_total": 0,
            "records_pending": 0
        },
        "req_zone_20": {
            "records_total": 0,
            "records_pending": 0
        },
        "perserver": {
            "records_total": 1, <<<<<限流信息被同步
```

```
            "records_pending": 0
        }
    }
}
```

查看 172.16.10.211 实例的限流 API 接口，可以看到 perserver_zone 中被拒绝的访问量：

```
curl -X GET "http://172.16.10.211:7777/api/6/http/limit_reqs/" -H "accept:
application/json"

{
    "perserver": {
        "passed": 219,
        "delayed": 0,
        "rejected": 1781,
        "delayed_dry_run": 0,
        "rejected_dry_run": 0
    },
    ...省略其他输出...
}
```

至此，我们完成了整个集群级别限流的测试。在整个测试过程中，我们综合利用了 NGINX Plus 的多个能力。

- API：控制与统计输出。
- 集群：集群动态发现。
- 限流：限流集群同步。
- keyval：KV 的集群同步。
- 与 Kubernetes 的配置集成。
- 变量映射。

对于 dashboard，NGINX Plus 同时支持集群状态、消息同步统计、节点状态、KV（即上述配置中的 req_zone_10、perserver 等）的条目统计等。限于篇幅，这里不再为读者截图，如需参考，可以访问 https://demo.nginx.com。

28.5　本章小结

在本章中，通过设置 NGINX Plus 的集群同步能力，我们实现了 IC 的集群级别限流，同时对限流动作的 API 调用只允许调用一个，简化了操作。通过与 Kubernetes 的 headless svc 配合，实现了当部署的 NGINX 实例发生变化时，IC 集群能自动发现与删除，无须人工操作，实现了整体配置在 Kubernetes 维度的原生性。更为重要的是，限流的状态同样自适应实例的扩缩而自动同步和调整。NGINX 的 API 接口本身提供了集群状态、限流结果的输出，dashboard 也可以以图形化的方式展示集群状态。

第 29 章

多环境部署与云中弹性伸缩

NGINX 作为一款使用极其广泛的 Web 服务器和反向代理软件，其本身需要兼容多种运行环境，这包含它支持的操作系统、部署形态、公有云以及 CPU 类型等。在本章中，我们首先会向大家介绍 NGINX Plus 作为一款商业产品所提供的环境支持，其次会介绍在公有云环境下订阅安装 NGINX Plus 实例和在容器环境下安装 NGINX Plus 实例的过程，最后会介绍公有云环境与容器环境下的弹性伸缩。

29.1 支持多环境安装

在多环境支持上，一般我们可以从以下三个方面来考量。

1. 对 Linux 发行版本的支持情况

NGINX Plus 支持绝大部分流行的 Linux 发行版本，这极大地方便了用户，使他们可以根据企业自身情况选择合适的版本。NGINX 公司也会根据市场技术的发展趋势，适时加入对新型系统（如 Alpine Linux）的支持。要想了解最新的支持情况，可以查阅 https://docs.nginx.com/nginx/technical-specs/，截至编写本书时，NGINX Plus 支持的操作系统有：Alpine Linux、Amazon Linux、Amazon Linux2、CentOS、Debian、FreeBSD、Oracle Linux、Red Hat Enterprise Linux、SUSE Linux Enterprise Server、Ubuntu。

2. 对部署形态的支持情况

NGINX Plus 支持裸金属、虚拟机、容器和公有云环境，AWS、GCP、Azure 的市场中均提供了公有云订阅，能方便用户通过云镜像市场快速部署实例，但需要注意 NGINX Plus 目前尚未在 AWS 中国、Azure 中国、阿里云、腾讯云等国内公有云上提供直接的订阅服务，用户可以使用自己购买的 License 以部署虚拟机的方式安装 NGINX Plus。

3. 对 CPU 架构类型的支持情况

NGINX Plus 目前支持三种类型的 CPU 架构：x86、PowerPC、ARM。

可以看出，NGINX Plus 涵盖了大部分操作系统、部署形态和 CPU 架构，能让用户在多样性的场景下方便地进行部署。不管是哪个部署环境，NGINX Plus 软件本身均提供一致的管理和配置，且购买的 License 适用于所有环境下的安装。

29.2 在公有云环境下订阅安装 NGINX Plus 实例

如上面所述，NGINX Plus 支持 AWS、GCP、Azure 云上的订阅，本节将以 AWS 为例介绍如何通过 AWS 市场快速订阅 NGINX Plus 实例。

进入 AWS 市场，搜索“nginx plus”，页面将显示多种类型的 NGINX Plus 实例，这些镜像的差异体现在所用的操作系统、支持的 CPU 架构、是否包含特殊功能（如 App Protect）和服务等级上。用户需要根据自身需求选择合适的镜像，不同服务级别的订阅价格也不同，要特别注意这点。

在接下来的演示中，我们将订阅“NGINX Plus Developer - CentOS 7”。注意，AWS 市场中可能会改变产品的名称，其他类型的产品在安装方式上类似。

在上面显示的搜索结果列表中单击“NGINX Plus Developer - CentOS 7”，在打开的页面中单击右上角的“Continue to Subscribe”按钮，会打开如图 29-1 所示的页面，单击右下角的“Accept Terms”按钮后耐心等待提示。

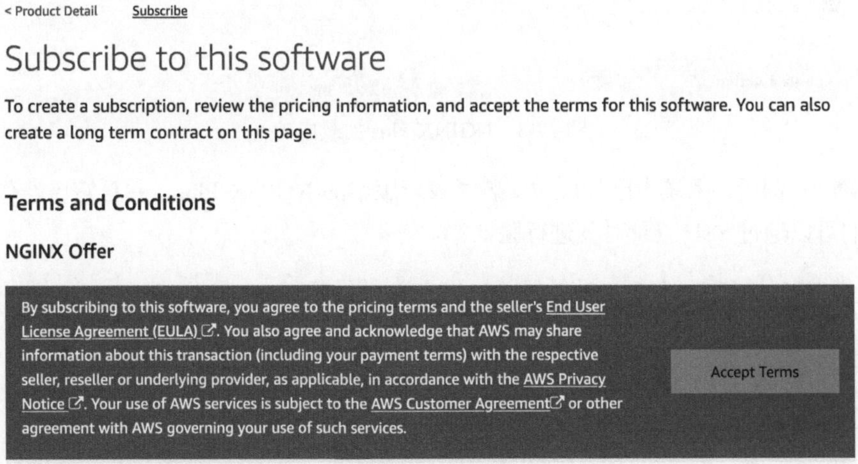

< Product Detail　Subscribe

Subscribe to this software

To create a subscription, review the pricing information, and accept the terms for this software. You can also create a long term contract on this page.

Terms and Conditions

NGINX Offer

By subscribing to this software, you agree to the pricing terms and the seller's End User License Agreement (EULA). You also agree and acknowledge that AWS may share information about this transaction (including your payment terms) with the respective seller, reseller or underlying provider, as applicable, in accordance with the AWS Privacy Notice. Your use of AWS services is subject to the AWS Customer Agreement or other agreement with AWS governing your use of such services.

Accept Terms

图 29-1 订阅页面

AWS 赋予账号 License 成功后，将显示类似图 29-2 所示的页面，这表明 License 已经赋予成功。NGINX 允许用户免费试用 NGINX Plus 一个月，过了一个月后开始收费，用户在免费试用期间依然需要为 AWS 的其他服务（如 EC2、EIP 等）付费。

Product	Effective date	Expiration date	Action
NGINX Plus Developer - CentOS 7 AMI	12/28/2020	N/A	⌄ Show Details

图 29-2　License 赋予成功

随后根据页面提示，配置实例所在的区域、VPC、子网、实例大小、安全组、key pair 等内容，加载成功后，会显示类似图 29-3 所示的内容。

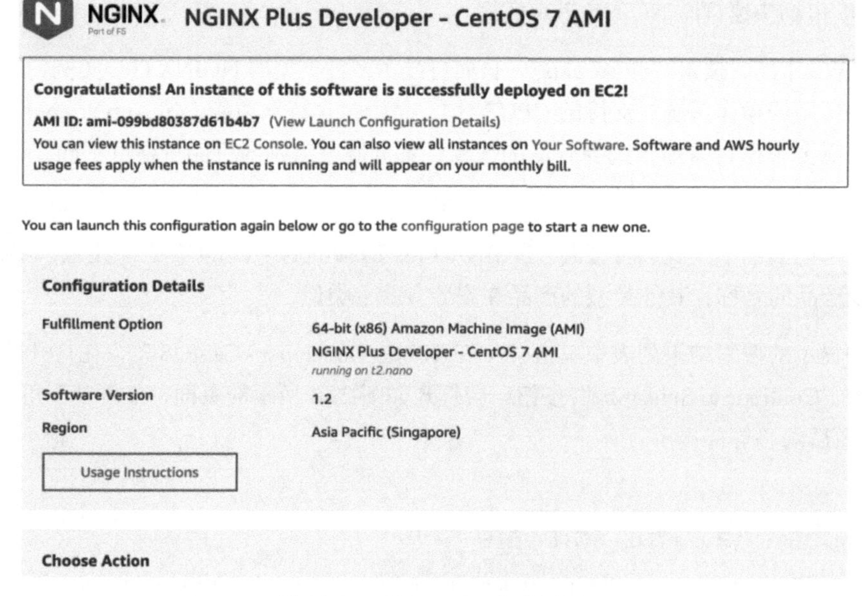

图 29-3　NGINX Plus 加载成功

在加载出实例后，系统中已经成功安装了较新版本的 NGINX Plus，并且它已经作为服务启动了，我们可以通过 SSH 登录对其进行验证：

```
[centos@ip-10-0-0-119 ~]$ systemctl status nginx
● nginx.service - NGINX Plus - high performance web server
   Loaded: loaded (/usr/lib/systemd/system/nginx.service; enabled; vendor preset:
disabled)
   Active: active (running) since Mon 2020-12-28 07:37:10 UTC; 6h ago
...省略其他内容...
```

可查看安装后的 NGINX Plus 版本：

```
[centos@ip-10-0-0-119 ~]$ nginx -V
nginx version: nginx/1.19.0 (nginx-plus-r22)
built by gcc 4.8.5 20150623 (Red Hat 4.8.5-39) (GCC)
built with OpenSSL 1.0.2k-fips  26 Jan 2017
TLS SNI support enabled
...省略其他内容...
```

接着，访问实例所在的公网 IP，成功的话，默认会返回如图 29-4 所示的内容。

Welcome to nginx on Amazon EC2!

If you see this page, the nginx web server is successfully installed and working on your Amazon EC2 instance. Further configuration is required.

Complete documentation in PDF format is available locally on your EC2 instance and should be accessible using this link.

To quickly set up working nginx environment on your EC2 instance, refer to how-to available here.

For online documentation and support please refer to nginx.org.
Commercial support is available at nginx.com.

Thank you for using nginx.

图 29-4　实例访问成功后返回的页面

我们可以在系统中使用 yum 工具将 NGINX Plus 升级到最新的 release 版本，比如这里把它升级到 r23 版本：

```
[centos@ip-10-0-0-119 ~]$ sudo yum upgrade nginx-plus
Loaded plugins: fastestmirror
Loading mirror speeds from cached hostfile
...省略其他内容...
Updated:
    nginx-plus.x86_64 0:23-1.el7.ngx

Complete!
```

至此，我们成功通过 AWS 市场直接订阅和安装了 NGINX Plus 实例。可以看出，只需要简单地单击几下，即可快速在公有云中部署相应的实例，同时用户完全可以借助 AWS 的 API 将实例的订阅过程纳入相应的运维工具中，从而实现实例的快速订阅。我们可以通过 AWS 的 License Manager 服务统一查看和管理已经订阅的实例 License，如图 29-5 所示。

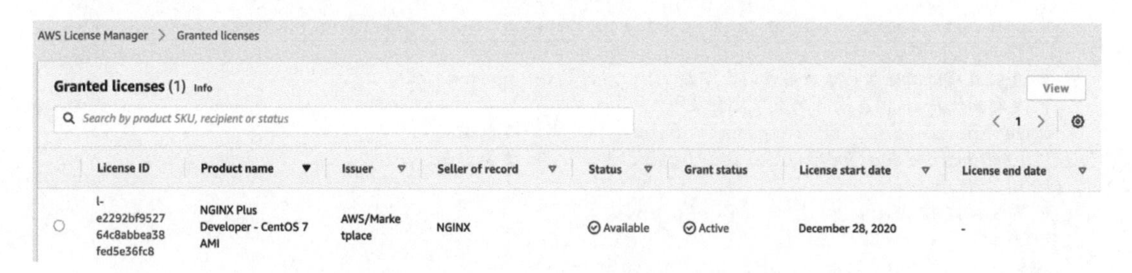

图 29-5　AWS 的 License Manager 服务

在公有云上安装 NGINX Plus 实例的办法还有很多，例如，直接加载虚拟机并使用自己的 License 安装。NGINX 由于比较轻量，对它的管理也基本以文本配置或 API 配置为主，因此能够比较好地融入相关的 Infrastructure as Code 类工具，如使用 Packer 工具打包实例镜像、借助 Terraform 进行自动化部署、使用部署模板（如 AWS 的 CFT）进行部署，它们使用起来都非常灵活，若想了解更多相关内容，可以参考 https://github.com/nginxinc/NGINX-Demos/tree/master/aws-nlb-ha-asg 和 https://aws-quickstart.s3.amazonaws.com/quickstart-nginx-plus/doc/nginx-plus-on-the-aws-cloud.pdf。

29.3 在容器环境下安装 NGINX Plus 实例

NGINX Plus 支持直接以容器的方式运行，下面是一个运行示例：

```
docker run -p 80:80 --name oss-nginx -v /Users/jlin/Documents/git/nginx.conf:
    /etc/nginx/nginx.conf:ro -d nginx
```

在运行 NGINX Plus 之前，最重要的工作其实是制作 NGINX Plus 的 Docker 镜像，本节接下来就向大家介绍一下 Docker 镜像如何制作。

首先，需要在实施制作的 Linux 机器上安装 Docker 引擎，具体操作可参考 Docker 官方网站的安装指导。其次，准备好 NGINX Plus 的安装证书和密钥，并将它们与 Dockerfile 放置在相同目录下，该目录下存在以下 4 个文件：

```
[root@plus1 nginx-plus-img-build]# ll
total 16
-rw-r--r-- 1 root root 2030 Dec 30 10:01 Dockerfile
-rwxr-xr-x 1 root root   10 Dec 30 10:10 entrypoint.sh
-rw-r--r-- 1 root root 1224 Dec 30 10:00 nginx-repo.crt
-rw-r--r-- 1 root root 1704 Dec 30 10:01 nginx-repo.key
```

其中 Dockerfile 文件的内容如下：

```
# nginx-plus dockerfile 示例
FROM debian:stretch-slim

LABEL maintainer="NGINX Docker Maintainers <docker-maint@nginx.com>"

# 复制用户订阅证书，可从用户门户下载 (https://cs.nginx.com)
# 复制到执行 build 动作的上下文目录中
COPY nginx-repo.crt /etc/ssl/nginx/      # 复制证书
COPY nginx-repo.key /etc/ssl/nginx/      # 复制密钥

# 安装 NGINX Plus
RUN set -x \
 && apt-get update && apt-get upgrade -y \
 && apt-get install --no-install-recommends --no-install-suggests -y apt-transport-
https ca-certificates gnupg1 procps wget curl\
 && \
 NGINX_GPGKEY=573BFD6B3D8FBC641079A6ABABF5BD827BD9BF62; \
 found=''; \
```

```
 for server in \
   ha.pool.sks-keyservers.net \
   hkp://keyserver.ubuntu.com:80 \
   hkp://p80.pool.sks-keyservers.net:80 \
   pgp.mit.edu \
 ; do \
   echo "Fetching GPG key $NGINX_GPGKEY from $server"; \
   apt-key adv --keyserver "$server" --keyserver-options timeout=10 --recv-keys
"$NGINX_GPGKEY" && found=yes && break; \
 done; \
 test -z "$found" && echo >&2 "error: failed to fetch GPG key $NGINX_GPGKEY" && exit 1; \
 echo "Acquire::https::plus-pkgs.nginx.com::Verify-Peer \"true\";" >>
/etc/apt/apt.conf.d/90nginx \
 && echo "Acquire::https::plus-pkgs.nginx.com::Verify-Host \"true\";" >>
/etc/apt/apt.conf.d/90nginx \
 && echo "Acquire::https::plus-pkgs.nginx.com::SslCert
\"/etc/ssl/nginx/nginx-repo.crt\";" >> /etc/apt/apt.conf.d/90nginx \
 && echo "Acquire::https::plus-pkgs.nginx.com::SslKey\"/etc/ssl/nginx/
nginx-repo.key\";" >> /etc/apt/apt.conf.d/90nginx \
 && printf "deb https://plus-pkgs.nginx.com/debian stretch nginx-plus\n" >
/etc/apt/sources.list.d/nginx-plus.list \
 && apt-get update && apt-get install -y nginx-plus \
 && apt-get remove --purge --auto-remove -y gnupg1 \
 && rm -rf /var/lib/apt/lists/*

# 转发请求日志到标准输出，以便 docker 自身可以获取日志
RUN ln -sf /dev/stdout /var/log/nginx/access.log \
  && ln -sf /dev/stderr /var/log/nginx/error.log

EXPOSE 80

STOPSIGNAL SIGTERM

COPY ./entrypoint.sh /entrypoint.sh

ENTRYPOINT ["/entrypoint.sh"]
CMD ["nginx", "-g", "daemon off;"]
```

Dockerfile 文件中用到的 entrypoint.sh 脚本的内容如下：

```
#!/bin/sh
# vim:sw=4:ts=4:et

set -e

if [ -z "${NGINX_ENTRYPOINT_QUIET_LOGS:-}" ]; then
    exec 3>&1
else
    exec 3>/dev/null
fi

if [ "$1" = "nginx" -o "$1" = "nginx-debug" ]; then
    if /usr/bin/find "/docker-entrypoint.d/" -mindepth 1 -maxdepth 1 -type f
        -print -quit 2>/dev/null | read v; then
```

```
        echo >&3 "$0: /docker-entrypoint.d/ is not empty, will attempt to perform
            configuration"

        echo >&3 "$0: Looking for shell scripts in /docker-entrypoint.d/"
        find "/docker-entrypoint.d/" -follow -type f -print | sort -V | while read -r f; do
            case "$f" in
                *.sh)
                    if [ -x "$f" ]; then
                        echo >&3 "$0: Launching $f";
                        "$f"
                    else
                        # warn on shell scripts without exec bit
                        echo >&3 "$0: Ignoring $f, not executable";
                    fi
                    ;;
                *) echo >&3 "$0: Ignoring $f";;
            esac
        done

        echo >&3 "$0: Configuration complete; ready for start up"
    else
        echo >&3 "$0: No files found in /docker-entrypoint.d/, skipping configuration"
    fi
fi

exec "$@"
```

准备好后，还是在相同目录下执行 `build` 命令，注意实施制作的机器要能够连接互联网：

```
# docker  build --no-cache -t  f5/nginx-plus:r23 .
Sending build context to Docker daemon  9.216kB
Step 1/11 : FROM debian:stretch-slim
...省略其他内容...
Successfully built 27b7784030dc
Successfully tagged f5/nginx-plus:r23
```

检查制作成功的 Docker 镜像，如图 29-6 所示。

```
[root@plus1 nginx-plus-img-build]# docker  images
REPOSITORY          TAG        IMAGE ID        CREATED           SIZE
f5/nginx-plus       r23        27b7784030dc    36 seconds ago    95.7MB
```

图 29-6　制作成功的 Docker 镜像

运行该容器：

```
docker run -p 80:80 --name nginx-plus -d  f5/nginx-plus:r23
```

然后在容器环境里查看 NGINX Plus 的版本：

```
# nginx -V
nginx version: nginx/1.19.5 (nginx-plus-r23)
```

29.4 公有云环境与容器环境下的弹性伸缩

弹性伸缩是在公有云环境或容器环境下部署应用的一大优势。在这两种环境下使用 NGINX Plus 作为负载均衡软件提供负载均衡服务时，需要能够结合环境来支持自动化地发现后端 NGINX Plus 服务实例的扩缩，并能够及时、自动化地修改 NGINX 配置中的 `upstream` 内容。NGINX Plus 具有通过 API 修改上游服务器的能力，我们调用 API 就能让 NGINX Plus 很好地与所在平台配合，实现对 `upstream` 的自动化修改。本节将为大家介绍两个案例，帮助大家理解具体的实现过程。

1. 结合 AWS ASG 实现公有云环境下的弹性伸缩

NGINX 公司开发了一个可以安装在 NGINX Plus EC2 实例上的程序 nginx-asg-sync，该程序可以监控指定的 ASG（Auto Scaling Group），当 ASG 内的实例发生伸缩时，nginx-asg-sync 程序会自动调用 NGINX Plus 的 API，并变更对应的 `upstream` 配置，该过程无须重新加载 NGINX 配置。图 29-7 显示了 nginx-asg-sync 程序的工作逻辑。

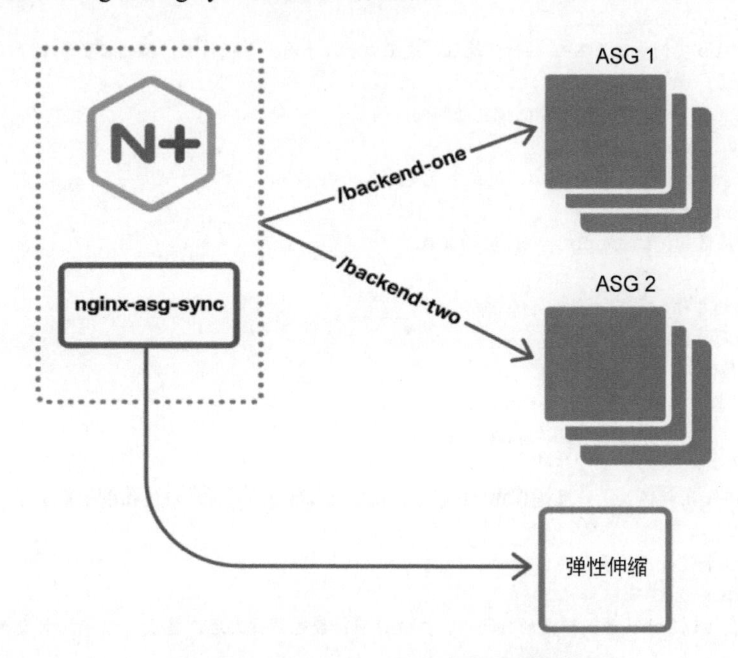

图 29-7 nginx-asg-sync 程序的工作逻辑

下面这个示例会利用 NGINX Plus 特有的 API、主动健康检查等能力。

(1) 安装 nginx-asg-sync

访问 nginx-asg-sync 的 repo，单击 GitHub 界面上的 release 连接进入 release 页面，根据操作

系统选择对应的安装包，这里我们使用的是 CentOS 系统，因此选择 nginx-asg-sync-0.4-1.el7.x86_64.rpm 安装包，复制该安装包的链接，在待安装系统中执行如下命令：

```
[centos@ip-10-0-0-119 ~]$ sudo yum install https://github.com/nginxinc/nginx-asg-
    sync/releases/download/v0.4-1/nginx-asg-sync-0.4-1.el7.x86_64.rpm
Loaded plugins: fastestmirror
nginx-asg-sync-0.4-1.el7.x86_64.rpm
...省略其他内容...
Installed:
  nginx-asg-sync.x86_64 0:0.4-1.el7

Complete!
```

安装完毕后，会发现 nginx-asg-sync 服务并没有启动，因为还缺少对应的配置文件，配置文件示例所在的路径是 /etc/nginx/config.yaml.example，将该文件重命名为 config.yaml，并根据实际情况进行修改，本示例中 config.yaml 文件的内容如下：

```
[centos@ip-10-0-0-119 nginx]$ sudo cat config.yaml
# NGINX Plus 和 ASG 所在的 region，可以设置为 self，表示自动获取
region: ap-southeast-1
# 在 NGINX Plus 实例中配置 API 的访问地址，这里由于位于同一个机器上，因此配置为 127.0.0.1:8080/api
api_endpoint: http://127.0.0.1:8080/api
# 设置自动向 AWS 检查 ASG 成员实例情况的间隔时间
sync_interval_in_seconds: 5
# 设置公有云平台，这里设置为 AWS，该程序也支持 Azure
cloud_provider: AWS
# 定义该程序应该如何配置 upstream 里的成员
upstreams:
# upstream 的名称
 - name: backend-one
   # 对应监控的 ASG 的名称
   autoscaling_group: backend-one-group
   # NGINX Plus 实例服务所在的端口
   port: 80
   # 后端服务使用的协议，如果是非 HTTP 服务，则这里填写 stream，以便程序能够访问正确的上游 API
   kind: http
   # 到上游各个服务器的最大连接数
   max_conns: 0
   # 在 fail_timeout 参数指定的时间内，失败访问次数达到最大后，将 upstream 标记为 down
   max_fails: 1
   fail_timeout: 10s
   # 设置温暖启动的时间，当服务器刚变得可用时，在设置的这段时间内缓慢加载请求，直到达到指定的 weight
   slow_start: 0s
# 设置只有当 ASG 中的实例状态为 in_service 时，才将其更新到 upstream 中
in_service: true
 - name: backend-two
```

```
autoscaling_group: backend-two-group
port: 80
kind: http
max_conns: 0
max_fails: 1
fail_timeout: 10s
slow_start: 0s
in_service: true
```

(2) 创建 IAM role，并将其赋予 NGINX Plus 实例

创建一个如图 29-8 所示的 IAM role，并将其赋予正在运行的 NGINX Plus 实例。

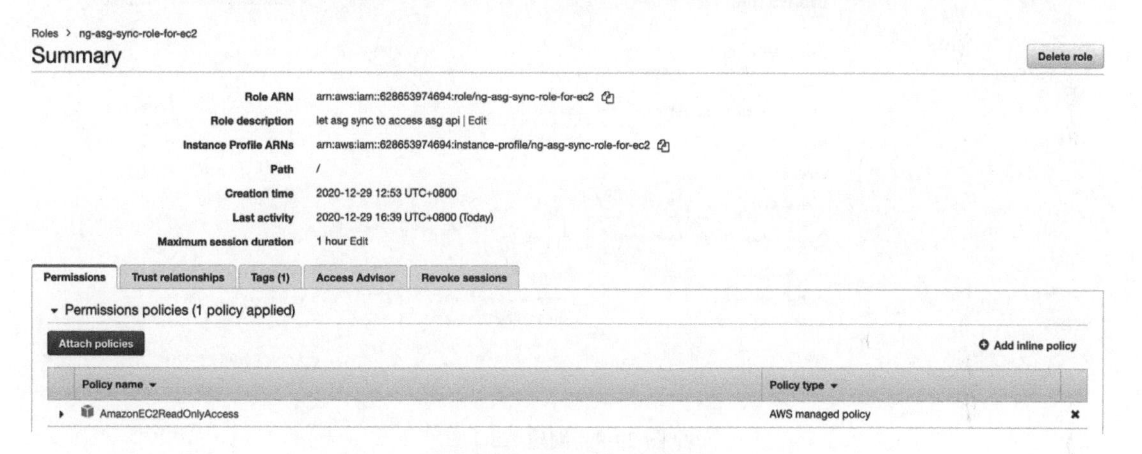

图 29-8 创建一个 IAM role

(3) 启动 nginx-asg-sync 服务

查看 nginx-asg-sync 服务的日志，会显示无法找到相关的 ASG：

```
[centos@ip-10-0-0-119 ~]$ sudo tail -f /var/log/nginx-asg-sync/nginx-asg-sync.log
2020/12/29 06:36:56 Couldn't get the IP addresses for backend-one-group: autoscaling
group backend-one-group doesn't exist

2020/12/29 06:36:56 Couldn't get the IP addresses for backend-two-group: autoscaling
group backend-two-group doesn't exist
```

这是因为我们还没有创建对应的 ASG。

(4) 创建对应的 ASG

创建 2 个对应的 ASG，并设置期望运行实例为 1，创建页面和设置页面分别如图 29-9 和图 29-10 所示。

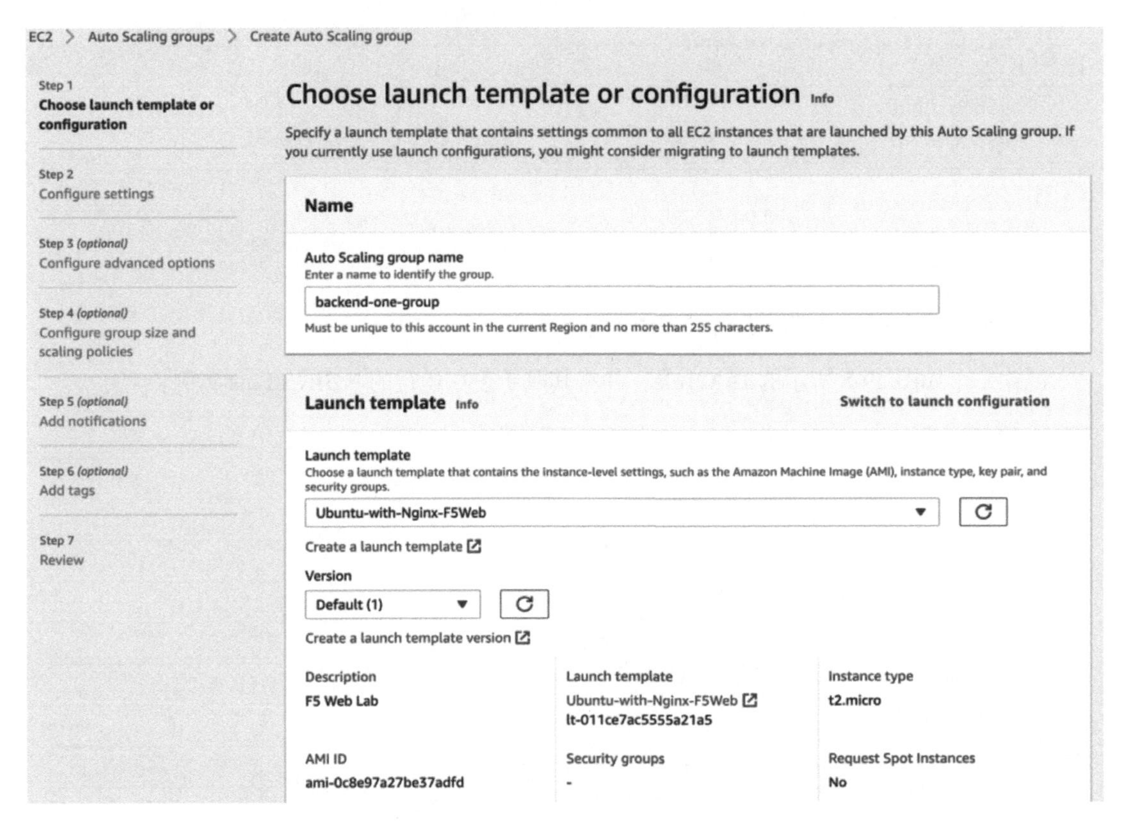

图 29-9　创建 ASG

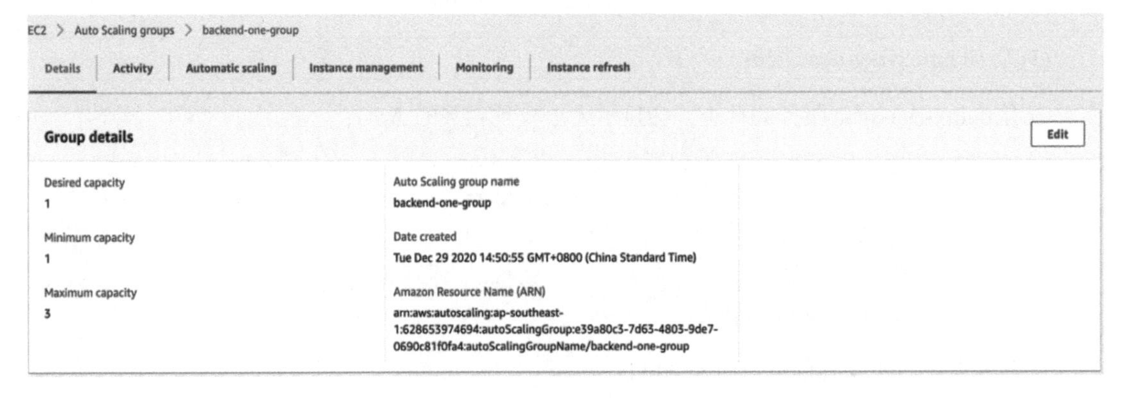

图 29-10　设置先运行 1 个实例

(5) 检查 nginx-asg-sync 服务的工作状态

在创建完对应的 ASG 后，nginx-asg-sync 服务应该能自动发现 ASG 下的具体实例，并将其更新到对应的 `upstream` 中。查看日志，可以发现如下更新信息：

```
[centos@ip-10-0-0-119 ~]$ sudo grep "Updated" /var/log/nginx-asg-sync/nginx-asg-sync.log
2020/12/29 06:51:02 Updated HTTP servers of {backend-one 80 backend-one-group
    http 0xc00017cc68 0xc00017cc70 10s 0s}; Added: [{ID:0 Server:10.0.0.117:80
    MaxConns:0xc00017cc68 MaxFails:0xc00017cc70 FailTimeout:10s SlowStart:0s Route:
    Backup:<nil> Down:<nil> Drain:false Weight:<nil> Service:}], Removed: [], Updated: []

2020/12/29 06:56:53 Updated HTTP servers of {backend-two 80 backend-two-group
    http 0xc00017ccd0 0xc00017ccd8 10s 0s}; Added: [{ID:0 Server:10.0.0.127:80
    MaxConns:0xc00017ccd0 MaxFails:0xc00017ccd8 FailTimeout:10s SlowStart:0s Route:
    Backup:<nil> Down:<nil> Drain:false Weight:<nil> Service:}], Removed: [], Updated: []
```

查看上游的 API，可以看到以下内容：

```
[centos@ip-10-0-0-119 conf.d]$ sudo curl http://127.0.01:8080/api/6/http/upstreams | jq
{
    "backend-one": {
        "peers": [
            {
                "id": 1,
                "server": "10.0.0.215:80",
                "name": "10.0.0.215:80",
                "backup": false,
                "weight": 1,
                ...省略其他内容...
            }
        ],
        "keepalive": 0,
        "zombies": 0,
        "zone": "backend-one"
    },
    "backend-two": {
        "peers": [
            {
                "id": 1,
                "server": "10.0.0.170:80",
                "name": "10.0.0.170:80",
                "backup": false,
                "weight": 1,
                ...省略其他内容...
            }
        ],
        "keepalive": 0,
        "zombies": 0,
        "zone": "backend-two"
    }
}
```

需要注意的是，上述输出内容是多次测试后的结果，与前面日志中的实例 IP 并不完全对应。

(6) 对 ASG 执行弹性伸缩

在 ASG 控制台界面可以直接设置实例的数量，可以看到 nginx-asg-sync 服务能够自动发现实例并将其添加对应的 upstream 中，如图 29-11 所示，这里我们设置期望的实例数量为 2。

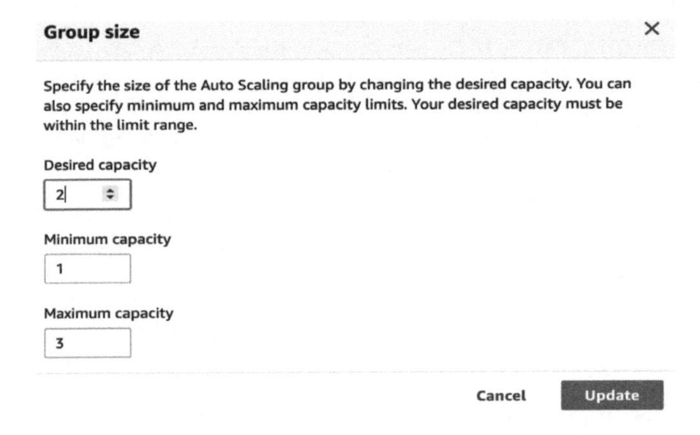

图 29-11　设置期望的实例数量为 2

检查 nginx-asg-sync 服务的日志，可以看到执行了更新：

```
2020/12/29 09:27:35 Updated HTTP servers of {backend-one 80 backend-one-group
    http 0xc00017cc68 0xc00017cc70 10s 0s}; Added: [{ID:0 Server:10.0.0.58:80
    MaxConns: 0xc00017cc68 MaxFails:0xc00017cc70 FailTimeout:10s SlowStart:0s Route:
    Backup:<nil> Down:<nil> Drain:false Weight:<nil> Service:}], Removed: [], Updated: []
```

同时上游 API 也列出了更新的实例：

```
[centos@ip-10-0-0-119 conf.d]$ sudo curl http://127.0.01:8080/api/6/http/upstreams/
    backend-one | jq
{
    "peers": [
        {
            "id": 1,
            "server": "10.0.0.215:80",
            "name": "10.0.0.215:80",
            ...省略其他内容...
        },
        {
            "id": 3,
            "server": "10.0.0.58:80",
            "name": "10.0.0.58:80",
            ...省略其他内容...
        }
    ],
    "keepalive": 0,
    "zombies": 0,
    "zone": "backend-one"
}
```

从这个示例中可以看出，nginx-asg-sync 服务能够有效地与 ASG 进行配合，共同实现上游服务的动态更新。在实际操作中还需要考虑一点，ASG 发现实例 IP 的时间可能要早于该实例可以接收请求的时间，因此需要在 NGINX Plus 中配置相关的健康检查，并通过设置 mandatory 参数使实例在可用之后才接收请求，类似如下这样：

```
location @hc-backend-two {
    internal;
    proxy_connect_timeout 1s;
    proxy_read_timeout 1s;
    proxy_send_timeout 1s;
    proxy_pass http://backend-two;
    health_check interval=1s mandatory;
}
```

除了基于 AWS，NGINX 还提供了基于 GCP、Azure 的部署案例。如果想了解详情，可以打开 nginx.com，参考其资源栏目→文档下的 NGINX Plus 部署向导内容。

2. 在容器环境下实现伸缩

当 NGINX Plus 实例运行在容器环境下时，如果是单纯的容器而非 Kubernetes 平台，那么可以编写相关脚本，监控 NGINX Plus 对各个上游实例的请求速率统计，如果超出某个阈值，就自动创建新的后端服务实例并调用 NGINX Plus 更新上游信息。NGINX 公司在其 GitHub 上提供了一个实现过程作为参考：

```
usage: autoscale.py [-h] [-v] [--NGINX_API_URL NGINX_API_URL]
                    [--nginx_server_zone NGINX_SERVER_ZONE]
                    [--nginx_upstream_group NGINX_UPSTREAM_GROUP]
                    [--nginx_upstream_port NGINX_UPSTREAM_PORT]
                    [--docker_image DOCKER_IMAGE]

                    [--sleep_interval SLEEP_INTERVAL] [--min_nodes MIN_NODES]
                    [--max_nodes MAX_NODES]
                    [--max_nodes_to_add MAX_NODES_TO_ADD]
                    [--max_nodes_to_remove MAX_NODES_TO_REMOVE]
                    [--min_rps MIN_RPS] [--max_rps MAX_RPS]

  optional arguments:
  -h, --help            show this help message and exit
  -v, --verbose         Provide more detailed output
  --NGINX_API_URL NGINX_API_URL
        URL for NGINX Plus Status API
  --nginx_server_zone NGINX_SERVER_ZONE
        The NGINX Plus server zone to collect requests count
                        from
  --nginx_upstream_group NGINX_UPSTREAM_GROUP
        The NGINX Plus upstream group to scale
  --nginx_upstream_port NGINX_UPSTREAM_PORT
        The port for the upstream servers to listen on
  --docker_image DOCKER_IMAGE
```

```
        The Docker image to use when createing a container
  --sleep_interval SLEEP_INTERVAL
        The sleep interval between checking the status
  --min_nodes MIN_NODES
        The minimum healthy nodes to keep in the upstream
                        group
  --max_nodes MAX_NODES
        The maximum nodes to keep in the upstream group,
                        healthy or unhealthy
  --max_nodes_to_add MAX_NODES_TO_ADD
        The maximum nodes to add at one time
  --max_nodes_to_remove MAX_NODES_TO_REMOVE
         The maximum nodes to remove at one time
  --min_rps MIN_RPS     The rps per node below which to scale down
  --max_rps MAX_RPS     The rps per node above which to scale up
```

具体源码可以参考这个 repo 仓库：https://github.com/nginxinc/NGINX-Demos/tree/master/autoscaling-demo。

如果NGINX Plus运行在Kubernetes这样的容器编排平台上，那么可以使用Kubernetes的DNS来实现 headless 的服务发现，从而能够自动感知后端服务 pod，例如：

```
## 设置为 reviews 服务的 pod 域名，而非 service 域名
upstream reviews-v1-v2-ups {
    server reviews-v1.reviews-f5.default.svc.cluster.local:9080 resolve;
    server reviews-v2.reviews-f5.default.svc.cluster.local:9080 resolve;
    zone reviews-v1-v2-ups 64k;
}
```

29.5 本章小结

通过本章内容，大家可以看出 NGINX Plus 能够安装和运行在非常广泛的环境中，利用 API 可以很好地与各种环境或 DevOps 类工具集成，实现多环境下的自动化安装、配置和控制，帮助企业降低部署和运维难度，实现效率的提升。大家在实际工作中可以充分借助 NGINX Plus 的特性实现更多能力，如当 NGINX Plus 本身也做了弹性伸缩时，可以借助 NGINX Plus 集群的能力同步各实例之间的 KV、限流状态等信息。

第 30 章

与 F5 BIG-IP 集成

作为轻量、高性能的反向代理软件，NGINX Plus 被大量部署在应用前端，而 F5 BIG-IP LTM 作为主流的商业负载均衡产品，同样被广泛部署在数据中心，为 NGINX Plus 集群提供负载均衡，这形成了典型的双层负载架构。

在多反向代理集群、多 Kubernetes 集群入口、多云以及多数据中心下，服务被部署在位于多个位置的 NGINX Plus 上，因此需要为客户端提供优化后的访问入口。对此，F5 BIG-IP DNS 提供了动态智能解析功能，但是如何动态配置 DNS 才能使其真实地反映 NGINX Plus 后面服务的状态？

本章将用两个实际的案例展示如何让 NGINX Plus 与 F5 BIG-IP 产品协同工作得更好。

30.1 避免真实的上游服务器过载

在一个典型的 F5+NGINX Plus 双层负载架构中，F5 将接收到的连接分发给后端不同的 NGINX Plus 实例，每个 NGINX Plus 实例再将连接分发给对应的真实上游服务器。对于 F5 来说，它看到的资源服务器其实是 NGINX Plus 实例。在这种架构下，如果每个 NGINX Plus 实例背后的真实上游服务器数量不一致，就会导致负载不均衡，特别是当 F5 采用静态类负载均衡算法（如轮询）时，很容易导致局部真实上游服务资源出现过载现象。而如果 F5 采用的是最小连接数算法，那么由于与 F5 直接建立连接的是 NGINX Plus，因此与 NGINX Plus 的 TCP 三次握手可以成功进行，这会让 F5 误认为还可以给该 NGINX Plus 继续分配连接，而 NGINX Plus 后端的真实上游服务器可能已经过载，所以会导致连接被快速重置，这又会导致 F5 误认为该 NGINX Plus 具有更快速的连接处理能力，从而分配更多的连接给它。其他类似的无法感知应用层延迟的算法都不能有效地获得 NGINX Plus 背后的真实上游服务器的处理能力，都会导致服务质量降低。

如果我们能让 F5 感知到 NGINX Plus 背后的上游服务器中有多少是当前可用的，再设置一个阈值（要是可用数量小于该值，F5 就暂时不给该 NGINX Plus 实例分配连接），那么运维人员就可以根据 F5 报出的日志或 Telemetry Streaming 输出，及时触发相关的自动化流程，为该 NGINX Plus 下的服务实例快速扩容。当一些服务实例恢复正常，可用数量大于阈值后，F5 又会开始给该 NGINX Plus 实例分配新的连接。这个方案还存在进一步优化的空间，如部署额外的监控脚本，根据不同 NGINX Plus 背后的上游服务器集群中可用实例所占的比例来动态调整 F5 所分配连接的比例，这样所有的 NGINX Plus 实例和实例对应的上游服务器集群都能被分配合理的连接数。图 30-1 展示了这种架构的总体设计。

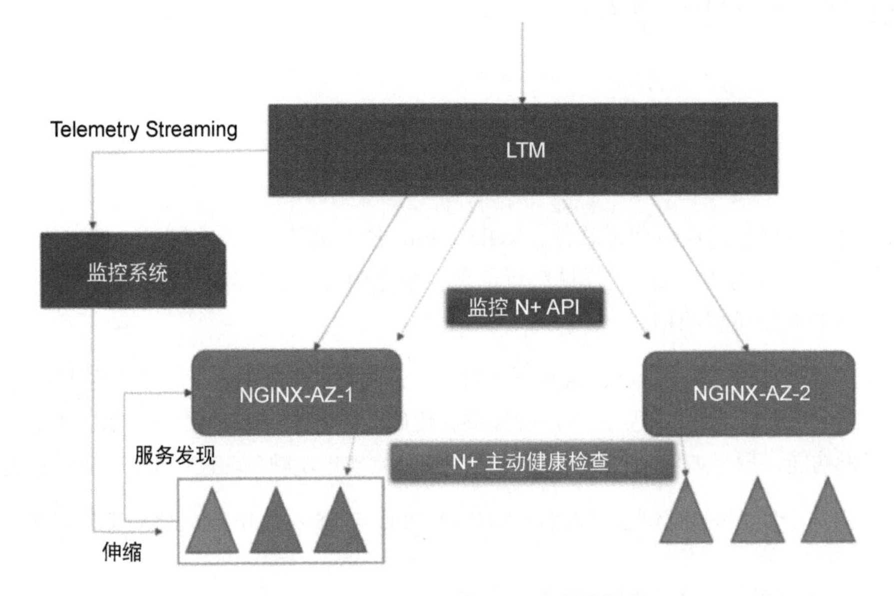

图 30-1　F5+NGINX Plus 双层负载架构

下面会演示一个案例，我们并不部署额外的监控脚本，而是直接依赖 F5 的外部健康检查能力，调用健康检查脚本来判断 NGINX Plus 背后的上游服务器集群的运行状态。

案例的实现思路是：NGINX Plus 实例本身提供丰富的 API 接口，这些接口实时输出上游服务器的运行状态信息，我们只要访问指定的 API，就可以获取所有的状态信息，并做相应处理以获得可用上游服务器实例的数量。在 F5 BIG-IP LTM 上，可以利用外部显示器对那些 API 进行周期性的数据采集与处理。

这里以版本 6 的 API 为例，套用如下 API 模板获取状态信息：

```
http://your-domain.com/api/6/http/upstreams/your-upstream-name/?fields=peers
```

返回的内容类似如下这样：

```
{
    "peers": [
        {
            "id": 0,
            "server": "10.0.0.1:8080",
            "name": "10.0.0.1:8080",
```

```
            "backup": false,
            "weight": 1,
            "state": "up",
            "active": 0,
            "requests": 3468,
            "header_time": 778,
            "response_time": 778,
            "responses": {
                "1xx": 0,
                "2xx": 3435,
                "3xx": 6,
                "4xx": 20,
                "5xx": 4,
                "total": 3465
            },
            "sent": 1511086,
            "received": 99693373,
            "fails": 0,
            "unavail": 0,
            "health_checks": {
                "checks": 1754,
                "fails": 0,
                "unhealthy": 0,
                "last_passed": true
            },
            "downtime": 0,
            "selected": "2020-01-03T07:52:57Z"
        },
        ...忽略其他输出...
    ]
}
```


在这段输出内容中，我们主要关心 state（上游服务器的运行状态）的取值是否为 up。程序会先统计取值为 up 的上游服务器的数量，然后判断这个值是否小于指定的阈值，如果小于，就认为该 NGINX Plus 实例当前不可用，并不再给它分配连接。为此，我们编写以下 Python 脚本作为外部显示器：

```
#!/usr/bin/python
# -*- coding: UTF-8 -*-

import sys
import urllib2
import json

def get_NGINXapi(url):
    ct_headers = {'Content-type':'application/json'}
    request = urllib2.Request(url,headers=ct_headers)
    response = urllib2.urlopen(request)
    html = response.read()
    return html
# 获取 F5 健康检查配置中的输入参数 url 或 IP
api = sys.argv[3]
```

```
try:
    data = get_NGINXapi(api)
    data = json.loads(data)
except:
    data = ''
m = 0
# 获取 F5 健康检查配置中的阈值参数
lowwater = int(sys.argv[4])
try:
    for peer in data['peers']:
        state = peer['state']
        if state == 'up':
            m = m + 1
except:
    m = 0
if m >= lowwater:
    # F5 健康检查脚本的特性是任意 stdout 都认为探测成功，因此脚本仅对真实成功做输出，其他一律不做输出
    print 'UP'
```

将该脚本上传至 F5，上传路径是 System→File Management : External Monitor Program File List。在出现的界面上点击 Import 按钮。按界面提示填写 Name 以及 Definition。最终效果如图 30-2 所示。

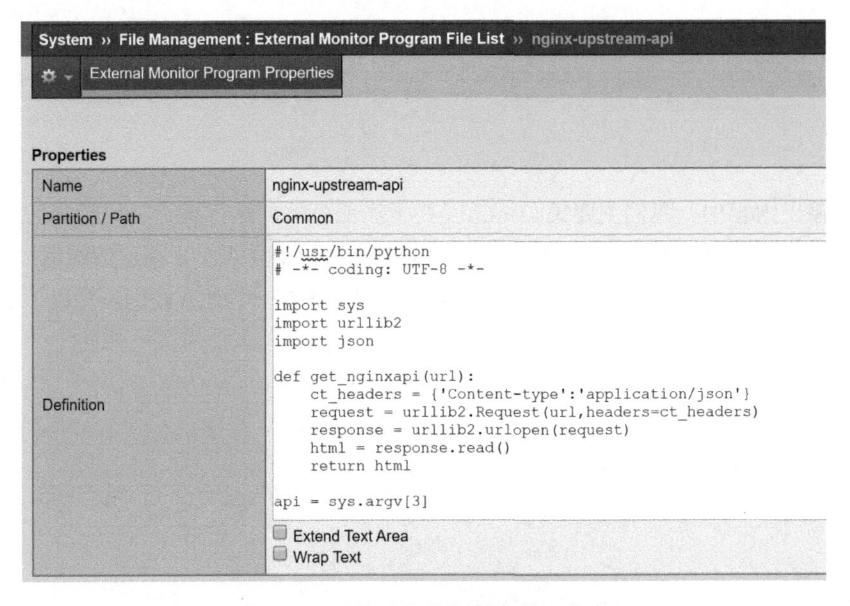

图 30-2　上传后的外部健康检查脚本

接下来配置一个外部显示器，在 Arguments 部分填写 http://demo.nginx.com/api/6/http/upstreams/lxr-backend/?fields=peers 2。注意本例中使用的 NGINX Plus 上游服务器是 demo.nginx.com，大家在实际配置时要替换为真实的 IP 地址或域名，其中参数 2 表示阈值，如图 30-3 所示。

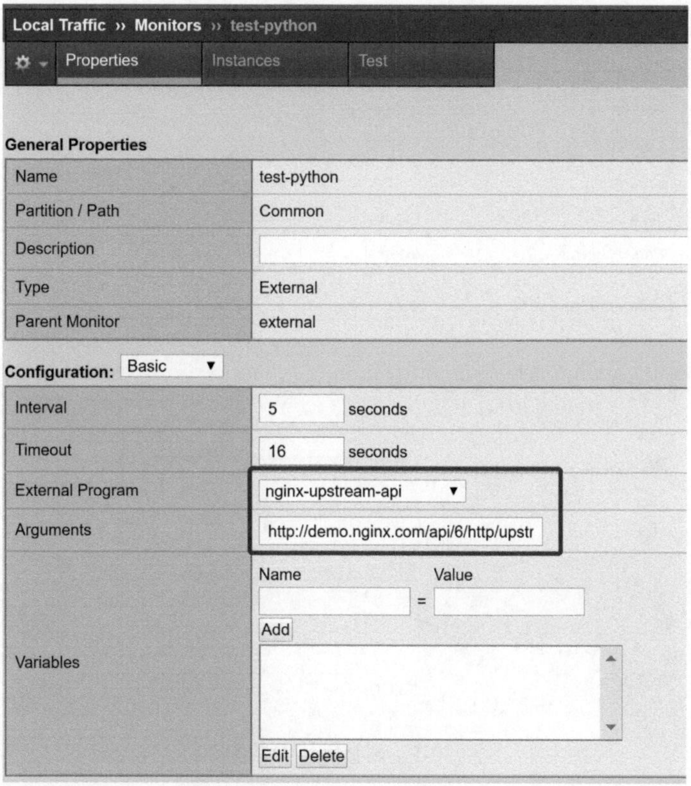

图 30-3 配置 F5 外部显示器

将该健康检查关联到 Pool member 上后，可以看到健康检查脚本将成员标记为了“可用”，这是因为我们配置的阈值是 2，此时 NGINX Plus 实例的上游服务器的可用数量也是 2。图 30-4 展示了探测成功的结果。

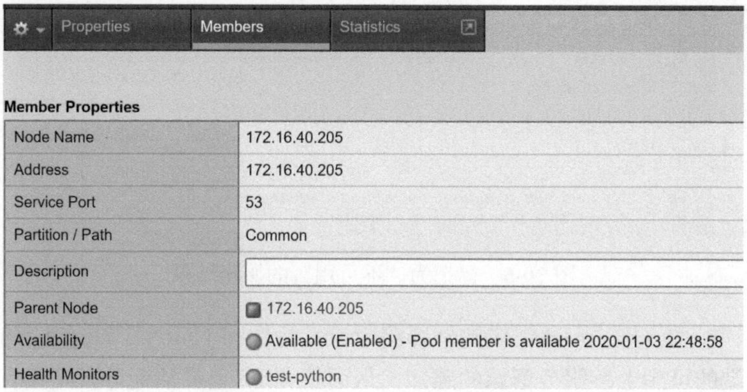

图 30-4 标记为可用的探测结果

现在将上述配置中的阈值参数调整为 3，如图 30-5 所示。

General Properties	
Name	test-python
Partition / Path	Common
Description	
Type	External
Parent Monitor	external
Configuration:	Basic ▼
Interval	5 seconds
Timeout	16 seconds
External Program	nginx-upstream-api ▼
Arguments	pstreams/lxr-backend/?fields=peer 3
Variables	Name = Value Add Edit Delete

图 30-5　调整阈值参数为 3

此时会发现显示器将该 NGINX 标记为了“不可用”，如图 30-6 所示。

Member Properties	
Node Name	172.16.40.205
Address	172.16.40.205
Service Port	53
Partition / Path	Common
Description	
Parent Node	172.16.40.205
Availability	Offline (Enabled) /Common/test-python: No successful responses received before deadline. @2020/01/03 22:52:09.
Health Monitors	test-python
Monitor Logging	Enable
Current Connections	0
State	Enabled (All traffic allowed) Disabled (Only persistent or active connections allowed) Forced Offline (Only active connections allowed)

图 30-6　标记为“不可用”的探测结果

在这个案例中，我们利用 F5 提供的外部健康检查特性和 NGINX Plus 具有的 API 能力实现了对 NGINX 后端的可用上游服务资源的感知，从而能在 F5 上灵活地分发连接，避免发生过载。上述方案还具有以下特征。

- 当用户输入错误的URI或者endpoint时，F5会直接把上游服务器的运行状态置为`down`，这样用户可以比较容易地发现问题。
- 我们认为`upstream`中，状态被设置为`backup`的上游服务器成员是可用的。
- 此方案还可以避免上游服务器被LTM和NGINX进行两次健康检查。

30.2 NGINX动态控制DNS配置

想象一下在业务多活的场景下，一个业务可能会在处于不同位置的多个NGINX实例之后同时提供服务，此时对于DNS配置来说，是不同的域名对应相同的NGINX实例IP地址。同时，这些NGINX实例上又配置着多个具有不同域名的服务，DNS系统需要为不同的域名配置不同的健康检查脚本，以满足服务级别的探活。与30.1节的案例类似，DNS系统执行的健康检查并不能真正反映NGINX背后的可用业务服务器的数量，因此在需要执行精细化调度时（比如，希望根据可用业务服务器的数量动态修改DNS解析的配比）就会存在问题。

下面我们看一个nginx.com上的例子（该案例源自nginx.com技术博文“Just One POST: Enabling Declarative DNS with F5 and the NGINX JavaScript Module”）。

在这个例子中，会通过NJS脚本，结合NGINX Plus提供的主动健康检查能力，判断`upstream`中是否存在某个存活的服务实例，并据此判断结果，动态更新DNS上的配置。如果发现某个服务实例被主动健康检查脚本判断为不可用，就在DNS上把该NGINX的IP地址设置为`disable`，以避免这个地址被解析出去。我们先简化一下例子中的配置，然后再逐步分解：

```
upstream 127.0.0.1 {
    zone    127.0.0.1 64k;
    server  127.0.0.1:8245;
}
upstream bigip {
    server  10.1.1.5:443;
}
keyval_zone     zone=pools:32k state=pools.keyval sync timeout=300;
keyval          "10.1.20.54" $pool zone=pools;
js_include      conf.d/NGINX_to_as3.js;
server {
    subrequest_output_buffer_size  200k;
    listen         8245;
    server_name    api.example.com;
    root           /usr/share/NGINX/html;
    set            $data_center 'dc1';

    location /version {
        js_content    Version;
    }
    location /api/ {
        api     write=on;
```

```
        #       allow 127.0.0.1;
        allow   10.0.0.0/8; # for demo
        deny    all;
    }
    location /pools/update {
        js_content    UpdatePools;
    }
    location /pools/push/dns {
        js_content    GenerateAS3Dns;
    }
    location /poll {
        internal;
        proxy_pass   http://127.0.0.1/pools/update;
        health_check   uri=/pools/update interval=30;
    }
    location /mgmt/shared/appsvcs/declare {
        internal;
        proxy_pass     https://bigip;
    }
}
```

下面我们来分析一下这个例子中的 NGINX Plus 配置逻辑。首先，构建一个健康检查过程：

```
location /poll {
    internal;
    proxy_pass http://127.0.0.1/pools/update;
    health_check uri=/pools/update interval=30;
}
```

该 location 实际上不需要被外部访问，仅用来触发周期性的健康检查。这个健康检查发起的请求 URL 实际上是 NGINX Plus 上另一个内部服务的 URL，其指定的 location 会触发执行 NJS 脚本里的 UpdatePools 函数：

```
location /pools/update {
    js_content     UpdatePools;
}
```

该函数会更新 NGINX Plus 实例上 keyval 中的 Pool 内存变量，产生类似下面这样的 KV 存储结果，反映每个 NGINX Plus 实例上对应的可用服务实例的数量：

```
{
    "10.1.20.54": "{\"app001\":3,\"app002\":3}",
    "10.1.20.55": "{\"app001\":2,\"app003\":4}"
}
```

当访问 /pools/push/dns 路径时，将触发 NJS 脚本中的 GenerateAS3Dns 函数，更新 DNS 上的配置。该函数会产生子请求，将内容 POST 到 F5 的 AS3 接口上：

```
location /pools/push/dns {
    js_content     GenerateAS3Dns;
}
location /mgmt/shared/appsvcs/declare {
```

```
    internal;
    proxy_pass    https://bigip;
}
```

在 GenerateAS3Dns 函数中，会根据可用的服务数量是否为 0，将 F5 DNS 配置中对应的对象设置为启用或禁用，从而控制解析或不解析。

这个例子包含了 F5 上关于 DNS 的 AS3 接口的完整配置。其实可以简化或修改这个过程来满足其他场景下的需求，如在函数中判断可用服务器的数量，动态调用 F5 DNS 的 RESTful 接口来执行 Ratio 负载均衡算法，实现流量的分配，或者禁用相关 DNS 对象以避免流量被继续引流到容量不够的服务器集群中。

30.3 本章小结

本章介绍了两个 NGINX Plus 实例与 F5 BIG-IP 集成的场景。可以看出，通过灵活地利用 F5 和 NGINX Plus 的接口，并结合各自的编程能力，能够更好地解决实际问题。在很多企业中，存在同时部署 F5 和 NGINX Plus 的场景。读者在日常工作中，可以结合实际需求创造更多的结合案例，充分发挥 F5 与 NGINX Plus 的优点。

NJS 开发篇

- 第 31 章　NJS 的起源和价值
- 第 32 章　NJS 的安装与使用案例

第 31 章

NJS 的起源和价值

NJS 是 NGINX JavaScript 的简称，是 JavaScript 的子集，使 NGINX 具备了使用脚本扩展功能的能力。本章从 JavaScript 讲起，依次为大家解读 NJS 的产生背景、核心价值、特点等内容。

31.1 NJS 的基础——JavaScript

本节我们先了解 JavaScript 的语言和相关特性：JavaScript 引擎以及 JavaScript 运行时。

1. JavaScript 编程语言

我们知道，JavaScript 是一种非常流行的、具有函数优先特点的轻量级、解释型（或即时编译型）高级编程语言，是基于原型编程的多范式动态脚本语言，支持面向对象、命令式和声明式（如函数式编程）风格，于 1995 年由 Netscape 公司的 Brendan Eich 在 Netscape Navigator 浏览器上首次设计而成。虽然 JavaScript 以作为开发 Web 页面的脚本语言而出名，但是也被用到了很多非浏览器环境中。

JavaScript 的标准是 ECMAScript。截至 2012 年，所有浏览器都支持完整的 ECMAScript 5.1。2015 年 6 月 17 日，ECMA 国际组织发布了 ECMAScript 的第 6 版，该版本的正式名称是 ECMAScript 2015，但人们通常称其为 ECMAScript 6 或者 ES6。NJS 在符合 ECMAScript 5.1（严格模式）的同时，也符合 ECMAScript 6 的部分规范，对 ECMAScript 6 规范的遵循能力还在不断演进中。

JavaScript 具备非常多的特性，这也是我们选择 JavaScript 作为 NGINX 脚本语言的重要原因。下面列举 JavaScript 的一些特性。

- **脚本语言**。JavaScript 是一种解释型的脚本语言（代码不进行预编译），不同于 C、C++等语言需要先编译后执行，它在运行的过程中对程序逐行进行解释。
- **基于对象**。JavaScript 是一种基于对象的脚本语言，它不仅可以创建对象，还可以使用现有的对象。

- **简单**。JavaScript 采用的是弱类型的变量，未对使用的数据类型做严格要求，是基于 Java 基本语句和控制语句实现的脚本语言，设计简单紧凑，容易上手。
- **动态性**。JavaScript 是一种采用事件驱动机制的语言，不需要经过 Web 服务器就可以对用户的输入做出响应。
- **跨平台性**。JavaScript 不依赖于操作系统（如 Windows、Linux、MacOS、Android、iOS 等），仅需浏览器的支持，因此在编写一个 JavaScript 脚本后，可以在任意机器上使用它。
- 同其他语言一样，JavaScript 也有其独有的基本数据类型、表达式、算术运算符和程序的基本框架。JavaScript 提供了四种基本数据类型和两种特殊数据类型来处理数据和文字，变量则提供存放信息的地方，而表达式可以完成较复杂的信息处理。

2. JavaScript 引擎

简单来讲，JavaScript 引擎就是能够处理并执行 JavaScript 代码的环境，是一个专门处理 JavaScript 脚本的虚拟机。作为一种解释型语言，在运行 JavaScript 脚本时，JavaScript 引擎会先将脚本转变成抽象语法树，再将抽象语法树解释为字节码。

随着 JIT（Just In Time）技术的引入，JavaScript 引擎大多会做一些优化来提高 JavaScript 脚本的执行速度，具体来说就是，JavaScript 引擎在执行字节码的同时，收集代码的信息，当发现某一部分字节码被多次执行时，将此部分的字节码转换成机器码保存起来，以便在后续执行过程中使用，提高代码的执行效率。

需要注意的是，从字节码到机器码的转换是在代码执行阶段做的。而在编译型语言中，编译和执行分属两个阶段。

JavaScript 引擎一般包括以下几部分。

- **编译器**。它主要负责将源代码编译成抽象语法树。在某些引擎中，可能还要将抽象语法树转换成中间表示（这里指字节码）。
- **解释器**。在某些引擎中，它主要负责接收并解释执行字节码，这同时也依赖于垃圾回收机制。
- **JIT 工具**。一个能够实现 JIT 技术的工具，负责将抽象语法树或者字节码转换成本地代码。
- **垃圾回收器和分析工具**。它们负责回收垃圾和收集引擎中的信息，帮助改善引擎的性能。

目前常见的 JavaScript 引擎有 Mozilla 系列（SpiderMonkey、Rhino、TraceMonkey、JaegerMonkey）、Google V8、微软 Chakra、Opera 等。

3. JavaScript 运行时（JavaScript 虚拟机）

JavaScript 运行时创建于代码执行阶段，由调用栈、堆内存、事件循环和回调队列等组成。

- **JavaScript 引擎和 JavaScript 运行时的关系**

JavaScript 开发者使用了一些“特殊”的 API，如 `setTimeout`，但这些 API 并非由 JavaScript 引擎提供。比如，DOM、AJAX、Timeout 等是由浏览器提供的，我们称它们为 Web API。

从概念上讲，JavaScript 引擎负责解析和 JIT 编译，例如，把 Java 代码编译成机器码；JavaScript 运行时则负责提供内建的库，这些库可以在程序运行时使用，所以可以在浏览器中使用 window 对象或者 DOM API，这些存在于浏览器的运行时中。而 Node.js 运行时包含不同的库，如 Cluster 和 FileSystem API，这两个运行时都包含内置的数据类型和常用的工具，如 Console 对象，因此 Chrome 和 Node.js 共享相同的引擎（Google V8），但是具有不同的运行时。

在传统的 JavaScript 引擎中，使用最为广泛的是 Google V8，它现在是 Chrome 和 Node.js 的内核。

- **JavaScript 运行时的执行过程**

JavaScript 是单线程，只有一个调用栈，这意味着同一时间只能做一件事。调用栈是一个用于记录程序当下运行到的位置的数据结构，比如执行到某个函数时，该函数就入栈，等该函数执行完，它就出栈。JavaScript 运行时的结构示意图如图 31-1 所示。

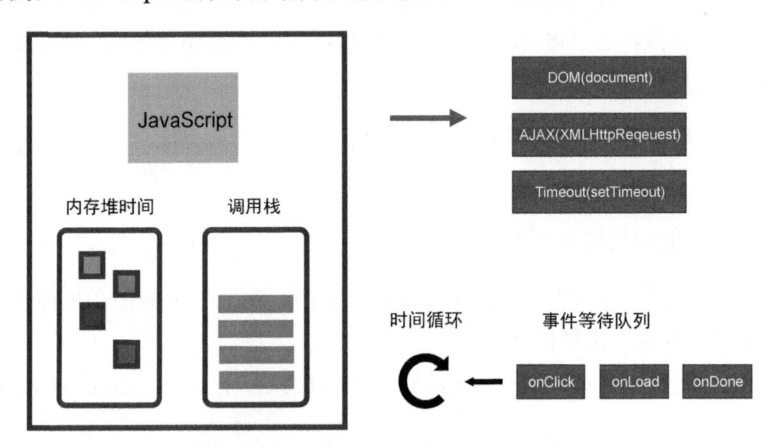

图 31-1　JavaScript 运行时的结构示意图

在图 31-1 中，调用栈负责在执行代码时存放栈帧；堆内存负责分配内存；事件循环是一个用来存放事件的队列（也可以把它理解成消息队列），IO 设备每完成一项任务，就往其中添加一个事件，表示相关的异步任务可以进入执行栈了。主线程读取事件循环，就是读取队列里面有哪些事件。

事件循环中事件的产生来源，除了 IO 设备以外，还包括用户，如鼠标单击、页面滚动等，只要指定过回调函数，在这些事件发生时，它们就会进入事件循环，等待主线程读取。

所谓回调函数，是指那些会被主线程挂起的代码。异步任务必须指定回调函数，主线程执行异步任务，就是指执行对应的回调函数。

事件循环是一个队列，意味着它是先进先出的数据结构，排在前面的事件会优先被主线程读取。主线程的读取过程基本上是自动的，只要执行栈一空，排在事件循环中第一位的事件就会自动进入主线程的视野。但是，由于存在定时器功能，因此主线程首先要检查一下执行时间，某些事件只有达到规定的时间，才能返回主线程。

以下是 JavaScript 引擎的典型工作流程。

(1) 执行代码时，JavaScript 引擎创建 JavaScript 运行时。

(2) 函数在被调用时入栈，在执行完后出栈。当出现循环调用时，可能会造成栈帧数超过调用栈的最大容量限制（栈溢出），这时 JavaScript 引擎会抛出错误终止程序。

(3) 运行单线程也是有缺陷的，因为 JavaScript 只有一个调用栈。那在处理耗时业务时该怎么办呢，总不能一直等待被处理吧？这时就需要用到异步，结合事件循环和回调队列，处理效率会大大提升。

了解 JavaScript 编程语言、JavaScript 引擎和 JavaScript 运行时，有助于我们理解 NJS 的功能特点和性能，以及它与传统 JavaScript 引擎的不同。

31.2 NJS 的历史与版本

NJS 是 2015 年 7 月由 NGINX 的作者 Igor 发起的项目。2017 年，Dmitry 加入 NGINX 团队，成了 NJS 的主要开发人员。NJS 代码的贡献者及版本演变见图 31-2。

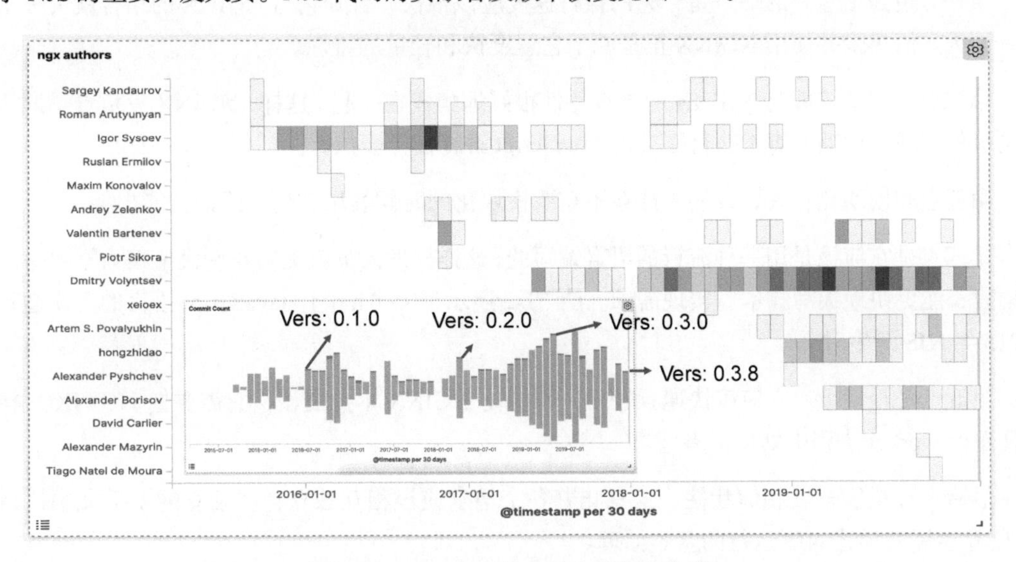

图 31-2 NJS 代码的贡献者及版本演变

从图 31-2 中我们可以看到，从 2015 年开始到现在，NJS 代码都有过哪些维护人员，他们的贡献量分别是多少。在偏左下方的位置，还显示了每个时间段内所提交代码的数量比例和版本的演变情况，能够看出 2019 年 NJS 功能有了很大的增强。

实践证明，在 NGINX 内部使用脚本是很有用的。但是如何选择一种合适的语言或者理想的脚本语言，是一个值得深思的问题。

- **在 NGINX 中使用脚本的首次尝试**

2005 年，Igor 编写了 Perl 模块，这是在 NGINX 中首次尝试使用脚本，该模块允许使用 Perl 语言实现一些复杂的逻辑。

Perl 模块的第一个优点是可以直接使用 Perl 现有的库；第二个优点是我们可以截取 Perl 代码的简短片段，并直接插入或嵌入 NGINX 配置文件，这个操作显然非常方便。同时，Perl 模块也有很大的缺点，这跟 Perl 解释器有关。首先是 Perl 解释器缺乏对非阻塞 IO 操作的支持，它会执行阻塞操作，这对 NGINX 本身而言，显然是不可接受的。其次是 Perl 解释器具有全局性，每个 worker 进程都具有一个全局 Perl 解释器，当 Perl 脚本运行异常时，会导致 worker 进程因此退出，这显然也是不可接受的。

- **理想的脚本**

在脚本的选择问题上，有些脚本的属性和 NGINX 的愿景是矛盾的。让我们看一下理想的脚本应该具备哪些属性。

第一点也是最重要的一点是，它的执行速度应该很快，否则它与 NGINX 的结合就失去了初衷，因为人们热爱并使用 NGINX 正是源于它速度快和轻量的特性。

第二点是它应该能与 NGINX 的异步特性很好地集成在一起。这样，NGINX 只负责早期流程的主事件循环，后期的脚本执行则交由 JavaScript 解释器异步执行。

第三点和模块化相关，我们要能在不需要模块化的时候禁用它，以降低性能损耗。

第四点是它应该是用一种流行的语言编写的，这样开发人员就无须花费大量精力学习一门新的语言，能更快地编写脚本，实现需求。图 31-3 展示了 GitHub 上 JavaScript 语言的受欢迎程度（2015 年 NJS 诞生时）。

第五点是轻量级。它应该快速且轻巧，不能让 NGINX 本身变慢，它需要像 NGINX 一样能够在单个 worker 进程中处理很多请求。

最后一点是安全性和健壮性。这意味着各个请求应该相互独立，在独立的上下文中执行。第 32 章会展开描述 NJS 运行的基本原理。

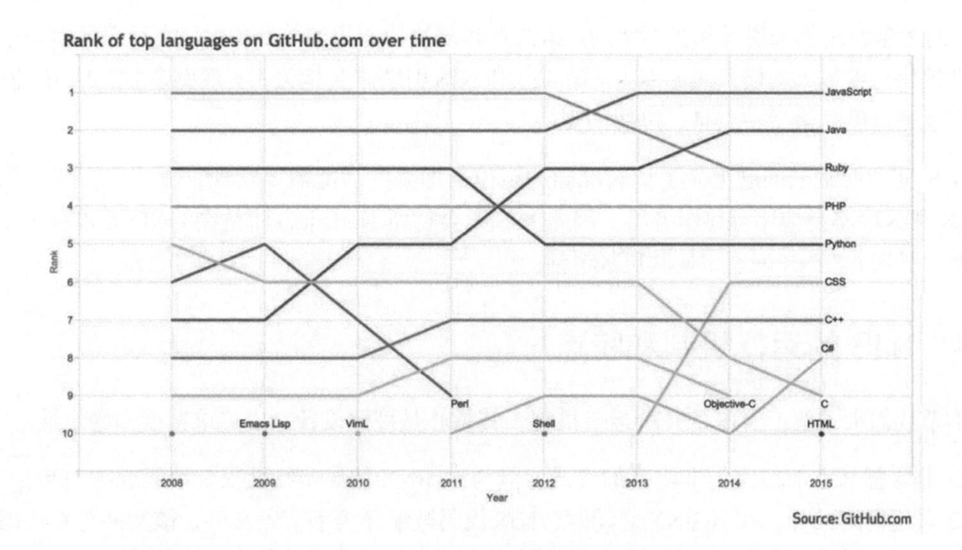

图 31-3 GitHub 上的开发语言排行榜[①]

JavaScript 正是这样一种语言，根据 31.1 节的描述，它完全具备我们需要的诸多属性。

31.3 NJS 的价值与目标规划

NJS 减小了 NGINX 用户使用 C 语言编写新模块的可能性，即便对于有丰富经验的开发人员而言，开发新模块也是一件困难的事情。同时，NJS 能够让用户以脚本的方式在一些复杂的业务场景中添加响应逻辑。下面分条概括一下 NJS 的价值。

- **减少开发投入**：减小用户独立使用 C 语言开发特定场景下的 NGINX 模块的可能性。
- **降低使用难度**：将 JavaScript 代码集成到 NGINX HTTP 模块和流（TCP/UDP）模块的事件处理模型中。
- **提高产出效率**：使用 JavaScript 代码扩展 NGINX 配置内容的语法，能够实现复杂的配置方案。

在第 32 章，我们还会详细阐述 NJS 能帮我们做什么。NJS 的目标规划分为短期规划和长期规划。

在短期规划中，我们将为 NJS 增加更多的功能，包括 API 的访问能力、数据流模块的子请求、对称加密能力。

在长期规划中，第一点是实现与 NGINX 本身的集成，如将 NJS 直接嵌入 NGINX 配置文件

---

① 来源：https://www.pinterest.com/pin/327636941619471439/。

中，这对简单的用例来说是相当不错的。第二点和模块功能集的扩展相关，在后续的实现中会着重考虑模块化组织大规模代码的能力。第三点和 NJS 引擎本身相关，实现更多 ECMA 中的标准。第四点也是这里的最后一点是，模块的支持。

NJS 在功能集的问题上做了比较准确的定位，即哪些功能需要实现，哪些不需要，例如，NGINX 和 NJS 不是应用程序服务器，因此 NJS 不会替换 Node.js，而是在 NGINX 本身中添加脚本功能，扩展 NGINX 配置，使其更加灵活。

31.4 NJS 的运行机制和特点

本节我们来了解下 NJS 的几种运行机制，其核心是极致设计，以追求速度和稳定性。

- **非阻塞 IO**：NJS 采用非阻塞的方式，能与 NGINX 的异步特性很好地集成在一起。
- **非运行时编译**：在 NGINX 启动时，NJS 代码被编译为字节码文件，该文件与 C 代码的可运行文件有些相似。
- **事件驱动**：对 JavaScript 而言，这是很自然的。NGINX 本身就包含事件循环以及回调函数。同样，在 NJS 中也将引入 JavaScript 回调函数。
- **独立解释器**：和常用的 JavaScript 解释器不同，NJS 解释器运行在服务器端，为了追求运行速度，它不包含其他 JavaScript 解释器中含有的更多功能，如内存垃圾回收。
- **更少的内存索引**：这一点和基于寄存器的虚拟机紧密相关。
- **ECMAScript 规范**：ECMAScript 规范分 5.1 版本和 6.0 版本，NJS 并没有完全实现和遵循 ECMAScript 规范，后续会不断完善。
- **UTF-8 编码**：根据 ECMAScript 规范，NJS 应该使用 UTF-16 编码来处理字符串，这就导致为了保存所有数据块，需要至少分配两倍以上的字节，因此 NJS 会使用 UTF-8 编码保存字符串。
- **基于寄存器的虚拟机**：与基于栈的虚拟机相比，这样占用的内存空间较小，基于地址的索引次数也更少。
- **请求在独立的上下文中**：每个请求都会在与其他请求隔离的独立上下文中执行。
- **Copy-On-Write**：对于给定的新请求，我们创建一个写时复制代码的副本，这样能大大减少启动新 NJS 实例时花费的时间。

下面是 NJS 的特点。

1. 独立实现的 JavaScript 引擎

NJS 并没有采用传统的栈式引擎，而是编写了自己特有的一套引擎，为什么要自己编写引擎呢？

一方面，现有的 JavaScript 引擎（如 SpiderMonkey 之类的高级 JavaScript 引擎）过于“沉重”，无法在 NGINX 中使用。这些 JavaScript 引擎是针对不同的任务设计的，旨在在浏览器中执行，它们实现了各种各样的 JavaScript 引擎特性，如垃圾回收器，以及现代浏览器所需的所有特性。在服务器端配置的 NGINX 中，情况却大不相同，服务器因为要并发处理更多的请求，所以不需要那些多余的实现。

另一方面，除了上一段介绍的 JavaScript 引擎，还有 Ductape，它是一种很先进的 JavaScript 引擎，可嵌入 C 和 C++语言中。Ductape 很成熟且具有许多功能，问题在于它具有完全不同的实现取舍。这并不利于 NGINX 本身，因为它需要速度快。

最后，拥有自己的解释器，对自定义和调优非常有用。

2. 基于寄存器的 JavaScript 运行时

这一点和虚拟机（JavaScript 运行时）的实现方式有关。

基于寄存器的虚拟机中没有操作数栈这个概念，里面存在很多虚拟寄存器，这些寄存器一般用的是别名，需要执行引擎进行解析，找出操作数所在的具体位置，然后取出操作数进行运算。

既然是虚拟寄存器，那么肯定不在 CPU 中，它们其实和操作数栈相同，也存放在运行时栈中，本质上就是一个数组。

新的虚拟机也用栈分配活动记录，寄存器就在该活动记录中。当函数体进入 NJS 程序时，函数从栈中分配一个足以容纳该函数所有寄存器的活动记录。函数的所有局部变量各占据一个寄存器。因此，存取局部变量的操作相当高效。

与基于栈的虚拟机相比，基于寄存器的虚拟机占用的内存空间较小。例如，对于 NJS 的典型示例而言，我们可以只为请求申请千字节级别的内存。

根据 ECMAScript 规范，NJS 应该使用 UTF-16 编码来处理字符串，但是如果想持续提高性能，这显然是不行的，因为会导致为了保存所有数据块，至少分配两倍以上的字节。因此 NJS 会使用 UTF-8 编码处理字符串，这样能显著减少 CPU 和内存的使用量。

关于垃圾回收。众所周知，Java 或 JavaScript 这样的现代高级语言会采用某种形式的垃圾回收算法或特殊的过程来回收不再使用的数据。但是引用计数的过程和垃圾回收的过程会带来相当大的开销和延迟。与此相反，NJS 使用的是一种最适合 NGINX 的策略，也是大多数 NGINX 模块的编写方式。NJS 从链接到当前请求的内存池中分配内存，一旦数据请求完成，NJS 解释器和克隆的虚拟机将被整体销毁。显然，这种方式效率更高，对短期的请求非常有效，但它会让长期的请求消耗过多内存，因此 NJS 将来计划引入可选的垃圾回收机制，引擎只需要完成这样的任务。

31.5 本章小结

本章我们了解了 NJS 的由来、作用及同 NGINX 协同工作的机制。正如上一部分所讲，NJS 是 NGINX 功能的增强，所以在性能上要和 NGINX 匹配，在架构设计上要不同于普通的 JavaScript 解释器。在第 32 章中，我们将以场景的方式展开描述编写、执行 NJS 脚本的方法。

第 32 章

NJS 的安装与使用案例

本章先讲述 NJS 模块的安装方法、编译方法和基本的配置方法，然后展开讲述 NJS 模块的功能及应用案例。

32.1 使用场景概述

NJS 的核心应用场景包含以下三种。

- 复杂的访问控制和安全检查（在请求到达上游服务器之前）。
- 修改响应头。
- 编写灵活的异步内容处理程序和筛选逻辑。

读者可以从 NGINX 的官网获取更多信息。

- 开源 NGINX 官网的使用案例：https://nginx.org/en/docs/njs/examples.html。
- NGINX Plus 博客的使用案例：https://www.nginx.com/blog/tag/nginx-javascript-module/。

32.2 下载与安装

本节将讲述在 Linux 发行版中安装 NJS 模块的方法和从源码开始编译 NJS 模块的过程。

1. Ubuntu Linux

在 Ubuntu Linux 上安装 NJS 模块，首先要添加 NGINX 官方的 APT 仓库，以便未来通过 apt-get 工具安装更新的软件包：

```
# 首先导入 NGINX 官方的 PGP Key
wget -qO - https://nginx.org/keys/nginx_signing.key | sudo apt- key add -

# 添加 NGINX 官方 APT 仓库到/etc/apt/sources.list
sudo add-apt-repository -y "deb http://nginx.org/packages/mainline/ubuntu/
    $(lsb_release -sc) nginx"
```

```
sudo add-apt-repository -y "deb-src http://nginx.org/packages/mainline/ubuntu/
    $(lsb_release -sc) nginx"

# 更新 APT 列表
sudo apt-get update
```

如果先前已经添加过 NGINX 官方的 APT 仓库，那么上面这个步骤可以省略，直接执行下面的命令确认是否已经可以利用 `apt-get install` 安装 NGINX 和 NJS 模块：

```
sudo apt-cache search nginx | grep nginx
```

返回结果一般包含以下模块：

```
nginx-module-geoip - nginx GeoIP dynamic modules
nginx-module-geoip-dbg - debug symbols for the nginx-module-geoip
nginx-module-image-filter - nginx image filter dynamic module
nginx-module-image-filter-dbg - debug symbols for the nginx-module-image-filter
nginx-module-njs - nginx njs dynamic modules
nginx-module-njs-dbg - debug symbols for the nginx-module-njs
nginx-module-perl - nginx Perl dynamic module
nginx-module-perl-dbg - debug symbols for the nginx-module-perl
nginx-module-xslt - nginx xslt dynamic module
nginx-module-xslt-dbg - debug symbols for the nginx-module-xslt
```

这个时候就可以执行安装命令了：

```
sudo apt-get install nginx nginx-module-njs
```

之后会自动安装 NGINX 和 NJS 模块。打开/etc/nginx，这是默认存放 NGINX 配置文件的目录，如果里面包含了 `modules` 的软连接，就表示安装成功了：

```
mywaiting@ubuntu:/etc/nginx$ ls -al
...
drwxr-xr-x   2 root root 4096 Jan  9  2018 conf.d
lrwxrwxrwx   1 root root   22 Jan  9  2018 modules -> /usr/lib/nginx/modules
...
-rw-r--r--   1 root root  846 Jan  9  2018 nginx.conf
...
drwxr-xr-x   2 root root 4096 Jan  9  2018 sites-available
drwxr-xr-x   2 root root 4096 Jan  9  2018 sites-enabled
```

2. CentOS/RHEL Linux

在 CentOS/RHEL Linux 上安装 NJS 模块，首先需要安装 NGINX，再使用 yum 工具安装 NJS 模块。

(1) 安装所需的依赖：

```
sudo yum install yum-utils
```

(2) 设置 yum 仓库。

创建仓库配置文件 /etc/yum.repos.d/nginx.repo，其内容如下：

```
[nginx-stable]
name=nginx stable repo
baseurl=http://nginx.org/packages/centos/$releasever/$basearch/
gpgcheck=1
enabled=1
gpgkey=https://nginx.org/keys/nginx_signing.key
module_hotfixes=true

[nginx-mainline]
name=nginx mainline repo
baseurl=http://nginx.org/packages/mainline/centos/$releasever/$basearch/
gpgcheck=1
enabled=0
gpgkey=https://nginx.org/keys/nginx_signing.key
module_hotfixes=true
```

在默认情况下，这里使用的是 nginx-stable，把它更换成 nginx-mainline 的命令为：

```
sudo yum-config-manager --enable nginx-mainline
```

(3) 安装 NGINX：

```
sudo yum install nginx
```

如果提示验证 GPG 密钥，就选择接收所提示的 `fingerprint` 值。

查找 NJS 模块：

```
sudo yum search njs
nginx-module-njs.x86_64 : nginx njs dynamic modules
nginx-module-njs-debuginfo.x86_64 : Debug information for package nginx-module-njs
```

安装 NJS 模块：

```
sudo yum install nginx-module-njs.x86_64 \
nginx-module-njs-debuginfo.x86_64
```

安装完成后，可以在 NGINX 配置文件所在的根目录（默认为 /etc/nginx）下看到 `modules` 下多了 NJS 相关的诸多模块：

```
$ pwd
/etc/nginx/modules
$ ls
ngx_http_js_module-debug.so  ngx_http_js_module.so  ngx_stream_js_module-debug.so
    ngx_stream_js_module.so
```

之后就可以执行 `load_module` 命令加载 NJS 模块了，注意要根据所处理协议的不同，加载不同的 NJS 模块，如：

```
load_module modules/ngx_http_js_module.so;
```

或者

```
load_module modules/ngx_stream_js_module.so;
```

从 1.9.11 版本起，NGINX 增加了对动态模块的支持，所以模块不仅能以编译的方式进入 NGINX 主程序，也能以动态模块的形式出现，作为单独的动态链接库发布，如 nginx-module-geoip、nginx-module-image-filter、nginx-module-njs、nginx-module-perl、nginx-module-xslt。

在其他 Linux 发行版中安装 NJS 模块的方式可以参考 https://nginx.org/en/linux_packages.html。

3. 利用源码编译安装

除了刚介绍的两种安装 NJS 模块的方式，还有一种安装方式是利用源码安装。首先从以下两个代码仓库中下载源码（2 选 1，后者是前者的只读镜像）。

(1) Mercurial：下载地址是 http://hg.nginx.org/njs，需要安装 Mecurial 客户端。

```
hg clone http://hg.nginx.org/njs
```

(2) GitHub：下载地址是 https://github.com/nginx/njs，需要安装 Git 客户端。

```
git clone https://github.com/nginx/njs
```

然后是编译。在 NGINX 根目录下，使用`--add-module`选项添加 NJS 的编译配置（可以参考上一步获取 NJS 源码的方式获取 NGINX 代码）：

```
./configure <...other options...> --add-module=path-to-njs/nginx
```

如果想将 NJS 代码编译为动态模块，则可以使用`--add-dynamic-module`选项：

```
./configure <...other options...> --add-dynamic-module=path-to-njs/nginx
```

最后执行`make`命令和`make install`命令，完成编译和安装。

如果只想使用 NJS 命令工具，则可以在 NJS 代码目录下执行`./configure`和`make njs`命令。编译结束后，命令行文件的保存路径为 ./build/njs。

编译命令的示例可以参考 https://github.com/f5devcentral/nginx-njs-usecases/blob/master/Dockerfile 中的 ./configure 部分，这里使用的 NGINX 版本为 1.17.9。

32.3 NJS 开发基础

想要用好 NGINX，需要对 NGINX 的指令和变量有一定的了解，同样，使用 NJS 的过程中也会接触到众多指令、函数、变量，它们是熟练使用 NJS 的基础。

1. NJS 配置入门

在详细讲述 NJS 提供的能力之前，我们先用最简单的示例展示 NJS 的基本使用方法及步骤。

(1) 安装 NJS 模块，然后创建脚本文件，这里命名为 http.js，默认的相对保存路径是 NGINX 的安装目录（例如，--prefix 就是指/etc/nginx）。脚本文件的内容如下：

```
function hello(r) {
    r.return(200, "Hello world!");
}
export default {hello};
```

(2) 在 nginx.conf 配置文件中启用 ngx_http_njs_module 模块，并使用 js_import 指令引用 http.js 文件。注意 NJS 在 0.4.0 版本后才添加了 js_import 指令，对于之前的版本可以使用 js_include 指令：

```
load_module modules/ngx_http_js_module.so;
events {}
http {
    js_import http.js;
    server {
        listen 8000;
        location / {
            js_content http.hello;
        }
    }
}
# 启动 NGINX，访问 http://localhost:8000，可以得到“Hello world!”的响应
```

在配置过程中要注意，在 nginx.conf 配置文件中，NGINX 的动态模块是有前后关系的，load_module 指令必须在所有块（包括 events 块、http 块、stream 块、mail 块）之前引用。如果按下面这样配置：

```
user nginx;
worker_processes 1;
events {
    worker_connections 1024;
}
load_module "modules/ngx_stream_module.so";
load_module "modules/ngx_http_geoip_module.so";
http {
}
```

那么当执行 nginx -t 命令测试配置文件的正确性时，会出现这样的错误：

```
nginx: [emerg] "load_module" directive is specified too late in /etc/nginx/
    nginx.conf:13
nginx: configuration file /etc/nginx/nginx.conf test failed
```

所以必须在全局配置后配置 load_module 指令。下面的示例是正确的：

```
user nginx;
worker_processes 1;
load_module "modules/ngx_stream_module.so";
load_module "modules/ngx_http_geoip_module.so";
events {
    worker_connections 1024;
}
http {
}
```

虽然 nginx.conf 是声明式的配置文件，但这种配置方式在一定程度上也有利于提醒开发者声明顺序的重要性。

2. NJS 代码的调试

每一种高级语言都拥有代码调试能力，可以帮助开发人员提高开发效率，保证代码质量。NJS 提供了可独立运行的命令行工具，它独立运行于 NGINX，与运行在 NGINX 内相比，NGINX 的配置对象（如 `HTTP` 和 `stream`）在命令行中是不可用的。

NJS 命令行的使用方法比较简单（编译生成方法可参考 32.2 节），下面举一个例子。

数值计算的实现如下：

```
$ echo "2**3" | njs -q
8
globalThis 变量的相关用法如下：$ njs
>> globalThis
global {
    console: Console {
        log: [Function: native],
        dump: [Function: native],
        time: [Function: native],
        timeEnd: [Function: native]
    },
    njs: njs {
        version: '0.4.3'
    },
    print: [Function: native],
    global: [Circular],
    process: process {
        argv: [
            './njs',
            ''
        ],
        env: {
            TERM_PROGRAM: 'iTerm.app',
            __CF_USER_TEXT_ENCODING: '0x2D972FE5:0x0:0x0',
            SECURITYSESSIONID: '186a7',
            ...
            XPC_FLAGS: '0x0',
            LC_CTYPE: 'UTF-8'
```

```
            ...
        }
    }
}
```

3. 使用 TypeScript 生成 NJS 代码

TypeScript（https://www.typescriptlang.org/）和 JavaScript 是目前项目开发中较为流行的两种脚本语言。TypeScript 是具有显式类型定义的 JavaScript 超集，可以编译为 JavaScript 代码。

TypeScript 是由 Microsoft 开发和维护的一种面向对象的编程语言，具有以下特点。

- TypeScript 是 Microsoft 推出的开源语言，使用 Apache 授权协议。
- TypeScript 增加了静态类型、类、模块、接口和类型注解。
- TypeScript 可用于开发大型应用。
- TypeScript 易学且易于理解。

TypeScript 支持对现有的 JavaScript 库进行类型定义，类型信息放置在类型定义文件（definition file）中，文件名后缀为.d.ts。这使得其他 TypeScript 程序能够像使用普通的 TypeScript 脚本一样，使用类型定义文件中定义的值。

相比 JavaScript，TypeScript 具有以下显著优势：相较而言，TypeScript 更容易理解，更加规范，偏向面向对象。

NJS 提供变量和方法生成类型定义文件，可用于在编辑器中自动补齐代码、检查代码语法和编写 NJS 类型安全代码。

类型定义文件的使用分如下几个步骤。

(1) 下载 NJS 代码：

```
$ hg clone http://hg.nginx.org/njs
destination directory: njs
requesting all changes
adding changesets
adding manifests
adding file changes
added 1484 changesets with 5676 changes to 414 files
new changesets 157dc59dae36:cb490ee06ac2
updating to branch default
233 files updated, 0 files merged, 0 files removed, 0 files unresolved
```

(2) 配置并编译类型定义文件：

```
$ cd njs && ./configure && make ts

+ using Clang C compiler
 + Apple LLVM version 10.0.1 (clang-1001.0.46.4)
```

```
checking for sizeof(int) ... 4
checking for sizeof(u_int) ... 4
...
checking for GCC unsigned __int128 ... found
...
checking for Address sanitizer ... not found
...
checking for explicit_memset() ... not found
checking for PCRE library ... found
 + PCRE version: 8.43
checking for GNU readline library ... found
creating build/Makefile
checking for expect ... found
 + Expect version: expect version 5.45

NJS configuration summary:

 + using CC: "cc"
 + using CFLAGS: " -pipe -fPIC -fvisibility=hidden -O -W -Wall -Wextra
-Wno-unused-parameter -Wwrite-strings -fstrict-aliasing -Wstrict-overflow=5
-Wmissing-prototypes -Werror -g -O "

 + using PCRE library: -L/usr/local/lib -lpcre
 + using readline library: -lreadline

 njs build dir: build
 njs CLI: build/njs

$ make ts
mkdir -p build/ts
cp nginx/ts/*.ts build/ts/
cp src/ts/*.ts build/ts/
```

(3) 查看、引用类型定义文件：

```
$ ls build/ts/
njs_core.d.ts
njs_shell.d.ts
ngx_http_js_module.d.ts
ngx_stream_js_module.d.ts
```

(4) 使用类型定义文件。首先需要安装 typescript npm 包和命令行工具：

```
# npm install -g typescript
```

然后将类型定义文件放置在编辑器自己可以找到的目录下，编写 test.ts 文件，文件内容如下：

```
/// <reference path="ngx_http_js_module.d.ts" />
function content_handler(r: NginxHTTPRequest) {
    r.headersOut['content-type'] = 'text/plain';
    r.return(200, "Hello from TypeScript");
}
```

把 test.ts 文件编译成 test.js 文件：

```
$ tsc test.ts
$ cat test.js
```

test.js 文件可以直接为 NJS 所用。图 32-1 展示了 VSCode 编辑器的编码输入提示功能和 tsc 工具具有的将 .ts 文件编译为 .js 文件的能力。

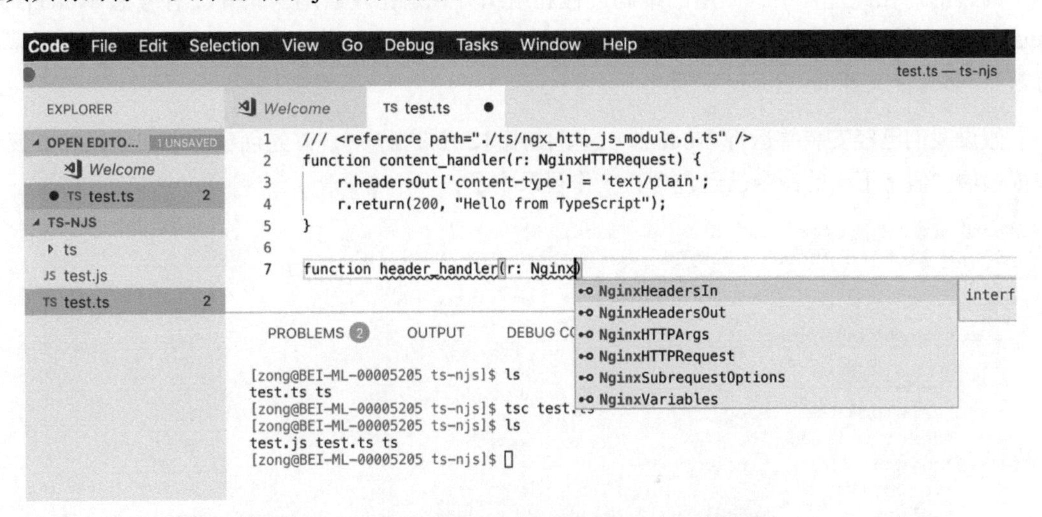

图 32-1 VSCode 的编码提示功能和 tsc 工具的编译能力

4. 使用 Node.js 模块

通常，开发人员会以类库的形式使用第三方代码开发自己的应用。在 JavaScript 世界中，模块的概念相对较新，所以直到最近才有了标准。但是许多平台（浏览器）仍然不支持模块，这使得代码重用更加困难。NJS 也不支持模块，在本节中，我们就介绍一下突破这一限制的方法。

本节中使用的特性和示例适用于 0.3.8 及更新版本的 NJS。将第三方代码添加到 NJS 时，要解决的问题可以归纳为三点：文件间的相互依赖或引用、只有在特定平台下才有的 API 调用和现代标准构建方式的转变。

好消息是，这些问题由来已久，也不是 NJS 特有的问题，所以已经存在很多能够解决它们的工具和能力。JavaScript 开发人员每天都要面对不同平台的问题，并尝试定义、使用不同的属性来应对它们。下面是解决上述问题时的常规思路。

- **文件间的相互依赖或引用**。将所有相互依赖的代码合并到单个文件中即可解决这个问题。browerify 或 webpack 等工具可以将整个项目的代码和所有依赖库合并为单个文件。
- **只有在特定平台下才有的 API 调用**。可以选用其他库，这些库以与平台无关的方式实现这类 API（不过，这将以性能为代价）。当然，还有一些特定功能可以使用 polyfill 实现。

- **现代标准构建方式的转变。**这意味要使用较旧的标准重写较新的语言特性，babel 项目可用于此场景。

在本节中，我们将以一个相对较大的 npm 库为例，阐述如何在 NJS 中解决以上三个问题，达到使用 Node.js 第三方库（protobufjs——一个用于在 gRPC 协议中创建和解析 protobuf 消息的库）的目的。在此过程中，使用的编码过程和组织方式是比较通用的，并没有考虑 Node.js 或 JavaScript 中的最佳实践。换句话说，在实际编码中，除了这里讲的技巧、过程外，读者还需自行参照 Node.js 或者 JavaScript 手册。

假设我们已经安装并运行 Node.js（这里使用 12.18.3 版本），首先创建一个空项目并安装一些依赖项。假定下面的命令已经包含在工作目录中了：

```
$ mkdir my_project && cd my_project
$ npx license choose_your_license_here > LICENSE
$ npx gitignore node

$ cat > package.json <<EOF
{
    "name":        "foobar",
    "version":     "0.0.1",
    "description": "",
    "main":        "index.js",
    "keywords":    [],
    "author":      "somename <some.email@example.com> (https://example.com)",
    "license":     "some_license_here",
    "private":     true,
    "scripts": {
        "test": "echo \"Error: no test specified\" && exit 1"
    }
}
EOF
$ npm init -y
$ npm install browserify
```

在这个示例中，我们使用了 npx，它会帮我们执行依赖包里的二进制文件。举例来说，之前我们可能会写这样的命令：

```
npm i -D webpack
./node_modules/.bin/webpack -v
```

如果对 bash 比较熟，还可能会写成这样：

```
npm i -D webpack
`npm bin`/webpack -v
```

可有了 npx，只需要这样：

```
npx webpack -v
```

也就是说，npx 会自动查找当前依赖包中的可执行文件，如果找不到，就去 PATH 里找，如果依然找不到，就会帮着安装。例如，`npx http-server` 命令可以帮助我们实现一句话开启一个静态服务器！（第一次运行会稍微慢一些。）

```
$ npx http-server
npx: 23 安装成功，用时 48.633 秒
Starting up http-server, serving ./
Available on:
  http://127.0.0.1:8080
  http://192.168.5.14:8080
Hit CTRL-C to stop the server
```

接下来，我们以 Protobufjs 为例介绍如何在 NJS 中使用 Node.js 模块。

Protocol Buffers 是 Google 公司开发的一种数据描述语言，类似于 XML 语言，能够将结构化数据序列化。它是一种与平台无关、与语言无关、可扩展且轻便高效的序列化数据结构的协议，可以用于网络通信和数据存储。利用它，我们可以先定义想要的数据结构（数据类型），然后通过工具生成各种语言的代码，再用这些代码序列化和反序列化所定义的数据结构中的数据，之后就可以轻松地在网络上传输这些数据流或是把数据流存储在磁盘中了。

更多关于 Protocol Buffers 的介绍和使用方法可以参阅 https://github.com/protocolbuffers/protobuf。

protobufjs 库提供了 JavaScript 语言环境下的 Protocol Buffers 实现。

在本节的示例中，我们将使用 gRPC 示例中的 helloworld.proto 文件，文件的下载地址是 https://github.com/grpc/grpc/blob/master/examples/protos/helloworld.proto。注意不可以使用 `wget` 命令下载此文件，而应该在浏览器中打开下载链接后复制代码内容。示例的目标是创建两条消息：HelloRequest 和 HelloResponse。我们将使用 protobufjs 库的静态模式，而非动态模式，因为出于安全方面的考虑，NJS 不支持动态添加新函数。

首先，安装 protobufjs 库，并根据协议定义生成实现消息发送的 JavaScript 代码：

```
$ npm install protobufjs
```

可以看到 protobufjs 库的安装方式与普通的 npm 包一致。然后，执行 `npx pbjs` 命令生成对应 helloworld.proto 的 static.js 文件，用于消息生成和代码解析：

```
$ npx pbjs -t static-module helloworld.proto > static.js
```

static.js 文件就成了我们新的依赖项（已有的是 protobufjs），它存储了处理消息所需的所有代码。之后，我们基于 static.js 文件实现 `set_buffer` 函数，它会调用 pb 库创建 HelloRequest 消息缓冲区：

```
var pb = require('./static.js');

// Protobuf 库应用示例：创建 HelloRequest 消息缓冲区
function set_buffer(pb)
```

```
{
    // 设置 gRPC 消息体
    var payload = { name: "TestString" };

    // 创建消息对象
    var message = pb.helloworld.HelloRequest.create(payload);

    // 将消息数据序列化到缓冲区
    var buffer = pb.helloworld.HelloRequest.encode(message).finish();

    var n = buffer.length;

    var frame = new Uint8Array(5 + buffer.length);

    frame[0] = 0;                         // 'compressed' flag
    frame[1] = (n & 0xFF000000) >>> 24;  // length: uint32 in network byte order
    frame[2] = (n & 0x00FF0000) >>> 16;
    frame[3] = (n & 0x0000FF00) >>>  8;
    frame[4] = (n & 0x000000FF) >>>  0;

    frame.set(buffer, 5);

    return frame;
}

var frame = set_buffer(pb);
console.log(frame);
```

我们将这段代码保存为 code.js 文件，并简单验证一下它是否运行正常：

```
$ node ./code.js
Uint8Array [
    0,   0,   0,   0,  12, 10,
   10,  84, 101, 115, 116, 83,
  116, 114, 105, 110, 103
]
```

可以看到，我们得到了将结构体`{ name: "TestString"}`序列化后的消息体。接下来，我们使用 `njs` 命令运行这段代码，结果出现了报错信息：

```
$ njs ./code.js
Thrown:
Error: Cannot find module "./static.js"
    at require (native)
    at main (native)
```

这是因为目前 NJS 中并不支持 protobufjs 库，解决方式就是我们之前提到的，使用 browserify 或者其他类似的工具。

在使用 browserify 工具之前需要注意一点，使用 browserify 直接处理现有的 code.js 文件会导致大量 JavaScript 代码在加载后立即被执行，这显然不是我们真正想要的。相反，我们希望有一个导出的函数，可以在 NGINX 配置中引用。做到这一点需要一些包装代码，我们将其放在 load.js 文件中。load.js 文件将依赖加载过程保存在了全局空间中，之后我们可以通过 `global.hello` 引用 static.js 文件中定义的函数：

```
global.hello = require('./static.js');
```

下面我们使用 browserify 工具生成包含所有代码的 bundle.js 文件：

```
$ npx browserify load.js -o bundle.js -d
```

bundle.js 文件比较大，包含所依赖的所有函数的定义：

```
(function(){function......
...
...
},{"protobufjs/minimal":9}]},{},[1])
//# sourceMappingURL.............
```

为了得到可以在 NJS 中运行的用于序列化数据结构的代码，我们将 bundle.js 文件和 code.js 文件合并，把得到的文件命名为 njs_bundle.js：

```
// Protobuf 库应用示例：创建 HelloRequest 消息缓冲区
function set_buffer(pb)
{
    // 设置 gRPC 消息体
    var payload = { name: "TestString" };

    // 创建消息对象
    var message = pb.helloworld.HelloRequest.create(payload);

    // 将消息数据序列化到缓冲区
    var buffer = pb.helloworld.HelloRequest.encode(message).finish();

    var n = buffer.length;

    var frame = new Uint8Array(5 + buffer.length);

    frame[0] = 0;                          // 'compressed' flag
    frame[1] = (n & 0xFF000000) >>> 24;    // length: uint32 in network byte order
    frame[2] = (n & 0x00FF0000) >>> 16;
    frame[3] = (n & 0x0000FF00) >>>  8;
    frame[4] = (n & 0x000000FF) >>>  0;

    frame.set(buffer, 5);
    return frame;
}

// 外部调用函数
function setbuf()
{
    return set_buffer(global.hello);
}
```

```
var frame = setbuf();
console.log(frame);
```

运行 node 命令：

```
$ node ./njs_bundle.js
Uint8Array [
    0,   0,   0,   0,  12, 10,
   10,  84, 101, 115, 116, 83,
  116, 114, 105, 110, 103
]
```

可以看到，得到了相同的结果。同时，运行 njs 命令：

```
$ /njs ./njs_bundle.js
Uint8Array [0,0,0,0,12,10,10,84,101,115,116,83,116,114,105,110,103]
```

结果依然相同，这说明我们成功地将 Node.js 的 protobufjs 库生成的消息序列、反序列代码移植到了 NJS 环境中。最后，我们可以添加以下代码将字节转换成 NJS 中的字符串：

```
if (global.njs) {
    return String.bytesFrom(frame)
}
```

最终验证结果为：

```
$ njs ./njs_bundle.js |hexdump -C
00000000  00 00 00 00 0c 0a 0a 54  65 73 74 53 74 72 69 6e  |.......TestStrin|
00000010  67 0a                                             |g.|
00000012
```

下边这段代码是反序列化的过程，请读者自行执行、试验：

```
function parse_msg(pb, msg)
{
    // 转换字符串为十六进制数字序列
    var bytes = msg.split('').map(v=>v.charCodeAt(0));

    if (bytes.length < 5) {
        throw 'message too short';
    }

    // 前 5 个字节为压缩方式和数据长度(compression + length)
    var head = bytes.splice(0, 5);

    // 确保消息长度
    var len = (head[1] << 24)
              + (head[2] << 16)
              + (head[3] << 8)
              + head[4];

    if (len != bytes.length) {
```

```
        throw 'header length mismatch';
    }

    // 解码消息
    var response = pb.helloworld.HelloReply.decode(bytes);

    console.log('Reply is:' + response.message);
}
```

32.4 使用 NGINX 对象

NJS 提供了能够扩展 NGINX 功能的对象、方法和属性，并且这些对象、方法和属性仍在不断地演进。本节以 0.4.3 版本的 NJS 为例来介绍这些能力，若要了解更新版本具有的特性，则可以参考 http://nginx.org/en/docs/njs/reference.html。

这里我们仅讨论不属于 ECMAScript 规范的特定属性、方法，那些符合规范的可以在 ECMAScript 规范中找到。另外，所有的 NJS 属性和方法都可以在 NJS 兼容列表中找到（https://nginx.org/en/docs/njs/compatibility.html）。

1. Request 对象

Request 对象（HTTP）仅在 ngx_http_js_module 模块中可用，用于传递从 header、arguments 到 body 的 HTTP 请求的各个属性及处理方法，属性中用到的字符串类型均为 byte 字符串（我们将在之后的“String 对象”部分介绍 byte 字符串及其使用方法）。在下面的讲解中，将 Request 对象赋值为 r 变量。

- r.args{}：请求参数，只读。
- r.error(string)：打印错误日志 string 到 error.log 文件。
- r.finish()：结束对请求的处理，将响应发送给客户端。
- r.headersIn{}：请求头，只读。例如，对于请求头 Foo，可以使用两种方式访问：headersIn.foo 或 headersIn['Foo']。

  NJS 从 0.4.1 版本起，对请求头做了相应限制，以下请求头在 HTTP 请求中仅能出现一次：Authorization、Content-Length、Content-Range、Content-Type、ETag、Expect、From、Host、If-Match、If-Modified-Since、If-None-Match、If-Range、If-Unmodified-Since、Max-Forwards、Proxy-Authorization、Referer、Transfer-Encoding、User-Agent。

  cookie 头中可能含有多个字段，可以使用分号（;）将这些字段隔开，其他头部重复字段则使用逗号（,）隔开。

- r.headersOut{}：响应头，可写入。例如，对于响应头 Foo，可以使用两种方式访问：headersOut.foo 或 headersOut['Foo']。

  在 0.4.0 版本的 NJS 中，多值头部的设置语法示例为：

```
r.headersOut['Foo'] = ['a', 'b']
```

  最终体现在 HTTP 响应内容中就是：

```
Foo: a
Foo: b
```

  对于标准的 HTTP 响应头，如 Content-Type，只存在单值定义而不存在重复值定义，因此其最后一次赋值生效。Set-Cookie 等响应头的值在 r.headersOut{}中会以数组的形式存在。对于头部 Age、Content-Encoding、Content-Length、Content-Type、ETag、Expires、Last-Modified、Location、Retry-After，如果出现重复值定义，则它会被认作非法消息头部并被忽略。其他具有重复值定义的头部，以逗号（,）隔开各值。

- r.httpVersion：HTTP 版本，只读。
- r.internalRedirect(uri)：对参数指定的 URI 进行内部重定向。如果指定的 URI 以“@”为前缀，则它会被视为 location，重定向操作在处理程序执行完成后进行。
- r.log(string)：打印日志 string 到 error.log 文件，日志级别为 info。
- r.method：HTTP 方法，只读。
- r.parent：指向父请求的引用。
- r.remoteAddress：客户端地址，只读。
- r.rawHeadersIn{}：返回请求头的键值对数组。

  例如，对于以下请求头：

```
Host: localhost
Foo:  bar
foo:  bar2
```

  它的 r.rawHeadersIn 数组为：

```
[
    ['Host', 'localhost'],
    ['Foo', 'bar'],
    ['foo', 'bar2']
]
```

  可以通过以下语句获取所有 foo 请求头的值：

```
r.rawHeadersIn.filter(v=>v[0].toLowerCase() == 'foo').map(v=>v[1])
```

  输出结果为：

```
['bar', 'bar2']
```

注意请求头字段的名称不会自动转换为小写，重复字段的值也不会自动合并，需要处理方自行实现。

- r.rawHeadersOut{}：返回响应头的键值对数组。同上，响应头中的字段名称也不会自动转换为小写，重复字段的值也不会自动合并。
- r.requestBody：如果客户端请求体尚未写入临时文件，则返回该请求体。为了确保客户端请求体能放在内存中，应使用 client_max_body_size 限制其大小，同时使用 client_body_buffer_size 设置用于容纳请求体的内存的大小（该属性仅在 js_content 中可用）。
- r.responseBody：用于保存 subrequest 函数返回的响应体，只读，它的存储空间的大小可以由 subrequest_output_buffer_size 指令设置。
- r.return(status[, string])：返回给客户端最终的处理结果（包含状态码）。这里的处理结果既可以是重定向 URL（这时的 HTTP 状态码为 301、302、303、307 或 308），也可以是响应内容（HTML 格式或任意其他格式，此时的 HTTP 状态码为 404、500 等）。
- r.send(string)：发送部分响应内容给客户端，可以调用多次。
- r.sendHeader()：发送 HTTP 头给客户端。
- r.status：HTTP 码或 HTTP 状态码，可写入。
- r.subrequest(uri[, options[, callback]])：给指定的 URL 创建一个子请求，附带必要的 options 参数，并提供一个可选的回调函数 callback。

通过 subrequest 方法创建的子请求具有与客户端请求同样的请求头。若想使用不同的请求头访问上游服务器，那么可以使用 proxy_set_header 指令单独设置。若要使用完全不同的请求头，则可以使用 proxy_pass_request_headers 指令进行设置。

options 参数的格式如果是字符串，那么它会被解析为子请求的参数字符串；否则，是具有以下键的对象。

- args：参数字符串，默认情况下使用空字符串。
- body：请求体，默认情况下使用父请求对象的请求体。
- method：HTTP 方法，默认情况下使用 GET 方法。
- detached：布尔值，如果为 true，则创建的子请求将独立运行，这时子请求的响应将被忽略。与普通子请求不同，可以在变量处理程序中创建独立子请求。detached 和 callback 参数是互斥的。

子请求创建完成后，会接收到一个响应对象，其方法和属性与父请求的方法和属性类型相同。自 0.3.8 版本起，NJS 约定如果未提供回调函数，就返回 Promise 对象，该对象会异步执行，并得到响应对象。

- r.uri：当前请求的 URI，是规范化后的(normalized)，只读。关于规范化的具体内容，可以参考 https://metacpan.org/pod/URI::Normalize。
- r.variables{}：访问 NGINX 变量，可写入。
- r.warn(string)：打印日志 string 到 error.log 文件，日志级别为 warning。

2. Session 对象

Session 对象（Stream）仅存在于 ngx_stream_js_module 模块中。所有 string 属性的对象都是 byte 字符串。在下面的讲解中，将 Session 对象赋值为 s 变量。

- s.allow()：成功完成当前阶段的处理函数。
- s.decline()：完成阶段处理程序，将控制权交给下一个处理程序。
- s.deny()：使用 Access Error Code 完成处理程序。
- s.done([code])：成功完成当前处理程序或使用指定的数字代码完成。
- s.error(string)：打印日志 string 到 error.log 文件，日志级别为 error。
- s.log(string)：打印日志 string 到 error.log 文件，日志级别为 info。
- s.off(eventName)：注销由 s.on 函数注册的回调函数。
- s.on(event, callback)：将回调函数 callback 注册到参数 event 指定的事件上，这里的 event 分为以下两种。
  - upload：有数据流来自客户端。
  - download：有数据流去往客户端。

  回调函数 callback 的原型定义是 callback(data, flags)，其中 data 是字节流数据，flags 是一个对象，包含属性 last，是一个布尔值。当 data 为最后一部分时，last 会被设置为 true。
- s.remoteAddress：客户端地址，只读。
- s.send(data[, options])：将数据发送到客户端。options 参数是用于覆盖 NGINX 缓冲区的标志位，由传入的 data 的属性决定，有以下两种取值。
  - last：布尔值，当 data 为最后一部分时被设置为 true，以通知 NGINX 缓存。
  - flush：布尔值，当需要刷新缓冲区时，将其设置为 true。
- s.send：可以被调用多次（往往在回调函数中调用）。
- s.variables{}：如 r.variables，用于访问 NGINX 变量对象，可写入。
- s.warn(string)：打印日志 string 到 error.log 文件，日志级别为 warning。

3. Process 对象

Process 对象是一个全局对象，用来提供与当前进程相关的信息。在下面的讲解中，将 Process 对象赋值为 process 变量。

- process.argv：返回一个数组，该数组中包含当前进程启动时传递的命令行参数。
- process.env：返回当前的用户环境变量。

  NGINX 默认会删掉从父进程继承来的环境变量（除了 TZ 环境变量），如果要保留，可以在 NGINX 配置文件中执行 env 指令。env 指令的定义如下：

  ```
  Syntax:     env variable[=value];
  Default:    env TZ;
  Context:    main
  ```

  如果想了解更详细的内容，可以参考 https://nginx.org/en/docs/ngx_core_module.html#env。

- process.pid：返回当前进程的 PID。
- process.ppid：返回当前进程的父进程的 PID。

使用 NJS 命令行工具，可以查看 Process 对象的各个属性：

```
$ ./njs
interactive njs 0.4.3

v.<Tab> -> the properties and prototype methods of v.

>> process.argv
[
 './njs',
 ''
]
>> process.env
{
 TERM_PROGRAM: 'iTerm.app',
 __CF_USER_TEXT_ENCODING: '0x2D972FE5:0x0:0x0',
 SSH_AUTH_SOCK: '/private/tmp/com.apple.launchd.gY9lwUvmcx/Listeners',
 ITERM_SESSION_ID: 'w0t3p1:BD199D11-61C1-47A0-AEFF-9DD0F8248100',
 ...
 LOGNAME: 'zong',
 COLORTERM: 'truecolor',
 PS1: '\\[\u001b[31m\\][\\u@\\h \\W]$ \\[\u001b(B\u001b[m\\]',
 TERM_SESSION_ID: 'w0t3p1:BD199D11-61C1-47A0-AEFF-9DD0F8248100',
 PATH: '/usr/local/bin:/usr/bin:/bin:/usr/sbin:/sbin:/Applications/VMware
 ...
 SHELL: '/bin/bash',
 COLORFGBG: '7;0',
 ...
 '/private/tmp/com.apple.launchd.wXfwO6qnkj/org.macosforge.xquartz:0'
}
```

```
>> process.pid
23030
>> process.ppid
47188
>>
```

4. String 对象

NJS 中共有两种类型的字符串：Unicode 字符串（默认）和 byte 字符串。Unicode 字符串对应包含 Unicode 字符的 ECMAScript 字符串。byte 字符串包含一系列字节，用于将 Unicode 字符串序列化为外部数据流和反序列化外部源数据。例如，`toUTF8` 方法能够以 UTF-8 编码的形式将 Unicode 字符串序列化为 byte 字符串：

```
>> '£'.toUTF8().toString('hex')
'c2a3'   /* C2 A3 UTF8 格式下'£'的按位表示 */
```

`toBytes` 方法则能够将 Unicode 字符串按位序列化为 byte 字符串。注意 Unicode 字符串最长为 255 位，否则会返回 `null`。这里需要注意 `toBytes` 方法的转换是按位进行的：

```
>> '£'.toBytes().toString('hex')
'a3'  /* a3 是 00A3 ('£')的按位表示*/
```

下面讲解一些 `String` 对象的方法，我们将 `String` 对象赋值为 `String` 变量。

- `String.bytesFrom(array | string, encoding)`：创建 byte 字符串类型的字符串，参数 `array` 为八进制字符集或者编码后的字符串，参数 `encoding` 为编码格式，可以是 `hex`、`base64` 或者 `base64url`。下面是示例代码：

```
>> String.bytesFrom([0x62, 0x75, 0x66, 0x66, 0x65, 0x72])
'buffer'

>> String.bytesFrom('YnVmZmVy', 'base64')
'buffer'

>> String.bytesFrom('aHR0cHM6Ly93d3cubmdpbngtY24ubmV0Lw', 'base64url')
'https://www.nginx-cn.net/'
```

- `String.prototype.fromBytes(start[, end])`：将 byte 字符串转换为 Unicode 字符串，就是把 byte 字符串中的每字节都替换为相应的 Unicode 字符。
- `String.prototype.fromUTF8(start[, end])`：将包含有效 UTF8 字符串的 byte 字符串转换为 Unicode 字符串，否则返回 `null`。
- `String.prototype.toBytes(start[, end])`：将 Unicode 字符串序列化为 byte 字符串。如果字符串中存在长度大于 255 的字符，则返回 `null`。
- `String.prototype.toString(encoding)`：将字符串编码为 `encoding` 参数指定的格式，可以是 `hex`、`base64` 或者 `base64url`：

```
>>  'αβγδ'.toString('base64url')
'zrHOss6zzrQ'
```

NJS 在 0.4.3 版本之前，toString 方法只能对 byte 字符串编码：

```
>>  'αβγδ'.toUTF8().toString('base64url')
'zrHOss6zzrQ'
```

- String.prototype.toUTF8(start[, end])：将 Unicode 字符串（使用 UTF-8 格式编码）转换成 byte 字符串：

```
>> 'αβγδ'.toUTF8().length
8
>> 'αβγδ'.length
4
```

图 32-2 展示了 Unicode 字符串和 byte 字符串之间的转换关系。

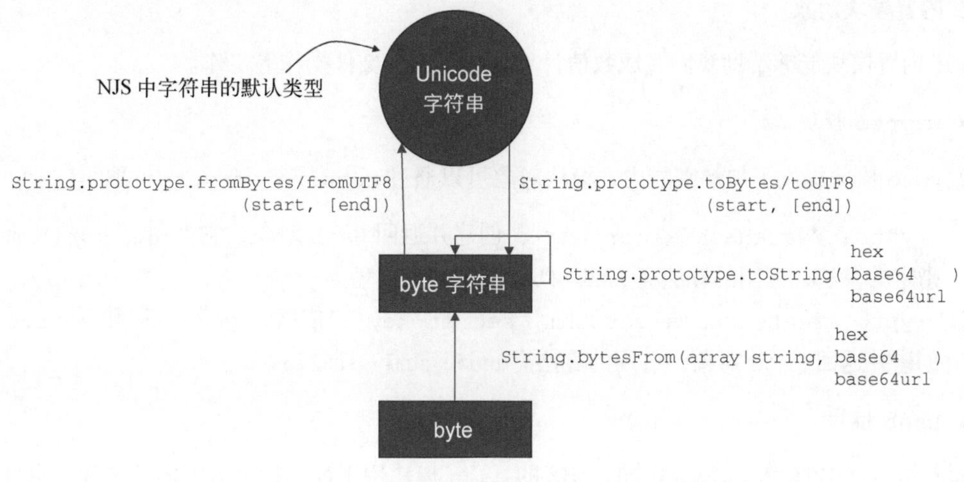

图 32-2 Unicode 字符串和 byte 字符串之间的转换关系

只有在明确字符串使用的 UTF-8 格式时，才会使用 fromUTF8 方法和 toUTF8 方法实现 Unicode 字符串和 UTF-8 字符串之间的转换。

在第 31 章中我们提到，根据 ECMAScript 规范，JavaScript 使用 UTF-16 编码来处理字符串会增加一倍的存储空间，所以 NJS 选择使用 UTF-8 编码，toUTF8 方法和 fromUTF8 方法能够帮忙完成这一转换。

5. Timer 对象

NJS 中的 Timer 用于延迟执行指定的逻辑。

- clearTimeout(timeout)：撤销由 setTimeout 函数创建的 timeout 对象。
- setTimeout(function, milliseconds[, argument1, argumentN])：在毫秒级时间后调用函数 function，参数 argument1、argumentN 可以作为 function 函数的参数传入，最终返回 timeout 对象。该方法的用法示例如下：

```
function handler(v)
{
    // ...
}

t = setTimeout(handler, 12);

// ...

clearTimeout(t);
```

6. 内置模块对象

NJS 内置模块能够帮助我们完成数值计算、加解密、文件操作等工作。

- **Crypto 模块**

Crypto 模块提供了加解密能力，模块对象可以通过 require('crypto')取得。

- crypto.createHash(algorithm)：创建并返回 Hash 对象，它使用 algorithm 参数指定的算法，可用的算法有 md5、sha1、sha256。
- crypto.createHmac(algorithm, secret key)：依据 algorithm 和 secret key 创建并返回 HMAC 对象，可用的算法有 md5、sha1、sha256。

- **Hash 模块**

同其他语言中的 Hash 模块相同，NJS 的 Hash 模块用于计算指定数据的哈希和消息摘要。模块对象可以通过 require('hash')取得。

- hash.update(data)：将 data 指定的内容更新到 hash 对象中。
- hash.digest([encoding])：计算所有数据（使用 hash.update 传递）的摘要。参数 encoding 可以是 hex、base64 和 base64url，如果未指定编码格式，则返回 byte 字符串类型的字符串。该方法的用法示例如下：

```
>> var cr = require('crypto')
undefined

>> cr.createHash('sha1').update('A').update('B').digest('base64url')
'BtlFlCqiamG-GMPiK_GbvKjdK10'
```

- **HMAC 模块**

HMAC 是 Hash-based Message Authentication Code（散列消息认证码）的缩写，由 H. Krawezyk、M. Bellare 和 R. Canetti 于 1996 年提出，是一种基于 Hash 函数和密钥进行消息认证的方法，并于 1997 年作为 RFC2104 公布，之后在 IPSec 和其他网络协议（如 SSL）中得到了广泛应用，现在已经成为事实上的互联网安全标准。它可以与任何迭代散列函数捆绑使用。模块对象可以通过 `require('hmac')` 取得。

- ❑ `hmac.update(data)`：将 `data` 参数指定的内容更新到 `hmac` 对象中。
- ❑ `hmac.digest([encoding])`：计算所有数据（使用 `hmac.update` 传递）的摘要。参数 `encoding` 同样可以是 `hex`、`base64` 和 `base64url`，如果未指定编码格式，则返回 byte 字符串类型的字符串。该方法的用法示例如下：

```
>> var cr = require('crypto')
undefined

>> cr.createHmac('sha1', 'secret.key').update('AB').digest('base64url')
'Oglm93xn23_MkiaEq_e9u8zk374'
```

- **`File System` 模块**

`File System` 模块提供文件相关的操作，模块对象可以通过 `require('fs')` 取得。NJS 自 0.3.9 版本起，文件系统方法的 Promise 版本可以通过 `require('fs').promises` 取得：

```
> var fs = require('fs').promises;
undefined
> fs.readFile("/file/path").then((data)=>console.log(data))
<file data>
```

- ❑ `accessSync(path[, mode])`：同步检查 `path` 参数指定的路径中的文件或目录的权限。如果检查失败，将返回错误，否则返回 `undefined`。`mode` 参数的默认取值为 `fs.constants.F_OK`，这是一个可选参数，用于指定要检查的权限类型。该方法的用法示例如下：

```
try {
    fs.accessSync('/file/path', fs.constants.R_OK | fs.constants.W_OK);
    console.log('has access');
} catch (e) {
    console.log('no access');)
}
```

- ❑ `appendFileSync(filename, data[, options])`：同步将 `data` 参数指定的数据追加到 `filename` 参数指定的文件中，如果不存在对应文件，就创建一个。`options` 参数应为具有以下键的对象。
  - ■ `mode`：文件权限信息，默认为 `0o666`。

  - flag：文件系统的标志，默认为 a。

- mkdirSync(path[, options])：同步在 path 参数指定的路径下创建目录。options 参数是特定模式的整数，或者包含以下键的对象。

  - mode：文件权限信息，默认为 0o777。

- readdirSync(path[, options])：同步读取 path 参数指定的路径下的目录内容。options 参数应该是指定编码的字符串或包含以下键的对象。

  - encoding：编码格式，无默认值，可以是 utf8。
  - withFileTypes：如果设置为 true，则文件数组将包含 fs.Dirent，默认为 false。

- readFileSync(filename[, options])：同步读取参数 filename 指定的文件的内容。options 参数是指定编码的字符串，如果未指定，则返回 byte 字符串类型的字符串；如果指定的是 UTF-8 编码，则返回 Unicode 字符串；否则，options 参数应该是具有以下键的对象。

  - encoding：编码格式，无默认值，可以是 utf8。
  - flag：文件系统的标志，默认为 r。

  该方法的用法示例如下：

```
>> var fs = require('fs')
undefined
>> var file = fs.readFileSync('/file/path.tar.gz')
undefined
>> var gzipped = /^\x1f\x8b/.test(file); gzipped
true
```

- realpathSync(path[, options])：获取 path 参数指定的真实路径，此方法将调用 realpath(3)解析“.”“..”和符号链接。options 参数可以是指定编码的字符串，也可以是具有编码属性的对象，该对象包含 encoding 属性指定的编码格式。
- renameSync(oldPath, newPath)：同步将文件的名称或位置从 oldPath 指定的内容更改为 newPath 指定的内容。该方法的用法示例如下：

```
>> var fs = require('fs')
undefined
>> var file = fs.renameSync('hello.txt', 'HelloWorld.txt')
undefined
```

- rmdirSync(path)：同步删除 path 参数指定的路径。
- symlinkSync(target, path)：使用 symlink(2)同步创建名称为 path 的链接，指向 target 参数指定的目标。也可创建相对目标的相对链接。

- unlinkSync(path)：同步删除名为 path 的链接文件。
- writeFileSync(filename, data[, options])：同步将 data 参数指定的数据写入 filename 参数指定的文件中。如果不存在对应的文件，就创建一个；如果存在，则替换它。options 参数应该为具有以下键的对象。
  - mode：文件权限信息，默认为 0o666。
  - flag：文件系统的标志，默认为 w。

```
>> var fs = require('fs')
undefined
>> var file = fs.writeFileSync('hello.txt', 'Hello world')
undefined
```

- fs.Dirent：这是目录条目的表示形式——文件类型或子目录类型。当调用 readdirSync 方法时，如果带有 withFileTypes 选项（取值为 true），就返回 fs.Dirent 类型的数组，否则返回字符串类型的文件名数组，例如：

```
>> f.readdirSync('.', {encoding: 'utf8', withFileTypes: true})
[
    Dirent {
        name: 'test',
        type: 4
    },
    ...
    Dirent {
        name: 'ts',
        type: 4
    },
    Dirent {
        name: 'src',
        type: 4
    }
]
```

如果不带 withFileTypes 选项，或者 withFileTypes 选项取值为 false，则返回结果为：

```
>> f.readdirSync('.', {encoding: 'utf8', withFileTypes: false})
[
    'test',
    ...
    'ts',
    'src'
]
```

以下函数可以判断 fs.Dirent 对象的内容。

- dirent.isBlockDevice：如果 fs.Dirent 对象为块设备，就返回 true。

- dirent.isCharacterDevice：如果 fs.Dirent 对象为字符设备，就返回 true。
- dirent.isDirectory：如果 fs.Dirent 对象为目录，就返回 true。
- dirent.isFIFO：如果 fs.Dirent 对象为管道（先进先出管道），就返回 true。
- dirent.isFile：如果 fs.Dirent 对象为文件，就返回 true。
- dirent.isSocket：如果 fs.Dirent 对象为套接字，就返回 true。
- dirent.isSymbolicLink：如果 fs.Dirent 对象为链接，就返回 true。
- dirent.name：返回 fs.Dirent 对象中的 name 属性。

❑ accessSync：该方法可以接收以下标志。

- F_OK：表明文件对调用进程可见，是默认取值。
- R_OK：表明调用进程可以读取该文件。
- W_OK：表明调用进程可以写入该文件。
- X_OK：表明调用进程可以执行该文件。

这些标志由 fs.constants 导出，如 fs.constants.F_OK。

❑ flag：文件系统的标志，有以下取值。

- a：打开文件进行追加。如果文件不存在，则创建一个。
- ax：与 a 的作用相同，但如果文件已经存在，就表示失败。
- a+：打开文件进行读取和追加。如果文件不存在，则创建一个。
- ax+：与 a+的作用相同，但如果文件已经存在，就表示失败。
- as：打开文件，在同步模式下进行追加。如果文件不存在，则创建一个。
- as+：打开文件，在同步模式下进行读取和追加。如果文件不存在，则创建一个。
- r：打开文件进行读取。如果文件不存在，将抛出异常。
- r+：打开文件进行读取和写入。如果文件不存在，将抛出异常。
- rs+：打开文件，在同步模式下进行读取和写入，不写入本地文件系统缓存。
- w：打开文件进行写入。如果该文件不存在，则创建一个。如果文件已经存在，就替换该文件。
- wx：与 w 的作用相同，但如果文件已经存在，就会失败。
- w+：打开文件进行读取和写入。如果该文件不存在，则创建一个。如果文件存在，将替换该文件。
- wx+：与 w+的作用相同，但如果文件已经存在，就会失败。

- **Query String 模块**

Query String 模块能够解析和格式化 URL 中的查询字符串（0.4.3 版本的 NJS）。Query String 模块对象可以由 require('querystring')取得。

- querystring.decode：函数 querystring.parse 的别称。
- querystring.encode：函数 querystring.stringify 的别称。
- querystring.escape(string)：执行给定字符串的 URL 编码，返回转义后的查询字符串。该方法应由 querystring.stringify 调用，不应直接使用。
- querystring.parse(string[, separator[, equal[, options]]])：分析查询字符串 URL 并返回一个对象，下面是对其参数的解析。
  - separator 参数：用于指明用哪个子字符串分隔查询字符串中的键值对，默认取值为"&"。
  - equal 参数：用于指明用哪个子字符串分隔查询字符串中的键和值，默认取值为"="。
  - Options 参数是一个 key-value 对象，其中一个 key 为 decodeURIComponent function，它用于处理查询字符串中的百分比字符，默认取值为 querystring.unescape。maxKeys number 表示可以解析的键的个数，默认取值为 1000，若取值为 0 则表示不受这一限制。在默认情况下，查询字符串中编码的百分比字符是使用 UTF-8 编码的，无效的 UTF-8 序列将替换为 U+FFFD。例如，分析查询字符串 foo=bar&abc=xyz&abc=123：

```
>> var qs = require('querystring')
undefined
>> qs.parse('foo=bar&abc=xyz&abc=123')
{
    foo: 'bar',
    abc: [
        'xyz',
        '123'
    ]
}
```

- querystring.stringify(object[, separator[, equal[, options]]])：序列化对象并返回 URL 查询字符串，下面是对其参数的解析。
  - separator 参数：用于指明用哪个子字符串分隔查询字符串中的键值对，默认取值为"&"。
  - equal 参数：用于指明用哪个子字符串分隔查询字符串中的键和值，默认取值为"="。
  - options 参数：应该为包含 decodeURIComponent function 键的对象，这个键是把查询字符串中 URL 的不安全字符转换为百分比字符（%）时使用的函数，默认取值为 querystring.escape。在查询字符串中，需要百分比字符编码的字符默认编码为 UTF-8。如果需要其他编码，则可以指定 encodeURIComponent 选项，例如，对于命令：

```
querystring.stringify({ foo: 'bar', baz: ['qux', 'quux'], 123: '' });
```

其查询字符串为：

```
'foo=bar&baz=qux&baz=quux&123='
```

- querystring.unescape(string)：对 URL 查询字符串中的“%”编码字符执行解码，并返回一个未转义的查询字符串。该方法应由 querystring.parse 调用，不应该直接使用。

32.5 NJS 模块的功能及应用案例

本节中我们将以应用案例的方式展开介绍 NJS 的 ngx_http_js_module 模块和 ngx_stream_js_module 模块的功能。

32.5.1 ngx_http_js_module 模块

ngx_http_js_module 模块用于实现 NJS 中对 location 和 variable 的操作，提供的指令有：js_content、js_import、js_include、js_path、js_set。

- **js_content 指令**

  语法：js_content function | module.function;

  默认值：-

  上下文：location，limit_except

  其他：将 NJS 的 function 或者 module.function 设置为 location 内容处理程序（content handler）。NJS 自 0.4.0 版本起，js_content 指令的参数可以作为模块函数被引用。

- **js_import 指令**

  语法：js_import module.js | export_name from module.js;

  默认值：-

  上下文：http

  其他：该指令出现在 0.4.0 及之后版本的 NJS 中，作用是导入包含处理程序的模块，可以重复使用。export_name 可用作访问模块函数的命名空间，如果没有指定其值，则使用模块名称作为命名空间，例如，js_import http. js;中的模块名称 http 在使用时会被用作命名空间。如果导入的模块函数包含 foo()，则可以使用 http.foo 引用此函数。

- **js_include 指令**

  语法：js_include file;

  默认值：-

  上下文：http

  其他：该指令用来指定包含实现程序的 JavaScript 文件，例如：

```
nginx.conf:
js_include http.js;
location   /version {
    js_content version;
}

http.js:
function version(r) {
    r.return(200, njs.version);
}
```

  NJS 从 0.4.0 版本开始，已经废弃该指令，用 js_import 代替了它。

- **js_path 指令**

  语法：js_path path;

  默认值：-

  上下文：http

  其他：该指令用于额外指定 NJS 模块文件的路径。默认的文件路径与 NGINX 中的 --prefix 一致。

- **js_set 指令**

  语法：js_set $variable function | module.function;

  默认值：-

  上下文：http

  其他：该指令用于使用 funciton 或者 module.function 的结果为$variable 赋值。

32.5.2 案例——带有内容预览功能的文件服务器

本节会利用 NGINX 和 NJS 构建一个带有内容预览功能的文件服务器，旨在演示 ngx_http_js_module 模块的基本指令的使用方法，展示它们如何与 NGINX 相关指令配合，实现更丰富的文件内容展现形式。

1. 需求定义

NGINX 提供的目录浏览功能（`autoindex`）默认会帮助我们实现一个简单的内容服务器，如图 32-3 所示。

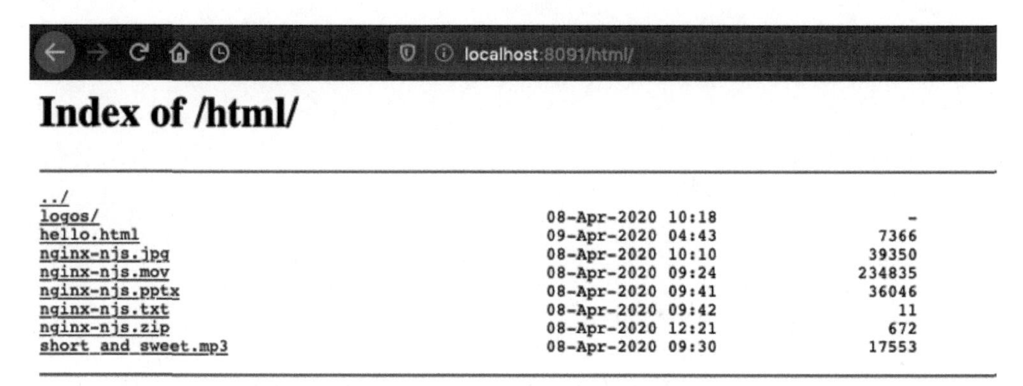

图 32-3　默认的文件列表显示效果

我们也可以配置 `autoindex_format json;`，得到 JSON 格式的文件列表信息，如图 32-4 所示。

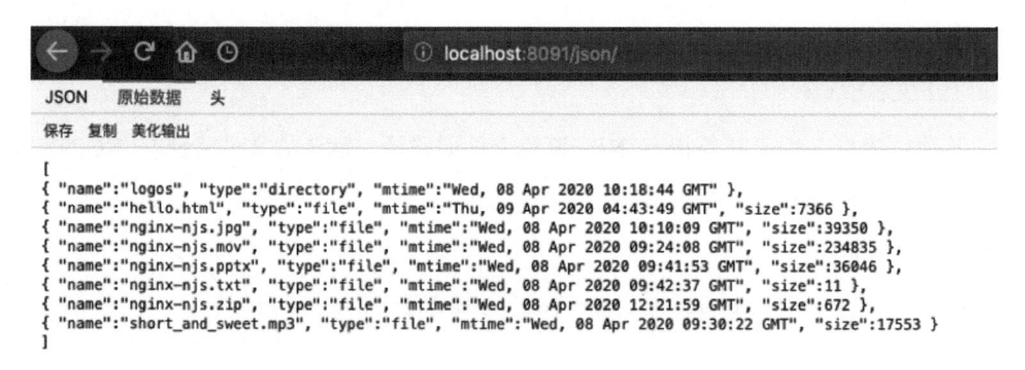

图 32-4　JSON 格式的文件列表

我们希望在不借助第三方专门的文件服务器逻辑的前提下，让 NGINX 的文件服务器以更丰富、更炫的方式展示以上文件，并且更形象地展示文件的类型、大小、名称等，就像照片墙一样能供我们预览。预期的展示效果如图 32-5 所示。

图 32-5　预期的展示效果图

我们归纳一下图 32-5 所示的文件服务器的特点。

- 文件类型（文本、文档、视频、音频、压缩文件等）以图标的方式展示。
- 如果文件是图片，则直接展示图片本身的缩略图。
- 以表格的方式排布各文件，列的数量依据浏览器的宽度自适应得到。

我们需要用到以下技术。

- NGINX 配置指令：`autoindex`。
- NJS 模块指令：`js_include`、`js_content`、`js_set`。
- NJS JavaScript：`subrequest`。
- HTML CSS：用于定义基本的展示样式。

接下来我们按照请求应答的逻辑，逐步分析实现代码的各个部分。

2. 源码实现

先看一下源文件列表，如图 32-6 所示。

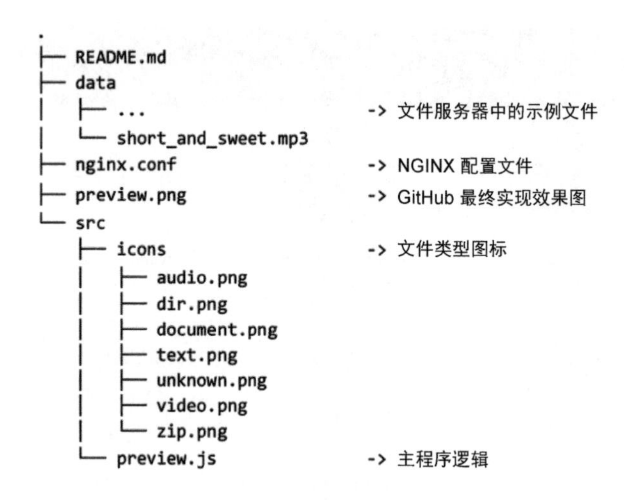

图 32-6　源文件列表

打开 https://github.com/f5devcentral/nginx-njs-usecases/tree/master/autoindex_prev 可以取得相关代码，你会发现除了/prev，NGINX 配置文件中还有 2 个暴露的 API。

- /json：显示 JSON 格式的文件列表。
- /html：显示 HTML 格式的文件列表。

下面我们简要分析访问 http://localhost:8091/prev/ 时的程序调用流程。

(1) 当访问上面的链接时，NGINX 会匹配 location /prev，对 HTTP 请求的后续处理都交由里面 js_content 指令设置的 preview 程序处理：

```
location /prev {
    default_type text/html;
    js_content preview;
}
```

(2) preview 调用 subrequest 函数获取 JSON 格式的文件信息：

```
function preview(r) {
    var path = r.uri.replace('/prev/', '/');
    r.subrequest(`/json${path}`, { method: 'GET' })
    .then(resp => {
        var jd = JSON.parse(resp.responseBody);
        var html_start = `<!DOCTYPE html>
            <html>
```

我们看看 preview 的实现过程，它先通过 r.uri 获取用户的实际访问路径，并赋值给 path 变量，然后调用 subrequest 函数访问/json${path}。location /json 的实现如下：

```
location /json {
    alias /root/data;
```

```
    autoindex on;
    autoindex_format json;
}
```

其中 autoindex_format 的取值为 json，当访问 /json/xxx 路径时，会返回 JSON 格式的文件信息。当通过 preview 命令得到 JSON 格式的文件信息后，对文件信息进行分析加工。

NJS 会使用 JSON.parse(r.responseBody)将返回的子请求解析为 JSON 格式。

从图 32-4 中可以看到，数组中的每个元素都包含文件名大小、类型等信息，我们可以结合文件名的后缀和 mime.type 判断文件类型。preview.js mime_map 变量中维护着预定义的文件类型匹配关系：

```
var mime_map = {
    "text": ["css", "htm", "html", "js", "txt", "xml"],
    "image": ["gif", "ico", "jpeg", "jpg", "png", "svg", "svgz"],
    "document": ["doc", "docx", "ppt", "pptx"],
    "audio": ["m4a", "mid", "midi", "mp3", "ogg", "ra"],
    "video": ["3gpp", "3gp", "avi", "m4v", "mp4", "mpeg", "mpg", "mov", "wmv"],
    "zip": ["7z", "rar", "zip"]
}
```

实现从 mime.type 到文件类型的映射的函数为 get_mime_type：

```
function get_mime_type(suffix) {
    var t = 'unknown';
    Object.keys(mime_map).forEach(type => {
        if(mime_map[type].indexOf(suffix) != -1) {
            t = type;
            return;
        }
    });

    return t;
}
```

(3) 设置显示样式。为了更清晰地显示文件列表，我们定义了几种 CSS 样式：

```
<style type="text/css">
    #wrap {
        display: flex;
        justify-content: left;
        flex-wrap: wrap;
    }
    .div_fixed_size {
        width: ${item_width}px;
        height: ${item_height}px;
    }
    .box{
        width: ${get_image_width(r)}px;
        height: ${get_image_height(r)}px;
        display: box;
```

```
        box-pack:center;
        box-orient: horizontal;

        /* Firefox */
        display: -moz-box;
        -moz-box-pack: center;
        -moz-box-orient: vertical;

        /* Safari Opera Chrome */
        display: -webkit-box;
        -webkit-box-pack:center;
        -webkit-box-orient:vertical;
    }
</style>
```

其中每个文件的显示大小和图片大小都能够以参数的方式传入。用于处理文件显示大小的变量和函数的定义如下：

```
var item_width = 200;
var item_height = 200;
var image_width = 100;
var image_height = 100;

function get_image_width(r) {
    var max = item_width * 0.75;
    return (image_width > max)? max : image_width;
}

function get_image_height(r) {
    var max = item_height * 0.75;
    return (image_height > max)? max : image_height;
}
```

可以看到，页面的显示比例是参数化的，可配置的。同时要注意，nginx.conf 文件中预览图示的大小也是通过 `get_image_width` 函数和 `get_image_height` 函数获取的：

```
js_set $image_width get_image_width;
js_set $image_height get_image_height;
...
    location /preview_image/ {
        alias /root/data/;
        autoindex on;

        image_filter test;
        image_filter resize $image_width $image_height;
    }

    location ~ /__icons__/(.*)$ {
        alias /root/nginx/conf/scripts/icons/$1.png;
        add_header Content-Type "image/png";
        image_filter resize $image_width $image_height;
    }
```

(4) 组装 HTML 报文。使用 get_div_body 指令组装 HTTP 报文的逻辑如图 32-7 所示，它会判断 item.type 和 mime.type 对文件类型的映射。

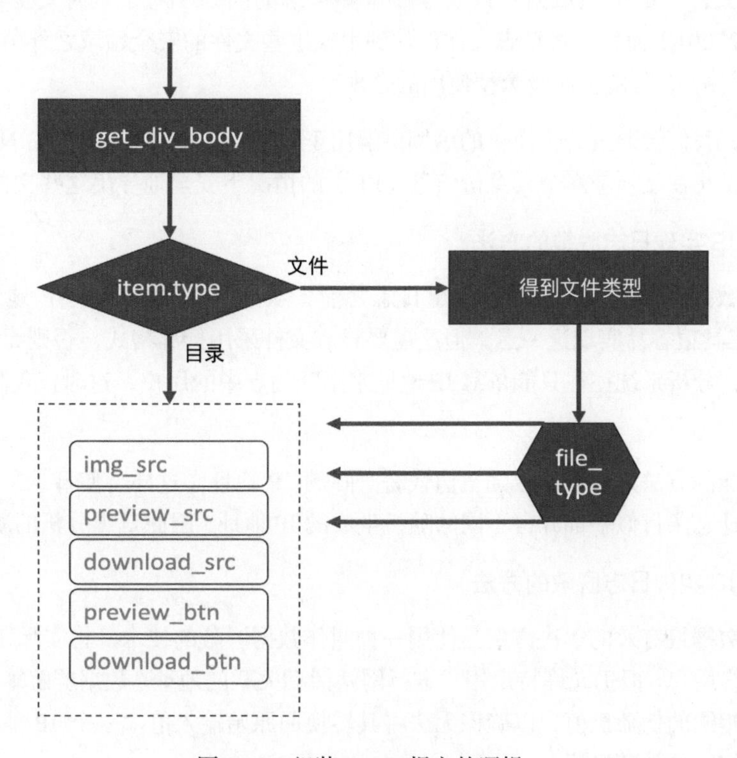

图 32-7 组装 HTTP 报文的逻辑

我们配置不同的变量，这些变量会嵌入<div></div>中，显示在 HTML 页面上：

```
return `
    <div class="div_fixed_size">
        <div class="box">
        <img src="${img_src}"></img>
        </div><br>
        <b>name</b>: ${item.name}<br>
        <b>size</b>: ${item.size}<br>
        <a href="${preview_src}">${preview_btn}</a>
        <a href="${download_src}">${download_btn}</a>
    </div>
`;
```

32.5.3 案例——日志内容脱敏

2016 年 10 月，欧盟法院裁定 IP 地址为“个人信息”，属于数据保护指令和通用数据保护条例（GDPR）的管辖范围。对于许多网站所有者而言，敏感数据不可以离开欧盟，这对归档和分析日志文件提出了挑战。

保护日志文件中的个人数据不仅仅是欧盟要考虑的问题。对于具有安全认证资质的组织（如 ISO / ICE 27001）而言，将日志文件移动到生成这些文件的安全领域之外（例如，从网络操作移动到市场营销），可能会超越数据使用的合规性。

在本节中，我们会通过一个简单的示例讲解用于清理 NGINX Plus 和 NGINX 日志文件的简单解决方案，以便在无须暴露个人身份信息（PII）的情况下安全地导出这些文件。

1. 不用 NJS 实现日志脱敏的方法

保护个人数据最简单的方法是在导出日志之前，从日志文件中剥离 IP 地址。使用标准的 Linux 命令行工具很容易实现这一点，但这需要日志文件采用标准格式，否则无法方便地处理。在一些场景中，分析系统往往只能依靠 IP 地址来跟踪站点中的用户，这时仅仅隐去 IP 地址显然是不够的。

另一种可能的方法是用假值或随机值代替实际的 IP 地址，这样会使日志文件看起来完整，但是由于每个日志条目似乎都源自不同的随机生成的 IP 地址，因此日志分析的质量会受到损害。

2. 使用 NJS 实现日志脱敏的方法

保护个人数据最有效的解决方案是使用一种叫作数据屏蔽的技术，将实际 IP 地址转换为一个不能识别最终用户，但仍允许特定用户进行网站活动关联的地址。数据屏蔽算法会一直为给定的输入值生成相同的伪随机值，以确保无法将其转换回原始输入值。一个 IP 地址每次出现时，都会被转换为相同的伪随机值。

我们可以使用 NJS 在 NGINX 和 NGINX Plus 中实现 IP 地址掩码。在这种情况下，我们将执行少量 JavaScript 代码，实现在记录每个请求时屏蔽客户端 IP 地址。

```
$ curl http://localhost/
127.0.0.1 -> 8.163.209.30
$ sudo tail --lines=1 /var/log/nginx/access*.log
==> /var/log/nginx/access.log <==
127.0.0.1 - - [16/Mar/2017:19:08:19 +0000] "GET / HTTP/1.1" 200 26 "-" "curl/7.47.0"

==> /var/log/nginx/access_masked.log <==
8.163.209.30 - - [16/Mar/2017:19:08:19 +0000] "GET / HTTP/1.1" 200 26 "-" "curl/7.47.0"
```

图 32-8　日志脱敏后的效果

从图 32-8 中可以看到，上下两份日志实际上来自同一次请求访问，但 IP 地址不同，第二份用 8.163.209.30 替换了真实的 IP 地址 127.0.0.1。被替换的日志文件是安全的，当然这里说的安全是指 IP 地址安全。

3. 实现细节

```
log_format masked '$remote_addr_masked - $remote_user [$time_local] '
                  '"$request_method $request_uri_masked $server_protocol" '
                  '$status $body_bytes_sent "$http_referer" "$http_user_agent"';

    # log_format combined '$remote_addr - $remote_user [$time_local] '
    # '"$request" $status $body_bytes_sent '
    # '"$http_referer" "$http_user_agent"';

    js_include scripts/masking.js;
    js_set     $remote_addr_masked maskRemoteAddress;
    js_set     $request_uri_masked maskRequestURI;
```

在这段代码中，我们使用 `js_set` 指令设置了新的变量`$remote_addr_masked` 和`$remote_uri_masked`,并在自定义的日志格式中使用了这些变量。新格式的日志被写入 access_masked.log 文件中。注释是 `combined` 日志格式的内容，用作对比。

`js_set` 指令会触发 `maskRemoteAddress` 函数的执行，完成对变量的设置。这里我们看下 `maskRemoteAddress` 函数的实现：

```
function fnv32a(str) {
    var hval = 2166136261;
    for (var i = 0; i < str.length; ++i ) {
      hval ^= str.charCodeAt(i);
      hval += (hval << 1) + (hval << 4) + (hval << 7)
                + (hval << 8) + (hval << 24);
    }
    return hval >>> 0;
}

function i2ipv4(i) {
    var octet1 = (i >> 24) & 255;
    var octet2 = (i >> 16) & 255;
    var octet3 = (i >> 8) & 255;
    var octet4 = i & 255;
    return octet1 + "." + octet2 + "." + octet3 + "." + octet4;
}

function maskRemoteAddress(req) {
    return i2ipv4(fnv32a(req.remoteAddress));
}
```

数据屏蔽解决方案的实质是使用单向 Hash 算法转换客户端 IP 地址。在此示例中，我们使用的是 FNV-1a Hash 算法，该算法紧凑、快速且具有良好的分布特性，它会返回一个 32 位的正整数（与 IPv4 地址长度相同，因而很容易被显示为 IP 地址）。`fnv32a` 函数是 FNV-1a Hash 算法的 JavaScript 实现。

i2ipv4 函数可以将 32 位整数转换为点分十进制的 IPv4 地址，它从 fnv32a 函数获取 Hash 值，并提供在访问日志中“看起来正确”的表示形式。IPv6 地址和 IPv4 地址都以 IPv4 地址的格式展示。同样，对请求 URI 中的敏感信息的处理也可以采用单向 Hash 算法，具体实现过程如下：

```
function maskRequestURI(req) {
    var query_string = req.variables.query_string;
    if (query_string.length) {
        var kvpairs = query_string.split('&');
        for (var i = 0; i < kvpairs.length; i++) {
            var kvpair = kvpairs[i].split('=');
            if (kvpair[0] == "zip") {
                kvpairs[i] = kvpair[0] + "=" + fnv32a(kvpair[1]).toString().substr(5);
            } else if (kvpair[0] == "email") {
                kvpairs[i] = kvpair[0] + "=" + fnv32a(kvpair[1]) + "@example.com";
            }
        }
        return req.uri + "?" + kvpairs.join('&');  // Construct masked URI
}
```

在这段代码中，我们使用 NJS 对 zip 和 email 两个 query 参数做了 fnv32a 单向 Hash 操作。使用同样的方式可以处理更多类型的数据。

4. 案例总结

NJS 具有丰富的计算能力，满足了 NGINX 配置文件中对计算能力的需求，目前支持的函数有：

```
ES6: abs, acos, acosh, asin, asinh, atan, atan2, atanh, cbrt, ceil, clz32, cos, cosh,
exp, expm1, floor, fround, hypot, imul, log, log10, log1p, log2, max, min, pow, random,
round, sign, sin, sinh, sqrt, tan, tanh, trunc
```

32.5.4　案例——把客户端流量平滑迁移到新服务器

NJS 的一个能力是读取和设置 NGINX 配置变量，这些变量可以定义环境需要的路由决策，这意味着我们能够借用 JavaScript 的力量实现影响请求处理的复杂功能。

本节将展示如何使用 NJS 实现新老应用程序服务器的优雅切换。我们会定义一个过渡时间窗口，把处在此范围内的所有客户端流量逐渐迁移到新的应用程序服务器上，而不像原来那样采用破坏性的“大爆炸方法”，一次迁移全部流量。这样，我们就可以逐渐并自动地增加去往新应用程序服务器的流量。流量切换示意图如图 32-9 所示。

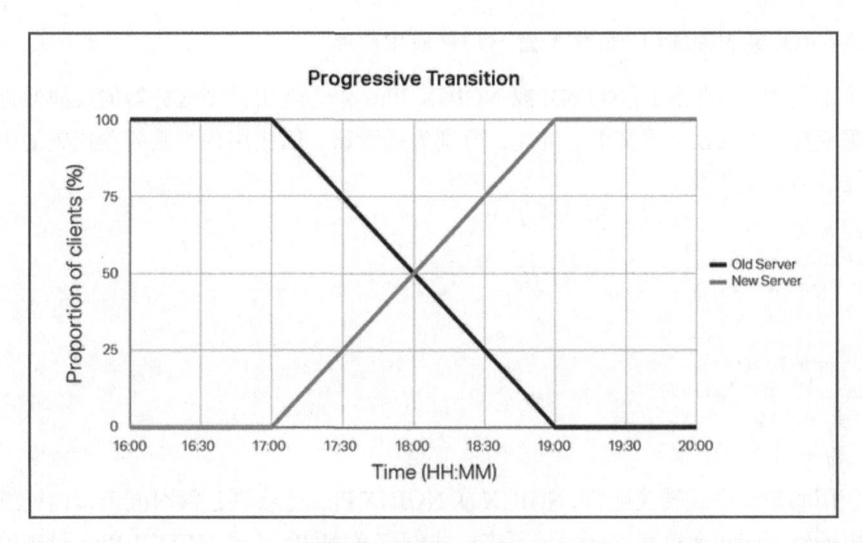

图 32-9 流量切换示意图[①]

我们定义了一个长度为 2 小时的过渡时间窗口（从下午 5 点到 7 点），我们希望在此期间进行流量的渐进式切换。我们预计 12 分钟过后，会有 10%的客户端流量被定向到新的应用程序服务器，24 分钟过后是 20%的客户端流量，以此类推。

配置这种渐进式转换时，有一个重要要求：原始应用程序服务器不会再接收到完成迁移的客户端流量，换句话说，客户端流量一旦被定向到新的应用程序服务器，将持续由新服务器为其提供服务。

简言之，当 NGINX 或 NGINX Plus 给正在进行转换的应用程序服务器匹配新请求时，将遵循以下规则。

- 如果过渡时间窗口尚未启动，就将请求直接引导到旧应用程序服务器。
- 如果时间已超过过渡时间窗口的范围，则将请求直接引导到新的应用程序服务器。
- 如果应用程序服务器正在进行转换，则完成如下步骤。
  - 计算当前时间在过渡时间窗口中的位置。
  - 计算客户端 IP 地址的 Hash 值。
  - 计算上一步中 Hash 值在可能的 Hash 值范围内的位置。
  - 如果算得 Hash 值所在的位置大于过渡时间窗口中当前时间所在的位置，就直接将请求引导到新应用程序服务器上。否则，将请求引导到旧应用程序服务器上。

下面是完整的配置过程。

① 来源：https://www.nginx.com/blog/nginscript-progressively-transition-clients-to-new-server/。

1. 在NGINX或NGINX Plus中配置HTTP应用程序

在这个案例中，我们使用NGINX或NGINX Plus作为应用程序服务器的反向代理，因此我们的所有配置都在`http`上下文中。首先，分别为托管新、旧应用程序服务器代码的服务器定义单独的`upstream`上下文：

```
upstream old {
    server 10.0.0.1;
    server 10.0.0.2;
}

upstream new {
    server 10.0.0.9;
    server 10.0.0.10;
}
```

即便使用的是渐进式转换配置，NGINX或NGINX Plus也会在过渡时间窗口内继续在可用的应用程序服务器之间实现负载均衡。接下来，我们定义NGINX或NGINX Plus呈现给客户端的前端服务：

```
js_include /etc/nginx/progressive_transition.js;
js_set $upstream transitionStatus; # Returns "old|new" based on window pos

server {
    listen 80;
    location / {
        set $transition_window_start "Wed, 31 Aug 2016 17:00:00 +0100";
        set $transition_window_end   "Wed, 31 Aug 2016 19:00:00 +0100";

        proxy_pass http://$upstream;
        error_log /var/log/nginx/transition.log info; # Enable nginScript logging
    }
}
```

我们使用NJS来设置要使用的`upstream`，因此需要指定NJS代码所在的位置。在R11及之后版本的NGINX Plus中，所有NJS代码必须位于单独的JavaScript文件中，因此这里用`js_include`指令指定文件的位置（从0.4.0版本开始，`js_import`指令代替了`js_include`指令）。

`js_set`指令用于设置`$upstream`变量的值。需要注意的是，该指令不会立即使NGINX或NGINX Plus调用NJS函数`transitionStatus`，因为NGINX变量是按需调用的，即在处理请求期间使用它们时才会调用。因此，`js_set`指令只会告诉NGINX或NGINX Plus如何为`$upstream`变量赋值。

`server`块用于定义NGINX或NGINX Plus如何处理传入的HTTP请求。其中`listen`指令用于告诉NGINX或NGINX Plus监听80端口（HTTP协议默认使用的端口），在实际生产中通常使用SSL/TLS来保护所传输的数据。

location 块应用于整个应用程序空间（/）。在这个块中，我们使用两个 set 指令（$transition_window_start 和$transition_window_end）定义了一个过渡时间窗口，开始日期和结束日期按照 RFC 2822 格式（上述代码段使用的是这种）或 ISO 8601 格式（以毫秒为单位）书写。这两种格式必须包括各自的本地时区指定符。这是因为 JavaScript 的 Date.now 函数返回的始终是 UTC 日期和时间，因此只有指定了本地时区，才可以准确地进行时间比较。proxy_pass 指令用于设置将请求引导到的 upstream,这个 upstream 由 transitionStatus 计算而得。error_log 指令用于指定日志文件，这里的意思是将 info 级别或更高级别的日志放入/var/log/nginx/transition.log 文件中（在默认情况下，仅记录 warn 级别和更高级别的事件）。将此指令放在 location 块中并命名单独的日志文件，能够避免将主错误日志和所有信息混在一起。

2. 用于 HTTP 应用程序的 NJS 代码

这一步是要将 NJS 代码放入/etc/nginx/progressive_transition.js 文件中。依赖函数必须出现在调用它们之前，因此这里先定义一个函数，它会返回客户端 IP 地址的 Hash 值。如果使用我们的应用程序服务器的用户大多来自同一局域网，就意味着所有的客户端 IP 地址非常相似，那么我们需要用 Hash 函数让它们均匀分布，即使输入值是少量的。

在本节所讲的案例中，我们使用的 Hash 算法是 FNV-1a，该算法紧凑、快速且具有相当好的分布特性。其另一个优点是能返回 32 位正整数，这使得不一定非要计算输出范围内每个客户端 IP 地址的位置。以下代码是 FNV-1a 算法的 JavaScript 实现：

```
function fnv32a(str) {
  var hval = 2166136261;
  for (var i = 0; i < str.length; ++i ) {
    hval ^= str.charCodeAt(i);
    hval += (hval << 1) + (hval << 4) + (hval << 7) + (hval << 8) + (hval << 24);
  }
  return hval >>> 0;
}
```

然后我们定义函数 transitionStatus，用来给 $upstream 变量赋值（使用 js_set 指令）：

```
function transitionStatus(req) {
  var vars, window_start, window_end, time_now, timepos, numhash, hashpos;

  // 从 NGINX 配置中获取变换窗口
  vars = req.variables;
  window_start = new Date(vars.transition_window_start);
  window_end = new Date(vars.transition_window_end);

  // 如果在变换窗口期内
  time_now = Date.now();
  if ( time_now < window_start ) {
    return "old";
  } else if ( time_now > window_end ) {
```

```
    return "new";
  } else {
    // 计算在窗口期中的位置(0-1)
    timepos = (time_now - window_start) / (window_end - window_start);

    // 计算客户端 IP 地址的 hash
    numhash = fnv32a(req.remoteAddress);

    // 映射 IP hash 到 0-1 位置
    hashpos = numhash / 4294967295; // Upper bound is 32 bits
    req.log("timepos = " + timepos + ", hashpos = " + hashpos); //error_log [info]

    // 回复客户端
    if ( timepos > hashpos ) {
      return "new";
    } else {
      return "old";
    }
  }
}
```

transitionStatus 函数有一个参数 req，表示 HTTP 请求的 JavaScript 对象。请求对象的属性包含所有的 NGINX 配置变量，包括我们设置的用于定义过渡时间窗口的$transition_window_start 和$transition_window_end。

外部 if/else 块用于确定过渡时间窗口是已经启动、已经完成还是正在进行中。如果是正在进行中，那么会把 req.remote 地址传递给 fnv32a 函数，以获取客户端 IP 地址对应的 Hash 值。然后，计算 Hash 值在可能值范围内所处的位置，由于 FNV-1a 算法返回的是 32 位正整数，因此我们可以简单地将 Hash 值除以 4 294 967 295（32 位正整数的十进制表示）。

req.log 用于记录 Hash 值所处的位置和当前时间在过渡时间窗口中的位置，如下所示。

```
2016/09/08 17:44:48 [info] 41325#41325: *84 js: timepos = 0.373333, hashpos = 0.840858
```

“js:”前缀表示由 JavaScript 代码生成的日志条目。最后，计算了在输出范围内的 Hash 值的位置与当前时间在过渡时间窗口内的位置，并返回了相应的 upstream 的名称。

3. 案例总结

在本案例中，我们介绍了如何使用 NJS 实现客户端的灰度迁移。

32.5.5 ngx_stream_js_module 模块

ngx_stream_js_module 用于处理传输层流量，它提供了一些指令，可以帮助 NGINX 以脚本的形式实现对 stream 的处理：js_access、js_filter、js_import、js_include、js_path、js_preread、js_set。

- **js_access 指令**

语法：function | module.function;

默认值：-

上下文：stream，server

其他：用于对可以在 NGINX Access（https://nginx.org/en/docs/stream/stream_processing.html#access_phase）阶段被回调的函数做设置。例如（以下代码在 0.4.0 版本的 NJS 中可用）：

```
nginx.conf:

stream {
    js_import stream.js;

    server {
        listen 12346;

        js_access  stream.access;
        proxy_pass 127.0.0.1:8000;
    }
}
stream.js:
function access(s) {
    if (s.remoteAddress.match('^192.*')) {
        s.abort();
        return;
    }

    s.allow();
}

export default {access};
```

- **js_filter 指令**

语法：js_filter function | module.function;

默认值：-

上下文：stream，server

其他：用于对数据过滤函数做设置，使我们可以对数据过滤函数中 stream 的相关内容做修改。例如：

```
stream {
    js_import stream.js;


    server {
```

```
        listen 12346;

        proxy_pass 127.0.0.1:8000;
        js_filter stream.header_inject;
    }
}

stream.js:
// 读取请求内容，直到发现'\n',
// 将新的请求头插入到
// 当前客户发往服务器端的请求头部。
// 完成操作后将函数卸载，
// 避免额外无效操作。
var my_header =  'Foo: foo';
function header_inject(s) {
    var req = '';
    s.on('upload', function(data, flags) {
        req += data;
        var n = req.search('\n');
        if (n != -1) {
            var rest = req.substr(n + 1);
            req = req.substr(0, n + 1);
            s.send(req + my_header + '\r\n' + rest, flags);
            s.off('upload');
        }
    });
}

export default {};
```

- **js_import 指令**

  语法：js_import module.js | export_name from module.js;

  默认值：-

  上下文：stream

  其他：此指令出现在 0.4.0 及之后版本的 NJS 中，用于导入包含处理程序的模块，可以重复使用。export_name 可用作访问模块函数的命名空间，如果未指定其值，则把模块名称用作命名空间，例如对于 js_import stream. js;，在使用时会把模块名称 stream 用作命名空间。如果导入的模块包含 foo，则可以使用 http.foo 引用此函数。

- **js_include 指令**

  语法：js_include file;

  默认值：-

  上下文：stream

其他：用于指定包含实现程序的 JavaScript 文件。例如：

```
nginx.conf:
js_include stream.js;
js_set     $js_addr address;
server {
    listen 127.0.0.1:12345;
    return $js_addr;
}

stream.js:
function address(s) {
    return s.remoteAddress;
}
```

NJS 从 0.4.0 版本开始，已废弃该指令，并用 `js_import` 指令代替了它。

- **`js_path` 指令**

语法：`js_path path;`

默认值：-

上下文：`stream`

其他：用于额外指定 NJS 模块文件的路径，默认的文件路径与 NGINX 中`--prefix` 指定的一致。

- **`js_preread` 指令**

语法：`js_preread function | module.function;`

默认值：-

上下文：`stream, server`

其他：用于设置在 Preread 阶段（https://nginx.org/en/docs/stream/stream_processing.html#preread_phase）回调的 NJS 函数。例如：

```
stream {
    js_import stream.js;

    js_set $req_line stream.req_line;

    server {
        listen 12345;

        js_preread stream.preread;
        return     $req_line;
    }
}
```

```
stream.js:
var line = '';

function preread(s) {
    s.on('upload', function (data, flags) {
        var n = data.indexOf('\n');
        if (n != -1) {
            line = data.substr(0, n);
            s.done();
        }
    });
}

function req_line(s) {
    return line;
}

function access(s) {
    if (s.remoteAddress.match('^192.*')) {
        s.abort();
        return;
    }

    s.allow();
}

export default {preread, req_line};
```

- **js_set 指令**

  语法：`js_set $variable function | module.function;`

  默认值：-

  上下文：`stream`

  其他：该指令使用 `funciton` 或者 `module.function` 的结果为`$variable` 赋值，示例可参考上面 `js_preread` 指令对 `js_set` 指令的调用。

32.5.6 案例——PASV 模式下的 FTP ALG 协议支持

本节中我们先了解 FTP ALG 协议，然后利用 NGINX 和 NJS 实现 ALG 协议，使得内网 FTP 也可以对外提供服务。

1. FTP ALG 协议

在 FTP 被动（PASSIVE）传输模式中，PASV 命令会请求服务器监听一个端口，这个端口不是服务器默认的数据端口，而是服务器自定义的一个端口。服务器开启此端口后就等待连接。对 PASV 命令的响应内容包括服务器的主机名和监听的端口地址。

如果 FTP 服务器在内网，那么在被动模式下，FTP 服务器会告知客户端所等待的连接的主机名和端口信息，但很多时候，客户端与 FTP 服务器之间存在会执行地址转换的设备（如网关类设备），而 FTP 服务器如果不知道这些转换信息，就会导致客户端连接失败。这时 ALG（Application Layer Gateway，应用层网关）就派上了用场，在 FTP 服务器给出对 PASV 命令的响应内容后，由中间转换设备修改此内容中的主机名和端口信息，以便让客户端顺利地连接网关，网关再将数据传输给后端 FTP 服务器。

2. 利用 NGINX+NJS 解析和修改 ALG 协议内容

- **部署及设计**

本节介绍如何使用 NGINX+NJS 实现对 ALG 协议的简单支持，即让 FTP 服务器不可见，由 NGINX 代理 FTP 服务器的控制链路和数据链路。

图 32-10 展示了案例的部署环境，这里把 FTP 服务器命名为 MYFTP，它以被动模式运行在 Docker 集群内部，不会直接暴露任何端口给客户端，只会让 Docker 集群内的其他容器访问端口 21 和 20000。用 NGINX 做反向代理，客户端访问 NGINX 的 8101 端口建立控制链路，访问 8080 端口建立数据链路。

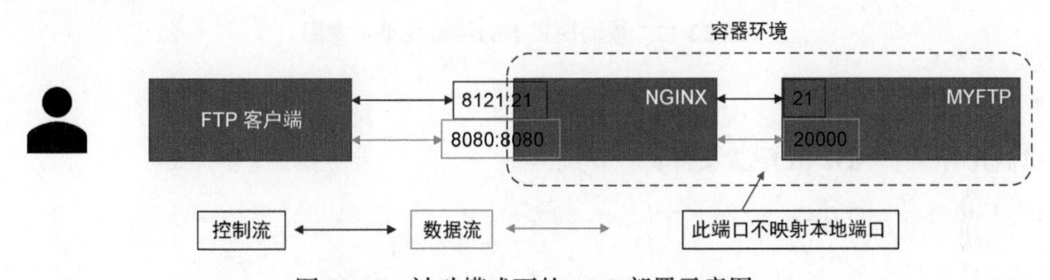

图 32-10　被动模式下的 ALG 部署示意图

在被动模式下，MYFTP 告诉 FTP 客户端去连接 127.0.0.1:20000，但是这个连接显然无法建立。NGINX 会修改 MYFTP 对 PASV 命令的响应内容，将报文中的 127.0.0.1:20000 修改成 172.100.0.106:8080，如图 32-11 所示。

```
   227 Entering Passive Mode (127,0,0,1,78,32).
-> 227 Entering Passive Mode (172,100,0,106,31,144).
```

图 32-11　NJS 脚本修改被动地址字符串

在之后的数据传输中，FTP 客户端就会去连接 NGINX，由 NGINX 把数据代理给后端的 MYFTP。数据传输效果如图 32-12 所示。

```
$ ftp 172.100.0.106 8101
Connected to 172.100.0.106.
220 (vsFTPd 3.0.2)
Name (172.100.0.106:zong): zongzw
331 Please specify the password.
Password:
230 Login successful.
ftp> passive                                        <---- Trigger passive mode
Passive mode on.
ftp> ls
227 Entering Passive Mode (172,100,0,106,31,144).   <---- 172.100.0.106:8080
150 Here comes the directory listing.
-rw-r--r--    1 ftp      ftp          7366 Apr 12 12:49 hello.html
drwxr-xr-x    7 ftp      ftp           224 Apr 12 01:57 logos
226 Directory send OK.
ftp> cd logos
250 Directory successfully changed.
ftp> get shape.jpg
227 Entering Passive Mode (172,100,0,106,31,144).
150 Opening BINARY mode data connection for shape.jpg (7214 bytes).
WARNING! 34 bare linefeeds received in ASCII mode
File may not have transferred correctly.
226 Transfer complete.
7214 bytes received in 0.0102 seconds (691 kbytes/s)
ftp> quit
221 Goodbye.
```

图 32-12 被动模式下的传输效果示意图

- **NJS代码的实现**

我们先看一下NGINX配置文件:

```
load_module modules/ngx_stream_js_module.so;

user root;
daemon off;

events {
    worker_connections 1024;
}

stream {
    js_include scripts/ftp.js;
    js_set $data_port get_data_port;
    error_log /root/nginx/logs/error.log info;
    resolver 127.0.0.11;

    server {
        listen 21;
        js_filter ftp_controller;
        proxy_pass myftp_1pasv:21;
    }

    server {
```

```
        listen 20000;
        proxy_pass myftp_1pasv:$data_port;
    }
}
```

其中，配置部分较为简单，我们监听了两个端口——21 和 8080，分别用于传输控制流和数据流。在控制流中，我们使用 ftp_controller 来处理数据流中的 PASV 响应。在数据流中，我们把数据代理到上游，上游的端口使用 js_set 指令指定，这里是把端口 20000 参数化了。proxy_download_rate 1k;这个配置用于演示在多连接情况下的异常报错。再看下 NJS 代码的实现部分：

```
function ftp_controller(s) {
    function handle_pasv(data, flags) {

        s.log(`[debug] <<<< data(${data.length}): ${data_in_short(data)}`);

        var pasv_conn = get_pasv_conn(
            s, process.env.HOST_ADDRESS, process.env.NGX_1PASV_PORT
        );

        var found = (data.search(/227 .*\(.*\)/) != -1);
        if (found) {
            var replaced = data;
            replaced = data.replace(/\(.*\)/, `(${pasv_conn})`);
            s.log("[debug] pasv resp:" + replaced);
            s.send(replaced);
        } else {
            s.send(data);
        }

        s.off('download');
    }

    s.on('upload', function(data, flags){
        s.log(`[debug] >>>> data(${data.length}): ${data_in_short(data)}`);
        var found = (data.search(/^PASV/) != -1);
        if (found) {
            s.log(`[debug] client send PASV command.`);
            s.on('download', handle_pasv);
        }
        s.send(data);
    });
}
```

在这段代码中，我们在 ftp_controller 函数中注册了一个上行过滤函数（s.on('upload', function(data, flags)），该函数会检查从客户端过来的数据包内容，如果发现里面有 PASV 命令，就会注册一个下行过滤函数（s.on('download', handle_pasv);），这个函数会根据 FTP 控制协议检查从服务器端传给客户端的数据流，PASV 命令的响应格式为“/227 .*\(.*\)/”，如果发现数据流中有此内容，就将括号里的内容替换成 NGINX 的地址和端口。

get_pasv_conn 函数负责生成连接信息（字符串）。

注意，在处理完毕后要及时调用 s.off 函数，以减少 NJS 对数据流的无用处理带来的消耗。

3. 案例总结

至此，我们就可以实时监控并修改控制流中的 PASV 命令及响应了，同时还能监听并代理数据流。ngx_stream_js_module 模块给我们提供了对流进行操作的能力，通过 s.on、s.off 可以挂载对数据流的处理回调函数。

32.5.7 案例——为后端服务器实现虚拟补丁

虚拟修补是指通过更改相关的基础结构，而不是代码本身来修复应用程序的问题。例如，在安全领域，使用 ModSecurity 实现虚拟修补漏洞的方式是很常见的。

虚拟修补也可以应用于其他类型的 bug，如我们在生产环境中经常遇到的后端应用程序中的 bug。由于各种原因，直接修复这些 bug 可能比较困难（有一种情况是原始开发人员已离开公司），而虚拟修补是一种实用的替代方案。

例设这样一个场景：客户端应用以小写的形式发送 GET 请求和 POST 请求——get 方法和 post 方法，而后端的应用程序期待大写的形式，如 RFC 7231 节 4.1 HTTP 请求方法描述中所指定的，因此服务器端无法处理请求，可应用程序暂时无法修改代码，使之能够处理小写的 get 和 post。此时开发一个虚拟修补程序，让它使用 NJS 模块将小写的 get 和 post 转换为大写，然后由 NGINX Plus 将请求代理到后端应用程序，就可以解决这个问题。

虚拟修补程序的工作原理是在现在 NGINX HTTP 代理服务器前增加新的 TCP/UDP 虚拟服务器，相当于在流量到达应用服务器之前，先后经过了 TCP/UDP 虚拟服务器和 HTTP 代理服务器两层代理。TCP/UDP 虚拟服务器（在 stream 上下文中）可以使用 NJS 模块处理内容。

在本节中，我们配置 nginx.conf 文件，将包含相关函数的配置和 JavaScript 代码读取到 http 和 stream 上下文中：

```
http {
    include conf.d/*.conf;
    include conf.d/*.js;
}

stream {
    include stream.d/*.conf;
    include stream.d/*.js;
}
```

然后在 /etc/nginx 目录下创建 conf.d 和 stream.d 子目录，并将包含相关函数的 .conf 文件和 .js

文件分别放置到对应的目录中。

为了实现上文中提到的虚拟修补，相关实现分为三个部分。

1. TCP/UDP 配置，定义 js_filter 的调用

```
1 # Place or include in the stream{} context
2 js_include stream.d/methods.js;
3 server {
4     listen 80;
5     listen 443 ssl;
6     ssl_certificate     /etc/nginx/certs/bundle.crt;
7     ssl_certificate_key /etc/nginx/certs/key.pem;
8     js_filter method_up;
9     proxy_pass 127.0.0.1:81;
10    proxy_protocol on;
11 }
```

在这段代码中，我们定义了一个新的虚拟服务器（第 3 行～第 11 行），并调用了 js_filter 指令（第 8 行）。NGINX Plus 将转换后的请求代理到在端口 81 监听的 HTTP 虚拟服务器（第 9 行）。我们启用 PROXY 协议（第 10 行），使 NGINX Plus 能够将原始客户端 IP 地址传递给 HTTP 虚拟服务器。

2. HTTP 配置，添加 proxy_protocol 转发客户端源 IP

除了 TCP/UDP 配置，还需要修改处理向后端应用程序发出的请求的现有 HTTP 虚拟服务器，以监听端口 81，并再次使用 PROXY 协议（第 3 行），以便传递原始客户端 IP 地址。

```
1 # Place or include in the http{} context
2 server {
3     listen 81 proxy_protocol;
4
5     set_real_ip_from 127.0.0.1;
6     real_ip_header proxy_protocol;
7
8     # ...
9 }
```

3. JavaScript 实现，将小写的请求方法转换为大写。

将以下 JavaScript 代码放在一个名为 methods.js 的文件中，把文件放在 /etc/nginx/stream.d 目录下，它把小写的 get 和 post 转换为大写的 GET 和 POST：

```
1 function method_up(s) {
2     var proxy_proto_header = '';
3     var req = '';
4
5     s.on('upload', function(data, flags) {
6           var n;
7         req += data;
```

```
8          n = req.search('\n');
9
10         // 转发 PROXY_Protocol 请求头
11         if (n != -1 && req.startsWith('PROXY ')) {
12             proxy_proto_header = req.substr(0, n+1);
13             req = req.substr(n+1);
14             n = req.search('\n');
15         }
16
17         if (n != -1) {
18             req = req.replace(/^(get|post)(\s\S+\sHTTP\/\d\.\d)/,
                   function(m,method,uri_version) {
19                 return method.toUpperCase() + uri_version;
20             });
21             s.send(proxy_proto_header + req, flags);
22             s.off('upload');
23         }
24     });
25 }
```

变量 s（第 5 行）用于捕获客户端请求中的所有相关信息。代码会跳过请求中 PROXY 协议标头的末尾，然后捕获分块用户数据（直到请求行末尾的 newline），并写入 req 变量。

虚拟修补程序使用 PCRE 样式正则表达式（第 18 行）将方法名称转换为大写，并按现在的状态捕获请求的其余部分。下面的示例演示了它处理请求字符串的过程：

```
Request Line    get http://www.example.com/ HTTP/1.1
Regular expression  ^(get|post)(\s\S+\sHTTP\/1\.\d)
```

第一组括号中的“get|post”负责匹配 get 或者 post。

第二组括号中的“\s\S+\sHTTP\/1\.\d”的匹配情况如下。

- \s 负责匹配 get 或者 post 后面的空格。
- \S+负责匹配非空格字符，这里指的是 URL 字符串：http://www.example.com/。
- 第二个\s 负责匹配 URL 字符串后面的空格。
- HTTP\/1\.\d 负责匹配 HTTP/1.1 部分，\d 负责匹配任意数字，所以正则表达式不仅能匹配 HTTP/1.1，也能匹配 HTTP/1.0。

注意，虽然从理论上讲，正则表达式与 HTTP/2 协议也匹配，但该协议使用的是二进制格式的报文头，正则表达式与二进制字符串不匹配，因此这个虚拟修补程序不适用于 HTTP/2。

两个捕获组中的匹配项分别存储在 method 变量和 uri_version 变量中：method 变量保存 HTTP 方法，uri_version 变量保存 URL 和 HTTP 版本（第 18 行）。然后，标准 JavaScript 函数 replace（第 18 行）和 ToUpperCase（第 19 行）用于将 HTTP 方法名转换为大写形式。

更新后的符合 RFC 的请求标头使用第 21 行的 s.send 函数发送。

本节解释了如何使用 NJS 模块创建虚拟修补程序。借助 JavaScript 的功能，我们能够以任何自认为合适的方式修改 NGINX 或 NGINX Plus 中的请求数据和响应数据。本节提供了一个强大的解决方案，可以帮助我们快速响应和修复生产或运维中遇到的问题。

32.6 本章小结

本章系统地讲述了 NJS 的安装、配置以及 NJS 模块的功能及应用案例。通过对本章的学习，读者可以全面了解 NJS 的两个核心模块——`ngx_http_js_module` 和 `ngx_stream_js_module` 的使用方法。NJS 模块可以帮助我们完成复杂的访问控制、安全检查、报文修改定制等，极大地拓展了 NGINX 的能力。

读者可以自行参阅 https://github.com/f5devcentral/nginx-njs-usecases 获取 NJS 最新的使用方法和案例。

同时读者也可以从 NGINX 官网获取更多更新的信息。

- 开源 NGINX 官网的使用示例：https://nginx.org/en/docs/njs/examples.html。
- NGINX Plus 博客的应用案例：https://www.nginx.com/blog/tag/nginx-javascript-module/。